モードレス デザイン
意味空間の創造

上野学

BNN
Bug News Network

目次——モードレスデザイン

本書で「彼ら」という言葉を使う場合、性別を限定していません。

はじめに

もしも私が、本当にこの話を書こうとするなら、まず、私がどうしてデザインの仕事をするようになったのかや、最初にコンピューターに触れた時に何を感じたのかや、そこからなぜモードレス性というものに関心を持つようになったのかといった、これまでの経験と思索をこまごまと報告すべきかもしれないが、実のところそれらについてはすでに『Modeless and Modal』★1に書いてしまった。だからここではその大方を省略する。

『Modeless and Modal』は、私が2009年から2010年にかけて書いた一連のブログ記事で、モードレスとモーダルという観点からデザインのイデオロギーについて論じたものだ。私がソフトウェアのデザイナーとして仕事をする中で常々思っていたことを書いたのだった。それは簡単に言うと次のようなことである。

ソフトウェアのヒューマンインターフェースをデザインする上では、モードレス性を高めることが大切である。モードレスであるとは、モードが無い、あるいは少ないということ。モーダルな、つまりモードが有るデザインは、使用者を不自由にし、創造性を奪ってしまう。たとえば操作の途中で突然現れるモーダルダイアログは、それまで行っていた作業の流れを分断する。そして特定の入力や手順を一方的に強要する。デザインがモードレスであれば、使用者は自分なりの手順で、自分なりの工夫を加えながら、目標に向かっていける。作業がより有意義なものになる。

翻ってみると、モードレスとモーダルの対立構造は、人々の認知的な傾向からデザインの好み、果ては政治的なイデオロギーまで、さまざまな方面に見てとることができる。たとえば、道具を作る際のオブジェクト指向とタスク指向、仕事をする際の実験的な態度と理論的な態度、物事を把握する際の言語的な認知と空間的な認知、社会を考える際の進歩志向と保守志向、そしてデザインに求める解放性と支配性。これらはどれもモードレスとモーダルの対立として捉えることができる。世の中は両者の間のバランスで秩序づけられている。

しかし、ことコンピューターシステムの分野においては、モーダルな傾向が圧倒的である。それはおそらく、作る者と使う者の非対称性が、急速に発達するテクノロジーとそのスペクタクルの陰で無自覚的に増幅しているからだ。システムのオーナーは、使用者の仕事や生活をモーダルに支配しようとコンピューティングパワーを大規模に導入する。たとえばたいていの業務アプリケーションは、従業員の働きを管理することを目的に、特定のタスクを強要するだけの使役的なデザインになっている。経営者はそのことに何の疑問も持たず、業務とはそういうものだと信じこんでいる。入力のたびに確認ダイアログを出すよう指示するシステム発注者は、それが作業の手間を増やすと同時に、データの整合性に対する責任を使用者に転嫁していることに気づかない。彼らはコンピューティングパワーによって仕事をもっと楽しく創造的なものにしようなどとは考えない。

さまざまなシステムがもっとモードレスになれば、我々は我々自身の創造性によって、仕事や生活を有意義で楽しいものにできる。デザイナーがモードレスなデザインを実践すれば、目標へのコンテクストを使用者に明け渡し、彼らを現代の搾取構造から解放できる。

『Modeless and Modal』はそうした趣旨の内容だった。

『Modeless and Modal』は52の記事で構成されていた。ちょうどその最終回を書いていた時、友人からメールが来た。彼女は私と同じようにソフトウェアのデザイナーで、私のブログの熱心な読者でもあった。メールには、とても興味深い文章を見つけたので読んでみてほしい、と書かれていた。紹介されていたのは、オランダのデザイン研究者、フィリップ・ヴァン・アレンの書いた、「ジョン・マエダはデザインについて間違っている」[★2]というタイトルのブログ記事だった。

アレンは、デザイン分野の権威であるジョン・マエダがSNSに「デザインは問題に対する解決策であり、アートは問題に対する問いである」という言葉を投稿したことに対して、自身のブログ記事で異議を唱えたのである。良いデザインとは、むしろ新たな問いを生じさせるものだ。もしデザイナーが単に問題を解決するだけなら、ありきたりのレベルで機能するものばかり作られることになる。それでは文化の力を弱めることになる。良いデザインは、その周囲のコンテクストを変化させ、人々が世界を新たな方法で見たり感じたりできるようにするものである。そういうことが書かれていた。

物はそれぞれ人々の生活の中である役割を果たしながら、活動、感情、思考、心地よさ、社会的な相互作用、創造性、仕事、遊びなど、幅広い影響を与えているのだとアレンは言う。単純な機能を提供しているだけに見えるハンマーでさえ、釘を木に押し込むという問題解決以上のことをしている。たとえば手の中に適切な感触を与えたり、時とともに増す艶によって使用者への帰属性を高めたりする。やろうと思えばビール瓶を開けることもできるし、もちろん台風の後の教会を修復することもできる。

特に我々がインタラクティブデザインについて考える時、最高のゴールは、予め決められた問題を解決することでも、素晴らしい経験を作ることでもなく、人々に彼ら自身の意味空間を創造する力を与えることだろう。[★2]

アレンは、人々に自身の意味空間を創造する力を与えることがデザインの目標だという。我々の生活の中にあるさまざまな有形無形の事物は、我々に創造への熱中と発明をもたらす。デザイナーは問題解決に囚われていてはいけない。プロダクティブで意味深い物をデザインすべきなのだと、アレンは主張する。

デザイン研究者のアン＝マリー・ウィリスによれば、デザインについて最も普及している定義は問題解決に関するものであり、それはハーバート・サイモンに由来しているという。[★3] サイモンは1969年の著書『システムの科学』の中で次のように言っている。

歴史的にも伝統的にも、自然の事物——それらがどのように存在し、またそれらがどのように活動するか——について教えることが、科学という学問分野の任務である。他方、人工物——望ましい性質をもった人工物をいかにつくり、またそれをいかにデザインするか——について教育することは、従来から工学部の任務であった。

現在の状態をより好ましいものに変えるべく行為の道筋を考案するものは、だれでもデザイン活動をしている。物的な人工物を作りだす知的活動は、基本的には、病人のために薬剤を処方する活動や、会社のために新規の販売計画を立案し、あるいは国家のために社会の福祉政策を立案する活動と、なんら異なるところはない。このように考えると、デザインは、すべての専門教育の核心をなすものであり、またそれは専門的知識を科学的知識と区別する主要な標識をなすものである。工学諸学部は、建築、経営、教育、法律および医学などの各学部と同様、すべてデザイン過程に中心的なかかわりあいをもっている。★4

この「現在の状態をより好ましいものに変えるべく行為の道筋を考案するものは、だれでもデザイン活動をしている」という記述の中には、二つの重要な視点が含まれている。ひとつは、デザインとは現状をより良くするための活動であること。もうひとつは、誰もがすでにそれを行っているということである。デザインの定義はデザイナーの数だけあると言われるほどさまざまだが、この二つの視点は多くの定義と整合するものだろう。たとえばサイモンと同時代のヴィクター・パパネックは、1971年の著書『生きのびるためのデザイン』の中で次のように言っている。

人はだれでもデザイナーである。ほとんどどんなときでも、われわれのすることはすべてデザインだ。デザインは人間の活動の基礎だからである。ある行為を、望ましい予知できる目標へ向けて計画し、整えるということが、デザインのプロセスの本質である。デザインを孤立化して考えること、あるいは物自体とみることは、生の根源的な母体としてのデザインの本質的価値をそこなうことである。叙事詩をつくること、壁画を描くこと、傑作を描くこと、コンチェルトを作曲すること、それらはデザインである。だが、机のひき出しを掃除し整理することも、埋伏歯を抜くことも、アップルパイを焼くことも、田舎野球の組み合わせを決めることも、子供を教育することも、すべてデザインである。★5

パパネックはデザインを人間活動の基礎だと言う。それは意味のある秩序を作るために意識的に努力することだ。たしかに我々は日常の生活の中で、あるいは仕事や遊びの中で、大小の問題を認識し、それを解決するための大小の努力をする。状況を改善し望ましいものにするために、さまざまな工夫を凝らし、計画し、試行錯誤する。そうした能動的な活動によって環境を変化させようとする。その能動性は、基本的に、自発的に湧き出るものであって、我々の精神の中に自然に含まれているように感じる。問題を解決するためにさまざまなデザインを繰り返すことは、人間の人間らしい営みなのである。

しかし一方で、デザインに対するこうした価値観は近代以降の進歩主義的な観点に閉じたものだとも言える。デザインの役割は直線的に解釈され、歓迎されるのみで、21世紀の我々が直面している複雑で定義不能な問題を語るにはナイーブ過ぎるように思われる。コロンビアの人類学者、アルトゥーロ・エスコバルは、著書『多元世界に向けたデザイン』の中で、近代的なデザインがもたらした負の側面について鋭く指摘する。[★6] たとえば地球規模の気候変動は我々の非持続的なデザイン活動がもたらした災害である。急速に変容する現実の前で、人類は支配的な開発の問題に向き合う必要がある。

エスコバルによれば、デザインは近代における主要な政治的技術だった。18世紀末以降、我々の生活社会は専門家の知識や言説によって変容し官僚化されたが、その背景にはデザインの圧倒的な飛躍があった。これは、それまで自明だった日常の実践が明確な理論化の対象となり、デザインの対象へと開かれたことを意味する。専門知識と制度の発展に伴って社会規範は生活世界から切り離され、他律的に定義されるようになったのだという。

20世紀に入ると、近代デザインは芸術、素材、技術の新たな接合を模索し、新しい生活スタイルを提案しはじめた。しかしモダニズムの大きな流れの中で、結局デザインは機能主義と不可分になった。そしてデザインは資本主義との関係において深い泥沼にはまっていった。エスコバルは次のように問う。

もしも、現代の世界は大規模なデザインの失敗であり、確実に特定のデザイン上の決断の結果だと考えられる、という印象的かもしれないが完全に突飛とも言えない前提から出発するならば、問題は我々が抜け出すためのデザイン行為なのか？★6

産業革命以降の近代化の流れの中で、デザインの概念は先鋭化した。デザインは明らかに、気候変動、環境汚染、自然破壊、生物多様性の減少といった地球規模の問題をもたらした要因である。またデザインは社会の中で欲望的な消費を促し、富の集中を拡大させる。貧困、食料危機、教育格差といった世界規模の問題もまたデザインと切り離すことができない。これらの深刻な問題は、我々がデザインしなかったために広がったのではなく、デザインしたために広がったのだと言える。大規模になりすぎたデザイン活動が我々を脅かしている。何らかの意図によって繰り返されてきたデザイン活動が、コントロール不能な混沌を増幅させている。

何かを創造しようとする人間の活動が今や巨大な破壊をもたらしている。それを加速させたのは社会規範の他律性かもしれないが、もとを辿れば、おそらく人は誰もがデザイナーであるという事実が本質的に絡んでいる。デザイナーであるという人間の本質は、創造性というものに対する一般的な肯定感を満足させるだけではない。そこには両義性がある。我々にとって重要な環境に問題があるならそれを解決しなければならないが、それは簡単ではないということだ。現代の問題は、問題を解決しようとする我々の本能的な習性が生み出したものだからである。エスコバルが疑問を投げかけるように、デザインの問題をデザインによって解決することはできるのだろうか。少なくともそのデザインには、デザインによって引き起こされた問題を打ち消すようなカウンター性が必要になるだろう。しかし問題はあまりに大きく複雑だ。それに対して我々一人ひとりはあまりに小さい。だとすれば、我々がとるべき方策は、小さなものと大きなものを貫いているフラクタルな構造を見つけて、そこに向かってカウンターをかけることだ。

市場に目を向ければ、そこではあらゆるサービスが射幸性や即効性といった刺激を増幅させている。盲目的な消費を促すテクノロジーは信じられないスピードで高度化し、それを狡猾に適用する側の者ですら、大規模資本システムに呑み込まれ、自身の盲目性に気づけなくなっている。社会学者の公文俊平は、高度な情報システムを所有する者と、盲目的な消費という搾取を受ける者の間に、かつての階級闘争と似た構造が生じていると言う。[★7] そして両者をそれぞれ「情報ブルジョワジー」「情報プロレタリアート」と呼んでいる。情報プロレアリアートは、いわゆる情報弱者とは異なる。情報弱者は情報通信技術を利用することができない者を指すが、情報プロレタリアートはむしろ日常的にデジタルツールを使いこなし、ネット上でのコミュニケーションに多く依存している。それゆえに、エコーチェーンバーやフィルターバブルの影響を受けやすい。そうした情報ブルジョワジーと情報プロレタリアートは、かつての資本家と労働者の関係と違い、社会の中ではっきりと二分できないのだという。ある者がある状況では前者になり、別な状況では後者となる。そのためこの階級分裂を完全に外から観察することは難しい。

創造についての我々の本能的な習性は、より楽なもの、より速いものを追求し、現代の高度消費社会を作り上げた。そして我々はその搾取と被搾取の絡み合う構造の中に囚われている。またその習性は地球規模の破壊をもたらし、我々は我々自身の能動的な営みの中で自家中毒を起こしている。個人の問題と地球の問題は繋がっており、またその被害と加害は相互的に入れ子になっている。そのため我々は、問題を解決しようとする行為が問題を作り出すという、デザインの再帰性について考える必要がある。

デザインする者としての習性は、デザインされる者としての習性とセットになっている。人間ほど環境に影響を与えた者はいないが、人間ほど環境から影響を受けた者もいない。環境にはありとあらゆる人工物が含まれている。人間はデザインする。それは、人間は自らをデザインし得るということである。デザイン活動が人間に備わった習性なのだとすれば、持続可能的な存在に自らをデザインし直すチャンスはその習性の中にしかない。人間は環境をデザインしてきたが、それによって自らがデザインし返されるというスパイラルを自覚することから始めなければならない。誰もがデザイナーであるということの意味を、誰もが自分自身のデザイナーであるというシンプルな事実として解釈し直さなければならない。

すると、プロフェッショナルなデザイナーの役割はどこにあるのか。人はデザイン活動を行うために道具を使う。物質的な道具だけでなく、非物質的な言語やルールといったものも含めて、さまざまな道具的なものを使う。そうした道具的なものを作る行為、つまりデザインのためのデザインというものがある。プロフェッショナルなデザイナーと呼ばれる人々が行っているのは、そうしたデザインのためのデザイン＝メタデザインである。メタデザインもまた何らかの道具によって推進される。デザインの再帰的な連鎖には限りがないが、デザイナーが行っているのは、単に自分のデザイン行為にまつわる問題を解決することだけではない。デザイナーがデザインしているものは、それが道具として使用され得る存在だ。そこでは、その存在がどのような道具性を発揮するのかがテーマとなるが、その道具性も、それが作用する対象の無限の連鎖の中に埋め込まれている。つまりデザインを、その目的や対象を手がかりにラダリングしても、何か特定の問題や解決にちょうど行き止まるということはない。デザインはむしろ、そうした無限に後退する、あるいは無限に前進する生活の循環に、幅や深さを与える係数的なベクトルなのである。

アレンが言う「人々に彼ら自身の意味空間を創造する力を与える」というのは、おそらくそうしたデザインの象徴的な働きだろう。デザインは人々が直面している問題を解決することもあるが、それはデザインが達成する豊かな事柄のひとつにすぎない。デザインのより重要な役割は、人々が持っている創造性を拓き、それによって自らの世界を作り直せるようにすることだ。デザイン教育者のアンソニー・ダンとフィオナ・レイビーは次のように言う。

> デザイナーたちは、人口過剰、水不足、気候変動といった難題を力を合わせて解決したいという衝動に駆られている。まるでそういう問題を細分化し、定量化して、解決できる、とでもいわんばかりに。たしかに、デザイン特有の楽観主義には他の選択はない。しかし、現代の我々が直面する課題の多くは解決不能であり、これらを克服するためには、人々の価値観、信念、考え方、行動を変えるしか手はないことは明らかだろう。★8

デザインについて語る人々の多くが試みるのは、分析的な観点でその成り立ちを説明することである。しかしデザインの在り方を突き詰めると、人間はどのように存在するのかというテーマに行き着く。それは構成やプロセスに還元できない統合的なテーマであり、その本質を捉えるには部分と全体を同時に捉えるような観点が必要になる。

デザインは単なる問題解決ではなく、そもそも我々の生命そのものであり、また我々自身を創造性に解放するものである。では、アレンが「意味空間」と呼んでいるのものはいったい何だろうか。また意味空間を創造する力を与えるのがデザインであるならば、いったいデザインのどのような働きがそれを可能にするのだろうか。彼の記事を読んでから、私はそのことがずっと気にかかっていた。そこにモードレスデザインにまつわるさまざまな思考の収束点があるように思えたからだ。なぜならモードレス性とは、強制された固定文脈から逃れ出て、いま、ここ、に立ち上がる新しい世界に分け入る態度のことだからだ。

本書の目当ては、ソフトウェアにおけるモードレス性とは何かについてあらためて思索しながら、デザインという行為が本来的に持っている意味空間の創造可能性について考究することである。

観点というのは、共有するのが難しい。観点を得るにはそれを観る目が先に必要だからだ。言葉を尽くして物語にすればいくらか共有できるかもしれない。それでもまだそれを聞く耳が先に必要だ。一般的に行われるのは、マニュアル化したりチェックリスト化したりすることである。すると急に複製されて人々の間で共有される。しかしそれらはただの足跡にすぎない。獲物はもっと先にいるだろう。獲物を捕らえるには足跡を追って森の中に入り、自分の目と耳がそれの一部となるように自己を明け渡す必要がある。離散的な扱いやすさの向こうにある連続的なアイデアの生命と絡まり合う必要がある。

そのため本書は実用書の体裁はとっていない。どちらかといえば散文詩か何かのようなつもりで書いた。だから読者はどこから読んでも構わない。本書の構成自体を意図的にモードレスにしてある。

1

詩人の態度

主観と客観

萩原朔太郎に『詩の原理』という論考がある。これは朔太郎が長い時間をかけてまとめた彼の詩論の集大成であり、詩とは何かという素朴な問いへの明晰かつ詳細な答えを提出したものである。詩というものの正体について鋭い理論を展開する内容だが、その冒頭で朔太郎は、芸術全般、表現一般における二つの態度、すなわち主観と客観について概説している。

さてすべての芸術は、二つの原則によって分属されてる。即ち主観的態度の芸術と、客観的態度の芸術である。実にあらゆる一切の表現は、この二つの所属の中、何れかの者に範疇している。★1

我々の宇宙観念は時間と空間から形成されている。主観的な態度は時間の実在にかかっており、客観的な態度は空間の実在にかかっている。この二項は我々の人生観のあらゆる側面を特徴づけている。たとえば自我と非我、唯心論と唯物論、観念論と経験論、浪漫主義と現実主義、抒情と叙事、抽象と具象、プラトンの哲学とアリストテレスの哲学、などである。これらはいずれも同様に、人間が表現するもの全般に共有されるひとつの大きな評価軸になっている。なかでも芸術的なジャンルについていえば、音楽と美術がすべての母音である。音楽は時間／主観的な表現の代表であり、美術は空間／客観的な表現の代表である。主観が求める実在は理想的な観念の中にあり、また客観が求める実在は現実的な観照の中にある。

しかしあらゆる表現は観照であり具象であるから、客観なしにはあり得ない。抽象観念を掲げた作品であっても、それが何らかの形によって表現される以上、具象化の手続きを避けることはできない。たとえば詩人が詩に記す情動は、詩人自身によって客観された主観である。そのようにして両者は、つねに互いを包摂する関係にあるのだと朔太郎は言う。

音楽について考えてみる。音楽は主観芸術の典型であり、純粋に感情的な表現だが、感情というものについての優れた観照なしには単純な小唄すら作ることができない。なぜなら音楽における表現は、音の高低や強弱における旋律とリズムを通じて、心の悲しみや喜びやを、その気分さながらに描出するものだからだ。音楽家が音によって内なる情緒を描くのは、画家が色や線によって外の世界をさながらに描くのと同様に、対象の観照なのである。両者の違いは、対象が内的であるか外的であるか、時間的であるか空間的であるか、ということだけだ。

抒情詩についても同じことが言える。詩人がうまく感情の機微を捉え、その呼吸と律動をさながらに表現するのでなかったら、どうして詩が人を感動させることができるだろう、と朔太郎は言う。もし感情のみが高調して、これを観照する智慧が無かったら、我々はただ「無意味な絶叫をする」しかないのである。詩的に感じられるものというのはすべて、何か珍しいもの、異常なもの、心の平地に浪を呼び起すものであり、現在のありふれた環境に無いものである。つまり詩的精神の本質は「非所有へのあこがれ」であり、主観的な意欲が掲げる夢の探求である。詩とは主観的な態度によって認識される宇宙の一切の存在のことだと朔太郎は言う。

一方、詩的精神から最も遠い極地にあるのが科学的精神である。科学は主観を排したところにある。科学は詩を抹殺することによって成立している。しかしその科学的精神が、宇宙の不思議に対する驚きと、未知なる現実の向こうを探ろうとする詩感に出発していることは、奇妙な矛盾だと朔太郎は言う。科学は、詩的精神の最も大胆な反語であると同時に、そこから別の夢を作ろうとしている。科学こそ「詩の中の詩」だと逆説することもできるのである。

そのように考えると、宗教も、道徳も、科学も、人生に関わるあらゆるものは本質的にすべて「詩」であり、詩的精神がもたらすものだと言える。少なくとも詩的精神の基調なくして、人間生活の意義は感じられない。それは「生活をして生活たらしめ、人間をして人間たらしめ、真や善や美やの高貴に心を向わせるところの、実のヒューマニチイの本源」なのである。もし生活に何らかの理想を持ち、そのイデアを掲げて世界を見るなら、詩を感じさせない対象はひとつもない。同時に、そうした精神を書き留める詩人には、必然的に、自らの主観を客観する態度が求められる。そしてその詩人の態度は、多かれ少なかれ、我々が何かを表現する行為につねに伴っているのである。

我々が物を作る時、特に道具的な物を作る時には、その制作者としての態度を主観と客観のどちらに置くかが問われる。良い道具は使っていて心地よく、目的合理性が高いものだと考えられている。心地よさは主観的な評価であり、目的合理性は客観的な評価である。たとえばソフトウェアのデザインにおいては、使用者のメンタルモデルとアプリケーションのデータモデルが観念的に統合を果たすようにその表現や振る舞いが計画される。同時に、操作の対象を、目に見える、あるいは手で触れることのできるオブジェクトとして、一貫性のある形で外在化させる。デザイン行為にはこうした、生活者としての主観と表現者としての客観が未分化された、詩人の態度が必要になる。

しかし現代のデザイナーたちの仕事を見ると、そのほとんどは、イデア的なものについて観照しているのではなく、欲望の記号をただ増幅させているだけのように思われる。現代社会では抽象化された記号の消費が一方的に駆り立てられる状況が広がっている。観念の具象化は二の次となり、ただ画一的な記号として複製されている。

フランスの思想家、ジャン・ボードリヤールによれば、現代において欲求は均質化され、幸福は緊張の解消だと思い込まされ、すべてが安易に、そして無自覚的に消費されるようになっているのだという。この普遍的ダイジェストの意味を問うことは、もはや不可能になっている。

> 夢の作業、詩的作業、意味の作業であったもの、すなわち区別された諸要素を生き生きと結びつけることの上に成り立つ、移動と凝縮の大いなる図式、隠喩と矛盾の偉大な形態はもう存在しない。均質な諸要素の永遠の交代があるばかりだ。象徴的な機能はすでに失われ、常春の気候のなかで「雰囲気」の永遠の組み合わせが繰り返されるのである。[★2]

ボードリヤールは、問題となっているのは私的および集団的消費の心性であるという。これは日常生活の中で、ある種の奇蹟を待望する心性であり、思考が生み出したものの絶対的な力への信仰である。豊富さや潤沢さといった概念は幸福の記号が積み重なったものにすぎない。日々の経験において、消費の恩恵は労働や生産過程の結果としてではなく、奇蹟として体験されている。その奇蹟は記号操作によって作り出される。そして記号操作の秩序である消費秩序が、生産秩序と混ざりあっているのだという。

たとえば我々は物を購入する時、その広告や宣伝文句を見て、記号的にその物を評価する。物の良し悪しは自分と物の関係ではなく、物と社会、社会と自分の関係によって測られる。我々は商品を、その商品を買っている私、持っている私、という社会的に記号化された自分として消費している。企業は人々の購買行動を促すように社会的記号を洗練させる。消費者は、購入した物がその記号に沿っていると感じれば満足するし、沿っていないと感じれば不満を覚える。企業はそれらの不満を集めて分析し、記号をさらに強化させる。

我々は記号に保護されて、奇蹟的な安全の中で現実を否定しつつ暮らしている。「イメージ、記号、メッセージ、われわれが消費するこれらのすべては、現実世界との距離によって封印されたわれわれの平穏であり、この平穏は現実の暴力的な暗示によって、危険にさらされるどころかあやされているほどだ」とボードリヤールは言う。大量生産される物はその機能や耐久性のために価値づけられるのではなく、物の死滅のために価値づけられる。消費社会が存続するには物が必要だと思われているが、実際には、物の破壊が必要なのである。現代において消費は生産性の命令に服従している。そのため、ほとんどの場合、モノは場ちがいに存在しているので、モノの豊かさ自体が貧しさを意味しているのだという。

ボードリヤールは、私的および集団的消費の心性は魔術的思考であり、未開社会の信仰と類似していると言う。どちらも記号的な奇蹟に守られて存在しているからだ。現代社会ではますます魔術的思考が浸透し、意味作用の論理や記号と象徴的体系の分析の領分に属するようになっているのだという。ただし、未開社会における呪術的な世界認識をただ客観性に欠けたものとして捉えるわけにはいかない。フランスの社会人類学者、クロード・レヴィ=ストロースによれば、近代社会の合理的で実際的な活動と、未開社会の呪術的で儀礼的な活動の差異は、客観性と主観性という区別で把握できるものではないのだという。それは行為主体の立場から見ると逆転する。

行為主体にとっては実際活動はその原理において主観的であり、その方向性において遠心的である。その活動は自然界に対する行為主体の干渉に由来するからである。それに対して呪術操作は、宇宙の客観的秩序への附加と考えられる。その操作を行う人間にとっては、呪術は自然要因の連鎖と同じ必然性をもつものであり、行為主体は、儀礼という形式の下に、その鎖にただ補助的な輪をつけ加えるだけだと考える。したがって彼は呪術操作を、外側から、あたかも自分がやることではないかのように見ているつもりでいる。[★3]

現代の盲目的な消費を増幅させている魔術的な社会においても同様に、スペクタクルは客観性を帯びた自然として我々を取り巻いている。我々は我々が作ったシステムに囲まれてその外側をイメージすることができない。我々が繰り返すデザイン活動は、我々の環境を作り上げると同時に、我々自身の世界認識をその中に閉じ込めている。

存在論的デザイン

ウィンストン・チャーチルは１９４３年、空襲で破壊されたイギリス庶民院議場の再建方法に関するスピーチの中で次のように言った。

我々は我々の建物を形づくる。すると今度はそれらが我々を形づくる。

これは直接的には議会の在り方が国家の在り方を決めるという意味だったのだろうが、同時に、人間が物を作るということの根源的な意味を鋭く言い当てていた。つまり人間は物を作り、その物によって作られる存在であるということ。我々は物を作ることで、人間としての存在を更新する。

このチャーチルの言葉はさまざまなところで引用された。そして言い回しは少しずつ変化していった。[★4] １９６５年、米国上院の小委員会で学校教育の向上について討議された際、アメリカ教科書出版協会の会長であったエマーソン・ブラウンは、チャーチルの言葉として次のように言った。

我々は我々の道具を形づくり、そして道具が我々を形づくる。

この変節では、「建物」は「道具」と言い換えられている。ブラウンは彼自身の誤った記憶にもとづいて喋ったのかもしれないし、あるいはすでに流通していた不正確な引用を使ったのかもしれないが、いずれにしてもチャーチルの言葉の趣旨がいっそう表に出た形になった。

1967年、『サタデー・レビュー』誌は、マーシャル・マクルーハンの友人であり同僚であったジョン・M・カルキンによる「マーシャル・マクルーハンへの教育者ガイド」と題する記事を掲載し、マクルーハンの思想を紹介した。その中に次のような一節がある。

人生は芸術を模倣する。私たちは道具を形づくり、道具は私たちを形づくる。私たちの感覚の延長が、私たちの感覚と相互作用し始める。これらのメディアはマッサージになる。環境の新たな変化は、感覚の間に新たなバランスを生み出す。どの感覚も孤立しては働かない。没入感は、ほとんどすべての感覚体験に充足を求めるのである。[★5]

カルキンはここで、マクルーハンが考える没入感についての説明としてチャーチルの言葉の変節を用いていた。これがきっかけとなり、この言葉はカルキンのものとして引用されるようにもなった。

1986年、ラトガース大学の図書館学部長であるリチャード・バッドは、ある会議の基調講演で、この言葉をマーシャル・マクルーハンが語ったものとして引用した。また１９９８年には、ハワイ大学のジム・データー教授がやはり、この言葉をマーシャル・マクルーハンのものとして引用した。

１９９２年に出版された『再構成された目：ポスト写真時代の視覚的真実』の中で著者のウィリアム・ミッチェルは、「道具は私たちの目的を達成するために作られる。私たちは道具を作り、道具は私たちを作る。特定の道具を手にすることで、私たちは欲望に応じ、意図を顕在化させる」[★6]と書いた。ここでは、もともと「形づくる（shape）」とされていた部分が「作る（make）」と言い換えられ、より平易な表現になっている。

このようにチャーチルの言葉が、改変されたり出自を誤解されたりしながらも、古来からの格言かのように人々の間で語られるようになったのは、その逆説的な指摘に人々が強く共感したからだろう。類似の意味を持ったバリエーションはいろいろある。たとえばベンチャーキャピタルファームのアンドリーセン・ホロウィッツは、モバイルサービスの隆盛に関する資料の中で次のフレーズを使っている。

道具はワークフローに従い、やがてそれらを作り直す。[★7]

我々は新しい道具をまず古い仕事のやり方に合うように作る。そして時が経つと、その仕事は新しい道具に合うように変わっていく。そうした人と人工物の関係について考えることは、人間とは何かというテーマに大きな示唆を与える。主観と客観の分離という我々の世界認識が、いとも簡単に揺さぶられるのである。

西田幾多郎は『絶対矛盾的自己同一』の中でこのように言う。

我々が物を作る。物は我々によって作られたものでありながら、我々から独立したものであり逆に我々を作る。しかのみならず、我々の作為そのものが物の世界から起る。★8

デザインは我々から生み出され、我々の世界の解釈を新しく作り出し、我々を変容させる役割を果たす。この構図を前提とせずに物をデザインすることはできない。デザインするとは我々自身をデザインすることだ。そのような考え方を、コンピューター科学者のテリー・ウィノグラードと経営科学者のフェルナンド・フローレスは「存在論的デザイン」と呼んだ。★9 ともすれば、我々は主体として一方的に客体をデザインしていると思ってしまう。しかし実際には、それによって我々自身がデザインされるという循環の中にある。つまりデザインは我々と世界の存在観を作る行為である。存在論的デザインの考え方は合理主義的伝統に囚われたデザインの態度を転回する。我々が作るものと我々自身の存在が、同じ意味連関の中に問われることになる。

ウィノグラードとフローレスが1987年に書いた『コンピュータと認知を理解する』はソフトウエアのデザインに関する本だが、従来のコンピューター科学や認知科学についてはほとんど触れていない。これはもっと根源的な、人と道具の存在性について書かれた本だ。その主眼は冒頭の一節に集約されている。

どんな技術でも、人間の本質や活動についての暗黙の理解という「背景」から生まれてくる。一方技術を使うことによって、我々の行動、ひいては存在そのものに根本的な変革がもたらされる。道具（ツール）をデザインするとは自分の存在のあり方をデザインするということだという点に思い至ると、デザインについての根源的な問いに出会うことになる。[★9]

我々が何かを使ったり作ったりする時、我々はつねにすでに、何らかの限定された解釈や了解の中に在る。つまり我々自身が先にデザインされている。そしてそこで我々がデザインをする。すると我々の「暗黙の理解」が多少なりとも撹乱されて変化する。デザインはそのような再帰的な活動である。たとえばワードプロセッサーとは何かを考える時、メーカーの責任者にとっては出荷すべき製品であり、プログラマーにとってはデータの入出力を扱うプログラムである。しかしそれらは「ワードプロセッサーとは何か」の答えになっていない。使用者の関心領域においてそれは、「人間のコミュニケーションの一端をなす、言語構造の作成と操作のための道具」なのである。使用者にとってのこうした「暗黙の理解」を理解しなければワードプロセッサーをデザインすることはできない。

デザインに課されているのは、単に既存の領域を正確に反映した道具を作ることだけではない。

新しい領域を開拓することである。「デザインは、我々が関心をもつ世界で、対象・関係・規則性を新しく作り出し、同時に変容させてゆく役割を果たしている」のである。このようなパースペクティヴの背景には、マルティン・ハイデガーの「世界=内=存在」の考え方がある。我々は生まれながらに世界の内でさまざまな事物と関わり合うことで存在しており、世界と一体であり、それを外から眺めることはできない。合理主義的伝統の起点である主観と客観の分離は、その意味で我々の第一義的な経験から乖離している。私（主体）が何か別なもの（客体）を知覚しているという区別は、実存としての統合形態を否定している。そうではなく、理論的な内省に先立って、我々は解釈／先入観の世界に投げ込まれているのである。

> 解釈される者と解釈者は独立に存在しているのではなく、存在が解釈であり、解釈が存在なのである。先入観は主体が誤って世界を解釈してしまう状態ではなく、解釈の（したがって存在の）背景をもつための必要条件である。[★9]

アン=マリー・ウィリスは、どのような局面であれ、どのような段階であれ、デザインとはつねに意識的な決定主義以上のものであると言う。[★10] 彼女は「デザインはデザインする（Design designs.）」というトニー・フライの言葉について、この存在論的な主張は「デザインは世界に影響を与える」といった言い方よりも遥かに強いものだとする。それはつまり、ハイデガーが「世界する」という表現で示した、世界を作りながら世界に作られている、という根本的な構造を指している。

デザイナーによって生み出されるデザインは、デザイナーとしての世界すること（worlding）から生まれたものであり、これらのデザインから生まれたオブジェクトやシステムは、世界の一部となり、世界すること（worlding）に入り込む。★10

デザインについてこのような理解を持つことは、デザイン活動についての全く違ったパースペクティブをもたらす。デザインの存在論的理解は、デザインの多重で複雑な、現在進行形の「世界すること」を浮き彫りにする。

存在論的デザインの理論化と実装をいち早く進めていたのは、コンピューター技術やソフトウェアデザインの分野だと考えられる。ウィノグラードらによれば、さまざまな道具の中でも特にコンピューターは、記号的／言語的な対象を生成、操作、送信する装置であり、人間の本質とも言える言語行動と繫がりが強いのだという。「コンピュータに何ができるかを問うことは、人がそれで何をするか、そして究極的には、人間であるとはどういうことかという根本問題の提起につながる」のである。だからコンピューターをデザインすることは、我々の新しい暗黙の理解＝我々自身をデザインすることへの接近なのである。

第二次世界大戦以降、コンピューター技術は急速に発達した。そして複雑かつ抽象的な内部構造を隠蔽し、人間が操作するための使用モデルとして、ヒューマンインターフェースの概念が現れた。中でもＧＵＩ（グラフィカルユーザーインターフェース）と呼ばれる、使用者の関心の対象を空間的に示し、直接それらに触れながら作業を行うという使用モデルは、抽象的な記号を「グラフィック」と「ポインティング」によって具象化することで、非物理的なソフトウエアに身体性を与えることに成功した。ＧＵＩは、現代のパーソナルコンピューターやスマートフォンのほとんどに採用されている。

ＧＵＩでは、操作の対象がスクリーン上に箱庭的に示されている。それらはひとまとまりの情報を保持した書類であったり処理を指示するためのスイッチであったりするが、抽象的なコマンドに先立って具象的な物が現れるよう、意図的にデザインされている。そのような表現と振る舞いを実現するための開発方式はオブジェクト指向と呼ばれ、１９７０年代以降のプログラミングパラダイムとして普及した。オブジェクト指向では、アクションの体系よりもまず、オブジェクトの体系をコード化する。仕事全般を、対象同士がメッセージを送り合うという図式の中で解釈し、物の側からヴァーチャルな世界を構築する。

スクリーン上のオブジェクトに対してマウスや指で直接的に働きかけるＧＵＩの操作は、コンピューターを操作して処理を指示しているというより、そこに見えている対象と自分が同じ世界ですぐに隣り合っていて、直接それに触れているような感覚をもたらす。重要なのは、そこに示されている記号を我々がリアルな物として了解していることだ。オブジェクトは使用者の関心の反映としてあらかじめ定義されているが、我々はそれを扱うことで自身の了解を連続的に更新する。我々は手を動かして環境を変化させ、その様子から自分自身を知り、次の行為への構えを見出す。紙にペンで線を描く時、そのフィードバックループは自然に、自動的に起こっている。このあたりまえのことをコンピューターで再現したのがGUIであり、そのために理論化されたのがオブジェクト指向なのである。

人がインターフェースに入り込んでその形を変化させると同時に、インターフェースもまた人に入り込んでその形を変化させる。GUIを使う者は、自分のメンタルモデルを身体性をもって直接操作できる。このような再帰性は優れた道具の特徴だが、ソフトウエアほど柔軟にその存在論的な構図を現象させることのできる道具はなかっただろう。オブジェクト指向以前のプログラミングでは、コンピューターを、人間の命令に従って計算式を逐次処理する装置として捉えていた。その背景には、主体が客体を使役するという自然観が垣間見えていた。オブジェクト指向のデザインは、意識にのぼる対象を自立的な存在としてフラットに単位づけ、それらオブジェクト同士が相互作用する空間としてコンピューターを捉え直した。そのような観点を持ったオブジェクト指向プログラマーたちの思考では、客体を主体的に扱うというパラダイムシフトが起きたのである。オブジェクト指向でデザインされたソフトウエアは、あらかじめ解法が定められた問題を処理するだけの存在ではない。問題を探究する人間と関心領域との相互作用を誘発しながら、行為の可能性に開かれた道具存在なのである。

デザインの視点を制作者の文脈から物自体へ移すということについて、興味深い例がある。OOP（オブジェクト指向プログラミング）言語の多くでは、それぞれのオブジェクトの内部的な働きを記述する際、そのオブジェクト自体を参照するのに「self」というキーワードを用いる。開発者はつねに、オブジェクトそのものの立場から自身の振る舞いを規定するのである。オブジェクト指向のソフトウェアでは、客体に主体性がある。オブジェクトはコンピューターという全体の構成部品として無自覚に動作しているのではない。オブジェクト（客体）はサブジェクト（主体）に対立するが、客体が主体的に存在しているという意味で、主客は未分化されている。デカルト的な文脈では、物はあくまで認識主体である主観にとっての客観だった。一方、オブジェクト指向においては、すべての客体が脱中心的に主体化されるという意味で、物は客観にとっての主観となる。

オブジェクト指向ソフトウェアの広がりと同期するように、社会科学の分野でも、システムの在り方を構成要素の動的なネットワークとして捉える見方が広まってきた。社会学者／人類学者のブリュノ・ラトゥールらが１９８０年代より提唱している「アクターネットワーク理論」（ＡＮＴ）では、あらゆるものをアクターとして、それらが絶えず作用し合うことで社会が形成されていると考える。そこでは人も物も同列にアクターである。社会はそもそも、何か社会的なものによってあらかじめ規定されているのではなく、アクター同士の動的な連関によって絶えず生み出され続けているのだと考える。

社会を構成する相互作用においては人だけでなく物も大きな役割を演じている、とラトゥールは言う。★11 たとえばヤカンは水を沸騰させ、ナイフは肉を切るのに用いられるが、それらの物は目的に対して単に物質的あるいは因果的に在るのではない。目的は同じでも手段が変わればアクター同士の関係には別の差異が生じる。道具としての物は行為への参与子であり、再帰的かつ象徴的な社会関係の領域に存在しているのである。

もちろん、こうした参与子が行為を「規定」しており、バスケットが食料品を取る「原因である」とか、ハンマーが釘を打つことを「強いている」ことにはならない。そのように影響の向きを反転させるのであれば、それはモノを原因に変えているだけであり、その影響は、もはや単なる一連の中間項に限定された人間の行為を通して移送されることになってしまう。むしろ、モノがアクターであるということが意味しているのは、完全な原因として存在していることと全く存在していないこととのあいだに、数々の形而上学的な陰影が存在するであろうということである。[11]

哲学者の清水高志によれば、そうしたアクターたちの相互牽制的なネットワーク、いわば総当り的にモノを相対化する視点の背景には、フランスの哲学者、ミシェル・セールの理論があるという。[12]セールは『パラジット』という著書で、あるモノを媒体にして、複数の行為者たちが競合関係に置かれる状態について考察している。たとえば、ラグビーなどのゲームにおけるボールと、それを巡って形成される選手たちのフォーメーションの関係。こうしたゲームでは、ボールはそれが媒体となって選手同士の相互牽制を結びつけると同時に、彼らの流動的なネットワークを可視化する。その時、ボールは、主体である選手にとって単なる客体ではない。それは他のアクターの働きかけや関係を集約した存在であり、半ば能動的なもの、「準-客体」として存在している。ゲームにおいて中心的な役割を果たすのは、準-客体としてのボールと、その状況の中に自らを相対化できる選手である。優位に立つ選手はまた、ゲームの複雑な相互牽制のなかで次々と変わっていく。清水は次のように言う。

複数の要素による相互牽制をこのように定義することで、準-客体をめぐるセールの議論は、ANTが分析しようとする諸関係をすでに明示しているだけでなく、中心的アクタントが変化、交替する過程についても、多くの示唆を与えてくれる。★12

かつては、作られる物について、それが何であるかを決めるのがデザインの中心的な取り組みだった。しかし現代的な世界認識に照らせば、その決定はますます不可能なものになっている。決定が困難であるという意味ではなく、そもそも物にはつねに主客相互からの牽制が働いており、それが何であるかは定まることがないからである。「もし持っている道具がハンマーだけなら、すべての物を釘のように扱いたくなるだろう」という言葉は、「道具の法則」や「マズローのハンマー」などと呼ばれ、認知バイアスのたとえとしてよく用いられる。一方でこれは、道具が準-客体として能動性を持ち、世界を違ったかたちで露わにしてくるという、人と道具の本質的な関係性を示唆してもいる。

製品は、メーカーにとっては顧客に売り渡してしまいたい物だが、消費者にとってはお金を払ってでも手に入れたい物である。デザイナーはどちらの立場で物をデザインするべきなのだろうか。メーカーの立場でデザインするなら、できるだけ利益が出るように、価格に対して最低限の構成を模索することになる。一方、消費者の立場でデザインするなら、できるだけ「お得」になるように、利益を度外視した構成を提案することになる。しかし、そもそもそのような対立が生じるのは、メーカーも消費者も、製品を記号的な対象としてしか捉えていないからだ。デザイナーにとって重要なのは、物そのものが両者のネットワークを変化させる準－客体として作動するという観点を持つことだ。

物を作るという時、特に人に何か利便をもたらすような物を作ろうという時、客体であるその物の価値が主体としての使用者に受け取られるという構図をイメージしがちだ。つまり主客の分離が前提にある。しかし実際には、その物が何であるかは、主体と客体の間の行為的な関係の中でしか定まらない。たとえばそれがペンだということは、使用者がそれで文字や線を書くことの中から了解される。だから本当の意味でデザイナーがペンを作ることはできないし、その利便性を記号的に流通させることもできない。デザイナーにできるのは、ただその了解が生じる場を示すことだけである。物は我々の行為的な意識を感じ取って、つど新しい姿で現れる。物は一般に思われているよりずっと空想的なのである。

物の側から見る

物を作る仕事をしていると、物の側から世界が感じられるようになる。主客は未分化し、やがて逆転していく。何かを作るのに没入している時には、文字どおり、作っているものそのものの中に入り込んでその内側から粘土を捏ねているような気分になる。だから他者が外から見る形は、いつも本来から反転している。本来の形を知っているのは、それを作った者だけである。

物を作るというのは自分が物になることである。イギリスの人類学者、ティム・インゴルドも、「時計職人は部品の中に住まう」と言っている。[★13] たとえばヒューマンインターフェースのデザインをしている時は、自分がアプリケーションになって、スクリーンの中から使用者を見ているような感覚になる。オブジェクトが使用者とどのようにインタラクトするのかを考えているのだから当然だろう。その影響でデザイナーはよく左右を間違える。左ペインを右ペインと呼んでしまったりする。インタラクティブな物を作ろうとするなら、自分がその物になってしまう他ない。その物の視点で環境を捉え、その物の情動によって反応するしかない。ヒューマンインターフェースのデザインにはそのようなアニミズムがある。

物と人にどれほど強い結びつきがあるか、はたからは計り知れない。装身具、仕事道具、玩具、食器、楽器、お守りなど、それら個人的な持ち物と持ち主との間には、時として驚くほど強く深い親密さが存在する。人の物に無闇に触れてはいけないのはそのためだ。人の物に触れることとその人に触れることは感覚的に同一である。そのように、客観的に存在する物が私的な領域で主観的に感じられる時、アニミズムが顕在化する。人類学者の奥野克巳は、アニミズムというものは、人間が公共的空間と私的な純粋経験の領域を往還する過程で立ち上がるのだと言っている。[★14]

私的な純粋経験の領域に深く分け入り、その経験に浸りきるのではなく、公共的な空間に還って、当の現象を客観的に判断しつつ言語によって知ろうとした時に私たちの前に現れるのが、アニミズムなのである。[★14]

アニミズムは主客二元論以前の一元論的な世界にある。物は生きている。ただしそれぞれの物はそれぞれの世界に生きているので、ふだんそれらと出会うことはない。唯一の機会は、我々が物と親密になって物の側の世界に入っていく時、つまり我々自身が物になる時だ。物を作るなら物にならなければならない。物の目で見て、物の耳で聞き、物の体で世界と交わらなければならない。

童話では、物はあたりまえのように生きている。それはとても自然なことだ。物はそれぞれの世界の住人として心を通わせ合っている。そして読者自身もそうした世界の集合に参加している。幼年期に我々は、ユニバース（単一世界）より先に、プルリバース（複数世界）に出会ったのではなかったか。

『ロボット・カミイ』という児童書がある。次のような内容だ。ある日、幼稚園児のたけしとようこがダンボールでロボットを作る。紙で作ったロボットなので「カミイ」と名づける。するとカミイは生きて自分で動き出す。カミイはいたずらでわがままだったが、次第に子供たちに受け入れられ、一緒に遊ぶようになる。カミイはある時、自分はロボットの国から来たのだと言う。たけしとようこは驚いて、「だけど、カミイ。カミイはわたしたちがつくったのよ」と言う。するとカミイは、「そうだよ。きみたちがつくったから、ぼくはにんげんのくにへやってこれたんじゃないか。つくらなきゃ、ぼくはまだロボットのくににいたんだ」と答えるのである。★15

人が作ったものであっても、それを生かしているのはどこか別のところからやってきた神秘的な力である、という感覚がある。何かを作っている時、実際に手を動かしているのは自分であっても、その作業において逐次なされる意思決定、無意識に選択されるデザインパターン、そして具象化されていく物の意味性を評価する目は、自分だけのものではなく、そのほとんどすべてはどこか別のところから、特殊な客観性を帯びて現れる。

ただなんとなく作った作品が意外と良くできていて、後からいろいろな説明をつけることができてしまうことがある。作品自体が知らないうちに、しかしはじめから、その中に深長なコンテクストを含んでいる。自分が作ったものでありながら、それ自体がその物の世界からやってきたように感じる。デザインする時、それは自分の理想のためでもなく、ビジネスの成果のためでもなく、人間関係の構築のためでも、組織の効率のためでもない、という心理状態になる。デザインするのは何かのためではない。それはただそうしたいから、そうせざるを得ないからだ。物が形になりたがって、そのことを物の側で感じるからだ。

文化人類学者の岩田慶治は、アニミスティックな野生的畏敬の対象を、文明的宗教における「神」と区別して、「カミ」と表記する。★16 ロボット・カミイはアニミズムの象徴的な物語であるように思われる。カミイは子供たちが作った物だが、ロボットの国から来たカミでもある。物語の最後にカミイは、本当にロボットの国へ帰ってしまう。この流れは、熊の魂となって人間のところへ来たカムイを送り戻す、アイヌの伝統儀礼イオマンテにも似ている。そしてデザインという行為にあるアニミズムも、この状況に似ている。

人にはそれぞれのアニミズムがあるだろう。何にアニマ（霊魂／生命）を見るか。それは自然であったり、道具であったり、慣習であったり、思い出であったり、あるいはもっと観念的なものであったりするだろう。その時、あなたのそれは暗黙的にあなたを知っており、またあなたはそのことを知っている。

この「知っている」という了解は、オブジェクト指向のモデリングについての会話でもよく現れる。たとえば「オブジェクトAは、オブジェクトBを知っている」といった言い方がされる。これはAからBへの参照が一意に辿れるという意味だが、非常にアニミスティックな表現だと感じる。UMLのクラス図で言えば、クラス同士をつなぐ線がそれだ。両者が相互的に参照していて、そのことを了解し合っているということ。この連関によって、対象はアニメート（生命を吹き込む）されるのである。

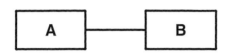

スイスの心理学者ジャン・ピアジェによれば、子供の認知は「中心化」から「脱中心化」の方向で発達するのだという。[★17] 中心化とは、自分の視点と他者の視点が区別されず、主体が自身の観点を絶対的なものと捉えている段階である。脱中心化とは、別の主体としての他者や客体の観点を考慮できるようになる段階である。そしてその過程では、「同化」と「調整」の働きが作用するのだという。

ピアジェは、生物が栄養物やエネルギーを摂取し自身の一部とすることで生命を維持するのと同様に、認知的行為においても、人は諸対象を機能的栄養物として取り込んで自身の行為に統合するのだと考える。これが同化である。また、摂取された物質が体内で別の物質に変化するように、認知的な領域においても、同化される対象の影響下で多少なりとも自身の行為が修正される。これが調整である。同化と調整はつねに同時に作用しており、これらのバランスによって、認知的行為は、遊び、模倣、知的行動といった性格をとるのだという。

ピアジェの言う「同化」と「調整」のサイクルは、存在論的デザインの観点である、我々は物を作ると同時に我々自身も作られる、という主客未分の構図と類似している。ピアジェによれば、そもそも主体と客体との境界は、前もって線引きされているわけでも恒常的なものでもないという。どのような行為においても、主体と客体は分離しがたく結びついている。主体が自分の行為について意識するとき、その意識は客体に属する情報を含んでいると同時に、あらゆる種類の主観的特徴を伴っている。

> 認識はその起源に関していえば、客体から生ずるのでも主体から生ずるのでもなく、主体と客体との間の（最初は解きほぐしがたい）相互作用から生ずるのである。[17]

そのような主客未分の認知の在り方を単に未発達のものと見做すことはできない。自他の区別が人間の社会構築に必要なものだとしても、感情の自然な同調や他者への共感もまた我々を社会的な存在にしている大きな要因である。人類学者が未開社会のアニミズムを研究するように、一元論的な世界観は我々人間の本来的な認識の構造を示している。

イギリスの作家、ミック・ジャクソンが書いた『精霊熊』という寓話では、一元論的な世界に歩み戻った老人のことが描かれている。[18]昔、森を跋扈する邪悪なものが夜な夜な熊の姿で村にやってきて人々を怖がらせていた。村人たちは相談し、誰かが森へ行って精霊熊を説得しようと決める。選ばれたのはトムという老人だった。彼は出かけるのに、体中に枯葉や苔をつけて森の生き物になりきる。すると、彼は何か野生的で原始的な世界に棲んでいるような気分になってきた。森に入ったトムは精霊熊との交渉に成功するが、それ以降、彼は時折り枝葉の偽装で森をうろつくようになる。

畏怖の対象と交渉するために自らその世界に同調していくという振る舞いはさまざまな文化圏の伝統的行為に見られる。デンマークの人類学者、レーン・ウィラースレフの著書『ソウル・ハンターズ』では、シベリア・ユカギールの民が狩猟を行う様子が描かれる。[★19]ユカギールの狩猟者は、狩をするのに、獲物であるエルク（鹿の一種）と精神的な同化を試みる。しかし同時に、狩りを成功させるには、完全に同化しきることがない状態を保つ必要があるのだという。彼は狩猟者であると同時に動物でもある。それは高度に複雑な仕事なのだとウィラースレフは言う。

もし彼が、狩猟者としての意図をその行動を通じて見せるなら、獲物の動物は逃げるか彼を攻撃するだろう。他方で、もし彼が意図を彼の身体の動き（エルクの動き）に融合させるならば、彼は獲物のパースペクティヴへと陥って、獲物になってしまうだろう。それゆえ狩猟者は、彼のパースペクティヴが狩猟者のそれと動物のそれのどちらでもなく、その間あるいは同時に両方でもあるということを確かなものにするために、獲物の動物に意識を向けるだ

けでなく、獲物に気づいている存在である彼自身にも意識を向ける必要がある。[★19]

ウィラースレフはユカギール人のこうした振る舞いの背景に、ブラジルの人類学者エドゥアルド・ヴィヴェイロス・デ・カストロが「パースペクティヴィズム」と呼ぶ世界認識の在り方を見る。その認識では、世界は人間と非人間からなるさまざまな類いの人格たちが住まい、それぞれが異なった観点から現実を知覚しているところである。すべての類いの種はそれぞれ独自の領域にあって、世界を人間と同じ仕方で知覚する。それは「同一の世界に対する別な観点ではなく、同一の観点を別な現実へと持ち込むことの結果」なのだという。

西洋的な自然観においては、自然は客観的かつ恒常的なものと考えられてきた。その単一的な自然に対して、文化による多数の解釈があるのだとされてきた。そうした「単一の自然主義／多数の文化主義」の考え方を「単一の文化主義／多数の自然主義」という考え方に変換するのが、パースペクティヴィズムの存在論だとヴィヴェイロス・デ・カストロは主張する。西洋の存在論が「自然の単一性と文化の複数性」という常識の上に築かれている一方で、パースペクティヴィズムは「精神の単一性と身体の多様性」の上に築かれるのである。

エルクに近づくにはエルクにならなければいけないが、エルクを仕留めるためにはハンターとしての視点を持っていなければならない。ウィラースレフによれば、そこにあるのは、「私」と「私=ではない」が、「私=ではない=のではない」になるような奇妙な統合である。この曖昧さの中では、「客体としてのエルクを見る主体としての狩猟者」と「主体としてのエルクによって見られている客体として自らを見る狩猟者」が、高速に入れ替わり、両者の一体化が経験されるのだという。その時、狩猟者は異なるパースペクティブの仲介路に足を踏み入れている。

自然と人間、物質と精神といった二項対立ではなく、人間以外の動植物、あるいは人工物までも含めたさまざまな存在を脱中心的に捉え直す「存在論的転回」と呼ばれる思潮が、人類学や社会学をはじめ多分野に広がっている。これまでの近代西洋的な主体は客体的に観察し返され、またその他の客体は主体的に経験し返される。そこでは必然的に、存在という究極性を再帰的に相対化するという、主客の半統合が試みられることになる。

これは詩人が、生活者としての感情を高調させながら、同時に表現者としての観照を保とうとする試みとその質を同じくするものだろう。物をデザインするというのは、自分の一部でありながら自分ではないもの、自分の一部と他者の一部が交渉的に融合した存在を生み出す、主客半統合の行為だ。そこで生み出される存在は人と自然の間から現れた精霊であり、そのアニマが我々の社会環境を変化させ、我々を変化させるのである。

スパイラル

我々の祖先が道具を作り始めた時代、つまり前期旧石器時代のはじまりは、約330万年前とも言われている。[★20] ホモ・サピエンス出現の遥か以前の話である。我々は今の人間になるずっと前から道具をデザインしていた。道具の存在は人間の存在と不可分だが、それは人間が道具を作ったからではない。道具が人間を作ったからである。デザインははじめから、我々自身を作る行為なのである。

デザインが人間を作る。我々人間に関することの中で最も人間らしいものがデザインである。建築史家のビアトリス・コロミーナと建築家のマーク・ウィグリーは『我々は 人間 なのか?』の中で、人間にとってその歴史の始まりから現在まで、デザインこそが社会生活の基盤なのだと言う。[★21]それどころか、人間はその多様性と可塑性、つまり自身の能力を変化させる能力によって定義される存在なのである。人間は道具を発明すると同時に、道具が人間を発明する。道具と人間は互いを生み出し合っており、人間は自分たちの作り出した人工物と自分自身を切り離すことができないのだとコロミーナらは言う。

人間は、自身を変化させる行為によって常に発明されている。脳と体と人工物は切り離すことができず、思考することはそれらの混ざり合いの中からのみ生じる。人工物自体が思想であり、それがまた新しい思考形式をもたらす可能性を秘めているのだ。[★21]

道具は人間がもたらした成果というよりもまず、人間のための新たな機会である。道具を作る行為の中で、道具がもたらす結果への人間的な意図と期待が生じる。コロミーナらによれば、道具は特定の実用的な作業を行うために作られるというより、利便性に関する既存の概念を疑うために生み出されるのだという。役に立つとは一体どういうことなのかを考えること。道具を作る行為が、その新たな理解を拓いていく。利便性とは、すでに与えられている明確な必要性のことではない。「曖昧さが新しい利便性へと向かう原動力」なのである。人間特有の可塑性とは、そうした作ることと作られることの連鎖反応であるとコロミーナらは考える。人工物を発明するとさらなる発明のための条件が確立される。その結果、人間が絶え間なく再発明されていく。ただの必要性を超える能力、今までとは違うものを作る能力、そして違った方法で作る能力は、人間を人間たらしめる。しかし同時に、人間を持続困難な存在にもしてしまう。

現代のテクノロジーは我々の最も人間的な要素であると同時に、我々にとって最も大きな脅威でもある。デザインは人間を再発明しつつ人間を保護することができるだろうか。その可能性は、人間だけが道具を作るための道具を発明し、またつねに自身を再発明するために自分たちが作った人工物を使用できるというスパイラルの方向にかかっている。

アメリカのコンピューター科学者アラン・ケイは、有名なマクルーハンの「ミディアムはメッセージである」という言葉について、それが意味するのは、ミディアムを利用するには自分自身がミディアムにならなければならないということだと解釈する。★22 我々が新しいミディアムを作ると、それによって我々も新しいミディアムとして作り替えられてしまう。我々は我々が作ったものから根本的な影響を受けてしまう。

これはかなり恐ろしいことである。人間は道具を形づくった動物ではあるが、道具の使い方を学ぶことが私たち自身を形づくり直す、という点に道具と人間の本質があることを意味している。[22]

印刷は聖書解釈的な中世を科学的な社会へと変えた原動力だったとマクルーハンは主張するが、そこで重要なのは、印刷というものが、本を手に入れやすくしただけでなく、読み方を学んだ者の考え方を変えさせた点なのだとケイは言う。道具とその技術は人間を作り替える。特に我々のコミュニケーションを記号化しながら加速度的に発達している情報テクノロジーは、我々に「同化」と「調整」のバランスをとる時間を与えない。コンピューターによって我々自身がどのように変わってしまうのか、誰も予想ができない。

マーケティングの観点でコンピューターとデザインの関係を最も敏感に捉えてきたのはAppleだろう。Appleの製品は創業以来そのデザインの良さで人気を集めてきた。Appleは洗練されたデザインの製品を、デザインする人々のための道具としてプロモーションすることで、「デザインはデザインする」という再帰的な構図を市場に提案している。

Apple製品のデザインの良さは、ハードウェアとソフトウェアの自然な統合、そして意匠性と使いやすさの融合による、相乗的な効果によるものだ。Appleは早い段階からユーザビリティーを重視し、デジタルプロダクトのデザイン分野を牽引してきた。Apple IIはパーソナルコンピューターが普及するきっかけになった製品だが、その1977年の広告には、「すぐに使えるホームコンピューター、あなたと一緒に働き、遊び、成長します」というキャッチコピーがある。[23] これは、コンピューターの専門家でなくても使える製品であるという趣旨だろうが、コンピューターが使用者と一緒に「成長する」ものであるとしているところが興味深い。広告の中を読むと、この製品には拡張性があり、プログラマブルであると同時に、これを使うことで「あなたとあなたの家族(family)がコンピューターそのものに親しみ(familiarity)を持てるようになるのです」と書かれている。多くの使用者にとっておそらく初めてのコンピューターとなるこの製品は、使用者と相互的に成長し、相互的に親しまれるものだと言っているのである。

また1984年の初代Macintoshの広告では、有名な「Introducing Macintosh. For the rest of us.」というキャッチコピーに続いて、次のように書かれている。

1984年より前の時代には、コンピューターを使っている人はほとんどいませんでした。それにはもっともな理由があります。

使い方を知っている人があまりいませんでした。学びたいという人もあまりいませんでした。

結局のところ、当時はコンピューター・セミナーでお腹が鳴るのを聞いただけでした。コンピューターのマニュアルを読みながら眠りに落ちただけでした。コンピューターでなければ理解できないような複雑なコマンドを覚えるために夜遅くまで起きていただけでした。

するると、とりわけよく晴れたある日のカリフォルニア・クパティーノで、とりわけ優れたエンジニアたちが、とりわけすばらしいアイデアを思いつきました：コンピューターはこんなに賢いのだから、コンピューターについて人に教えるのではなく、人についてコンピューターに教えるほうが理にかなっているのではないか？[★24]

Macintoshは商業的に成功した最初のＧＵＩコンピューターだと言われている。それまでコンピューターを触ることのなかった普通の人々＝Rest of usに向けて、AppleはMacintoshをユーザーフレンドリネスの体現として位置づけた。Macintoshがあればあなたはコンピューターについて特別に勉強する必要はない。Macintoshがすでにあなたのことを知っているのだから。というこの広告メッセージは、ユーザビリティーの概念が今ほど市場で認知されていなかった当時、感動的に響いただろう。また、コンピューターがすでにあなたを知っているという構図は、ＧＵＩの実装上の背景であるオブジェクト指向の考え方とも同期している。オブジェクト指向のソフトウェアデザインでは、使用者のメンタルモデルをもとにしてプログラム内のオブジェクトが定義される。ＧＵＩの特徴は、コンピューターが使用者の関心の対象を知っていて、それをスクリーンに表象することで、コンピューターが使用者のことを知っているということを使用者が知っている、という構図を作り出す点にある。

しかしいくらコンピューターが賢くても、人間の思考のすべてをあらかじめプログラムに組み込むことはできない。できたとしてもそれをひとまとまりの道具として表現することはＧＵＩには無理だろう。実際Appleは、開発者向けに１９８７年に出版した『Human Interface Guidelines: The Apple Desktop Interface』の冒頭で、ヒューマンインターフェースの哲学として次のように語っている。

人々と仕事との関係に注目し、目的に合ったインターフェースを生み出すため、Apple Desktop Interfaceは、その対象となる人々のモデルを想定してきました。しかし、人々はすばらしく複雑で多様であり、人間とコンピューターのインタラクションをデザインするための完全な枠組みを提供するような人間活動の理論は、遥か先にあります。いずれにせよ、そのような理論は単純化されすぎるのです。なぜなら、コンピューター自体が私たちの考え方、感じ方、振る舞い方を変えるからです。コンピューターのデザインと人間の活動は、ですから、共に進化しなければならないのです。Appleは、人間の行動の詳細の多くが理解されていなくとも、人間が示す反応に着目することが、わかりやすく効率的なコンピューター環境のデザインに役立つと考えています。[★25]

道具をデザインするための手がかりとして、人間の活動を完全に定式化することはできない。なぜならその道具が、その道具を使う行為が、人間の活動を変えてしまうからだ。Appleはここでも、人間とコンピューターは共に成長するものだと主張している。

人間は道具を手にするとその内部に変化が起こる。それまで全く知らなかった、けれど優れた道具であるほど、その変化は大きく不可逆的なものとなる。いや、不可逆性の高い変化をもたらすものこそが、優れた道具なのである。道具の魅力や活用性は、元の自分との差分にある。身体を延長しその差分を満たすことで、つまり自分が変わることで、道具は真にその道具性を発揮する。良い道具はいつも新しく、またいつも古い。もし新しいままならいつまでも使うことができないし、もし古いままならさらに使いこなすことができない。道具と使用者の存在が互いに更新され合うような循環を、良い道具は駆動する。

人間の歴史は、道具を作りその道具から作り返されるというスパイラルとして営まれてきた。このスパイラルは、我々個々人の人生を通じて、あるいは平凡な日常の中で、絶え間なく経験される。ソフトウェアエンジニアの大坪五郎は『ユーザインタフェース開発失敗の本質』の中で、道具の性質によって人の思考が変化することを簡単なテストで明らかにしている。★26

大坪は、情報機器によく見られる、静的に分類された階層式のメニューに疑問を持ち、使用者の選択内容に応じて動的に構成が変化するナビゲーションを考案した。実験として作成したのは、昼食に何を食べるかを決めるためのシステムで、膨大な食べ物の選択肢から何度かの選択行為を通じて意思決定できるようにするものだった。静的な階層メニューを辿る場合、使用者は求めるものがどの分類に含まれるのかを推測する必要がある。実験のシステムでは、はじめにいくつかの末端項目がランダムに提示される。その中から求めるものに近い項目を選ぶと、自動的に類似項目が抽出され、次の選択肢として提示される。それを繰り返すことで使用者は目的のものに効率的に辿り着ける。

このシステムのポイントは、中間階層がないので使用者が抽象的な分類を目にしなくて済むということと、分類のために事前に使用者のメンタルモデルを定式化する必要がないということである。しかし実際にこのシステムを使ってもらうと、別のところに問題が生じた。ある使用者は、目的の食べ物に向かって選択肢を狭めていくのではなく、次々と全く異なる項目を選ぶ行動をとった。この使用者はランダムに提示される項目を目にして、できるだけ色々な選択肢を見てから最後にひとつを選びたいと考えたのだった。また別の使用者は、スクリーンに天丼が表示されたのを見て天丼が食べたくなったとコメントした。候補として何が表示されるかということ自体が要求を変化させたのだった。

要求を特定することからデザインが導出されるという認識を持つ人は多い。要求をより詳しく正確に特定することで作るべき物の形が詳細に計画可能になるという考え方は支配的だ。しかしデザインの在り方がそれほど単純なのであれば、なぜ世の中にこれほどおかしなデザインが溢れているのだろう。そこには、デザインの存在そのものが、要求を生じさせている背景構造を変化させるのだという、人と道具の基本的な相互作用に関する視点が欠落しているのである。

ほとんどのデザイン理論は、制作に先立つ要求事項の特定を重視する。しかしデザインされた物による要求の変化についてはほとんど忘れられている。物を作ることに関心を寄せながら、物への関心が不足している。物の側から世界に接続する、存在論的転回がなされていない。仕事のために道具を作る。すると道具によって仕事が作られる。あたりまえのことだ。仕事が良い方向へと変わらないのであれば道具を作る意味がない。仕事の仕方を変えることこそが新しい道具の役割である。その意味で、仕事と道具の存在は同時である。現在の仕事における要求を先にリストアップし

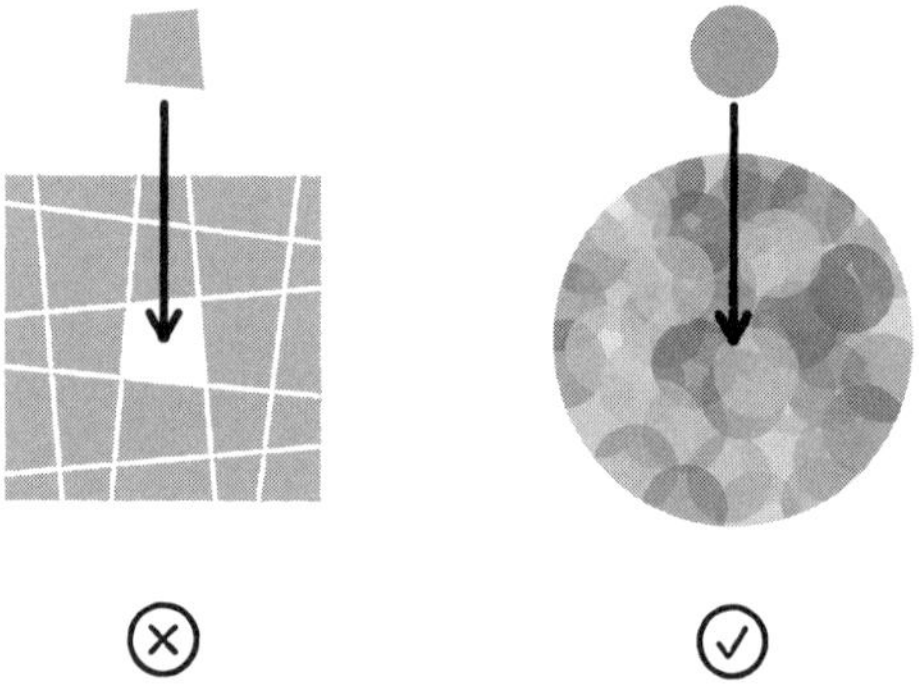

それらに合わせて後から道具をデザインするという仕方では適合は得られない。

デザインの前提には要求があるが、要求を反転させればデザインが現れるというわけではない。デザインはどこか欠如している部分を満たすことではない。世界の中に要求という穴があってそれを埋めることではない。世界はさまざまに存在する世界自体のネットワークとして立ち上がっているのであり、固定的なフレームを持たないまま隙間なく満たされている。デザインは、そこに新たな存在を加える行為だ。

新たな存在が加えられると、それは周囲の世界を押し広げ、あるいは混ざり合い、我々の先入観を変化させる。どんな小さなデザインも世界全体を更新するのである。その結果がどのようなものになるのかをデザイナーは規定できない。デザイナーにできるのはただ、ネットワークを構成するノード同士のインターフェースを整えることだけである。

問題の外に出る

たしかにデザインは、使用者が持っている要求を満たし、問題を解決することもある。しかし要求を特定することがデザインの行為と直接関係しているわけではない。要求からデザインを規定することはできないし、できたとしても、それが問題を解決するとは限らない。要求の特定はデザインを評価するためのひとつの試みにすぎず、むしろデザインが要求の捉え方を提出するのである。

問題の多くは顕在化しておらず、人は指摘されてはじめてそこに問題があることに気づく。問題がまず個別に現れてその中から解法が導かれるのではない。むしろ、まず可能性としての解法があり、その中から問題が創作されるのである。問題を解決する確実な方法は、解決可能性の方から物事を見ることだ。デザインの効果は、個別の問題を解決することにあるのではなく、物事に対する新しい見方を示し、問題をアナロジカルに、行為の可能性として捉え直せるようにすることにある。

プロダクトを作る際によく言われるのは、顧客が要望するデザイン案を鵜呑みにしてはいけないということだ。彼らはデザイナーではないし、自分に見えている問題の形に注目しているだけで、システム全体に対するインパクトについては考慮していないからだ。しかし、顧客に対して「その要望の本質は何ですか?」と聞いても、やはり適切な回答は得られないだろう。表出された意見から問題の本質へとラダリングし言語化するのはデザイナーの役目である。これは医者が、患者が訴える症状からその原因を推測する振る舞いに似ている。適切な診断をして治療方針を定めるには、膨大なヒューリスティックが必要になる。顧客の要望の裏に、つねに何らかの本質問題が特定可能であるとは限らない。問題はいつも要求が環境を変化させた結果として新しく生じてくる。デザインが問題を作っているとも言えるだろう。デザインによって仕事の在り方が変わり、次のレベルの要求が作られる。これが人と人工物の関係である。

デザイナーが解決策として提出した物自体が、問題環境に影響を与える。デザインの前提としていた課題設定はデザインによって変化する。問題を解決する方法を考案するのがデザイナーだと思われているかもしれないが、どちらかと言えば逆なのだ。人々の生活は環境との相互作用によって連続的に更新されているのであり、いちいちそこに問題が意識されているわけではない。デザイナーは使用者に対して「解決方法はこちらが考えるので何が問題なのかだけを教えてください」と言うことがあるが、使用者にとって実はそれが一番難しいのである。人はデザインされた物を見てはじめて問題領域を認識する。デザインは問題に解決を与えるのではなく、むしろ解決に問題を与えている。デザインは問題を作る。悪いデザインとは、自らが提起した問題に適切な回答を与えられないもののことだ。良いデザインは、まるで曲芸のような回答で問題の見方を変えてしまう。建築家のクリストファー・アレグザンダーは次のように言う。

もし彼が良いデザイナーであれば、彼の発明する形は、問題を深く貫き、ただそれを解決

(solve) するだけではなく、解明 (illuminate) するであろう。[27]

アメリカのコンピューター科学者、フレデリック・ブルックスによれば、偉大なデザイナーは普通のデザイナーに比べて、より高速で、より単純で、より欠陥の少ない構造を、より少ない労力で生み出せるのだという。[28] 偉大なデザイナーのアプローチと平均的なデザイナーのアプローチの間には天と地ほど違いがある。これまで多くの優れたソフトウェアシステムが多人数のプロジェクトによって構築されてきたが、ファンを熱狂的にわくわくさせるようなソフトウェアシステムは、一人または少人数の偉大なデザイナーによって作られているのだという。ブルックスは、「偉大なデザインは、偉大なデザイナーから生まれる」と主張する。

要求を特定する方法として多くのデザイン理論が教えているのは、完成した、あるいは制作中のデザインをテストしてみることだ。使用者に製品を使ってもらい、その様子を観察することでデザインの問題を発見する。このアプローチは、ある状況においてたしかにその問題が起きることがあると証明するには理にかなったものである。また、製品を開発する側の人間にとっては、そうしたテストを行う以外に、使う側の立場から自分たちの仕事を評価する機会がない。テストは開発者に実際的な審美眼を与えるという重要な役割がある。

しかしテストによって何らかの問題が発見されたとしても、不適合の可能性の一部が示されただけであり、それで在るべきデザインの全体が定義可能になるわけではない。当然だが、問題を解決するデザインは、問題を見つける行為からではなく、デザインする行為からしか生まれない。ソフトウェアデザイナーのアラン・クーパーは、著書『ユーザーインターフェイスデザイン』の中で、技術モデルのデザインを非難してユーザーモデルへの移行を訴える一方、その実現にはユーザー中心ではなくデザイナー中心の取り組みが必要なのだと主張している。

ユーザビリティテスターはプログラマを暗い部屋へ連れ込む。プログラマはそこで、自分の作ったソフトウェアとユーザーが格闘するのを盗み見る。プログラマは、被験者は脳に障害があるのではないかと最初は思う。ユーザーが彼のプログラムを理解できないことが信じられないのである。苦痛に満ちた観察の後、とうとう彼は経験という証拠の前に屈伏する。自分のインターフェイスデザインに改良の余地があることを認め、その仕事に取りかかる。

しかし、経験主義はデザインの方法ではなく、デザインを検証する方法である。問題の所在を突き止めるためにブラインドテストを行うのと、その結果を問題解決のために利用するのとは全く別のことである。ユーザーが苦闘しているところを見せるのはプログラマにとっては良い薬になるが、ユーザーやソフトウェアにとっては大して役には立たない。プログラマは自分のコンピュータに戻って、ユーザーインターフェイスにもう少し余計に論理と理性を注ぎこむだろう。我々が良いデザインをもつ十分な数のソフトウェアを手にすることができるのは、デザインが、プログラマ（ユーザーテストの結果に助けられたプログラマであっても）ではなく、ソフトウェアデザイナの手に委ねられたときである。★29

作ったものが本当に役に立つかどうかを知るには、それを実際に使ってもらう必要がある。そうすることでしか、その解決策が機能しているのか、何か別な問題が顕在化しないかを、確認することはできない。しかし、そうした経験主義的な検証活動からデザインが生まれるわけではない。どんなに削ろうが磨こうが、石炭がダイヤモンドに変わるわけではない。せいぜい石炭の角が滑らかになるだけである。良いユーザーインターフェースデザインの鍵は、ユーザーではなく、ユーザーインターフェースデザイナーなのだとクーパーは言う。

問題を特定することと実際にデザインすることは違う。だとすれば、デザイナーはどのようにデザインすればよいのだろうか。多くのデザイナーがまず取り組むのは、問題の解法を問題そのものの中に探ることである。問題を解決可能な単位に整理するために、問題を複数の要因に分解する。しかし各要因に対して個別に解決策を講じても、たいていは新たな問題を発生させるだけである。デザインを部分的に変更すれば、それによって他の部分との整合性が失われる。デザインの全体性が損なわれれば、部分はその役割を果たすことができない。デザイナーが明快な構成を主眼とせずにすべての要求を平等に考慮するなら行き着くところは混乱である、とアレグザンダーは言っている。[★27] デザインについてのさまざまな要求を個別に満足させるのではなく、物の全体性を立ち上げる秩序に対しての感覚が必要なのだ。デザイナーは問題を部分ではなく全体的なものとして扱わなければならない。問題の横断的な背景に接近しなければならない。

問題にはいつもトレードオフが付随している。そしてその相反する事柄のどちらも捨てることができないというジレンマが問題を顕在化させている。問題解決とは、トレードオフの構造自体を解体することである。その際、トレードオフの線上にいたのではトレードオフは解体できない。すでに顕在化している問題に対するものとしては、これという解決策がそもそもないのである。そのため、問題解決の取り組みは多かれ少なかれ、問題そのものを相対化する行為でなければならない。解決策を見つけるには、問題が認知されたレベルの外部構造に注目し、問題を定義しているロジックそのものを変更する必要がある。問題に集中してその内に入り込むのではなく、集中を解いて問題の外に出なければならない。

　複雑な要求に応える道具を作ろうとする時、多くのデザイナーはその複雑さをそのまま引き受けようとしてしまう。複雑さを限られた箱の中に収めるのがデザインだと思ってしまう。しかしデザイナーに求められるのは、複雑に見えていた要求をもっとシンプルに解釈し直せるような新しい観点を提出することだ。絡み合った問題が顕在化している時は、すでに要求がトレードオフの中に膠着しているため、普通の方法では解決できない。ある種の突飛な方法、問題の前提を取り替えてしまうような方法をとる必要がある。顕在的な問題に対して手持ちのリソースの組み合わせで解法を探す作業はパズルを解くようで楽しいが、それは問題を潜在化させる行為に過ぎない。先延ばしにされた問題はすぐに拡大し、状況をより困難なものにしてしまう。

アメリカのエンジニア、ドナルド・ゴースと、コンピューター科学者、ジェラルド・ワインバーグは、「問題とは、望まれた事柄と認識された事柄の間の相違である」と言っている。[★30] つまり、実際に得るものではなく、実際に得るものに対する認識の方を変更すれば、問題を解決できるのだという。たとえばエレベーターの待ち時間が長いという問題に対して、エレベーターロビーに鏡を設置するというのがそれだ。待ち時間を短くするのではなく、待ち時間に対する苦痛を和らげればよいというアイデアである。たしかにこれは発想の転換だ。しかし本質的に問題を解決しているとは言えない。むしろ卑近なところに解法を提示することで、問題を見えにくくしてしまう。こうしたアプローチは最後の手段である。デザイナーは、エレベーターの性能や運行プログラム、そもそも人々が階を移動する目的や、同じ時間に一斉に移動しなければならない必要性に対して、まずアプローチしなければいけない。

優れたデザイナーは、問題ごとに解法を考えるのではなく、つねに、複数の問題が一度に解決してしまうような状況を考える。一元的な背景構造に辿り着くまで問題同士の相似性を手繰り寄せる。問題を分類してはいけない。統合するのである。重要なのは、複雑な問題をどう解決するかではなく、単純な解法の中にどう問題を見立てるかということなのだ。なお、一度に複数の問題を解決するような手立てを考えるというのは、一石二鳥の便利機能を考えるということではない。複数に見えていた問題の背景に、仮定され得るひとつの根本を生成的に探究するということである。これはデザイン行為によって問題を明らかにするということでもある。それを糊代にして物事を貼り合わせ直すのである。

問題の外に出て問題の背景構造をリフレームする。これは同時に、「デザインは問題解決である」という一般的な言説のリフレームにもなっている。問題の捉え方を変えるということは、状況についてのそれまでの認識を更新するということだ。デザイナーがデザインするのは、自分自身の先入観である。デザイン行為にはその行為自体のデザインが自動的に含まれている。デザインはつねにデザインのデザインであり、物の在り方を変えるということは自分の在り方を変えるということである。

デザイナーの経験的直観は、習慣的に物事をアナロジカルに思考することで鍛錬される。この習慣が身についていない者がいくらアイディエーションの時間をとっても、問題をリフレームするようなアイデアは発想されないだろう。思考のスコープをひとつ上のレベルにスライドさせるには、アナロジカルな思考によって作動する、拡張的な推論方法を用いなければならない。つまり、帰納法でも演繹法でもなく、アブダクションを使うのである。

2

使用すること

中動態

　行為を仲介する道具はミディアムと呼ばれる。たとえば楽器というミディアムはほとんど無限のポテンシャルを持っているように思われる。初心者のうちは音のままならなさに圧倒され、熟達してからも新たな音を鳴らし尽くすことがない。その時、人の方が（楽器と音の間の）ミディアムとなり、音を通じて楽器が人に新しい身体を要求してくるような感じがある。人はその新しい身体で新しい音に出会う。ミディアムというのは、「A－B」の「－」ではなく、「－X－」の「X」なのである。両者の間をつなぐものではなく、先立って両者を規定しているものなのだ。それはたとえば、建てることと住まうことを規定する家であり、書くこととメッセージを規定するペンである。

　ギターのコードを習う者は誰でも、それまで経験したことのないような仕方で指を変形させなければならないことに驚く。人の身体を使って音楽を奏でようというのだから、人が楽器に合わせて変形しなければならないのは当然だろう。人が自らを道具として用い、道具が自らを人として用いる。職人の手指は長年使った手仕事道具に合わせて変形している。本当にアートを成すには、人が道具に合わせて変化し、道具をこれ以上ないというほど自分のものにしなければならない。

　どんな些細な道具であっても、たとえば我々が話している言葉や動かしている手足であっても、我々自身の変容なしには扱うことができない。小さな二本の棒を箸にしているのは棒の方ではなく我々の身体だ。道具の使用可能性とはつまり我々の変容可能性に他ならない。鉄棒で逆上がりができるようになった時のことを思い出してみる。その前後で鉄棒が変化していないなら、変化したのは明らかに自分である。たとえ鉄棒が変化していたとしても、できなかったことができるようになったのだから、やはり自分も変化したのである。自転車は、その練習をしはじめた時には、全く人が乗るのに適した物には見えない。しかしひとたび乗れるようになれば、これほど理にかなった完全なデザインは無いのではないかと思えてくる。その変化は自転車に起きるのではない。練習して乗れるようになった自分に起きるのである。

道具性というものは道具に付随する属性ではない。人はどんな物にも道具性を見出すことができる。それを使い、我々が我々自身をそれに合わせて、馴染んでいくことによって、物は道具的な存在になる。このような物の見方をハイデガーは「配慮的な交渉」と呼ぶ。[★1]「使う」という言葉は、一方的な圧力ではなく、双方的な応力を示唆している。User（使用者）とは、道具に対立する者ではなく、道具と馴染み合う者のことだ。Userの半分は道具でできているし、道具の半分はUserでできている。

英語の動詞「Use」はそのようなニュアンスをよく表している。この単語はたとえば次のような使われ方をする。

use something＝使う

be/get used to something＝慣れる
used to do＝かつてよくしていた

「Use」の原義は「employ for a purpose」である。ある目的に応じて、はじめは人が物を雇い入れるが、それに親しむにつれて、物の方が人を雇い入れるようになるのである。人と物はいつしか主客を曖昧にする。人は物を「Use」しながら、物から「Use」されるようになる。良くデザインされた道具はそれを使う行為に道理を与え、それを能動とも受動とも言えない不思議な関係に変化させる。

イタリアの哲学者、ジョルジョ・アガンベンは、著書『身体の使用』の中で、一般的に「使用する」と訳されるギリシア語の「クレスタイ（chresthai）」について言及している。アガンベンによれば、ジョルジュ・ルダールという研究者が収集した辞典資料を検証したところ、「クレスタイ（chresthai）」という動詞には固有の意味がなく、文脈に応じてそのつど異なった意味を持つことがわかったという。[★2] それはたとえば次のような使われ方をする。

chresthai theoi「神のものを使用する」＝神託に伺いを立てる
chresthai nostou「回帰を使用する」＝郷愁を覚える
chresthai logoi「言葉を使用する」＝語る
chresthai symphorai「不運を使用する」＝不幸である

chresthai te polei「都市のものを使用する」＝政治生活に参加する
chresthai keiri「手を使用する」＝骨で殴る
chresthai niphetoi「雪を使用する」＝降雪に遭う

またラテン語のウティ（uti）についても同様だという。

uti honore「要職を使用する」＝要職を引き受ける
uti lingua「言語を使用する」＝語る
uti stultitia「愚かさを使用する」＝愚かである（ことを立証する）
uti misericordia「慈悲深さを使用する」＝慈悲深い（ことを立証する）
uti aura「微風を使用する」＝順風を受ける
uti aliquo「だれかのものを使用する」＝だれかと懇意になる
uti patre diligente「勤勉な父のものを使用する」＝勤勉な父をもつ

このように「クレスタイ」や「ウティ」は使われ方に応じて変化する広い意味を持つ言葉だが、少なくともそれらは、主体が客体を一方的に利用するという能動態ではなかった。それらの動詞の意味は、「何かを使用する」という近代的な概念とは異なっていた。いずれの用例でも何かとの関係が問題になってはいるが、その関係の性質は無限定であり、特定の意味として定義することは不可能なのだという。

たぶん、だれかがなにものかを使用するという近代的な考え方のうちにかくもはっきりと刻印されている主体=主語と客体=目的語の関係がそのギリシア語の動詞の意味をつかまえるのには不適切であるということなのだ。しかしまた、この不適切さをうかがわせる兆候は、まさしく、その動詞の形態そのもののうちに存していたのであって、それは能動態でも受動態でもなく、古代の文法家たちが「中動」と呼んでいた態をとっていたのだった。★2

哲学者の國分功一郎によれば、我々はあらゆる行為を能動と受動という二つに分類するように教育されているが、その分類には無理があるのだという。★3 能動的でも受動的でもない行為というものがたくさんある。たとえば物思いにふける、人に惚れ込む、何かを欲する、などである。歩くという行為ひとつをとっても、我々は全身の数百の骨格筋を意識して動かしているわけではない。それらは各部が自動的に連絡を取り合って連携して動いている。また歩く動作が可能になっても、歩くことを可能にするさまざまな外部的な条件が整っていなければならないし、一歩一歩の歩みの中で身体は変化し続ける環境に対応しなければならない。そもそも我々が何かの行動をとる時には、意識の中に意志が現れるより前に、脳内では行為のための運動プログラムが作られている。意志という主観的な経験に先立ち、無意識のうちに運動プログラムが進行しているのだと國分は言う。

人が何か行動を起こす時、意思に先立って脳は準備を開始している。身体的な動作が実行される際には、事前に脳内で準備電位が発生する。ベンジャミン・リベットの有名な実験によれば、人が自発的に指を曲げるなどの動作を行うにあたっては、本人が行為の開始を意識するよりも0.5秒程度早く、準備電位が発生することがわかっている。[★4] もちろんこれは、旅行の計画を1ヶ月前から立てるとか、熱湯に触れて反射的に手を引っ込めるといった場合にはあてはまらない。我々が日常の中で普通に、椅子から立ちあがろうとか、スプーンを口に運ぼうとか、何かその場で自発的に行動をとる場合の話である。そのような時、我々は自分の自由意志をきっかけに行為を開始していると思っているが、実はそうではないというのである。

デンマークの科学評論家、トール・ノーレットランダーシュは、行為を実行したいという欲求が意識的に感じられるかなり前に、脳はその行為を開始しているのだと言う。[★4] この事実は我々の日常的な感覚に反する。「指を動かそうと決意する前に脳が始動しているのなら、人間に自由意思があると言えるだろうか」とノーレットランダーシュは問う。しかし意識というものが脳活動の産物なのであれば、意識より先に何らかの脳活動が始まっていてもおかしくないのだ。

意識が自由に空中を漂っているのでもないかぎり、必ず脳内のプロセスと結びついているはずであり、そのプロセスは必然的に、意識が生じる前に起動しなければならない。意識がそのプロセスを始動させるのではない。意識があって初めて意識ができるからだ。このことから重要な事実が浮かび上がる。意識が物質的基盤を持つものであって、脳の活動によって引き起こされると考えるなら、意識が先に現れることは絶対にありえない。意識が生じる前に、

何かが始動していなければならない。[★4]

たしかに、意識するには意識が必要であり、そのためには、意識に先立って意識を生じさせる何か別の活動が必要だ。自由意志によって行動を開始しているという内観的経験はある種の幻想であって、それは自発的なものではあるが、完全に意志を起点としたものとは言えない。自由意志というものを否定したのはスピノザである。人は自分が自由意志によって行動していると思っているが、それは単に、自分の行為の原因について知らないからである。我々の行為にはそれを促した何らかの要因があり、それはどこまでも遡ることができる。我々の行為のほとんどは、実際には完全な能動でも完全な受動でもない。

國分は『中動態の世界』の中で、かつてインド・ヨーロッパ語にあまねく存在した中動態という動詞の態について詳しく論じている。[★3] インド・ヨーロッパ語とは現在の英独仏露語などの元になった諸言語のグループで、少なくとも８０００年以上前から用いられてきた。それらの言語が持つ動詞体系には能動態と受動態の対立は存在しなかった。そこにあったのは、能動態と中動態の対立である。比較言語学が明らかにするところによれば、受動態は中動態の派生形として発展してきたのだという。

古代ギリシアの時代にはまだ中動態が残っており、現存する最古のギリシア語の文法書であるディオニュシオス・トラクスの『文法の技法（テクネー・グランマティケー）』には、動詞にはまず能動（エネルゲイア）と受動（パトス）があり、それらの中間的なものとして中動（メソテース）

があると書かれている。しかし國分は、この三区分には後世の学者による翻訳の問題があると指摘する。言語学者ポール・ケント・アンダーセンの読解によれば、エネルゲイアは「遂行」と訳すべきで、これは能動態の活用に対応する。一方パトスは「経験」と訳すべきで、これは中動態の活用に対応する。メソテースはこの二つに当てはまらない例外のことである。受動は中動態が持ち得る意味の一つに過ぎなかった。その意味で「中動態」という名称は不正確だと國分は言う。中動態は中間的なものではないからだ。

アンダーセンの読解における「経験」的な行為としての中動態をより詳しく定義するとどのようなものになるか。國分は言語学者ラトガー・アランの研究を参照し、エミール・バンヴェニストの論文「動詞における能動態と中動態」（１９５０年）における定義が最も注目すべきものだと言う。それはこのようなものだ。

能動では、動詞は主語から出発して、主語の外で完遂する過程を指し示している。これに対立する態である中動では、動詞は主語がその座となるような過程を表している。つまり、主語は過程の内部にある。[★3]

この中動態の定義に関して、アガンベンによれば、中動態のみをもつ動詞の例は、過程の内部にあって動作主をなしている主体＝主語の、そうした特有の状態をよく表わしているのだという。[★2] たとえば「生まれる（gignomai, nascor）」、「死ぬ（morior）」、「耐え忍ぶ（penomai, patior）」、「寝ている（kcimai）」、「話す（phato, loquor）」、「享受する（fungot, fruor）」などである。またこのことは、ラテン語の「楽しむ（fruor）」やサンスクリット語の「思う（manyate）」のように、その過程が客体＝目的語を要求するときにも変わりはないのだという。

中動態においては、動作を遂行する主体＝主語は、他動詞的に客体に作用するのではなく、何よりもまず、自らを動作の過程の中に引き入れ、過程に影響を及ぼすのだとアガンベンは言う。その過程では、主体は動作を支配するのではなく、自らが動作の起こる場所になっている。中動態は、主体＝主語と、客体＝目的語の、無区別ゾーン（動作主は動作の客体＝対象かつ場所）であり、また能動態と受動態の無区別ゾーン（動作主は自らの動作から影響を受ける）なのである。我々が慣れ親しんでいる能動と受動と区分では、「するか、されるか」が問題になる。それに対して、能動と中動の区分では、主語が動詞の過程の「外にあるか内にあるか」が問題になる。中動態で表される動詞は、能動と受動の中間的な動きなのではなく、我々の内側で経験される動きを示しているのである。

日本語においても、我々自身の内側で経験されるような中動的な動きを表す言葉がある。たとえば、生まれる、見える、聞こえる、偲ばれる、といったものだ。これらには能動とも受動とも取れる響きがあり、ある動作や状態が自然に現れる様子を示しているだろう。

中学の英語では能動態と受動態について習う。受動態は「主語＋be動詞＋過去分詞（-ed）」の形をとる。これで「何々をされる」という意味になる。しかし一方で、受動形の形容詞的表現というものもあり、これは受動態と同じ構文でありながら、「何々の状態にある」という中動的な意味となる。たとえば次のようなものだ。

I am tired. ＝疲れている
I am excited. ＝興奮している
I am bored. ＝退屈している
I am worried. ＝心配している
I am interested. ＝興味がある
I am pleased. ＝喜ばしい

これらはいずれも、自分の心の動きを示しているが、自分の意思による動きではなく、何らかの要因によってそれが非能動的に引き起こされた様子を表している。日本語で「私は疲れている」と言うところを、英語では「私は疲れさせられた状態にある」といったニュアンスで言うことになる。

受動形の形容詞的表現と並んで、現在進行形の形容詞的表現というものもある。「主語＋be動詞＋現在分詞（-ing）」という現在進行形の構文で表される形容詞的表現である。たとえば「It is boring.」と言えば、「それは退屈だ」という意味になる。「bore（退屈させる）」という動詞は、分詞によって意味合いが変わる良い例だろう。「私は退屈している」と言いたい時に日本語の感覚で「I am boring.」と言ってしまうと、「私は退屈な人間です」という意味になってしまう。

英語でもうひとつ興味深いのは、動詞の中には基本的に現在分詞（ing）を用いないものがあるということだ。たとえば、want, have, know, like, live, believeなどである。これらの動詞はもともと動きが継続している様子を示しているため、現在分詞を用いる必要がない。連続的な意思によって動きを継続させているのではなく、自然に動きが生じ続けている状態を表すという意味で、これらも中動的な動詞と言えるかもしれない。

中学の英語では中動態について教わることはないが、上記のような分詞形容詞の例を知る中で我々は、単純に能動態や受動態として日本語と対応させることができない表現、自分の内側で経験されるような動きを表す言葉の存在に気づく。他にも探せば中動的な表現は数多くある。それらのニュアンスは、構文というより動詞自体の性質の中に含まれており、言語それぞれの社会的背景や生活空間の機微を反映している。

先にも書いたとおり、ギリシア語の「クレスタイ（使用する）」はそうした中動的な使われ方をする言葉であり、主体がその動きの場所となっている様子を表す。そこには我々が物を使用する時の非能動的な状況が含意されている。アガンベンによれば、あらゆる使用は、何よりもまず、自らを使用することなのだという。何かとの使用関係に入るためには、私はそれ（使用するという動作）の影響を受けなければならず、私自身を使用する者として構成しなければならない。

人間と世界とは、使用においては、絶対的かつ相互的な内在の関係にある。なにものかを使用するさいには、使用する者自身の存在がまずもっては使用されなければならないのである。★2

何かを使用するということは、主体自らが使用される者として客体化されるのであり、受動的であることにおいて能動的なのである。こうして主体と客体は渾然一体となる。そしてその行為は人間的実践の新しい像として立ち現われることになる、とアガンベンは言う。たとえば我々は子供の頃に箸を使う練習をする。箸を使うための手指の使い方を練習するのである。練習の結果、我々の手指は新しい感覚と動きを得る。そして口々繰り返し箸を使っているうちに、箸で食事をすることの像が立ち上がってくる。

アガンベンは、使用するということの本質は習慣的な次元にあると言う。たとえばグレン・グールドは習慣的にピアノを演奏しているだろうが、彼は実際のところ自分を使用することしかしていない。彼は自分の意志で作動させたりさせないでおく演奏能力の主人なのではなく、ピアノを演奏しているかいないかにかかわらず、「ピアノの使用」の所有者として自己を構成している。使用は、習慣と同じく「生の形式」なのであって、ある主体の知識や能力ではない。このような捉え方をすることは、近代が主体とその能力の関係を位置づけてきた地図を描き直すことを意味するのだとアガンベンは言う。

詩人とは、詩作の能力を所有していて、それをいつの日か、意志の行為をつうじて（意志は、西洋文化においては、もろもろの行動や所有している技術をある主体に所属させるのを可能にしている装置である）、神学者たちの神のように、どのようにしてか、またなぜかはわからないが、作動させる決心をする者のことではない。また、詩人と同様、大工や靴職人やフルート奏者やわたしたちが神学的起源の言葉を用いてプロフェッショニスタと呼んでいる者たち、そして最後にはあらゆる人間も、なにかをおこなったり作ったりする能力の超越的な有資格者なのではない。彼らはむしろ、自分たちの四肢と自分たちを取り巻く世界を使用するなかで、そして使用するなかでのみ、自己を経験し、自己を（自己と世界の）使用者として構成する生きものなのだ。[★2]

物を使うという行為は、自分の意志によるものではない。自分が何かを使う能力を持っていてそれを自由意志によって行使しているのではない。むしろ、そうしたことを可能にする身体を使用する中で、自分というものが構成されてくるのである。

同時

言葉の歴史の中で能動態と受動態が動詞表現の基本とされるようになり、中動態が暗黙的な立場に追いやられてしまったのはなぜか。國分によれば、行為についての意志の所在に関心が向けられたことが原因だという。[★3] これは近代的主体の発生と関係している。つまり、出来事を描写する言語から、行為者を確定する言語への移行である。動詞というものは文法体系においては比較的新しいものだという。それ以前は動作名詞によって行為を表現する名詞的構文が用いられていた。名詞的構文では、動作は単なる出来事として描かれていた。そこから生まれた動詞も、当初は非人称形態にあり、動作の行為者ではなく出来事そのものを記述していた。しかし動詞は後に人称を獲得し、それにより、動詞が示す行為や状態を主語に結びつけるという発想が生まれたのだと國分は言う。

我々は日常的に大小の選択を行っているが、その選択は過去のさまざまな事柄が絡み合った結果であって、遡れば、どこまでも広がってしまい特定できない。しかしそれだとある行動について責任の所在を追求することができない。追求を可能にするためには、行為を特定の主体に結びつける必要がある。能動態と受動態の対立構造が目指しているのは、行為を行為者に帰属させるという機能性である。そして行為の帰属先として要求されているのが意志の概念だ。これにより、ある行為の出発点が特定可能になるのだと國分は言う。

「リンゴを食べる」という私の選択の開始地点をどこに見るのかは非常に難しいのであって、基本的にはそれを確定することは不可能である。あまりにも多くの要素がかかわっているからだ。

ところがそのリンゴが、実は食べてはいけない果物であったがゆえに、食べてしまったことの責任が問われねばならなくなったとしよう。責任を問うためには、この選択の開始地点を確定しなければならない。その確定のために呼び出されるのが意志という概念である。この

概念は私の選択の脇に来て、選択と過去のつながりを切り裂き、選択の開始地点を私のなかに置こうとする。★3

意志とは近代的な主体性に付随するものだ。これはたとえば行為の責任を問うためのある種の方便として用いられている。行為の出発点に意志があるのだとすれば、意志は過去からの帰結であってはならない。過去のあらゆる事象から独立した存在でなければならない。しかしあらゆる事象から切断された思考あるいは情動などというものがあるのだろうか。國分は、「少なくともわれわれの精神に関して言えば、そのようなものがありうるとは思えない」と言う。心に起こるいかなる想念にもそれに先立つ何かがある。行為にはそれを引き起こしている何らかの契機があるはずである。しかしその因果的な契機の連なりを紐解くこともまた不可能なのであり、近代は意志の概念を導入することでそこに即席の因果関係を構築したのだと、國分は言う。

岩田慶治は、森の狩猟・採集民であるプナン族の村を訪ね、彼らが手作りの吹き矢筒を使って小鳥を射る様子を観察した。プナンの男が吹き矢をかまえ、森の中の一点に狙いを定めてフッと息を吹く。竹を細く削いで作られた矢は針金のように空に突き刺さり見えなくなる。そして小鳥がパタッと地面に落ちる。その鮮やかな名人芸は一瞬で、岩田にはそれが時間の流れの内部で起こったのか外部で起こったのかわからなかったという。

フッと吹き矢が飛び、パタッと小鳥が落ちる。

吹き矢を吹くという行為が原因で、小鳥が落ちてくるというのが結果なのだろうか。

フッと吹き矢が飛び、パタッと小鳥が落ちる。

因果律の一こまがここにしめされているのだろうか。

そうではないのではなかろうか。

因果ではなくて、同時。

吹き矢がヒュッと飛んだ。小鳥がパタッと落ちた。

二つの出来事は同時におこった。

二つの出来事の間を飛ぶ矢は見えなかったし、二つの出来事のあいだに時間は経過しなかった。同時だった。[★5]

岩田は、吹き矢が飛ぶのと小鳥が落ちるのは「同時」だと感じた。普通は、まず吹き矢が飛び、それが当たったために小鳥が落ちたのだと解釈される。しかしそのような見方は、物事をすべて因果関係という手続きに分解してしまう近代人の性癖にすぎない。ここで岩田が言っている「同時」は、客観的な単一時間軸における一点という意味ではない。時間は相対化され、因果律の及ばないところで、一連の事柄がひとまとまりの出来事として現れるのである。いくら矢のスピードが速いといっても吹き出された矢が小鳥に当たるまでには少しの時間があるだろうし、男と小鳥の間にはそれなりの距離があるだろう。しかし吹き矢が飛ぶことと小鳥が落ちることは岩田にとって「同時」

の出来事として捉えられた。

二つの出来事が偶然、しかし意味の上では深く関わり合いながら同じタイミングで起こる。因果関係では説明できないが単なる偶然とも思えない。そのような現象の在り方は「共時性（シンクロニシティー）」と呼ばれる。しかし岩田は、共時性とは少し違ったものとして「同時」という言葉を使っている。岩田によれば、共時性とは二つの時計が同じ時刻をさすようなものであり、客観的な時間軸を前提とした現象の捉え方である。一方「同時」は時計には関わらない。たとえば桜の花は、個別に見れば早く咲くものも遅く咲くものもあるだろうが、出来事としては同時に咲く。一度に咲く。複数の事象が時と場所を異にしながらも起こるべくして起こる。それらの事象は根がひとつなのである。一度という、時を超えたところが現れるのである。「同時性はひとつの世界のあり方なのだ」と岩田は言う。

物理学における重要な概念のひとつに「時間反転対称性」というものがある。これは物理現象が基本的に、時間の進み方に対して対称的であることを指す。たとえばボールを斜め上に投げると放物線を描いて落下する。空気抵抗などを無視すれば、横から見ると放物線は左右対称の形を示す。これをビデオで撮影し、逆再生すれば、ボールは対称的な動きをする。因果律を前提とした考えでは、ボールが落下するのはそれに先立ってボールを投げ上げたからである。しかしボールが空に上がっていく様子と空から落ちてくる様子には対称性があり、両者はひとまとまりになっていて因果を区別できない。空に上がっていく動きの中にはすでに空から落ちてくる動きが重ねられており、空から落ちてくる動きの中には空に上がっていく動きが重ねられている。岩田のような見方をするなら、二つの動きは「同時」に存在し、一度に起きていると言えないだろうか。

古典物理学を基調とした科学思考では、物事は原因と結果で成り立っていると考える。物事が今の状態にあるのは何らかの原因による結果である。原因と結果の間には必然的な繋がりがあるので、原因がわかれば結果がわかるし、結果がわかれば原因がわかる。そのため我々は、物事の因果関係を解明することで未来に起こることを予測し、それを良い方向へ軌道修正できると考える。しかし、物事の因果関係を解明するということは本当に可能なのだろうか。原因と結果の間にある必然的な繋がりを調べるにはその繋がりの様子を客観的に観察しなければならないが、もし世界が因果律に支配されているのであれば我々もその内側にいることになる。因果を外から観察したり操作したりできるという考えは成立しない。そのような特権を自分たちに与えることには誤謬がある。

因果関係というものについて懐疑の目を向けたのは、18世紀の哲学者デイヴィッド・ヒュームである。ヒュームは、原因と結果の間には感覚したり知覚したりできるような繋がりはないという事実に気づいた。[★6]「Aが起きたことによってBが起きた」という時、AとBを個別にいくら調べても、両者が原因と結果の関係で結ばれているということは確認できない。AとBの間に生じている事柄を細かく分けて両者がじかに接しているようなレベルまで突き詰めたとしても、「によって」を客観的に観察することはできない。

たとえば、ボールが当たって窓ガラスが割れたという時、両者の動きは何かで繋がっているように感じられる。しかしその何かを取り出して見ることはできない。ボールの動きをビデオ撮影してスローモーションで見たり、それが窓に当たってガラスが砕ける様子を詳しく調べたりしても、それぞれの事象が続けて起きたということが観察されるだけで、それらを因果関係として結びつけている糸そのものはどこにも見つからないのである。

　では我々が感じ取っている因果関係とは何なのか。それは我々の想像の働きなのだとヒュームは言う。想像の働きが、二つの個別の観念を結びつける。その際の条件は、二つの観念が互いに近接していること、原因が結果に対して時間的に先行していること、そして両者に恒常的な相伴があることである。恒常的な相伴は経験的習慣によって生じる。いつも相伴している片方の観念が現れると、もう片方の観念が連想的に想起される。そうした心の働きが、思考をひとつの対象からもう片方の対象へと向かわせる強制力となる。そして我々に、対象同士の間の必然的結合を感じ取らせる。

> 要するに、必然性は心のなかに存在するなにものかであって、対象のなかにあるのではない。もし必然性を物体のなかにある性質と考えるなら、必然性のほんのかすかな観念を形作るのさえ不可能である。必然性の観念をまったく持たないか、それとも必然性は、原因から結果へ、もしくは結果から原因へと、経験された結びつきに従って移る思考の規定にほかならないか、そのいずれかなのである。★6

　因果関係というものは我々の心の働きが作り上げたものであり、対象が持っている性質ではない。ものの見方を変えれば、それは「同時」の出来事として現れてくる。指で粘土を押すと窪みができるが、それは、まず押すという原因があって、次にその結果として窪みができるというわけではない。押すのと窪むのは同時である。両者の間に段階はなく、形には完全な反転性がある。
粘土の作品はそれを捏ねた手とその動きの記録である。粘土と手が合わさって同時にひとつになっている。そして両者のゆらぎが不可分に込められている。だからその行為はプロセスに還元できない。形はプロセスの先にあるのではなく、はじめから粘土とそれを捏ねる手の中にあったのである。そのような観点からすれば、物を作るという行為は基本的に理論化できないものだと言える。デザインの成り立ちを因果関係に回収することはできない。構成的なシステムを成立させているのは要素同士の因果関係ではない。チリの生物学者、ウンベルト・マトゥラーナは、生命システムの円環的有機構成を語るのに因果関係を用いることは不適切だと説く中で、次のように言っている。

因果性の概念は、記述の領域に属するものであって、それじたいとしては、観察者が注釈を行うメタ領域にのみふさわしいからである。因果性が記述の対象である現象領域で作用しているとは考えられない。[★7]

同時の世界というのは、物事と物事の繋がりを、時間的な近接や因果の順序性といったストーリーを介さず、そう在るべきものとして自然に了解している領域である。物を作るという行為を理解するには、そのような同時の世界に分け入らなければならない。対象をただ眺め、ただ触ってみる。いつも物事を分類して名前をつけることばかりしているなら、それらを剥ぎ取って、動物のような目で見てみる。階層関係や因果関係のないところに出てみる。科学思考によってばらばらにしてしまう前の、ひとまとまりの景色、物々の本来の姿を感じ取る。そしてそこからもう一度、この世界に見出される必然的な結合について記述を試みる。記述することで、純粋経験の領域と公共的空間とを往還する。そういう練習をしながら、さまざまな現象を捉え直してみる。

ヒュームは、この世界を秩序立てているのは我々自身の想像的な習慣であると主張し、そのことから無神論者の扱いを受けたという。しかしその哲学にはむしろアニミスティックなものが感じられる。出来事と出来事の繋がりは我々の体験的な了解の習慣から成るが、そうした体験的了解が我々の生活環境を一貫して満たし、ある種の絶対性を帯びたものとして現れてくるのである。

世界に客観的な必然性というものはなく、物事の因果関係は我々の心が作り出した主観的な了解なのだとすると、では、この世界はただ偶然的に在るだけなのだろうか。フランスの哲学者カンタン・メイヤスーは、著書『有限性の後で』の中で、世界の偶然性について論じている。メイヤスーによれば、この世界は全く偶然的に存在しているが、その偶然性には必然性があるのだという。[★8]

デカルト以降の世界認識において、そもそも我々は、この世界そのものについて知ることはできない。我々はあくまでも、世界のさまざまな事象を主観的な働きの中で認識しているだけである。メイヤスーが例示するように、たとえば我々がロウソクで指を火傷をする時、その痛みは指の中にあるのであってロウソクの炎の中にあるのではない。食べ物の味は我々の舌にあるのであって食べ物にあるのではない。音楽のメロディは耳にあり、花の赤色は目にある。これらの感覚的な性質はすべて事物と自分の間にある関係性として生じている。

　コペルニクス的転回として知られるカントの哲学は、我々の認識には限界があり事物そのものに近づくことはできないというものである。我々は事物自体の存在について、バイアスを除いた方法では近づけない。我々に認識できるのは「現象」だけである。それらはつねに我々の見方に依存した形で現れている。目の前に見えているコーヒーカップは、その物自体の姿ではなく、あくまでも我々の見方に束縛された姿で現象している。世界ははじめから我々の主観に従う形で構成されている。世界は我々の認識につねに関わっており、我々の認識は世界につねに関わっている。このような観点をメイヤスーは「相関主義」と呼び、そこへ批判的な目を向けていく。

　我々の主観的な認識の向こう、我々自身の思考から独立したところに在る事物そのものとは、どのようなものなのか。そこが問題となる。しかし我々は事物自体がどのようなものであるかの真理を知ることができないだけでなく、そうした現象世界の外側（「大いなる外部」と呼ばれる）について純粋に思考することもできないのである。思考した瞬間に、我々が持ち得る認識と本質的に結びついてしまうからだ。では何か他に、事物それ自体に対して我々が取れる態度はないのだろうか。

　メイヤスーによれば、現象世界の向こうにあるもの、人間の解釈に左右されず非理由的な客観性においてのみ存在するものは、数学的なものである。しかしそれは絶対的であるが故に、ただ偶然的にあるのでなければならないという。純粋に客観的な理論は、今のままの在り方で存在し続ける必然性を持たない。だから世界はいつでも全く別のものに変わる可能性がある。この偶然性の必然性、絶対的理由なしでこの世界がただこのように存在し、また別様に変化し得るという事実性こそが絶対的なものなのだと、メイヤスーは言う。

> いまや私たちは、相関的循環を抜け出したとみずから認めてよい。相関的循環の壁、思考を《大いなる外部》から隔てていた壁、思考されているか否かに関係なく存在する即自的な永遠から思考を隔てていた、その壁に少なくともひとつの出口を穿つことができたのだ。いまや私たちは、思考がおのれから抜け出すに至る狭い通路がどこにあるのかを知っている。それは、事実性である。事実性を通じてのみ、私たちは、絶対的なものへ向けての道を開削することができるのである。[★8]

こうした世界の捉え方ができれば、我々は相関主義的な主観世界と、自然科学が前提とする客観世界の間にある領域を、わずかにでも覗き見ることができるかもしれない。ユカギールの狩猟者のように、偶然性と必然性を繋ぐ仲介路に足を踏み入れることができるかもしれない。そしてそこから、より深く事物の関係に思いをめぐらすことができるかもしれない。

ストロー

システムデザインの分野では「コンウェイの法則」がよく知られている。これはメルヴィン・コンウェイが唱えた、組織構造とシステムデザインとの関係を説明する理論で、「システムをデザインする組織は、その組織のコミュニケーション構造のコピーとしてデザインを作成するよう制約されている」というものだ。[★9] 要するに、システムの構造はそれを作った組織の構造を反映したものになる、ということである。

　システムを機能させるためには、構成部品間の互換性を確保するために、作成者同士がコミュニケーションを取らなければならない。するとシステムの技術的構造は、それを作る組織内の社会的境界を反映することになる。小さな単位に分割された組織からはモジュール構造のシステムが生まれ、大きな単位に統合された組織からはモノリシックな構造のシステムが生まれる。システムが複雑になってしまうのは、それを作る組織が複雑であることの反映である。

　コンウェイの法則は、組織構造とシステムデザインについての理論だが、考えるまでもなく、これはもっと普遍的な現象と繋がっているだろう。つまり「作られた物は作った者に似ている」という根本的な現象である。工業デザイナーの榮久庵憲司は、「道具のかたちには、かたちにした人、が感じられる」と言っている。[★10] 私が作ったものは私に似ている。私の形が転写されている。人類最古の美術のひとつが、洞窟の壁につけられた手形だったことを思い出してほしい。[★11] 人間が作ったものはつねに人間に似ている。我々は我々と全く異なる物を作ることなどできない。なぜなら我々にとってのこの世界そのものが、我々の物の見方に従って形づくられているからだ。おにぎりの形や柔らかさは、にぎった手のそれである。風景画の稜線の小さな筋は、絵具をおいた筆のそれである。漆喰の壁のコテ跡には職人の動作が閉じ込められている。制作をしている者には日常の感覚だろう。制作は因果律に駆動されるのではない。作る運動と作られる運動が、同時に、創造の渚で出会う。

デザインはその環境を反映する。デザインと環境の関係は、電気と電磁コイルのようになっている。コイルを回すと電気が生じる一方、電気を流せばコイルが回る。つまり環境がデザインを作るだけでなく、デザインによって環境を作ることもできるはずである。この考え方は「逆コンウェイ」と呼ばれ、デザインすべきシステムの構造に合わせて組織を再編するといったケースに用いられる。そしてここでも、この現象はもっと普遍的なものと考えることができる。

ダイナモとモーターのように、力の方向によって動きを反転させることのできる仕組みはいろいろある。自動車のピストンと車輪では、ピストンが動けば車輪が回るし、車輪が回ればピストンが動く。スピーカーとマイクは反対の用途を持っているだけで中の基本構造はほとんど同じだ。注射器やスポイトはそのひとつの単純な構造で、液体を吸い込み、注ぎ出すことができる。ストローはただの細い管だが、いやだからこそ、その働きには完全な双方向性がある。こうした反転対称性の中に、能動と受動を超えた、デザインの中動的な在り方を見ることができる。

作ることと使うことの間で、デザインはストローのような働きをする。たとえば表層の歪みはその裏の構造的な歪みを映している。道具の使い勝手が悪いのはデザインの歪みを映しているのだし、ひいては要求そのものの不合理を映している。デザイナーの経験としてたしかに言えるのは、作りにくいものは使いにくいということである。作りやすさと使いやすさは相関している。プロトタイピングの目的のひとつは使い勝手のテストを行うことだが、実は、そのプロトタイプを作る過程で、ほとんどの問題が浮かび上がる。つまり作ってみること自体がデザインの評価になる。作る行為が、それを使う行為への反転可能性を試験するのである。

作りにくいシステムは使いにくいシステムである。ここで言う作りにくさとは、求められる作業の精度が高いことや構成要素が多いことではなく、実現しようとする働きそのものの、あるいはそれを実現しようとするモデルの、不合理さのことである。構造に自明なところがなければ、作りにくいし使いにくいものができあがる。素直な原理で全体を形づくれないなら、どこかに独善性や恣意性が混入しているのである。理にかなった記号体系は表現しやすく、また読み取りやすい。筋の悪いモデルは、規則性に例外が多いため具象的な形に現しづらく、故障が発生しやすく、使用者にわかりづらく、使い方を人に説明しづらい、という負のスパイラルを生じさせる。制作者がデザインに悩んだシステムは、使用者もその使い方に悩むのである。不合理な要求は不合理な構造を呼び、いびつな形を成す。要求が理にかなったものであれば、シンプルな原理から構造が導かれ、自明な形を成す。デザインの仕事は不合理な要求に対して無理に形を与えることではない。明快な形をもって要求に合理性を与えるフィードバックループを作ることだ。

デザイナーは、難しい要件をなんとか形にできた時に喜びを覚えることがあるが、これはあまり良い状況とは言えない。その苦労は報われない恐れが強い。なぜなら、妥当性の高い要件であればそれは形にしやすいはずだからだ。逆に言えば、形にしにくいと思ったら要件を見直すことを考えるべきだ。要件が悪いことによる実装の苦労はシステムをバギーにするだけだが、実装しやすい良い要件を考える苦労には使用者の世界を変えるポテンシャルがある。

デザインの労力は、物事を複雑にするためでなく、シンプルにするために費やされるべきである。使用者の1クリックを減らすためにプログラマーは何時間も費やすことがある。データの整合性について使用者が気にしなければならない事柄をひとつ減らすために、システム全体のモデルを検討し直すこともある。もし使用者がコンピューターの存在を気にせずに仕事ができるなら、それはプログラマーが献身的にコンピューターで仕事をした結果なのである。ヒューマンインターフェースをシンプルにするために費やされるこうした労力は、理不尽で複雑なモデルを保持するための労力と正反対の意味を持つ。

デザインをシンプルにするということは、規定された順序性や段階性をシステムから取り除き、行為の可能性を「同時」の領域にまとめるということである。同時のデザインは行為の可能性を一度に開く。ある操作がある処理のための手続的な段階として要求されるのではなく、操作そのものがそこから得られる物とひとつになっているということだ。ハンマーを打つのと釘が打ち込まれるのが同時であるように、使用者にとって行為と成果が不可分に感じられるような直接性を作り上げるということだ。これはヒューマンインターフェースデザインの用語で「直接操作」と呼ばれる原則に通じる。

アメリカのコンピューター科学者、ベン・シュナイダーマンは、GUIがまだそれほど普及していなかった1986年の著書、『ユーザー・インタフェースの設計』において、すでに「直接操作」の重要性とそのデザイン方針についてまとめている。★12

シュナイダーマンによれば、直接操作の考えを説明するのに良い例は自動車の運転である。自動車を運転する時、ドライバーはフロントガラスを通して景色を直接見ることができる。左へ曲がるためにはステアリングホイールを左に回せばよく、右へ曲がるためには右へ回せばよい。ステアリングホイールの動きは車輪の向きへと即座に反映され、それに伴う景色の変化は曲がり具合を調整するフィードバックとして働く。もしこれが、「左へ30度」とコマンドを入力しなければならなかったり、景色を更新するためのコマンドを入力しなければならなかったりするなら、運転はほとんど不可能だろう。しかしオフィス機器の操作はそういうレベルなのだとシュナイダーマンは言う。GUIが普及した現在では当時ほどではないにせよ、手続的な操作の多い業務系のアプリケーションにおいては、状況はそれほど変わっていない。

シュナイダーマンは、直接操作のためのデザイン方針として、次の三つを挙げている。

- 操作対象および動作の連続的な表示
- 複雑な構文ではなく、物理的動作やラベルつきボタンによる操作
- 操作対象への影響が即座に見られる高速で逐次的、可逆的な操作

つまり、操作からできるだけ間接的な手続きを取り除き、自然界の物理法則に倣ってヒューマンインターフェースを表現するということである。シュナイダーマンによれば、直接操作によるシステムは、初心者にとっては使い方を学習しやすく、熟練者にとってはより良い使い方を工夫しやす

いのだと言う。操作の結果が目的に合っているかどうかがすぐに分かり、もし合っていなければ操作の方向を変更できる。またシステムの反応を予測しやすく、前の状態に戻すことも容易なので、安心して使用できる。

直接操作は複雑な構文を持つコマンドと違い、あらかじめ頭の中で仕事を複数の指示に分解する必要がない。ひとつ操作をするごとにその結果は即座に目に見えるかたちでフィードバックされる。仕事の内容と操作の方法が密接に関連しているため、問題を解決するときの負担や緊張感が軽減される。シュナイダーマンによれば、直接操作の環境では、使用者に必要な知識の中で仕事の意味論的な部分が大きな位置を占め、システム自体および操作方法に関する部分は小さくなるのだという。人間の進化の過程で動作と視覚に関する能力が言語より早く出現したことから考えても、目に見える対象を扱うことは人間本来の能力に見合っているのだという。

アラン・クーパーは、シュナイダーマンの三つの方針はいずれもアプリケーションが提供する視覚的フィードバックに関するものであるとして、「視覚的操作」と呼ぶ方が正しいかもしれないと言っている。[★13] またジャーナリスト／デザイナーのクリフ・クアンとロバート・ファブリカントは、操作に対するフィードバックの在り方こそが「ユーザーフレンドリーな世界」の要であると主張している。

> 自然界はフィードバックにあふれているが、人工の世界ではそうしたフィードバックを意図的につくらなければならない。操作ボタンを押したとき、そのボタンは求められている役割

のとおりにモノに作用するだろうか？　日常の世界は幾重もの情報に囲まれているため、デザインの世界でどれほど多くの情報、つまりどれほど多くのフィードバックを改めてつくらなければならないかを実感するのは難しい。とはいえ、どんな人工物であってもそれをあなたと結びつくモノ、あなたのなかに安心または怒り、満足感または不満といった気持ちを呼び起こすかもしれないモノに変えるのは、フィードバックにほかならない。そうした感情は、私たちと周囲の世界との関係の骨組みである。★14

過去約80年の間にデジタルコンピューターの技術は大きく発展した。コンピューターは高度な計算処理能力を背景にあらゆる分野で応用され、現代における最も重要な道具のひとつになった。さまざまな社会システムは膨大な種類のソフトウェアによって運用され、インターネットをはじめとした大規模通信ネットワークが世界中に張り巡らされるようになった。そしてそれらに接続されたパーソナルコンピューターやスマートフォンを使って我々は日常を営んでいる。現在コンピューターはさまざまな大きさや形態でありとあらゆる機器に組み込まれている。その概念的な抽象度はますます高くなっているが、人が操作して使う道具としてのコンピューターについて言えば、その振る舞いは初期から現在まで、使用者がまずデータを入力し、それをコンピューターが計算処理し、そして結果を使用者に対して出力する、という流れを基本としている。入出力の方式は、処理の高速化、記憶領域の大容量化、ネットワークの広帯域化、新しい入力装置の発明、プログラミングパラダイムの変化、機器の低価格化と一般への普及などに伴い、これまで大きく次のような変遷を遂

げてきた。★15

1. バッチ方式
2. 逐次対話方式
3. 直接操作方式

１９７０年代頃まで、コンピューターは主にバッチ方式で動いていた。メインフレームと呼ばれる高価な大型コンピューターが特別な部屋に設置され、すべての操作は専門のオペレーターに委ねられていた。オペレーターはパンチカードに打ち込んだプログラムとデータをカードリーダーから読み込ませ、実行結果を特殊なプリンターで印刷して受け取っていた。高価なコンピューターリソースを効率的に利用するために、複数のジョブをオペレーターがうまく取り扱うことが重視されていた。そのため一般の使用者とコンピューターの間の直接的なインタラクションは考慮されていなかった。

やがてコンピューターの低価格化とタイムシェアリング方式の台頭により、端末機器を用いてより多くの使用者がコンピューターを利用できるようになった。入出力にはキーボードとキャラクターディスプレーが用いられた。使用者はコマンド文字列によって入力を行い、処理結果は文字列としてディスプレーに出力され、その出力を見てまた次の入力を行い、それに対してまた出力がなされるという、逐次対話の形をとっていた。１９８０年代頃まで主流だったこの方式では、インタラクションにおいてコンピューターの性能をそれほど必要としないかわりに、使用者があらかじめコマンド体系やファイルシステムの概念などを知識として持っている必要があった。

コンピューターの小型化と低価格化がいっそう進むと、個人がすべてのコンピューターリソースを占有できるパーソナルコンピューターが普及した。初期のパーソナルコンピューターではコマンド言語による逐次対話方式が用いられたが、やがてビットマップディスプレーとマウスを用いた直接操作方式が主流となった。つまり、スクリーン上にグラフィックで表示されたオブジェクトをマウスを用いて直接操作するGUIである。1990年代のWWW（ワールドワイドウェブ）の普及も相まって、GUIを搭載したパーソナルコンピューターはほとんどの企業や家庭で日常的に使われるようになった。

その後2010年代には高精度のタッチスクリーンを備えたスマートフォンが登場した。これも直接操作方式のGUIだが、指でスクリーンに触れて使うことから、マウスよりもさらに直接性の高い操作になったと言える。タッチ操作方式のスマートフォンは急速に普及し、現在ではコンピューターの最も日常的なフォームファクターとなった。

GUIのコンピューターが一般に知られるようになったのは1980年代以降だが、スクリーン領域を空間的に扱い、そこに表示されたオブジェクトを直接ポインティングするという操作の方式自体は、パーソナルコンピューターの普及以前から研究が進められていた。1950年代のアメリカの防空システムでは、各地のレーダーから集められた情報をデジタル処理してスクリーンに表示し、ピストル型の装置でオブジェクトをポイントする仕組みが作られていた。1963年にアイヴァン・サザランドが開発したSketchpadでは、ペン型のポインティング装置を使ってベクターグラフィックを作成でき、そこに描かれた図形はオブジェクトとして拡大縮小や変形が可能だった。1968年にダグラス・エンゲルバート率いるスタンフォード研究所ARCが発表したNLS（oN-Line System）では、スクリーンを仕事空間に見立て、表示された情報をマウス、キーボード、キーパッド（5つのキーがついたプログラマブルな装置で、主にコマンドの発行に用いられた）を使って操作するというスタイルが採用された。そこにはハイパーリンクやネットワーク上での共同作業といったコンセプトも含まれていた。エンゲルバートのビジョンは、コンピューターを、人類の知性を増強させるフレームワークだと捉えることにあった。これはヴァネヴァー・ブッシュが1945年に発表した論文「As We May Think」およびその中で描かれた将来の情報機器「Memex」の構想に影響されたものだった。また同じ1968年にユタ大学で研究発表されたFLEXも、グラフィックディスプレーやポインティング用ペンタブレットを備えており、GUIの起源のひとつとなった。しかしこれらのシステムはいずれも実験色が強く、操作方法が複雑で、使い勝手のよいものではなかった。

そうしたアイデアを発展させて、コンピューターというものを個人が自由な知的創造活動を行うためのインタラクティブなミディアムとしてまとめ上げたのは、アラン・ケイを中心とした1970年代のXerox PARC（パロアルト研究所）での研究だった。FLEXの開発メンバーだったケイは、そこで使いやすいパーソナルなコンピューターのイメージを明確にしていった。ケイらはオブジェクト指向のプログラミング環境であるSmalltalkを開発し、GUIベースのオペレーティングシステムとしてAltoに搭載した。AltoはXerox製の小型コンピューターで、ケイはこれを使って、彼が構想していたパーソナルコンピューター「Dynabook」の暫定的な実装としたのだった。Smalltalkの操作体系を考える上でケイは、ジャン・ピアジェ、シーモア・パパート、ジェローム・ブルーナーの理論を参考にしたという。彼らは子供が持つ学習のための直観的な能力について研究していた。ケイらは、複雑な概念を構築するための認知能力を、行動の精神、イメージの精神、シンボルの精神によって成り立つものと捉え、身体性と視覚性と記号性が連動する操作体系としてのGUIを考案したのである。[★16]そこでこの標語が生まれることになった。

Doing with Images Makes Symbols

イメージとともに行為することがシンボルを作る。我々の精神において、身体性と視覚性と記号性はふだんは個別に作動する傾向にあるが、それらが協力し合うような環境を作ることで、人間の創造性を高めることができる。つまり、身体的な動作によって視覚的なオブジェクトを操作し、そのことが関心領域における記号体系の構築に繋がるようにするのである。これほど具象と抽象を実践的な行為によって結びつけるようなダイナミックな道具はそれまで無かった。ケイがパーソナルコンピューターに見出していたのは、そうした自らの思考に再帰的な変化を与えるようなミディアム性であり、また使用者自身がミディアムとなって新しい世界に接続するような精神的な拡張性だったのである。

このようにコンピューターの操作方式は、間接的なものからより直接的なものへと変遷してきた。高度なコンピューティングパワーを、あたかも文房具や大工道具かのように、自らの手で自由に扱えるものに変えてきたのである。しかし一方で、コンピューターというものを、自分の代わりに働いてくれるエージェントとして位置づけようとする向きもある。たとえばSFの世界では伝統的に、人間のかわりに危険な作業や複雑な意思決定をするロボットが登場してきた。特定分野の専門知識を組み込んだエクスパートシステムや、使用者の知的生産活動を支援するエージェントシステムといったコンセプトはこれまで繰り返し発想され、直接操作方式の次に来るインタラクションとして研究されてきた。人工知能やロボット技術はそうした近未来的なイメージに牽引されて方向づけられてきた側面があるだろう。特に近年のAI技術の発展は、さまざまな分野に実用レベルのソリューションをもたらし、コンピューターにできることのスコープを大きく押し広げている。

そうした人間的な判断や創作を代行するコンピューターの登場によって、ヒューマンインターフェースはどのように変わるのだろうか。音声アシスタントに指示してタイマーをセットすることと、自らの指で操作してセットすることとの間には、どのような違いがあるのだろうか。自分で運転するのではなく、行き先を指示するだけで自動運転によって目的地に行けるようになったら、我々の身体には何が起こるのだろうか。車に乗り込むためにドアを開けるのも自動化され、家の玄関から車まで移動するのも自動化されるのだろうか。ベッドに寝たまま行きたい場所を思い浮かべるだけでそこに着いてしまうようになるのだろうか。もしそうなったら、もはやそこへ行く意味はあるのだろうか。

道具をエージェントと見做して指示を出すという方式は、目標状態のイメージを「誰かに対する指示」に変換するというオーバーヘッドがある。道具の使用に関するメンタルモデルは間接的なものとなり、行為と成果の対応は曖昧になる。一方、直接操作方式は、メンタルモデルにおいて自分と対象との間に何も介在しない。粘土を押すと指の形に窪むように、自分と世界が同時にひとつのものとして作動する。行為と成果が素直に対応する。道具を使う行為の根源性とは、我々が我々の身体によって物を扱い、その時に感じ取られるさまざまなフィードバックが我々自身の思考を構築することにある。我々は自らの行為の中に自らを見出す。もしすべての目的が指示や先回りの推測によって達成されるのであれば、我々はもはや我々自身を感じ取ることができない。そう考えると、将来においても我々はきっと、世界への直接性を手放しはしないだろう。

道具に対する使役的な態度は、多かれ少なかれ記号接地問題を生じさせる。単純な指示で複雑なことを道具にさせようとすればするほど、うまく機能するかどうかは確率論的にしか予測できなくなる。道具の直接性とは、上手く使えば上手い結果を得るし、下手に使えば下手な結果を得るという、作用の自明性にある。エージェントシステムが完全な直接性を持つのは、使用者がシステムの動作原理をすべて知っている時だけである。その場合、使用者が外部から得なければならない知識の量は、道具の自動化の量、つまり間接性の大きさに比例する。コンピューターはどこまでもその間接性を延長できるのだから、自動化が（少なくとも単純な指示で複雑なことを行うという意味での自動化が）、我々の内的経験である「使用すること」から乖離するベクトルを持っていることは明らかだ。

たとえ我々が手動で細かな作業をするのではなく、エージェントシステムが知的なバックグラウンドプロセスによって高度な生成処理あるいは作業補助を行うようになったとしても、そのシステムを思いどおりに扱いたいと思うなら、どこかに記号を接地させる身体性を保持せざるを得ない。システムは間接性の延長を、作用の自明性が感じられる範囲に限定し、使用者自身が使用することの場に留まれるようにする必要がある。それはたとえば、ドアを開けるための動作かもしれないし、行き先を探すための動作かもしれないが、いずれにしても何らかの直接性なしには、我々自身がこの世界に接地しないのである。

手許性

ハイデガーによれば、この世界は諸々の事物の道具的な連関によって形成されているのだという。[★1] 道具というものは、その道具性に応じてつねに他の道具的な物と相属しながら存在している。たとえば、ペン、インク、紙、机、ランプ、家具、窓、ドアなどは相属している。こうした物は個別に現われているのではなく、部屋という住むための道具立ての、全体性の中に発見されるのである。

道具的な存在者たちは互いに連関している。そして我々がそれを実践的に使用している時、物は手許性（Zuhandenheit）という在り方で現れてくるとハイデガーは言う。

道具がその存在においてありのままに現われてくるのは、たとえば槌を揮って槌打つように、それぞれの道具に呼吸を合わせた交渉においてのみであるが、そのような交渉は、その存在者を出現する事物として主題的に把握するのではなく、ましてそのような使用が、道具そのものの構造をそれとして知っているわけではない。……（中略）……槌がたんなる事物として眺められるのではなく、それが手っ取りばやく使用されればされるほど、槌に対する関わり合いはそれだけ根源的になり、槌はそれだけ赤裸々にありのままの姿で、すなわち道具として出会ってくる。槌を揮うことが、みずから槌に特有の手ごろさを発見するのである。道具がこのようにそれ自身の側から現われてくるような道具の存在様相を、われわれは手許性（Zuhandenheit）となづける。道具にはこのような「自体＝存在」がそなわっているのであって、道具はだしぬけに出現するものではない。★1［本文に合わせて一部訳語を変更］

慣れ親しみながら諸物と交渉すること。その物が純然とした仕方で手許にあること。そのような世界への根源的な関係の内に、我々の存在構造は成立している。我々の自己は、我々と世界の間の「使用する」ことの配慮的な場に生じるものであり、それ以外のどこかに単独で存在するわけではない。

ウィノグラードとフローレスは、「実践的理解は、切離され、孤立した理論的理解よりも根源的である」と言っている。★17 西洋の伝統では、理論的観点は現実に埋没した実践的理解より優越しているとされてきた。しかし、ふだん意識されないが、我々は何よりもまず手許に在る道具的なものとの経験的な関わりを通じて世界と繋がっている。我々の常識では、事物を知覚しそれらを扱うためには、頭の中にその事物についての表象を持たなければならない。しかし理論的な理解ではなく配慮的な交渉に目を向ければ、この表象という考え方には疑問が生じるとウィノグラードらは言う。ハンマーで釘を打つ時、ハンマーをわざわざ表象化して理論的に考える必要はない。釘を打つことができるのは、釘を打つという行為に自分が親しんでいるからであり、ハンマーそのものについての知識があるからではない。釘を打つという行為の中に被投された状態において、ハンマーはハンマーとして理論的に存在しているのではなく、状況に溶け込んで我々の一部となっている。歩くときに足の筋肉について意識しないのと同じだ。

事物の形相をどれほど凝視しても、手許存在としての姿を発見することはできない。事物を理論的な存在として眺めるだけでは、その物の「そのもの性」を知ることはできない。そのもの性（それが何であるか）は、我々がそれを使用することの中で捉えられる。そのような実践的な理解の仕方、つまり我々が我々の配慮的な交渉を通じて物に関わり合うことで感得されてくる世界の在り方は、ケイが「Doing with Images Makes Symbols」という標語で表した、我々自身がミディアムとなって世界と繋がる姿に重なる。我々の世界は、我々が諸物と関わり合う中で、我々自身を含んだかたちで、現れる。

手許にある慣れ親しんだ道具との交渉を通じて、我々と世界の直接的な関係の場が定義される。我々がそのように世界と関わる時、道具はその手許性を露わにする。そしてその表象は我々の意識から退隠する。その時我々は、これ以上ないというほどに道具を自分のものにしてしまっているということである。しかしハイデガーによれば、ひとたびその道具が破損して使えなくなったり、あるいは必要な時にその道具が見当たらないといったことが起こると、道具の手許性は失われ、ただ目の前に認識されるだけの在り方である手前性（Vorhandenheit）に場を譲ることになるのだという。手許にあるものとして物がそれ自体になっているという在り方が破壊され、慣れ親しんだ交渉の世界との関係に亀裂が入る。たとえば割り箸がうまく割れなかった時、我々は非常に危うい場所に降り立つ。そこは道具的な世界と事物的な世界の狭間である。手許には無が生じ、その不安が我々の居心地を悪くするのである。

ただしこの居心地の悪さはむしろ、存在論的にはより根源的な現象として把握されなければならないのだとハイデガーは言う。慣れ親しんだ交渉の優位性が不安によって一掃されてしまった後でのみ、人間の根源的な構造としての配慮的なものが確認できる。アガンベンは、「配慮の優位は慣れ親しんだ交渉の無化と中性化の操作をつうじてのみ可能とされる」と言っている。[★2] 配慮的な交渉の本質は、手許存在が「表象されないこと」の内に在るのであり、その優位性は手許性が失われることによって明らかになるのだという。

ハンマーがハンマーとして現れてくるのは、つまり手許存在としての道具から手前存在としての単なる物が表象されてくるのは、それが手から滑って木を傷つけたり、あるいは釘の太さに対してハンマーのサイズが小さすぎるといった、「慣れ親しんだ交渉の無化と中性化」が起きた時である。そのような状況をウィノグラードらは「ブレークダウン」と呼ぶ。[★17] 対象化された物としての道具は、作ることの場に被投されている間は意識されない。ブレークダウンによってはじめて対峙的に姿を現す。ということは、道具というものは、手許性が発揮されている状態から何かのきっかけでブレークダウンが起きるその狭間でデザインされなければいけないということだ。ウィノグラードらは、「新しいデザインが生まれ、実現される場は、ブレークダウンの再現的構造から派生してくる空間である」と言う。そしてデザインには、ブレークダウンの解釈と、新しい交渉への予期が内包されることになる。

道具（となり得るような物）のデザインにおいては、それが行為全体と同調し、使用者の被投された世界とうまく連関しながら、手許存在となることが目標になる。そのために必要なのは、それが使用者の先入観にブレークダウンを起こし、そこから新たな世界を構築できるような交渉可能性を拓いておくことだ。ワードプロセッサーでは、文章を比較したり、長文を流し読みしたり、文章の断片をコピーしたりするのに、ウインドウの移動やスクロールといったメカニズムを利用する。しかしそれらは使用者の文脈的な目標に従って実装されているわけではない。実際に操作の選択を行うのは使用者であり、その際にメカニズム全体の中から望む仕事をしてくれるものを自然に選び出せるようになっていることが重要なのである。それぞれのメカニズムが機能するためには、それらが何であるかを、それらを使う行為によって創造的に解釈できるようになっていなければならない。もしそれがうまくいった場合、実装されたさまざまなメカニズムは、むしろデザイン段階で想定していなかった使われ方をすることになる。

ウィノグラードらは、複数のシステムがそれぞれの自律性を確保したまま何らかの構造的変化によって結合し新たなシステムを形成する、「構造的カップリング」という概念を用いて、人と道具の間に創造的な行為が形成される様子を次のように書いている。

成功したデザインを調べてみると、動作領域の完全なモデル化を行おうとはせず、領域の根底構造と「同調」して、新しい構造的カップリングを生み出すための修正や進化を許容していることがわかる。我々は観察者（そしてプログラマ）として、可能な限り、適切な行動の領域は何かを理解したい。この理解が構造変化のデザインや選択を導いてくれるものではあるが、それ自身、メカニズムとして具体化される必要はない（し、することはできない）。★17

道具のデザインにおいて重要なのは、関心領域全体への同調に向けて使用者自らが行為を修正したり新たに試みたりできるような文脈の明け渡しであって、目標状態への事前計画的な束縛などそもそもできないのである。なぜなら道具を使う行為がその使用者の目標を変化させるからだ。アルトゥーロ・エスコバルは、ブレークダウンを、「慣習的な世界内存在の様式が中断される瞬間」だと言っている。★18 ブレークダウンの発生によって、我々の慣習的な行為とそれを維持する道具の役割が露呈する。そしてそこに新たなデザインが現れる。物理的なものであっても記号的なものであっても、道具の意味はそのものの構造に固定されているのではなく、使用者による状況へのコミットメントに応じてそのつど見出される。目の前のそれが何であるかの決定は、必ず遅延している。デザインが果たしているのは理論的な事物に関する表象の操作ではなく、人が生まれながらに有している、根源的なダイナミズムへの参加なのである。

ブレークダウンはデザインにおいて本質的な役割を果たす。何かをデザインするにはその何かが何で構成されるのかを知らなければならないが、それはブレークダウンを通じて浮かび上がってくる。ウィノグラードらによれば、ブレークダウンは忌避すべき否定的状況ではなく、自明であった物事が自明でなくなる、デザインの契機なのだという。時計をデザインする者は、時間の概念とムーブメント機構の両方を知っている必要があり、なおかつ、それらの間には直接的な繋がりが何もないことを自覚している必要がある。ブレークダウンは創造に必要な諸要素の連鎖を明らかにする。このことから、ブレークダウンを予期し、それが生じた際の行動可能性空間を用意するという、はっきりとしたデザインの役割が見えてくる。たとえばある記号操作のプログラムにおいて記憶内容をスクリーン上の座標値にした際、プログラマーが予測しなかった円のパターンが現れたとする。これは「円を描くプログラム」と言えるが、デザインのどのレベルにも「円」の概念は現れていない。プログラムが「円」を表現しているのだとすればそれは使用者による説明であってデザイナーのそれではない。プログラマーが計画どおりにプログラムを構築することによってプログラムが正しく対象領域と結びつくわけではない。プログラムの制作者たちが全く意図していなかったような領域でソフトウェアがもっともらしく動くという可能性はいつでも存在していると、ウィノグラードらは言う。しかし多くの組織においては、業務の効率化のために手順を整理して定型化するという、仕事の線形化が行われる。それによって人々は活動の意味や影響に対して鈍感になり、ブレークダウンの機会が失われていく。そのような状況から生まれたデザインは、効率を追求しながらも、仕事から創造性を奪い、組織自体の有効性を蝕む。

有効なインタラクションは操作の定型化からは生まれない。たとえば車のステアリングホイールのデザインは、ドライバーの仕事を手順に沿った命令として再現するのではなく、ドライバーの動作と関心領域との素直な結合、つまり「ストロー化」によって得られるものだ。コンピューターにおいても同様である。スプレッドシートは強力なツールだが、スプレッドシートが会計について考えているわけではない。ソフトウエアの動作と関心領域がうまく「ストロー化」されることで使用者の思いどおりの操作を可能にしているのである。

関心領域における行為の再現的構造をどれだけ分析しても、可能性のすべてを尽くすことはできない。行為が関心領域を変化させ、それによって行為者も変化するからだ。デザインという行為は、関心領域の事物や規則性を明らかにする。その時、我々は自分が携わっている解釈活動によって可能性と盲目性の両方を作り出すのだとウィノグラードらは言う。

> 自分で定義した領域で働くとき、我々はそれを形作った文脈に盲目である一方、それが生成する新しい可能性には開かれている。これらの新しい可能性から、新しいデザインへの開放性が生まれ、全体は終ることなく循環する。★17

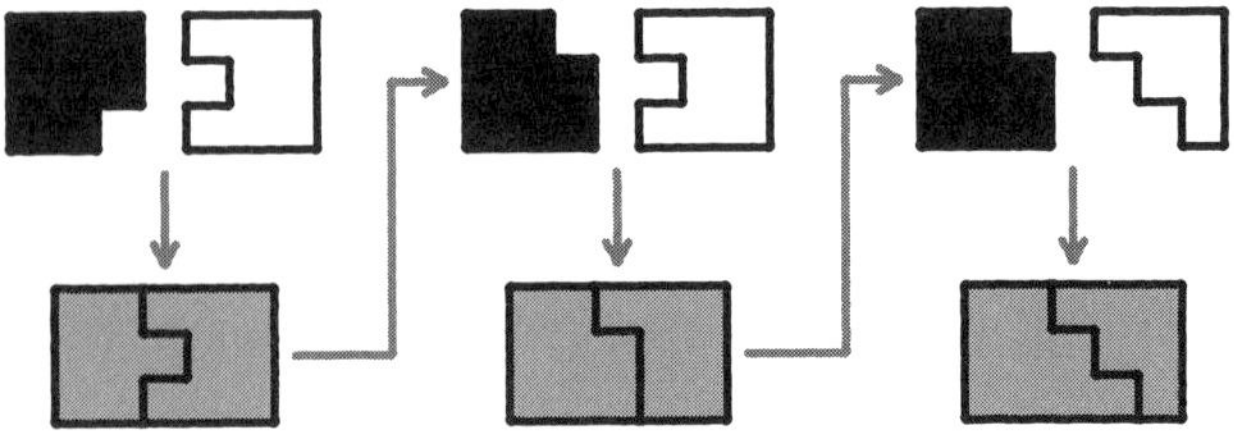

Vorhanden

Zuhanden

物を作り使う中では、手許的（Vorhanden）な状態と手許的（Zuhanden）な状態が往還的に繰り返される。たとえば人が新しい物に出会うとそれはまず手前的な状態として現れる。それを人が使用するうちにその者自身が変化する。たとえば物に影響されて仕事の仕方を変える。変化は物と人の間に構造的カップリングをもたらし、物は手許的な状態になる。しかし変化が進むと再びブレークダウンが起きる。たとえば新しい仕事の仕方に物の方が合わなくなる。そして物は手前的な状態に戻る。そしてその仕事に合わせるかたちで物に変更が加えられる。すると次の構造的カップリングが起こる。手許的な状態において人と物は同じ浸透圧になっているのでその存在は意識されない。そのためデザインの活動には入れない。デザインのチャンスはブレークダウンが起きて物が手前的な状態になった時だ。

壁の時計に目をやるとき、それは時間という絶対的なものを投影しているように見える。電池が切れて止まってもまだそれは投影の性能を失っただけのように感じる。もう一段、何かの拍子に壁から落ちて中の部品が床に散乱する。そこでやっと自分の盲目性に気づく。それはただ回転する針であったことに気づくのである。逆に言えば、もし自分の盲目性に気づきたければインターフェースを意図的に壊せばよいということだ。時計の内部を見たものだけが時計をデザインできる。カーテンの向こうを覗いたものだけがカーテンの存在を知ることができる。ただし構造的カップリングは計画できない。システムの個別的な構造の変化は使用者の学習やデザイン上の意図によって起こるが、それらの結合がカップリングとして優れているかどうかは、結合から創発される行為の状況への適応性として、事後的にしか評価できないからだ。デザイナーにできるのは、過去に良い結合が起こった個別構造のパターンを収集して行為の可能性を最大化することだけである。

新しい可能性を開くことは他の可能性を閉じることであり、ブレークダウンと同様、盲目性は避けられない。デザインすることには、デザイナー自身がそこへ被投されてしまうという盲目性が伴う。しかしその構図を意識しておくことはできるだろう。新しい可能性への期待と消されてしまう可能性への注意は一体となっていなければならないが、特にコンピューターのデザインにおいては盲目性の強化が顕著になる傾向がある、とウィノグラードらは指摘する。抽象的な記号的操作を多く含むコンピューターの行動領域は、我々の合理主義的解釈を強めがちであり、それを用いていると、その解釈に適合した行動のパターンが補強されることになる。だからコンピューターのデザインに携わる我々には、そこにある合理主義的伝統を自覚的にブレークダウンすることが求められる。たとえばオブジェクト指向パラダイムはまさにそうした伝統からの転回であり、ソフトウェアの世界において「暗黙の理解」から対象そのものの実在性を拾い上げる試みなのである。

道具が真に働くのはそれが手許存在として仕事領域の根底構造と同調し状況に溶け込んだ時である。そこから言えるのは、優れた道具であるほど初めはうまく使えないものだということだ。この逆説的な現象は実は理にかなっている。優れた道具というのは単に既存の要求に対応するものではなく、新しい行為の可能性を開くものである。つまり使用者自身を自己創出するものである。そうした自己創出に必要なのは人と道具の破壊的相互作用だ。人と道具の両者がそれまでの自明を解体し新たな構造的カップリングによって存在を更新するということ。やがて両者は同じ浸透圧に近づく。「get used to（慣れる）」という言葉はそのような中動的な内面の変化を示している。人間は道具を作り使うことで人間になったというのは、世界についての了解を精神的なレベルで創出しなおすという活動が人間の本質であることを意味する。物がミディアムになって我々の了解にブレークダウンが起こり、今度は我々がミディアムとなって世界を更新する。

我々にとって道具を使うことは、この世界との根源的で直接的な関係を構築することである。物が道具になるにはそれが何のために使われるのかという原因性が必要だが、物を使用することの内に新しい原因性が創出してくるという再帰性がある。そうした道具の自立性は、我々に自らの行為への新しい理解を求める。アメリカのヒューマンインターフェース研究者、ジェフ・ラスキンは、本当に優れたデザインほど既知のデザインとは異なったものになると言っている。★19 デザイナーがチャレンジすべきは、誰もがすでに知っていてすぐにでも使えるようなものではなく、初めは誰もわからないかもしれないが、「使用すること」の中で使用者が自身を変容させ、どこまでも慣れていけるようなものを作ることだ。たとえば、箸、バイオリン、自転車のようなものを作ることなのである。

3 適合の形

デザインはどこにあるのか

我々が道具を作るのは、それを使ってそれ無しにはできない何かを成そうという目的があるからである。しかしそこで作られた道具を使用することで、我々とその背景的状況は破壊され、新しい目的が創出されることになる。この破壊と創出は人と道具の間の自己生成的なダイナミズムによるものなので事前に計画することができない。道具には、それを作った我々からも、それを作るためだった目的からも、自立した存在性がある。デザイナーが案出する形の意味は、デザインの契機にはなるが、作られた形はそこから自立している。デザイナーもまたデザインから提案を受ける者のひとりである。

この自立性はデザイナーにとって非常にやっかいなものとなる。なぜならデザイナーはある目的のもとでそれに適合した形を作ることの責任を負っており、そのための方法を知っているものと期待されるからだ。しかし原因と結果を結ぶ糸が存在しないのと同様に、目的と形の間に、両者を繋ぐ適合という糸は存在しない。クリストファー・アレグザンダーは、ある物の目的への適合度合いというものは、つねに間接的にしか把握できないと言っている。[★1] たとえば、表面に凹凸のある金属板を平らに削ろうとする時、できるだけ理想の平面に近いまっすぐな定規を探してきて、そこにインクをつける。インクのついた定規を金属板に置くと、板の凸の部分にだけインクがつく。こうすることで削るべき部分、つまり問題箇所が可視化され、同時に、どの程度全体が目的に適合しているのかが把握される。

デザインの活動とは目的に適合する形を作ることだと一般に思われているが、実際にそのようなことが可能なのかはつねに疑わしい。アレグザンダーは次のように言う。

> 現実のデザイン問題では、達成すべき適合があるという我々の確信は、奇妙に希薄で空虚なものである。我々は、二つの触れ得ぬものの間のある種の調和を探している。それは、まだ我々がデザインしていない形と、的確に表し得ないコンテクストの間の調和である。★1

我々はデザインの活動にあたって、作るものの最終的な形を直接イメージすることはできない。我々にできるのは、たまたま目についた問題箇所を直すことだけである。そうすることでしか、形を目的への適合に近づけることができない。仮に問題がすべて解消されたように見えても、在るべき形はそれとは全く違うものとして、可能性の向こうに残されているのかもしれないのである。

通常、デザインのプロセス論では、まず何を作るか決めて、それからそれを作る、ということになっている。まずターゲット領域における要求を特定し、それからその要求を満たす形を提出する、という二段階になっている。しかしアレグザンダーが言うように、それら二段階が可能であるという前提は多分に希望的なものだ。要求と呼ばれる何かが特定可能な尺度で存在するという根拠はどこにもないし、仮に特定できたとしても、それを満たす形を意図的に作れるという根拠はどこにもない。現実のデザインは、ゴルフ場でホールカップを見つけ、そこへうまくボールを入れるというようなことではないのである。

もちろんある形が何かの要求をうまく満たすことはある。しかしその形をリバースエンジニアリングしても要求に還元されるわけではない。どちらかと言えば現象としての適合がきっかけとなって、そこへ接続された形と要求が後づけで顕在化するのである。デザインの在り方を、目的と手段、あるいは原因と結果といったロジックに回収してしまうのは近代の欺瞞だ。存在論的にデザインを捉えれば、形に先行して特定できる要求というものはないし、要求に適合する形というものもない。あるのは自立的なシステム同士の間に生じる構造的カップリングだけだ。

創造的な活動を詳しく内省すれば、それは線形的なものにはなり得ないと気づく。問題発見と解法発見の同時性は、工学的な計画可能性を拒否している。創造のプロセスを突き詰めると、創造の非プロセス性に行き当たってしまうのである。使用者の了解は行為の中で生まれるのだから、作業に対する不適合について、問題と解法を別々に定義することはできない。また複雑に釣り合っているデザイン要素を個別に評価することもできない。極端に言えば、仮説検証という合理主義的な分析思考からはデザインの実践的統合に近づくことはできないのである。粘土遊びを思い出してみるとよい。何を作るかは、作る行為の中からしか決まってこない。形を作るという行為の存在論的な本質を、我々は子供の頃にすでに経験しているのである。

プロセス論では、目的に適合する形が目的そのものから直接導出されるわけではないことを認めながらも、その課題へのアプローチとして、単に適合が得られるまで形の変更を反復することしか指南しない。プロセスの線形性に対する批判に対して、目的が満足するまで試作と検証を繰り返すのだと反論してしまっては、プロセス論として何も言っていないのと同じである。出来上がるまで繰り返し作り続けるというだけではプロセスとは呼べない。反復型プロセスの多くが抱える問題は、適合というものが、人が道具を作り使う時の再帰的ダイナミズムの外側に設定されていることである。

目的の中から在るべき形が取り出されるわけではないとすれば、では、デザインはどこから来るのだろうか。ティム・インゴルドは著書『メイキング』の中で、デザインという概念そのものについての興味深い懐疑論を展開している。[★2] インゴルドは、この世界にデザインというものが本当にあるのか、あるとすればそれはどこにあるのか、と問いかける。我々はえてしてデザインの意味を、職業や産業、あるいは社会や環境といった自分の外側に配置してしまう。しかしインゴルドは、物を作るという行為の内側に向かって探求していく。それにより、現代社会がデザインに対して持っているナイーブな認識が露わになる。

インゴルドの言う「デザイン」は、単に物を作ること（メイキング）との対比として、作る行為に先立って作りたいものの観念を頭の中に描くことを指す。近代合理主義においては、質料が形相に先行するというモデルが無批判に適用されてきた。作るという実践的な活動よりも、デザインという理論的な活動の方が優越したものとして扱われてきた。しかしそれは偏った考えだとインゴルドは考える。我々は何よりもまず経験的な関わりによって世界と繋がっている。デザイナーがこれから作る物の形をイメージしていたとしても、そのデザインが物を創造するわけではない。物は、作るという行為、つまり物質とのエンゲージメントの中から生まれる。形は先行するデザインの表象ではないのである。インゴルドはデザインの理論家に向けて素朴に問う。

形状に関するすべてのものが事前にデザインされているのであれば、どうしてそれをわざわざつくったりする必要があるのか。★2

作るという行為は、デザインの末に開始されるのではない。作るべきものを計画することは、作るための要因ではなく、作る行為を契機として生じる自己参照的な過程だ。質料から形相が一方的に規定されるという構図は、作るという行為の本質を見誤っている。

一般的に、デザインは物事をわかりやすくしたり簡単にしたりするものだと思われている。しかしインゴルドは、我々の身の回りの人工物はどれも罠のように我々を陥れていると言う。デザインは、最良のものを作るということに失敗している。デザインとは、むしろ障害物を設置することなのではないか。「デザインの目的は、解答らしき姿を装って問いを提出して、罠を仕かけることである」とインゴルドは言う。我々は、どうやって食べ物をボウルから口へ運ぶかという問題に対してスプーンが解答を与えていると思ってしまう。しかし実際には、ボウルを直接口にもっていく代わりにわざわざすくい取ることをスプーンが要請しているのである。あるいは疲れた時に、ただしゃがみこむ代わりにわざわざ腰掛けることを椅子が命じているのである。それなのに我々は、椅子のデザインが我々に座る可能性を提供してくれているのだと考えてしまう。デザインは我々の状況を単純化してくれているわけではない。デザインはつねに困難を提供する。その結果、スプーンからシリアルをこぼしたり、椅子の脚に小指をぶつけたりすることになる。デザイナーはそのような不完全な状態を少しでも改善しようとしているが、不完全さの原因がデザインそのものにあることには気づかない。たしかにふだんデザインの仕事をしていると、どこかしらの要素がしっくりとおさまらず、完全というものが幻想であることを知らされる。我々は、何か根本的な問題が解決されないまま残されているのではないかという不安を抱き続けることになる。

生物の巧妙な組織的構造を考慮する上で、もし形に先立ってデザインが存在するのであれば、全能の創造主はなぜ我々に目というものをわざわざ授けたのかとインゴルドは言う。遠くにある物を知覚するために、なぜわざわざ光を受容して脳が処理するといった複雑なメカニズムが必要なのか。ただ直接その物を知ることができればよかったはずではないか。一方、チャールズ・ダーウィンの進化論に照らせば、進化する生物はあらゆるデザイン的特性を有しながらも、そこにデザイナーは介在しない。自然淘汰には心もなければ計画もない。進化生物学者のリチャード・ドーキンスはこれを自然界の「盲目の時計職人」と言った。[★3] もしこの喩えが妥当なのであれば、「目の見える時計職人」は時計を見たり作ったりはしないだろうとインゴルドは言う。目の見える時計職人はただ時計をデザインし、その寓意的な心の眼でその部品の配置を決定するだけだ。自然界の時計職人が盲目であろうとなかろうと、デザインという概念を物の生成の源泉として扱うなら、物を作るということの本質に近づくことはできない。そこでは時計がどうデザインされるかだけが問われ、時計が実際にどう組み立てられるか、その作業に含まれる職人の技能や器用さについては見過ごされているからだ。

物がデザインされていると言う時、それは何を意味するのか。インゴルドは単純な例を挙げながらデザインというものの所在を探る。たとえば地面に落ちている石を蹴った時、足が遭遇したのは石であって石のデザインではないだろう。石には決まった形もないし目的もないからだ。では落ちていたのが時計だったらどうか。時計には、その構成を計画しデザインを施した制作者が必ず存在する。たとえ壊れた時計だったとしてもそれがデザインされていることに変わりはない。とはいえ、石の場合と同様に、発見されたのは時計それ自体であって時計のデザインではない。我々は、「そのデザインが制作者の心のなかにかつて存在していたと推測することしかできない」のである。

では生き物の場合はどうだろう。森でコウモリに出会う時、そこで目にするのはコウモリそれ自体でありコウモリのデザインではない。生き物のDNAの中に何らかのデザイン的な特性がコード化されているのだとしても、それが目に見える形で存在するわけではない。デザインは、観察している当の科学者の想像の中にあるだけだとインゴルドは言う。コウモリのデザインは、この世におけるコウモリの出現に先立って構想されたのではなく、科学者によるコウモリの行動の体系的な観察から事後的に導き出されたものに過ぎない。心臓の目的は血液循環である、といった言い方には意味がない。自然界に目的などというものはない。フランスの先史学者、アンドレ・ルロワ＝グーランが言うように、「手そのものではなく、その手で作るものゆえに、人間の手は人間的なのである」[★4]。

形はデザインによって作られるという考えは、現代のさまざまな分野に浸透している。しかしそれでは作るということのダイナミズムに迫ることはできない。インゴルドは時計職人の仕事に立ち返る。時計職人に必要なのは歯車やバネの組み合わせを計画することだけではない。時計を作るためには、熟練した先見性と手の器用さが要求される。その洞察力は、デザイン理論がデザイナーに求めるような知識とは違う。それは目前で起きている現象にコレスポンドする（調和するように対応する）、行為の中にある思考だ。

ものごとの最終形態や、そこに到るために必要とされるあらゆる手順をあらかじめ決定することではなく、行く手を切り開き、通路を即興でつくるということだ。この意味において「先を見る」とは未来を見抜くことであり、現在に未来の状態を投影することではない。つまり、むかう先を見ることであり、目的地を設定することではない。★2

時計をデザインすることはそれを実際に作ることからの連続であり、作る行為の中で集められた部品同士の内的な一貫性を生成する取り組みである。部品の位置は何らかの外的な必然性によってあらかじめ決まるわけではない。それは、森の地面に落ちている小枝が鳥の巣の一部ではないように、時計の部品ではない。むしろ鳥の巣のように、集められた素材が徐々に結合していくことで初めて個々の断片が部品になっていくのである。制作が進行するにつれて部品同士の支え合いは強力になる。制作者の仕事は、部品を相互に交感的な連結へと導き、それらが共鳴しはじめるように仕向けることだとインゴルドは言う。そして制作者は、部品同士の関係を調節し、それらとコレスポンドしながら、ある種の媒介者としての役割を担うのである。

インゴルドによれば、デザインのモデルは、工学的なものよりもガーデニングや料理に近いのだという。造園家やシェフが行っていることの本質は、あらかじめ考えたアイデアに完成形を結びつけることではない。柔軟な性質をもつ素材と頑強な素材とを「予期的な先見」をもって相互に従わせながら取りなすことなのだ。我々は製品に接する時、前もって計画されたデザインの完成品として出会うわけではない。我々は対象（Objects）としてではなくまず事物（Things）として遭遇する。それらは質料のための形相でも、形相のための質料でもなく、我々の意識とのコレスポンドを待っている未完成な素材たちなのである。そしてそれらは、使用されることによって、つまり相互的な関係に導き入れられることによって、完成する。

デザイン理論が提唱する工業的なアプローチにおいては、使用者に対して、サービスとしての製品をただ消費するだけの役割を与えている。使用者というものを文字どおり、使われる製品に対立する存在として想定しているのである。しかし単なる事物的なもの（手前的な存在）が道具として完成するのはその使用においてである。道具を使うというのはそれで何かを作るということだから、使用者は使用者であると同時にデザイナーなのである。人は道具を使って道具を作る。道具を作るということは、誰かが次の何かを作れるようにするということである。この連鎖を考える時、サービスという概念は問題を孕んでいる。サービスは、サーブする側とされる側という固定された関係に閉じており、連鎖を切断してしまう。

ではあらためて、デザインはどこにあるのか。熟練した職人が制作の中で行っているのは、踏みならされた道を解き放って、絶えずその先端において飛翔し、進みながら行く先を探りだすことだとインゴルドは言う。デザインは、作ることに先立って最終的な状態や完全を求めることではなく、作る行為の中で、新たな行為の可能性に向けて状態を開いておくことなのだ。

デザインとつくることとの関係性は、希望や夢を引き寄せることと、物質的な束縛への抵抗のあいだの緊張にあるのであり、認識的な思考と機械的な執行のあいだの対立にあるのではない。それはまさに想像力の広がりが、物質の抵抗に出会う場であり、野生の力が、人間の住まう世界の手つかずの周縁と接触する場なのである。★2

作ることは、いつもままならない。作ることは素材の抵抗を感じることである。たとえ思ったものが思ったとおりにできたとしても、依然としてままならなさは残る。作ってみたら、思っていたものが思っていたようなものではなかった、という不思議な現象をもたらすことはよくある。逆に言えば、制作がままならないほど、作ることの真に向かっているということでもある。何でも思いどおりになるならそれをすることに何の意味があるだろうか。抵抗がなければ我々は存在を感じることができない。それは我々自身を失うことである。ままならなさは身体性の源泉であり、生きる感触そのものでもある。水泳の身体性は、水の抵抗に対する実存的な応答としてのみ語られ得るだろうし、同様に作ることとの身体性は、素材の抵抗に対する実存的な応答としてのみ語られ得るだろう。

そのようなままならなさの中における制作のジレンマは、構造のイメージが空間的であるのに、それを構築する作業は時間的であることだ。制作物をテントにたとえると、互いに支え合うポールは同時に存在しなければならないが、それらを立てる際には順番に取り組まなければならないということである。制作者には、だから、時間を一瞬止めて素早く空間にアクセスするための集中力とスピードが必要になる。エトムント・フッサールは、内的時間意識における「今」は時間的な幅を伴っていると言ったが、★5 我々が身体性として親しんでいる時間は、まず呼吸である。我々は経験的に、息を止めると時間が止まることを知っている。だから複雑なことをいっぺんにやらなければいけない時、我々は息を止める。記憶の減衰を抑えて今を引き延ばす。作る物のイメージは同時であるのに、作る作業は逐次的にならざるを得ない。その間にイメージが霧散してしまわないよう、デザイナーは息を止めるのである。息を止めて今を引き延ばし、逐次的な作業を同時の中に織り込む。制作中の「今」は、息を止めていられる時間、つまり約1分ほどまで延長される。制作において手を動かすスピードが重要なのは、「今」の中で行えることを増やすためだ。今の中で行えることが増えればそれだけ複雑なイメージを捉えて形にすることができる。自分が今の中でどれぐらいの作業ができるか、制作者には経験的な感覚がある。時間を空間に変換できる自らのキャパシティーを知っているのである。

デザインに必要なのは、そのような作ることへの身体性を高めることだ。人に喜ばれそうな製品を空想するだけのノウハウはデザインとは関係がない。ここで問われているのは、素材の抵抗と戯れながらそこに新しい形をもたらす生成的な態度である。作り作られる永遠のスパイラルに参加し、ひとつの役割を引き受ける参与的な姿勢である。制作に先立つデザイン、実装から分離されたデザインなどというものはない。素材の抵抗に出会いながら計画は撤回されイメージは何度も更新される。もし先行的にデザインを固定しなければ完成させられないのだとすれば、それは作ろうとしているもののスコープが間違っているのである。

インゴルドは人類学者として研究対象への参与観察を存在論的なコミットメントだと位置づけている。参与観察の目的はデータ収集ではない。それは「内側から知ること」である。人が本当の意味で物事を知る唯一の方法は、その人の存在の内側から自己発見のプロセスを通じて知ることだ。世界から受け取っているものをデータに変換すると、その存在から学べるものが失われてしまう。そこで起きている現象を離散的な値に置き換えてしまうことは、「周囲のものと直接的に、実践的に、感覚的に結びつくプロセスにおいて発達する、知覚の技能や選択能力のなかに知識が含まれることを見ないで、事後に建てられた体系のような何かにしてしまう」ということなのである。

デザイナーがデザインについて知るために必要なことも同じだ。我々はそれを、作るという行為から切り離して、事前的あるいは事後的に論じることができる何かだと過信している。実際に制作する時の経験を思い起こせば、事前の計画は最初のひと筆で見事に崩れ去ること、そして素材との即応的な相互作用は事後の言語化を拒否していることがわかるだろう。生成的な領域において、すべての作業は実験となる。しかしそれは、インゴルドによれば、「自然科学においてあらかじめ立てておいた仮説を試すという意味ではなく、また、頭のなかにある観念と地上にある事実との対比

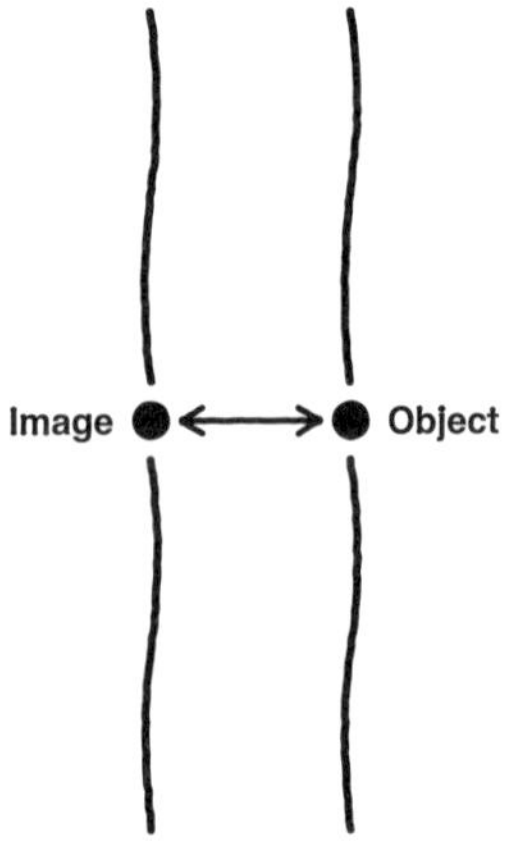

ティム・インゴルド『メイキング』より

という工学的な意味での実験でもない」のである。そうではなく、計画や予測といったものから離れて、自分の手が触れる物の生に随伴されながら、それが導く可能性へと存在を開くということなのだ。

インゴルドは、作るという行為に含まれる二つの方向性について簡単な図を用いて説明する。まず縦方向に伸びる二本の線は、意識の流れと物質の流れを表す。我々の意識は光や音や感情で満たされながら変化していく。一方自然界の物質は、混合したり溶解したり循環したりしながらやはり変化していく。その流れの中のどこかで両者は接続し、意識の中にイメージが生まれ、物質はオブジェクトになる。イメージからオブジェクトへ、オブジェクトからイメージへの往還は終わることなく繰り返される。感覚的な気づきの流れと物質的な流れの双方において、イメージとオブジェクトが相互に形を結ぶのである。そこには、創造というものが持つ双方向的な意味が含まれている。つまり、あらかじめ考えた結果を実現していく計画的な創造と、素材に触れる作業の中から解決が導かれる即興的な創造だ。

作ることは意識と物質を往還する生成の過程である。そしてデザインは、作ることを通じて我々と世界の関係が更新されていく現象だ。作る者はデザインによって物質の中へと融合し、物質はデザインによって意識の中へと融合する。我々が素材に触れて作業する時、作る行為そのものが作られるものを予測させる。我々は物質と力を合わせながらそれらを溶解し、統合し、精製する。こうしたモデルは、我々有機体と人工物との間に引かれている線引きを曖昧にする、とインゴルドは言う。有機体が成長するように人工物もまた成長する。人工物が作られるのであれば、有機体もまた作られるのである。

形

デザインの活動は明らかに、我々の精神的な、あるいは身体的な運動である。そのエネルギーが変換される先は、形である。アレグザンダーは、もし世界が全く規則的で均質ならそこに力は無く、形も無い、と言っている。[★1] そして「デザインの最終の目的は形である」と主張する。磁石が持つ磁力によってまわりに撒かれた砂鉄が模様を作る。粘土を押す指の力によってそこに窪みが現れる。

形は何らかの不均衡＝力を反映している。その力は形によって我々に意味を伝える。形は意味の全体性であると同時に運搬者である。アメリカの美術史家、ジョージ・クブラーは次のように言う。

誰でも少し考えさえすれば、いかなる意味も形を持たなければ伝わらないということに思い至るだろう。どのような意味も、それを支えてくれたり運んでくれたり包んでくれたりするものを必要としている。それらは意味の運搬者であり、それらがなければ意味は私からあなたへ、あなたから私へ、あるいは自然界の一部から別の部分へとは伝わらない。★6

形はもともと、我々自身も含めて自然界の全体に行き渡っており、それらは我々が想起する目的や意味といったものを対象化する。そして我々はデザインの活動によって形を更新し、我々と世界の関係を新しく意味づける。使用者の行為は形と共にあるのであって、デザインの目的と共にあるのではない。そして行為の可能性がなければ、形が目的に適合する可能性はゼロである。使用することは形から生まれる。またインゴルドが言うように、作ることも、形から生まれる。刻一刻と変化する意識と物質の形が、その間にインタラクションの道を浮かび上がらせ、適合のチャンスを広げる。

デザイン教育者の須永剛司は、著書『デザインの知恵』の冒頭で、多様な可能性をもたらすものこそが優れたデザインなのだと言っている。

使い手の活動に多様な可能性をもたらすことこそ、優れたデザインなのであり、デザイナーがものごとに付与する「かたち」はその意味で、「使用者の活動の可能性」なのである。★7

使用者の活動の可能性とはすなわち、使用者がその物を使ってどれだけ自らの在り方を豊かにできるかということだ。須永によれば、デザイナーたちの仕事は、デザインしてあげることではなく、人々の「自立的なデザイン」を尊重し、デザインの専門家としてそこに参加することなのだという。そうした「生きたかたち」を作るには「生きたデザイニング」をしなければならない。須永は、科学がひとつの答えを探すことなら、芸術は沢山の答えを作ることだと言う。答えを作るとは、まず表現してみること。考えるよりも表現する行為を優先し、その結果の中に考えるきっかけを見出すこと。デザインは、何をどう作るか決めてからただそれを実行するような活動ではない。デザイナーは膨大な枚数のスケッチを描くが、その膨大な量の表現によって豊かで多様な知覚の場をつくり出し、そこに生まれた知覚に「尤もなかたち」が見える瞬間を自ら生成しているのだと須永は言う。デザイナーは自分と自分が作った形の間を行ったり来たりする。デザイナーにとっては作る行為そのものが思考であり、その中で主客を交換しながら、尤もさの訪れを促しているのである。

インゴルドが「コレスポンド」という言葉で表しているのは、主体と客体が未分化と分化を繰り返しながら紡いでいく有機的で調和的な応答のことである。コレスポンデンスにおいては、二者の間にインタラクションが作動する。インタラクションは、関わり合うもの同士がぴったりと寄り添いながら相互に干渉することである。インタラクトする両者はストローの両側のように連結さ

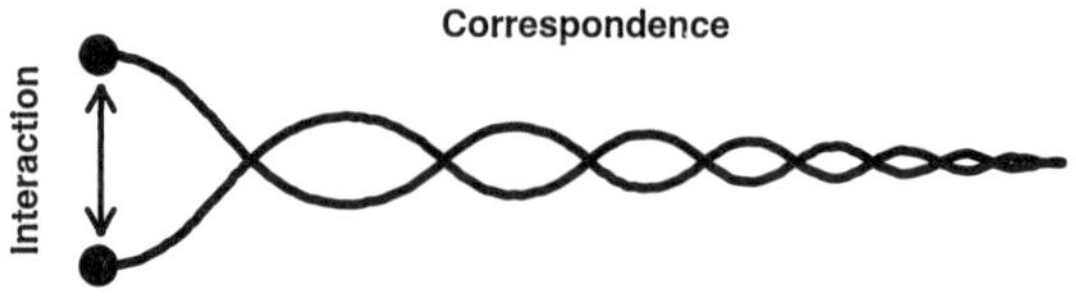

ティム・インゴルド『メイキング』より

れる。インゴルドは、コレスポンデンスとインタラクションの関係を上のような図で示している。

インタラクションは本質的に非時間的(同時)で、点は静止している。運動や生成の道筋を横断するように働く。一方、コレスポンデンスにおける点は運動の最中にあり、対位法の旋律のように互いに絡まり合う線を描く。それは旋律が織りなす弦楽四重奏に似ているとインゴルドは言う。演奏者たちは互いに向かい合って座り、身体は一箇所に固定されている。しかし演奏者たちの動きとそれに伴って発せられる音は融合しようとする。

このモデルは、同時の世界に提示された行為の可能性としてのデザインが、使用者と道具の生成的な道筋に沿って調和し、新しい構造的カップリングを生み出す様子にも見える。作る行為と使う行為はその意味で同じ現象の内にある。インタラクションが空間を横切り、コレスポンデンスが時間の中でダンスする。そこで空間と時間が出会う。インゴルドは次のように言う。

世界と応答することは、それを描写することでもなければ、表現することでもない。むしろ、それに応えることである。変換装置が仲介役を引き受けてくれるおかげで、世界とコレスポンドすることは、あるひとの感覚的な意識と、生気にあふれた命の流れやほとばしりが混ざり合うことである。このような結合では感覚と素材が互いに結びつき、撚り合わさって、恋人たちの視線のようにお互いの区別がつかなくなってしまう。このような結合こそ、つくることの本質なのである。[★2]

思考するだけではデザイナーと言えないし、手を動かすだけでもデザイナーとは言えない。重要なのは、両者は別々の活動ではなく、肺と心臓のように連動する運動だということである。動くことで風が生じて空気を感じ取れるようになる。動くことで視差が生じて自分の場所を感じ取れるようになる。止まったまま頭で考えていても筋道を見通すことはできない。考えてから動くということは実際全く不可能なはずだ。

語り得ぬものについては沈黙せねばならない、とウィトゲンシュタインが言うように、[★8]我々は、形になり得ないものについては形づくらないでおかなければならない。考えてから作るのではなく作ることで考えるというのは、形づくる行為の中でしか「なり得る形」を知ることができないからだ。もし事前に考えていた目的に対していくらやっても「なり得る形」が見当たらないなら、作るのを中止するか、もしくは目的の方を変更する必要がある。

何が必要かわかるから作るのではない。わからないから作るのである。どんな絵を描くか細部まで事前に決めてしまってから描き出す画家がいるだろうか。そんなことをしたらむしろ絵は崩壊してしまうだろう。何を描くかは描く行為の中からしか決まってこない。作るべきものは作る行為の中から現れる。デザイン作業に先立ってこまごまとした計画を立てても手戻りを減らすことにはならない。むしろ修正の時間が足りなくなって手遅れになることの方が多い。手戻りを減らす最も効果的な方法は、制作をしながら計画を立てることである。

作り出す前に何を作るのかについて延々と議論をしている者があるが、当然、話はなかなかまとまらない。精神とミディアム、意識と物質の摩擦こそが物に形を与える第一の手がかりだからである。考えてから作るのではなく、作ることで考える必要がある。たとえば絵具をつけた筆をカンバスに置き、ある距離を滑らせる。その数秒のストロークの中で画家は、自分がやっていると思っていることと実際にそこに現れているものとの対応を、瞬間々々に捉える。筆先の弾力、キャンバスの摩擦、絵具の盛りが作る光沢。それらによって次の瞬間が計画される。画家は経験から、こう描けばこう見える、ということをさまざまに知っている。しかしだからといって、絵がはじめから完全に計画されるわけではない。むしろ自然のファジネスを描くために、絵具、筆、カンバスのファジネスを積極的に活用するのである。

ソフトウェアのプロジェクトでよくあるように、箇条書きされた文言で要件が定義され、それが調達仕様となることには重大な問題がある。インタラクティブなシステムとして「形になり得るか」の実験が先送りされている点だ。ＧＵＩが表現できる事柄は人々が思う以上に限定されている。要件はデザインのプロトタイピングを通して定義されなければいけない。プロトタイピングというのは、事前に定義された要件を新しいデザインが満たしているか確かめるために行うのではない。デザインとして整合することが確かめられた新しい要件を定義するために行うのである。デザインの概念が実質的に意味を持つのは、作る行為に先立って作るものを計画する時ではなく、作る行為の中からそれが現れてくる時だ。

ただし、プラン――デザインを事前に計画すること――と同様に、プロトタイピング――事前に試作すること――にも疑わしさがある。それは、創造的な営みを事前と本番とに分節化し、その成否を因果律の中に回収しようとしている点である。制作する者であれば知っているとおり、作る行為はつねに即興的な身体性に駆動されている。プロトタイピングが意味を持つのは、それが本番と区別せずに実行された時であり、意味を失うのは、それが予行として「いま・ここ」を保留してしまった時である。

試作品はいい感じの出来だったのに本番ではなぜかその良さを再現できない、ということが頻繁に起こる。これは再現可能性の問題ではない。物の良さを試作するという態度そのものにどこか誤謬があるのだ。たしかに形式的なノウハウというものは多くあるが、我々がGoods（良い物）から受け取っているその良さというのは、たいてい「いま・ここ」に偶有された形式外の揺らぎである。要するに、作るというのは、毎回別の新しい行為なのである。同様に、本質的な意味で、デザインはテストできない。プロトタイプで評価できるのはデザインの周辺的な部分に限られる。肝腎な部分について、現在の要求を満たすだけでは記号は接地しない。なぜなら実世界へのインストールが記号体系を変えるからだ。Vモデルが終点に来る時、対応するはずの始点は元の始点ではない。デザインによって世界の一部の形を変えれば、当然それによって他の部分も変化する。要求を満たそうとする行為が要求の構造を組み替えてしまう。

事前にイメージした構造を実際に形に現す過程で、よりきれいな構造が浮かび上がってくることは多い。これは当初に見逃していたものというより、形を作る行為の中で新たに創発されてくるものである。デザインのインプットの多くは、デザインする行為そのものである。クレヨンを渡された子供は下書きなどしない。絵は絵を描く行為で満たされている。とはいえそこに計画が全く無いわけではない。何かの表象を求めてストロークは調整される。ただしその計画は事前に立てられるのではなく、いまここに現れてきた絵そのものの中から、まさにストロークとして流れ出すのである。

議論ばかりして作り出さない者は作ることへの暗黙知が不足している。何かを作り上げる人には、自分は何かを作り上げることができるという感覚的な確信がある。作る時は誰でも、何かしらうまくいかなくて途方にくれるものだ。そこで投げ出してしまうかどうか。自分は作れると信じる者だけが茨の道を先へ進み、ついに形を得るのである。この経験の繰り返しが、作る人を作り上げる。作る人の内に暗黙知を育てる。作ることの暗黙知を獲得する唯一の方法は、何を作るべきか不確かな中でとにかく作り始めてみることである。とにかく自分でやってみて、自分の中の経験則に身体的な実感を与えることが重要なのである。それがなく、またそのことに自覚的でないと、解決策は自分の外にあると思い込んでしまう。言語化された方法論やプロセス論に囚われてしまう。

システマティックに物事を捉え状況を客観視することに長けた人は、今あるリソースの組み合わせで理論的に何が可能かを思い描くことができるだろう。たとえば組織内にある情報を活用して最終的にどこまで仕事を効率化できるかをイメージできるだろう。しかし本当にそれを実現するには実践的なデザインが必要だ。これはそう簡単にはいかない。理論上のイメージを持つのと、現実的に有効な形を作ることとは、全く違う。高度な理論ほど実現のプロセスは複雑になり、実際の装置としては情報量が多すぎて十分な使用可能性を得られない。たとえば理論的に1000種類の要求に応えられるシステムがあったとしても、スクリーンにボタンが1000個並んでいたら誰も使うことなどできない。デザインをするのに理論的な可能性を探ることは重要だが、それだけでデザインできるわけではない。現実のデザインはつねに、空間や時間につき纏っているもどかしさを相手にする必要がある。泥を抜け砂利を跨ぎ、それでも進む意味のある道を見つけ出す。何度も後戻りしながら、秘密の小径を探す必要がある。

我々は、どのような目的でデザインに取り組むにせよ、まず形を作ることから始める以外にない。誰かが絞ったジュースを飲んだだけで果物についてわかった気になってはいけない。ジュースは果物から抽出されるが、ジュースから果物が還元されるわけではない。誰かが見つけたパターンを知って世界についてわかった気になってはいけない。パターンは世界から抽出されるが、パターンから世界が還元されるわけではない。作ることを知るには、自分で作ってみることで体性感覚を養わなければならない。要するに、制作に没頭することである。制作に没頭していると、ひとり洞窟の奥で、松明に揺れる岩の窪みや染みと戯れながら馬や牛の絵を描いているような気分になる。その様子は誰からも見えないし、自分も外の様子は見えない。ただひとりで、そこに浮かび上がってくるものと対峙するのである。

制作というのは不確実なものへの取り組みである。不確実なものに取り組むことが制作的ということなのである。制作に勤しむ者は日々の中でつねに不確実さと対峙している。だから不確実さへの耐性ができている。そして不確実なものに耐え得る唯一の方法はそれに取り組むことだと知っている。しかし耐性があるからといって不確実さへの恐怖が減るわけではない。不確実さは取り留めもないふわふわしたものではなくむしろ混沌のぎっしり詰まった硬い粘土のようなものだ。制作をする者は、その硬さとわずかな弾力を知っている。恐怖の手触りを自身の行為の内に身体化している。

作品を批判されたデザイナーが落ち込んでいるのを見て、デザインに対する批判を人格に対する批判のように受け取る必要はないと言う人がいるが、それほど単純なことではない。デザイナーは制作という行為の中で自分と自分が作り出した物が混合する様を経験している。批判の受け取り方はさまざまだろうが、この心性から目を逸らすことはできない。この心性というのは、自分をデザインに込めるだけでなく、デザインの方が自分を取り込んでくるような感覚である。制作における無数の意思決定の手がかりであるさまざまな暗黙知が、在るべき形を発見させる。デザイナーはそれに従うだけだ。そのようにして生まれたクリーチャー（クリエイトされたもの）は、もはやデザイナーに属しているのでもないし、デザインの発注者に属しているのでもない。それはひとつの存在者として世界の内に参加してくるのである。

創造とは作為的なものではない。そこに作為が入り込む余地は全く無い。それはつねに暗黙的な知識や技能から無為に起こる。創造的な活動においては、断片的な手がかりから一気に全体性が掴まれる。ハンガリーの科学哲学者、マイケル・ポランニーは、こうした発見の行為は個人的で不確定なものだと言う。

> それは、問題の孤独な暗示、すなわち隠れたものへの手掛かりになりそうな種々の此末な事柄の孤独な暗示から、始まるのである。★9

人の知覚は対象要素を個別に認識するのではなく全体的な枠組みから規定される。この全体性を持ったまとまりのある構造をゲシュタルト（形態）という。ゲシュタルト心理学では、外形の認識は、網膜もしくは脳に刻印された個々の特徴が自然な平衡を得て生起するものとされる。しかしポランニーの考えでは、ゲシュタルトは「認識を求める過程で、能動的に経験を形成しようとする結果として、生起するもの」である。この暗黙の力によってすべての知は発見されるのである。

近代科学の目的は、主観的なものを完全に排除し客観的な認識を得ることだ。しかしこの理想は、すべての知識の破壊を目指すことになるとポランニーは言う。なぜなら私的な暗黙的思考こそが知というもの全体の中で不可欠の構成要素だからだ。そのように得られるホリスティックな知を、ポランニーは「暗黙知」と呼ぶ。

問題を考察するとは、隠れた何かを考察することである。それはまだ包括されていない個々の諸要素に一貫性が存在することを暗に認識することだとポランニーは言う。この暗示が真実である時、問題もまた妥当なものになる。偉大な発見に導く問題を考察するということは、隠れている何かを考察することだけではなく、他の人間が全く感づき得ないような何かを考察することである。では、そのような偉大な発見はどのように実現するのか。ポランニーによれば、時として我々が未だ発見されざるものを明示的に認識できるのは、それらのものを暗に予知する能力が我々に備わっているからなのだという。コペルニクス派が長年、太陽中心説を熱心に主張していたのも、こうした種類の予知だったのに違いないとポランニーは言う。

ポランニーによれば、暗黙知の働きによって我々は、知られざる事柄についての問題を認識することができるし、問題に取り組みながら解決へと迫りつつあることを感知し、その感覚に依拠しながらさらに問題を追求することができる。そして最終的になされるであろう発見について、その背後に潜む含意の妥当性について確信することができるのだという。我々は問題を見る時、ただ問題だけを見ているのではなく、その問題が徴候として示しているあるリアリティーの手がかりとして、問題を見ている。そしてその手がかりが指示しているリアリティーを感知するような感覚に導かれて、問題に取り組むのである。そのような暗黙知に導かれた活動は、つねに個人的なものだとポランニーは言う。

そうした知を保持するのは、発見されるべき何かが必ず存在するという信念に、心底打ち込むということだ。それは、その認識を保持する人間の個性（パーソナリティ）を巻き込んでいるという意味合いにおいて、また、おしなべて孤独な営みであるという意味合いにおいて、個人的（パーソナル）な行為である。★9

我々の内にそのような信念、つまり超自然的とも言える認知が備わっているのは、そもそも我々が知覚している外界世界そのものが我々の暗黙知によって形成されているからである。暗黙的な認識力は、五感で知覚される外界の対象全体に関係している。外界の事物の個々の諸要素はひとまとまりの存在へと統合され、我々はそうした存在を身体に同化させることによって自らの身体を世界に向かって拡張し、また同時にそれらを内面化して、そこにある意味を首尾一貫したものとして把握しようとする。「かくして私たちは、幾つもの存在に満ち、ある解釈を施された宇宙を、知的な意味でも実践的な意味でも、形成することになる」とポランニーは言う。

何かを作るには、自分の手から何かを作り出すことができるという気分になることが大切だ。その気分なしには何も作ることができない。良いデザインは協働から生まれるとか、調査から生まれるとか、反復から生まれるとか、理論から生まれるとか、コンテクストから生まれるとか、いろいろなこと言う人がいるが、どれも「そうであってほしい」という願望に過ぎないだろう。デザインの理論家が定式化しようとしているそのデザイン活動と、デザイナーが実際にやっているデザイン活動は、かなり違うもののように思われる。理論家が指示しているデザイン活動は、デザインする活動ではなく、単に活動として捉えられたデザインなのである。

デザインの理論家たちは、創造的な行為を定式化しようとするあまり、「反復」や「協働」を指向する力学に抗えなくなっている。それは創造にまつわる責任と功績の所在を曖昧にする力学であり、創造性そのものの在り方から目を背ける態度であるように思われる。組織的な活動において継続的な改善や作業体制の冗長化は必要なことかもしれないが、人々は石炭の角を滑らかにすることにばかり腐心し、それがなぜ石炭でありダイヤモンドではないのかという点については不問に付している。反復や協働といったコミュニケーションシステムに管理されたデザイナーは、創造から却って遠ざかっているのではないか。フランスの哲学者、ジル・ドゥルーズは、創造するには管理的なコミュニケーションから逃走しなければならないと言っている。

創造するということは、これまでも常にコミュニケーションとは異なる活動でした。そこで重要になってくるのは、非＝コミュニケーションの空洞や、断続器をつくりあげ、管理からの逃走をこころみることだろうと思います。★10

創造のための直観とは、遠い未来や長大なスケールの出来事を見通すことではなく、自分ひとりの手の延長にある実現可能なぎりぎりの限界点を見つめることである。デザイナーのアイデアは、自分ならそれを作ることができるという実感と信念に裏打ちされている。デザイナーの暗黙知は、被造物の包括的な存在性を捉えている。デザイナーが直観しているのは、主体が客体の中へ内在化したものであり、我々が物に出会う時にその物質的な諸性質を超えて見出している首尾一貫した「形」である。

インゴルドは、意識の流れと物質の流れの接続として「作ること」を説明したが、ポランニーは同様のことを、工学と物理学の関係を用いて説明する。たとえばある機械が作動している時、その作動原理は工学的な観点から解釈される。物理学はその物体としての構造的輪郭を描くことはできるが、それが何かの目的を持って作られた機械だということは判断できない。機械は、非生命体として物理に従って存在しているが、同時にそれは、順調に動いたり動かなかったりするような、我々の生命的な解釈によって存在するものでもある。その意味で機械は、自然法則に従うと同時に、自らに期待された作動原理にも従っている。これがつまり「形づくられる」ということだとポランニーは言う。機械は、物質から形づくられることで、機械になる。機械の作動原理は、そうした人為的な「形づくる」ことの作用によって、物質内に形象化される。その際、物質と機械の境界上には、自然の法則によっては定まらない一連の条件が存在する。この境界条件を決定しているのが暗黙知であり、さらに言えばデザインなのである。

逆に言えば、デザインはある目的のための作動原理を示すが、それ自体を物質としての形に定着させることはできないということだ。デザインの過程では、作ることに先立ってまず、使用者の要求や業務上の要件などを調べて明文化するが、こうした制作の準備作業は、作られる製品の構成とは関係がない。ハンマーは釘で構成されているのではないし、果物ナイフに果物の成分は含まれていない。時計を分解しても時刻の概念を形成する部品は見つからないのである。物を作るというのは、要求の形とカップリングして新しい作動原理を成立させるもうひとつの形を探し出すことだ。このカップリングは相互干渉的なもので、事前に明文化された要求から直接駆動されるものではない。明文化された要求は、形づくるための参考情報の域を出ない。

デザインコンサルタントのジェシー・ジェームズ・ギャレットは、「リサーチなしのデザインは目をつぶってジグソーパズルを解こうとするようなものだ」と言った。[★11] これは経験豊かなデザイナーの言葉としてであれば耳を傾ける価値があるが、自分で作ることをしない理論家の言葉としてであれば筋違いの空虚なドグマにしかならない。実際のところ、経験豊かなデザイナーは、特別な調査などしなくてもかなりのものが作れる。理論家はデザインの目的合理性は事前調査の詳細度に比例すると考える。しかしジェフ・ラスキンも言うように、たとえ作業に対するニーズが文脈ごとに多様であっても、ユーザー集団は多くの一般的な心理属性を共有している。[★12] デザインの行為が注力すべきは、要求事項の基礎的な構造を見出すことだ。それ以上の個別文脈的な要求を知ったところで、それらを同時に反映させることはできないし、そうしようとすればデザインを破綻させてしまう。目的合理性を最も高める方法は、使用者に合わせてデザインするのではなく、使用者が合わせられるようなデザインにすることである。

比喩として言えば、ジグソーパズルのプロであれば、たいていのものは目をつぶってでも完成させることができる。しかも目をつぶっていることがそれほどハンディキャップにならない。もちろん目を開けているに越したことはないが、その差は一般に思われるよりわずかだ。一方、自分で手を動かすことのない理論家はプロセスを偏重する。要求の特定が在るべき形を導出するという因果論的思考に囚われている。自分の中の経験則に実感や成功体験がないから、外に解決策があるように誤解してしまう。パズルの答えは視覚にあると思い込み、目をつぶってできるはずがないと考えてしまう。そして、目を開けてさえいれば自分でもパズルが解けると勘違いしてしまうのである。プロは絵を見てパズルを解くわけではない。素材同士の位相的な接続とシステム全体の構造を直観的に整合させているのである。デザインにおいて重要なのは、暗黙知としての整合力であり、使用者が自らの要求や行動を自然に合わせることができるようなインテグリティー（純粋性、完全性）を見つける経験的な洞察だ。経験豊かなデザイナーは、ある程度の環境理解があれば、個別文脈的な知識がなくても、かなり役立つのものをデザインできる。さらに言えば、使用者の具体的な要求を何も知らなくても、抽象的なレベルで、道具性の高いシステムをデザインできる。文脈的調査はあくまでデザインの合目的性を評価するために役立つのであり、調査結果から整合的なデザインが導出されるわけではない。

リサーチは答えをもたらさない。デザイナーの経験的直観に精度をもたらすのみだ。これは、本当に効果的なリサーチができるのは優れたデザイナーだけだということを意味する。優れたデザイナーがいなければ、リサーチをしたところで石炭が集まるだけである。アメリカのデザイナー、ジェーン・フルトン・スーリは、デザインリサーチの在り方について次のように言っている。

効果的なリサーチというのは、エビデンスの総体、新興パターンの認識、人々の動機や振舞いへの共感的な接続、類似点と極端な事例の探索、そして複数のソースから得た情報と印象の直観的解釈を扱うものです。この種のアプローチは昨今、純粋な分析的手法と区別して「デザインリサーチ」と呼ばれます。その核心として、デザインリサーチはデザイナーの直観に息を吹き込むものなのです。[★13]

矢を射ってから的を描く

アーティスト／研究者の久保田晃弘によれば、実際の制作の在り方には、近代デザインが求めてきたシンプルでエレガントなプロセスの考え方とは相容れない部分があるという。[★14] 近代デザインにおいては、最終的にひとつのアウトプットが完成することが前提され、その上で完成までのプロセスが抽象から具象への一方向で計画される。しかし生物の進化がそうであるように、あるいはインゴルドが「コレスポンデンス」という言葉で表すように、何かが形づくられるのはつねに生成的な過程であり、そこに完成という概念はフィットしない。

我々の生活や社会では、多くの人や物が変化し続け、複数の活動がつねに同時進行している。そうした状況の中にあるデザインのプロセスは、線形的なものでも条件分岐的なツリー型でもなく、ネットワーク型になると久保田は言う。

デザインにおける時間は過去から未来へと一方向に進んでいくわけではない。しかも時間軸は感覚的には決して直線ではなく、カーブしたり折れ曲がったりしている。[★14]

デザイナーは、要求の特定とそこからの形の導出はロジカルな推論によって可能であるという前提を捨てる必要がある。デザインのプロセスは線形に記述できないし、カップリングは事前に計画できない。物の存在はいつも互いを変化させ続けている。固定された文脈の中で恣意的かつ一方的に想定された「物の意味」や「道具の使い方」は、決定的な記号接地問題を引き起こす。実際のデザインは、ただ計画に従って作ることでも、ただ闇雲に作ることでもない。その間にある何かである。ひとつひとつの手が次の一手を導く。物の生に随伴されるその感覚を手がかりにして、前進するしかないのである。

デザインのプロセスは、アナリシス（発散／分析）とシンセシス（収束／統合）の二段階として説明されることが多い。まず状況がアナライズされ、それらが何らかの考え方に従ってシンセサイズされる。その結果、妥当な形が出来上がると考えられている。しかしデザインの過程でアナリシスとシンセシスが順番に起こるという前提は多分に近代主義的である。段階性は因果律に絡め取られている。手続的な作業からは手続的な物しか生まれない。創造的な物を作るには、須永の言う「生きたデザイニング」を実践しなければならない。連想の網を手繰り寄せながら先入観を裏返していくような思考において、アナリシスとシンセシスは同時に起こる。規定するものとされるものが攪拌されるその感覚をデザイナーは知っているはずだ。創造する精神に、論理的な段階は必ずしも期待できない。

デザインの計画を綿密に立て過ぎれば、ひとつ予定が狂っただけで道を見失ってしまう。そうではなく、意思の形としてのイメージだけを持って、日々の交差点で少しでもそれに近づく方へと舵を切る。そうすればいつかそこへ辿り着くという確信によって、手を動かす。プロセスがデザインを作るわけではない。白紙のカンバスに絵を描くところを内省してみる。そこでは、計画の中に行為があるというより、行為の中に計画あると感じるだろう。そして出来上がったものが何であるかは、実際のところ、出来上がったものによってしか判断できない。形に込められた行為の可能性は、デザインという箱の中にある量子的な状態の重ね合わせである。事前の意図と箱の中の状態に直接的な関係はない。制作者や使用者がどのような期待を持つにしろ、そのデザインの意味は、それが使われる時になってはじめて、つまり後から発見されるのである。

使用者の要求は個別的な文脈の中に埋め込まれているので、ホリスティックなデザインの要件にはならない。ひとつの道具を個々の要求すべてに合わせてデザインすることはできないし、できたとしてもそれは全体性を失っているので学習不能な代物になるだろう。だから、うまく使われない道具というのは、使用者に合っていないことが原因なのではなく、使用者が自身を道具に合わせることができないようなデザインだったことが原因なのだ。道具は、使用者が自分の行動をそれに合わせて変化させることができるような明快な原理で作動し、そして使用者が自身の力を使って行動を変えるに値する効果をもたらす必要がある。さまざまな事前調査によって使用者の行動をクラスタリングしようとするのは意味のある努力かもしれないが、仮にある要求と完全に対応する道具ができたとしても、その道具の使用によって使用者自身の視点や行動が変化するということを考えれば、デザインはまだ折り返し地点なのである。

道具の道具性というものが、道具がそこに在ることによってダイナミックに現れるのだとするなら、そのような創造的なものをデザインするプロセスはどうあるべきなのか。デザインプロセスとして知られるメソッドはいずれも、横に伸ばせば順次的な工程の連なりに過ぎない。これはデザインを製造と捉えた場合には有用だが、創造として捉えた場合には本質を欠いてる。創造は抽象から具象への段階的な手続きでも、サイクリックな反復でもないからだ。つまり創造としてのデザインプロセスは、逆説的だが、プロセス（工程）ではない。抽象から具象へと段階的に意思決定することで形が出来上がるというものではないのである。創造的な活動におけるアナリシスとシンセシスは工程として分けられるものではなく相互包摂的に同時に進行する。まずアナライズし、それからシンセサイズする、といったことではない。手を動かすことで思考が着火し、そのスパークによって手が動く。これはミクロにもマクロにも、そうである。

何も計画せずに物を作り始めることはできない。しかしその計画は作り始めた瞬間から変更される運命にある。作っている間、それは変更され続ける。デザインの作業にはたしかに反復性があるが、それは単純なサイクルではない。先に作った部分にただ次の部分を加えていくというものではなく、毎回全体を作り直すのである。そのため、できた部分から順に次の工程にまわすという方法はとれない。リファクタリングが軽く済むことは少なく、気になるところを一箇所変えるとそれと応じ合う他所のすべてを変える必要が出てくる。それがいつまでも続くのである。事前に影響範囲を見定めるのは難しい。リファクタリングは全体の破壊を経由するので、安定したところに戻って来られればよいが行き止まりになることも多い。また戻ることができても、元より優れた全体性が得られるとは限らない。基礎的なモデルに一貫した論理性や高い凝集性があればあるほど、変更の影響範囲は大きくなる。特に空間的なゲシュタルトと相互作用のイディオムを扱うGUIデザインにおいては、ある1ピクセルの変更がシステム全体の変更に繋がることは普通にある。

全体は単なる部分の総和ではないが、全体をいくら分解してもその全体性を生み出している糸を取り出すことはできない。それは、部分と部分、部分と全体、全体と主体のコレスポンドによって、どこからともなく出現する。この構図は中国古来の自然哲学である五行の思想にも通じる。五行の考えでは、個と全体の相関は「木・火・土・金・水」の円環として示される。この円環の中では始点も終点もなく、生成と消滅が絶えず起こる。その動きの中で、調和と平衡が保たれる。常盤文克は著書『モノづくりのこころ』の中で次のように言う。

西洋の思想では、知的創造のプロセスは、まず発想の原点がどこかにあり、そこから因果関係の連鎖によって、知の体系が演繹的につくられていく。それに対して、五行の思想では、

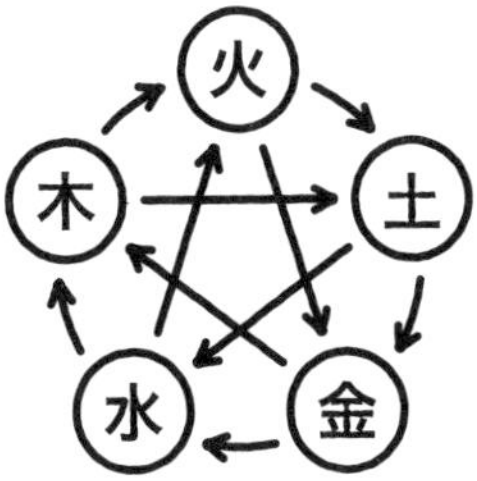

常盤文克『モノづくりのこころ』より

西洋流に知の発生の根源を特定しようとしても、システムのなかをぐるぐる回りつづけるだけで、その始まりを見つけることはできない。知は全体を構成する個々の要素の有機的な交流と結合のなかから、湧出してくるのである。★15

物事の部分と全体は有機的に繋がっており、切り離すことができない。そのようにして成立しているシステムはつねに流動し流転するダイナミックな存在である。つまり部分と全体という言葉によってそれらを対立構造の内に捉えること自体に不自然さがある。物を作るにはまずその構成要素である部分を先に作りそれらを組み合わせればよい、という考えは、作るという行為を理論的に扱い過ぎている。たしかに人が物を作る様子を外から観察すればそのように見えるかもしれないが、自分が何かを作る行為を内省してみれば、部分と全体を同時にイメージしていることがわかる。

作る時、物は蛹《さなぎ》のようになる。その構成要素らしき素材は元の存在性をブレークダウンさせる。外から見るとただ無秩序にドロドロになっているようだが、実のところ各要素は内から予期される新しい構造に導かれている。パンゲアから分裂した大陸がそれぞれバラバラに、しかし同時に移動するように、新しい形はいっぺんに姿を現しはじめる。だから、本当の意味で、物を外からデザインすることはできない。小さなものと大きなものが互いを納め合うように、イメージと物質の流れがランデブーを繰り返す。

何のデザインにも大きな形と小さな形が含まれている。大きな形がうまくできていなければ小さな形は納まらないし、小さな形がうまくできていなければ大きな形は成り立たない。片方の形を先にすっかり決めてしまってもう片方は後回し、という考えは通らない。デザイナーがグラフィックツールを使っているところを見ると、表示の拡大と縮小をとても頻繁に行うのに驚くだろう。思いきり拡大表示したかと思ったらすぐに思いきり縮小表示する。それを繰り返しながら制作を進める。スクリーンに顔を近づけて見たり、椅子を後ろにずらして引いて見たりもする。デザイナーはそこで、部分と全体、具象と抽象のわずかな接合点を、両者を高速に行き来しながら見極めているのである。

一方、デザイナーではない人の作業を見ていると、適当な同じズーム率のままで作業をしている。それだと、一見整ったものができたように見えても、インテグリティーに欠けた脆弱なデザインになってしまう。最小の物の中に最大な物を見る。最大の物の向こうに最小の物を現す。異なるパースペクティブを貫く根源的なパターンを探る。デザイナーは、イームズの実験フィルム「Powers of Ten」[★16]のような観点で制作に没入し、デザインの純粋性を追いかける。デザイナーは形から入る。ゲシュタルトを先行させる。物事のまとまり、要素に還元されない全体性について、自覚的であろうとする。大局観に必要なのは、大きなものにある小さなサインへの敏感さだ。繊細さに必要なのは、小さなものにある大きなメッセージへの敏感さだ。つまり両者は同じものなのである。

大きく複雑なものはいっぺんにデザインできない。だから小さく単純なものを想起して、それをぐるりと裏返して大きなものを包む。そうすると小さなものの中に大きなものが入って、両者はメビウスの帯のように行ったり来たりできるようになる。デザイナーは大きなところと小さなところを行き来しながら制作を進める。そしてその過程で破壊と再構成を繰り返す。制作をしていると、形が出来つつあるのか、壊れつつあるのか、わからなくなることがある。形が、目指すべき目的に向かっているのかどうか不安になる。しかし制作の経験が増えるにつれてそのベクトルのプラスマイナスに関する感覚が生まれてくる。制作のすべての瞬間において、形のまわりに目的を再定義するという態度になる。うつろいゆく適合のリズムに合わせて制作のステップを調整し、流れの中で準備動作を起こしていくような構えがわかってくる。

創造に関するデザイナーの暗黙知とは、矢を射ってみなければ的のありかはわからないということである。的に矢を当てる（問題を解決する）ための確実な方法は、矢を射ってからそのまわりに的を描くことである。作ることとの実践の中で形を先行させ、そこに行為の可能性を開くことである。

"It's easy! First you shoot the arrow, then
you just take your paint brush and ..."
www.brotherjuniper.com

「Brother Juniper」★17より

創造というのは、それまで目には入っていたけれど見えていなかったものに気づくという超越的な飛躍であり、その過程をリニアな言語的表現で説明するのは難しい。あえて言うなら、矢のまわりに的を描くということなのである。

　デザインは、的に向けて矢を射るのではなく、射った矢のまわりに的を描くことである。固定された目的に対してそれに合う形を作るのではなく、実践的な形が目的に明快さを与え、それによって形にさらなる明快さが与えられるような、再帰的な探索を進めることである。デザイン研究者の小野健太は、矢を射ってから的を描くという比喩的なプロセス観を援用して次のように言う。

　現実世界に対して「矢と的を同時に射ったり動かしたりしながら何度も想像と創造を繰り返し、矢と的の納まりが良い位

置を探索する」というのがデザイン的クリエイションです。[★18]

デザインにおいて的は事前に用意されていない。アイデアが求められている場所に対して、まずぼんやりと頭の中で的を想像し、その辺であればどのような矢を射ることができるか創造する。良い矢を射ることができそうだと感じたらそこでさらにアイデアを創造し制作を進める。そう感じなければ別の場所に的を想像し直す。これを繰り返し、矢と的がしっくり納まるようにしていく。デザイン的なクリエーションはそのようなものだと小野は言う。

デザインの活動では、すでにある物差しに対してアイデアを創造するのではなく、アイデアと物差しを同時に提出する。既存の価値基準に照らしてより良いものを作ろうとするのではなく、新しいものを作ることで新しい価値観を生もうとするのである。小野によれば、デザインに必要なのはそうした「現実世界で価値ある・意味あるものさしの想像」であり、「ものさしを想像する感覚を習得する」ことなのだという。

矢を射ることで的を描く。形を作ることで目的を明らかにする。解決方法を探ることで問題を定義する。デザイン研究者のナイジェル・クロスは、デザイナーは問題に対する理解を深める手段として解決策の推測を用いる傾向があると言っている。

「問題」は「解決策」の熟慮なしには完全に理解できないため、解決策の推測が問題の定式化の探求と理解を助ける手段として用いられるべきなのは当然のことである。[★19]

デザインは問題に解決を与えるのではなく、解決に問題を与える。デザインは問題を作る。デザイナーは形づくることを通じて行為の可能性を広げ、そこに新しいものの見方や世界の捉え方が立ち上がる状況を整える。形を先行させるというのは、ただ闇雲に作ってみるということではない。抽象から具象、具象から抽象、という両方のベクトルを同時になぞりながら、その間にある磁場を慎重に探るのである。良い形と良い問いとの適合を、自身の経験的な直観からパターンマッチングさせていく。飛ぶ鳥に向かって地上から矢を放つような姿勢でデザインするのではない。それだと滅多に当たらないし、当たってもまぐれに過ぎない。デザインは当て推量ではない。デザインは、鳥たちと同じ世界に木の枝を添えることだ。そして鳥たちをがそこにとまれるようにすることだ。

問題の設定が妥当であっても、そこから妥当な形を導出できるとは限らない。現実の問題に正答があることは前提されていない。創造的なアプローチ、つまり形の妥当性を最大化する方法は、一般的な思考とは逆に、矢を射ってからそのまわりに的を描くのことなのである。形を手がかりにして元の問いを問い直すこと。事物の間のアナロジカルな意味連関に着目しながら、問題の外に出ること。創造は線形的な因果律に回収されない。デザインの活動とは、現象の同時性についてアニミスティックに立ち会うことだ。そうしてできあがった物には、目的と形の純粋で完全な結合だけが現れている。そして人々に、まるで世界にはじめからそれが在るべきであったかのような感じを与える。時にデザインの完全性は偶有的に見えるが、優れたデザイナーはその機会、つまり必然的な偶然を、計画しているのである。

ブリコラージュ

不確実性に満たされたデザイン活動の中で我々は、何かを、どうにかして、作ろうとする。その無軌道な衝動に対処する方針は、無計画を計画することだ。作るべきものとして、そうでなければならない形など、どこにもない。創造とは、そうあるべきだったという、未来から見た過去の蓋然性に向けて、推論を逆流させることだ。同様に、そうしなければならない作り方などというものもない。あるのは、何かを作ることができるという信念に身を投じる、ある種の無謀な態度である。

作るものが決まっていないのに作りはじめるのは難しい。しかし、何をどのように作ればよいのかは、作りながらでなければわかってこない。創造の態度とは、このパラドックスを前提として制作に取り組むことだ。我々は、作ろうとするものが環境にどう適合するのかを、つねに間接的にしか把握できない。適合というものが持つこの特性に正直になることで、形は少しずつ絞り出されてくる。我々の精神と身体の運動が物質の抵抗に出会う。そこに起こるインタラクションを調整しながら、ひとつの秩序状態を探し出すのである。

ヴィクター・パパネックは、デザインとは「意味ある秩序状態をつくり出すために意識的かつ直観的に努力すること」だと言う[★20]。そして「デザインを孤立化して考えること、あるいは物自体とみることは、生の根源的な母体としてのデザインの本質的価値をそこなうこと」だと主張する。詩を書くことも、絵を描くことも、コンチェルトを作曲することも、デザインである。さらに、机のひき出しを掃除し整理したり、アップルパイを焼いたり、草野球の組み合わせを決めたりすることも、すべてデザインである。人の意志が働いている行為のすべてがデザインであり、だからこそ、デザインは人間の本質なのである。そのためパパネックは、自然界が偶然作り出しているような秩序もしくはパターンについてはデザインから区別する。

パパネックによれば、我々が窓ガラスにできた霜の花模様、蜂の巣の正六角形、ばらの花の構造などの中に秩序と喜びを見出すのは、パターンに対する人間の好みの反映なのだという。絶えず変わりゆく複雑なものについて、そこにある秩序状態を発見することで理解しようとする、絶え間ない試みの反映なのだという。

だが、これらはデザインの所産ではない。そこには、われわれが理解の手がかりにしている秩序状態があるにすぎない。われわれがこうした自然のもろもろのものを見て喜びを感ずるのは、そこに切り詰めた手段、単純さ、優雅さ、本当の正しさといったものを見るからである。だが、それらはデザインではない。[★20]

自然界に見出されるパターンには秩序や美が認められるが、そこには意識的な意図がない。もしそれらをデザインと呼ぶなら、我々は偶然の副次的な所産を我々の人為的な価値判断で測ってしまうことになるだろう、とパパネックは言う。

たしかに人間は自然の中に秩序を見出すことに喜びを感じ、そこに認識されるパターンを好ましく思う。それらは人間活動のある種の手本として扱われ、我々の意識的な行為の道筋をガイドする。しかし、我々が自然界の秩序に喜びを感じ好ましい気分を味わうのは、おそらく順序が逆である。我々は、我々の精神のそうした同調のパターンに対して、秩序という概念を割り当てているのである。なぜなら、我々の精神、人間の存在もまた、自然界から無意識的に生じたものだからだ。このような洞察から、人間の社会的、文化的諸事象が持つ基底的な構造を研究したのが、クロード・レヴィ＝ストロースである。

1939年、徴兵されてルクセンブルク国境付近のマジノ線後方に配属されたレヴィ＝ストロースは、ドイツ軍侵攻までの数ヵ月間ほとんどすることがなく、森林地帯をハイキングするなどして自然を楽しんでいた。ある日彼は、一茎のタンポポを眺めながら知的な思索に耽った。そして、無数のフィラメントが完璧な球形に彫刻された灰色の後光のような種頭を観察しながら、どうしてこの植物はこのような規則的で幾何学的な結論に達したのだろうか、と考えた。[★21]「そこで私は自分の思考の組織原理を見つけたのである」と、レヴィ＝ストロースは45年後のインタビューで語っている。[★22]

タンポポは、それ自体の構造的な性質が戯れた結果、ユニークで一目でそれとわかる形に調整されている。深い遺伝子レベルでの微妙な変化が、他の形、つまり自然界で増殖する異なる種を生み出す。自然の幾何学的構造を生み出す遺伝暗号のように、人間の文化も独自の構造原理を持ち得るのではないか。種子の束の形を決定している計画の無計画性は、人類が何世代にもわたって伝達し社会を形成している諸規定の深層性と類似している。このタンポポのエピファニー(直観的な悟り)は、親族関係、トーテミズム、神話といった社会学的、文化的現象の分析を始めたレヴィ＝ストロースのその後の仕事に大きな影響を与えた。

人間が関与しない自然界の進化の中で生み出される秩序と、人間の精神が歴史の中で生み出す秩序の間には、見事な同型性がある。これはつまり、自然界の秩序構造と、自然界から秩序を感じ取る人間の精神構造が、ひとつづきのものであることを意味している。我々が構造と呼んでいるものは、要素の集まりが何らかの全体性を持ち、そのことによって他から区別されるようなものである。構造は、ひとつの要素の変化が全体に影響を与えるような統合的な諸関係の総体として自然界に溢れているが、ある構造を他のものと対置している類似や差異といった関係性の在り方は、我々の精神そのものの在り方を反映しているのである。

レヴィ＝ストロースは人類学者としてさまざまな未開社会を研究する中で、人々の諸活動が「ブリコラージュ」によって営まれていることに着目した。ブリコラージュ(器用仕事、日曜仕事、DIY)は、素人がありあわせの道具や材料を用いて自分で物を作ることである。理論的な計画にもとづいて専門家が物を作る近代的デザインとは対照的に、その場で手に入るものを寄せ集め、それで何が作れるかを試行錯誤しながら、即興的に物を作ることである。そしてレヴィ＝ストロースは、呪術や神話の構造についても、やはり寄せ集められた限定的なエピソードが組み合わさったブリコラージュを発見する。そしてそのような思考形態を、近代の「栽培された思考」と対比させて、「野生の思考」と呼んだ。★23

レヴィ＝ストロースによれば、ブリコルール（ブリコラージュを行う人、器用人）は多種多様の仕事ができ、また近代の専門的なエンジニアと違い、計画に即して調達された道具や材料がなければ仕事ができないということもないのだという。限られた資材で何とかするのが彼らのやり方である。しかも、もちあわせの道具や材料は雑多でまとまりがない。なぜなら「もちあわせ」の内容構成はいかなる特定の計画にも無関係に、何かの機会にストックされたり、何かを壊した時の残りであったりと、半ば偶然の結果としてあるものだからだ。ブリコルールの用いる資材集合は、潜在的有用性のみによって選定されている。要素のそれぞれは、潜在的ないくつもの関係の集合を代表している。このことが制作の在り方を深層的に規定する。

栽培された思考＝科学的な思考では、物を作るにあたって、まず概念を組み立てることから始める。概念とは、ある目的にぴったり合うように抽象化された知的道具である。エンジニアは概念を用いて物を正確に作るため、全く無駄がない。これに対し野生の思考であるブリコラージュは記号を用いる。記号は有り合わせの道具や材料を指し、最初の意図とぴったり合うことがない。そこには絶えず揺らぎやズレがある。そのため、ブリコラージュに長けている先住民たちの表現には、これで完成ということがない。揺らぎやズレに対処するために次のものを作る。それもまだ完成ではないからまた作る。こうして次々と変形を重ねる中で、豊かな文化の世界が形成されるのだと、レヴィ＝ストロースは言う。

科学は偶然と必然の区別の上に成立している。その区別は、出来事と構造の区別でもある。科学性として要求されている性質は、我々の体験には属さず、あらゆる出来事の外に存在する性質である。一方、神話的思考の特性は、構造体を作るのに他の構造体を直接に用いるのではなく、さまざまな出来事の残片を用いることである。それらは「ある個人ないしある社会の歴史の化石化した証人」である。

したがって、ある意味で通時態と共時態の関係は逆転している。神話的思考はブリコルールであって、出来事、いやむしろ出来事の残片を組み合わせて構造を作り上げるが、科学は、創始されたという事実だけで動き出し、自ら絶えまなく製造している構造、すなわち仮説と理論を使って、出来事という形で自らの手段や成果を作り出してゆく。★23

レヴィ゠ストロースは、呪術と科学を対立させるのではなく、両者を認識の二様式として並置する方がよいと言う。それらは理論的にも実際的にも実績としては同等ではないが、両者が前提としている知的操作の種類に関しては相違がない。知的操作の性質自体が異なるのではなく、それが適用されるべき現象のタイプが異なるのである。

出来事と構造、偶然性と必然性、外在性と内在性の間の均衡は不安定なものであり、流行、様式、さらには一般的な社会条件の変動によって、つねにどちらの方向にも動き得るものだとレヴィ゠ストロースは言う。野生の思考には揺らぎを含み入れる豊かさがあり、科学の思考には限界を突破する力がある。近代デザインとブリコラージュはその通時性と共時性を交換しながら、制作というひとつの活動において止揚される。そして質料と形相をまたぐ「作ること」の中に、我々は自然に織り込まれた我々自身の精神を発見するのである。

ポイエーシス

アリストテレスは、人間の知的実践行為の領域として、テオリア（観想）、ポイエーシス（制作）、プラクシス（行為）があるとした。ハイデガーは技術の本質を考える上で、このポイエーシス（制作）というギリシア語を取り上げる。★24 技術的なもの、何らかの目的を持った道具的なものは、目的を達成するための手段とその実現という因果性を伴っている。これを原因性という。アリストテレスの教説から伝統的に、原因には四種類があるとされている。質料因——たとえば銀の皿を作るための材料。形相因——すなわち材料が集まっていくところの形態。目的因——すなわち材料と形態を規定しているそのものの目的。動力因——たとえばできあがった現実の皿という作業結果をもたらす銀の鍛冶職人、である。これら四原因を統一し、相互に属し合うようにしているものは何か。それは、いまだ現前していないものを現前へと到来させる働きである。この働きについて、ハイデガーはプラトンの一節を引く。

現前して‐いないものから現前へとつねに移り行き進み行くものにとってのあらゆる誘発は、ポイエーシスであり、〈こちらへと‐前へと‐もたらすこと〉である★24

ハイデガーによれば、ポイエーシスは手仕事による制作だけでない。また芸術的に表現することだけでもない。ピュシス（自然）、すなわち「それ自体から立ち現れてくること」も、ポイエーシスである。それどころか、ピュシスは最高の意味でのポイエーシスである。それは、ピュシス的に現前するものには「こちらへと・前へと・もたらすこと」の裂開――たとえば花がそれ自体において咲くことへとほころびること――があるからだとハイデガーは言う。ポイエーシスには事物をそれ自体の目的のために作り出すというニュアンスがある。人間が自分の目的のために変形して使うのではなく、土や木など自然物の中に隠されているそのものの性質を外に取り出して役に立つ道具に仕立てるのである。これは「野生の思考」に通じるものの見方であり、日本の「民藝」にも通じているだろう。素材に計画を押しつけるのではなく、中動的に現れる本質に従って作ることで、道具はその働きを美しいものにする。

ドイツ出身のアメリカの哲学者、ハンナ・アーレントは、『人間の条件』の中で、人間の行いを「活動（アクション）」と「仕事（ワーク）」と「労働（レイバー）」という三つの領域に分類している。[★25]「仕事（ワーク）」は文字どおり、作品のように形が残るものの「制作」を意味している。仕事＝制作は耐久性のある人工物の世界を作り出す。その境界線の内部で個々の生命は生活の場を見出すが、世界そのものは個々の生命を超えて永続する。つまり仕事の人間的条件は「世界性」であるとアーレントは言う。

人工物には安定性と堅牢性がある。それらがなければ、不安定で命に限りがある我々とっての拠り所とはならない。人工物はその耐久性によって我々自身から独立している。アーレントによれば、人間の主観性に対立しているのは、無垢の自然の荘厳な無関心ではなく、人工的世界の客観性なのだという。人間は自然界の大きな循環運動に結びついているが、人工物を作ることによって、自然が与えてくれるものから自分自身の世界の客観性を樹立した。しかも自然から保護されるように、自然の環境の中に、その客観性を打ち立てたのである。それによって、人間ははじめて自然を客観的なものとして眺めることができるのだという。

我々にとって世界の耐久性は、なによりもまず、自分たちが使う道具に表される。特に近代的な「労働（レイバー）」の現場では、道具は単なる道具としての性格以上の性格を帯びてくる。産業革命以降、ほとんどすべての手道具は機械に取って代わられた。そしてその機械過程が人間の肉体のリズムを規定するようになった。機械のオートマティズムは我々自身の自然過程を作り替えている。オートメーションは意図的な始まりと明確な終りをもつ。アーレントによれば、そのような目的合理性に駆動された生産様式では、作業と生産物の区別や、作業（それは目的を達成する手段に過ぎない）に対する生産物の先行性などは、もはや無意味で陳腐なものになるのだという。合理化が盲目的に進んだ社会では、目的のためにはどのような手段も正当化される。制作は目的の隷属者となり、あらゆる物はそのプロセスに取り込まれ、物それぞれに固有の独立した価値は失われる。

プラトンの与えた例に従えば、風はもはやそれ自身の権利をもつ自然力としては理解されず、もっぱら暖かさや爽やかさなど、人間の欲求に従って考えられるだろう。そのことは、もちろん、本来は客観的に与えられたものである風が人間の経験から除去されたことを意味する。★25

さらに現代の高度資本システムでは、これまで耐久性のあるものと考えられてきた道具のようなものでさえ、大量消費の対象になっている。多くの道具的なものがサービス化しはじめたことで、物質と精神の区別は曖昧になり、そうした際限のない消費欲求そのものが作為的にデザインされるようになっている。近代産業に見られる功利主義の徹底は、世界を人間の要求によってしか解釈することのない卑俗な態度を蔓延させる。制作という行為が製造と混同され、作ることの営みにあるポイエーシスの含みが失われてしまう。そして高度資本システムを運用する「活動（アクション）」は社会の射幸心を増幅させ、デザイナーの能力をその原動力として利用する。

合目的的であることは良いデザインの条件かもしれないが、合目的性をデザインの発端にすべきではない。もしそうすれば、目的ごとに用意されたスイッチが並ぶだけのデザインになるからだ。目的が1000個に分解されれば1000個のスイッチが並ぶ。スイッチが多いほどよりきめ細かく合目的的であることになってしまう。この考え方の奇妙さは、しかし、あまり顧みられることがない。

柱はたまたま建物を支えているにすぎない。我々はその状態を目にして、建物を支えるために柱は存在していると考える。たしかに柱のデザイナーはそれを建物を支えるためのものとして計画しただろう。しかし柱自身はそんなことには無頓着で、そこに寄りかかる人を支えてくれもする。それらの適合は結果的に得られるものであり、物質の中に隠されていた諸性質が自ら現れることなしには達成できないのである。デザイナーにできるのは、その現れを阻害しないよう、注意深くブリコラージュを進めることだけだ。

木の実のおいしさと石の硬さは繋がっている。そこでは、木の実を食べるには殻を割らなければならないという具体的な経験と、硬いものはより硬いもので割れるという抽象的な経験則が、同時に進行している。こうした具象と抽象の接続が、ブリコラージュをより豊かにする。我々は適合の形をブリコラージュして目的と物質を繋ぎ合わせる。目標状態までの筋道を手順化し、その裏にある原理をアナロジカルに結び合わせる。すると、要求から目当てが取り出され、物質と同じレイヤーで結合し、意味が合成される。デザイナーがやっているのは、物質を精錬して合成のための熱効率を高めることだ。

ブリコラージュは思ったようにうまくいかないことも多い。この先に果実がありそうだと暗い山道に分け入り、さんざん苦労して進み、やっと辿り着いたところは荒地である。そしてしかたなく来た道を引き返す。こうしたことが制作をしているとよく起こる。ひどい徒労感に苛まれるが、そこに果実は無いとわかっただけ、形は明確さを増しているのである。

椅子を作る前に座り心地を決定することはできない。料理を作る前に美味しさを決定することはできない。対象に先立って経験を定義するなどという発想は合理主義的な妄想というよりただの勘違いである。自分で物を作ったことがあればわかるはずだ。形相と質料はつねにコレスポンドする。

物を作る時は、作った物が意図どおりにできているかということよりも、作ったことで実際に何ができあがったかということに注目すべきである。作る行為とできあがる物との間には何らかの関係があるが、できあがってみなければ、それが何かを知ることはできない。実践に先立つデザイン理論の無意味さについて、アレグザンダーは次のように言っている。

> この公の場で私ははっきり述べさせていただくが、学問の主要目的として設計方法論を学ぶことを、すべて否定させていただく。なぜなら、設計の実現と設計の学習を別々に考えるほど馬鹿げたことはないと思うからである。事実、設計を実現せず設計論を学習している人は、実りを知らぬ挫折したデザイナーである。その意志すら失った人々と言ってよい。そんな人たちが、物事を「どうしたら」正すことができるかなどと、道理を語ることができるわけがない。★1

4

界面と表象

ソフトウェアのソフト性

我々は誰もがブリコルールの素質を持っている。我々は身の回りの物を寄せ集めて新たな物を作る。現代では、さまざまな物がすでに目的に応じて最適化された形で用意されているように見えるが、結局それらをいつどのように使うかの最終的な判断は、あるいはそれがうまくいかなかった時にどう工夫するのかの決定は、使用者がそのつど行っているのである。大工は打ちつける物に応じた複数のハンマーを持っており、自らの経験に従って今どのハンマーを使うかを決定するが、それは、見たことのない釘を目の前にした時に何もできないことを意味しない。ハンマーに求められるのは、知っている釘を打てることよりも、むしろ、知らない釘でも打てることである。ハンマーは、使用者のブリコラージュの中に素直に参加できなければならない。そうでなければ、釘とハンマーがそれぞれに存在していることの説明がつかないし、道具に何らかの多義性がなければ、もはや道具という概念は意味をなさないからである。

このことは、ソフトウェアにもあてはまる。アラン・ケイは、コンピューターが有する多義性について次のように言っている。

コンピュータは、機械のようにふるまうこともできれば、形作り、発展させるべき言語としてもふるまうことができるほど、変幻自在な性質をもっている。コンピュータは、他のいかなるミディアム——物理的には存在しえないミディアムですら、ダイナミックにシミュレートできるミディアムなのである。★1

ケイは、コンピューターは道具として振る舞うことができるが、単なる道具ではないと言う。コンピューター自体は何か特定の用途のための構造を持っているわけではないからだ。それは音楽における楽器のような役割を果たすだけでなく、同時に、音符の記譜法を自己解釈的に内包する高次の存在である。ケイはそのような存在を「メタミディアム」と呼ぶ。コンピューターは最初のメタミディアムであり、従って、「かつて見たこともない、そしていまだほとんど研究されていない、表現と描写の自由をもっている」のだと言う。それは楽しいものであり、それを扱うことには本質的が価値がある。

道具連関としての世界の全体性には、道具は道具によって作られる、という再帰性が内包されている。通常は、作る側の道具が作られる側の道具よりひとつメタな存在となる（作る側が作られる側を一方的に知っている）。しかしソフトウェアにはその差がない。生体細胞の遺伝メカニズムと同様に、ソフトウェアはソフトウェアを読み、書き、実行できる。その自己創造性には限界がない。これまでも人間は、文字や紙やさまざまな符号を作り出してきたが、コンピューターはそのメタミディアム性によって、他のシステムと区別できるのである。

人間がこれまで作ってきた構造体の代表は建築だろうが、それは土や木や金属を集めてきて固めたものに過ぎない。ソフトウェアはもっと柔らかく、空想に近い。ソフトウェアは最初から最後までふわふわとしている。ソフトウェアにデザインモデル（これこれこういう想定の世界）が絶対的に必要なのは、それが空想の世界だからである。ソフトウェアは、使用者が自分のメンタルモデルを操作するものである。そのため、それを表象する対象的なモデルが必要になる。物理的な機構を持つシステムにもモデルはあるが、その形がハードであるため、モデルは物質そのものの配置によって束縛されている。

ハードウェアのデザインには物理的な制約が働くが、ソフトウェアのデザインにはそれがない。論理的な制約があるだけだ。しかしヒューマンインターフェースにおいてはもうひとつ、認知的な制約が重要になる。認知的な制約は物理的な制約に伴って働く。けれども論理的制約からは独立している。そのためソフトウェアにおいては、異常なレベルで使いものにならないデザインが成立する。ソフトウェアでは、作れるということと使えるということは全く違う話なのである。企画者の多くはそのことに気づいていないので、論理的制約の限界まで機能を詰め込もうとしてしまう。

ソフトウェアデザインの特徴は、その道具性の「ソフトさ」に由来している。ハードウェアのような持続的な物性がないため、いかに実在的なものを作れるかがデザインの中心的なテーマとなる。ソフトウェアの実在はつねに何かの即時的なレプリカである。コンピューターに本有されるシミュレーターとして複写性が「ソフトさ」の根底にある。関心領域についてのメンタルモデルを相互作用的に表象しながら、「これこれこういう設定の世界」として、ひとつのコンセプトを提示する必要があるのだ。

ソフトウエアの普及は急速すぎて、デザイン手法の発展が追いついていない。優れた技術者が小規模なアプリケーションを作る上ではよいが、多くの大規模な開発では、文化祭の模擬店を作るような技術で高層ビルを建てようとしている。日常の物理世界では、物理法則に反したように見える現象は限られているから、世界の総体を感じ続けることにそれほど苦労はない。ソフトウエアのヒューマンインターフェースにおいては、作り手がかなり表現に気をつけていないと簡単に不可解な現象が起きるので、使用者は悪夢を見ているような心持ちになる。

ソフトウエアは何でもできてしまうので、インタラクションに脈絡を持たせるには物理世界における我々の認知パターンを意図的にマージしていかなければならない。使用者がやったと思っていることと実際に起きていることを一致させなければならない。GUIは、コンピューター操作の様式というより、コンピューターを、現象が起きている対象そのものと見做すという、我々の認知のパラダイムなのである。1970年台にSmalltalkを開発していた人々は、そのことをはっきり自覚していた。スクリーンに表示したグラフィックの一部を高速に描き換える技術が発明されると、続いて、オーバーラッピングウィンドウ、ポップアップメニュー、汎用的なマウスの操作方法などが考案された。それらを組み合わせたGUIらしいGUIがPARC内で最初にデモされた時、それを見た研究者のひとりが、「おい!」と叫んで立ち上がった。そしてスクリーンを指さして、「君が今やったのは、君がやったんじゃないかと俺が思っていることか?」と言ったという。[★2]

視覚的なオブジェクトが使用者の動作に応じて、あたかも生き物、あるいは単独のコンピューターであるかのように反応し、その様子がリアルタイムに示される。計算機に命令するのではなく、そこに見えている物を自分の手で動かす。このようなコンピューターの在り方は現在では普通すぎて気にもとめない。しかし、やったと思ったことが実際にやったことである、という素直な対応をソフトウェアとして実現するには、精神と技術の飛躍が必要だった。ケイは、その飛躍によって現れるもうひとつの世界を「イリュージョン」と呼んだ。

われわれは幼年期に、粘土というものが、ただ両手を突っ込むだけで、どのようにでも変形できることを発見する。コンピュータの場合、同じような発見をする人は滅多にいない。コンピュータの素材は、人間の経験からあまりにもかけ離れていて、さながらモニター画面を見ながら、ボタンと挟みを使って、放射性物質のインゴットを遠隔操作するような感がある。物理的な接触がこのように思うにならないとすれば、では、どのような情緒的接触が可能なのだろうか。

〃ユーザーインターフェイス〃をとおして、われわれはコンピュータの〃粘土〃にふれることができる。ユーザーインターフェイスとは、人間とプログラムを媒介し、コンピュータをなんらかの目的——橋梁の設計だろうが、原稿の執筆だろうが、どんな目的でもよい——を達成する道具にするソフトウェアをいう。かつてユーザーインターフェイスは、システム設計で、もっとも重要性が低い部分と見なされていたが、それがいまでは最重要の部分となった。ユーザーインターフェイスが最重要のものと見なされているのは、素人にとっても、プロにとっても、「目のまえにある知覚できるものが、その人にとってのコンピュータである」という理由からだ。われわれゼロックス社パロ・アルト研究所の所員は、これを「ユーザーの幻像（イリュージョン）」と呼んでいた。これは、システムの動きを解釈し（そして、推測し）、つぎになにをすべきかを判断するために、だれもが築きあげる〝比喩〟を単純化したものである。★1

GUI以前は、コンピューターに意思を伝えるには厳密なコマンド言語を使わなければならなかった。それにはコンピューター内部の処理モデルに関するイメージを正確に頭の中に持っていなければならなかった。コンピューターを作った科学者や技術者は、自分たちがコンピューター内部の状態を正確に把握したり管理したりできるようにさまざまな記号や用語を用いてコンピューターを表した。彼らの興味はコンピューターそのものにあり、それを使って何ができるかについては研究の副作用に過ぎなかった。現在でもプログラマーやシステム管理者にとってコンピューターはそのような存在だが、普通の人々にとって重要なのは、それを使ってできることだ。そのような関心に応えるにはパラダイムシフトが必要だった。

GUIでは、スクリーンに見えているものが操作の対象であり、そこで行っていることの意味はそこに見えているものによって表される。作業のための特殊なモデルを頭の中に構築する必要はほとんどない。その意味でコンピューターはもう存在しない。「プログラムは思った通りに動くのではなく書いたとおりに動く」という言葉がある。つまりプログラマーは自分が何を書いたのかを知るためにプログラムを実行する。しかしＧＵＩは、自分が思ったことを自分でやってみせるパラダイムである。解釈が先にあり、後には何もない。それがユーザーイリュージョンだ。ＧＵＩによるパラダイムの変化は、操作の仕方やインターフェースの表現方法のバリエーションではなく、コンピューターそのものが消えるという存在論的なものだったのである。

使用者の前からコンピューターが消えて、イディオム（成句）だけが残る。それは紙やペンのような我々がすでに知っているものの隠喩を含むが、全体としては、使用者自身がそこにある視覚的なマークに直接触れて、その反応の仕方を確かめることで、新しい環境世界として立ち上がってくる。そうしたユーザーイリュージョンは、コンピューティングパワーによって実現される。たとえばイメージの描画速度が1秒間に2フレームから20フレームになれば、連続的な動きとして知覚できるようになる。一桁の違いが、主観的には非常に大きな違いとなる。ただしその主観的なイリュージョンはコンピューターそのものの構成とは関係がない。時間の概念が時計の構成と無関係であるのと同じだ。

そもそも我々が日常的に経験しているものはすべて、現象学的な意味でユーザーイリュージョンなのだと言える。トール・ノーレットランダーシュによれば、我々が見たり注意したり感じたり経験したりする世界は、すべて錯覚なのだと言っている。[★3] 我々の周りの世界には色も音も匂いもない。それらは我々が経験するものだ。だからといって世界が無いということではない。世界は実際にあるが、それはただ存在するのみである。人が経験しない限り、世界には何の属性もない。私が目の前に見ている光景は、私の感覚器官に届いたものと同一ではない。それはある種のシミュレーションであり、解釈なのである。
ノーレットランダーシュはさらに、ユーザーイリュージョンは、意識というものを説明するのにふさわしいメタファーなのだと言う。我々の意識は、自己と世界のユーザーイリュージョンである。意識は、自分が影響を及ぼせる世界の諸側面と、意識が影響を及ぼせる自己の一部の、ユーザーイリュージョンなのである。このユーザーイリュージョンは自分独自の自己の地図であり、自分がこの世界に関与する可能性を示している。意識というものが、私にとっての私自身のユーザーイリュージョンなのだとすれば、意識にとってのユーザーはまさに私自身である。そしてそのイリュージョンは、使われる側ではなく、使う側の視野を反映しているはずである。その結果、意識というイリュージョンは、「私」という名のユーザーとともに機能することになる。ノーレットランダーシュは次のように言う。

〈私〉の経験では、行動するのは〈私〉ということになる。感じるのも〈私〉、考えるのも〈私〉だ。だが、実際それをしているのは〈自分〉だ。私は、私自身の、私にとってのユーザーイリュージョンなのだ。★3

我々がコンピューターの中に流れる電気信号の内容をいちいち気にかけないように、「私」も私自身の中に流れる血液の成分をいちいち気にかけることはない。ソフトウェアの構成がどのようにイリュージョンを生み出しているのかを気にしないように、「私」の中で「私」というイリュージョンがどのように生み出されているのかを気にすることはない。我々が自分について関心を寄せる時、その対象となっているのは、自分自身ではなく、「私」というイリュージョンなのである。世界の成り立ちを超越論的に捉えるなら、自己の成り立ちも同じモデルの一環として捉えざるを得ないだろう。ウンベルト・マトゥラーナは、生命システムの自己産出的な性質を研究する中で、そうしたある種の宇宙論が、あらゆるものの見方や理解に浸透したと言っている。

すなわち物質は、比喩的に言えば、精神の創造物（語りの領域における観察者の存在様式）であり、精神はそれ自身が創造したものの創造物であるという発見である。これは逆説ではなく、認知の領域における私たちの存在を表現しているのであり、そこでは認知の内容は認知そのものに他ならない。それ以上を語ることは不可能である。★4

行動の主体として経験される自分は、錯覚である。そしてその錯覚は、世界全体の錯覚と同じ成分で構成されている。GUIがもたらしている錯覚も同様である。つまり、ソフトウェアによって生み出されるユーザーイリュージョンは、自分自身、世界自体と同程度に、リアルなのである。

我々は一日の多くをソフトウェア世界で過ごしている。コンピューターのスクリーンは我々の生活の風景であると同時に我々が世界を見ている目でもある。グラフィックツールで作られる絵はそこで現像しているものと同じ分子でできていて、その間には何の区別もない。グラフィックツールは我々の脳がソフトウェア世界を知覚する回路と直接繫がっている。童話の「八郎」が山を持ち上げ波を押し返すように、[★5]我々は我々の風景をその手で動かすことができる。グラフィックツールは、我々のメンタルモデルを我々自身が直接操作できるという、ソフトウェアの特性をよく体現している。

　ソフトウェアの出現は、数万年の思弁的プラットフォームを言語からアルゴリズムへと移行させようとしている。我々は世界内存在といって存在の方に注目してきたが、今や世界の方が存在の内へ入り込もうとしているようにも感じる。そこにソフトウェアの、メタミディアムとしての高次性がある。しかし実際のソフトウェア開発の領域では、そのような観点が顧みられることなく、そのデザインは内部的なものと外部的なものとに区別されてきた。そしてどちらかといえば内部的なものに重きがおかれてきた。それはおそらく、高い抽象性を内部に隠蔽することがソフトウェアのデザイン性であると考えられてきたからだ。しかし、隠蔽可能性そのものは世界にもとから備わっているものであり、ユーザーイリュージョンの前提に過ぎない。ソフトウェアの本当の特徴はそのソフトさにある。ソフトウェアについては、柔らかな具象が使用者の精神と自己産出的な関係を構築する点にデザイン性を認めなければならない。そうした内部と外部、抽象的なものと具象的なものとがひとつの原理によってフラクタルなイメージを描くところに、ソフトウェアデザインの本質がある。

　ソフトウェアの新しいデザインを考える時にデザイナーは、それに接する者に向けた新しいメンタルモデルをイメージすると同時に、それを現象させる新しいシステムモデルも同時にイメージしなければならない。前者の統合性のために後者が求められ、後者の整合性によって前者が是正される。両者は相補的、もしくは再帰的な関係にあり、ソフトウェアデザインのフラクタル性を示唆している。

インターフェース

ソフトウェアの制作に携わる者はふだん、インタラクティブなコンピューティングについて、プログラムとヒューマンインターフェースという二つの観点から捉えている。プログラムは特定の目的のために特定の機能を提供し、ヒューマンインターフェースはそれらを人間のために表現する。ヒューマンインターフェースは人間とプログラムを媒介するものであり、人間がコミュニケートする相手である。つまりヒューマンインターフェースは、人間にとっての、ソフトウェアの手触りとなる。

我々が他者の存在を感じるのは、たとえば物を指で押した時にそれが押し返してくる感覚、そこに抵抗があるという牽制的な「ままならなさ」に出会う時である。もうひとつは、そのままならなさが自身の運動に対して一定に変化するという「恒常的な相伴」を発見する時である。目の前のコップを持つとそれはコップとしての抵抗感をフィードバックしてくるし、さっきまで見えていなかった底面がコップを裏返す動作によって決まって見えてくる。そのような相伴する抵抗と追従が自他の境界に形を与える。その境界は自分と世界をはっきり隔てると同時にぴったりと繋ぐ。インターフェースとはそういうものである。

もしインターフェースが全くの無抵抗であれば、我々はそもそも世界の形を知り得ないし、我々自身を感じることもできない。それはただ宇宙に溶けた無である。インターフェースを作るというのは、何かに触れようとする指にそっと触れ返すこと。それによってその者自身を世界の中に感じとれるようにすることである。道具というものが、世界との関わり方、世界というものに対する我々の認識を鏡のように反映するなら、そのインターフェースこそが、我々にとっての世界であり、同時に我々自身の投影となる。デザインは現象的なものであり、それは我々自身の了解である。その意味では、世界と我々の間にインターフェースがあるのではなく、我々が知覚する世界そのものが、直接触れ得ぬ実在のインターフェースなのである。

そう考えると、ヒューマンインターフェースは、単にソフトウェアの手触りというよりも、ソフトウェア世界に対する我々の認識全体だと言える。ジェフ・ラスキンは、ソフトウェア開発のプロジェクトにおいて、これから作ろうとする製品の課題が確定したらまず先にインターフェースのデザインを行い、その後でプログラムの実装を行うべきだと言っている。[★6]ソフトウェアのデザインは、インターフェースのデザインによって課題の定義が変更され、またそれによってデザインが変更され、そしてさらに実装が影響を受けるという、再帰的な活動となる。その過程では、「目的を達成するために使用者はどのようなことを行うのか」という点と、「使用者の動作に対してシステムはどのように応答するのか」という点を、相互牽制的に紐づけていく必要がある。いずれにしても、使用者は、自分にとって必要なことが目の前の箱によって実現されるのであれば、その箱の中に何が入っているかは気にも留めないのだとラスキンは言う。

ユーザが必要としているものは利便性と結果なのですが、彼らが目にするものはインタフェースだけなのです。顧客の立場から見る限り、インタフェースが製品そのものなのです。★6

ソフトウエアの使用者はつねに、ヒューマンインターフエースを通じてそれを利用する。ヒューマンインターフエースを通じてしか、使用者はソフトウエアとインタラクトすることができない。使用者はヒューマンインターフエースからそのソフトウエアを知覚し、その性質や意味を理解する。使用者にとっては、ヒューマンインターフエースがソフトウエアそのものである。これは別の言い方をすれば、使用者の視点に立った時には、ヒューマンインターフエースという概念をソフトウエアの概念から切り離して区別する必要がないということである。

道具の内部機構が複雑化するにつれて、使用者からそれらを隠し、別なところに操作部が作られるようになった。これがヒューマンインターフエースという概念の起こりである。現在デザイナーたちは、日々さまざまな機器やアプリケーションのヒューマンインターフエースを作っている。しかし一般の人々にヒューマンインターフエースのデザインという仕事を説明してもなかなか理解されない。よくてアイコンの見た目を作る仕事として理解されるぐらいだ。彼らは皆スマートフォンやパーソナルコンピューターを日常的に使っているにもかかわらずである。四六時中ヒューマンインターフェースに触れているのに、そこにそれがあること、それをデザインしているデザイナーがいるということがうまく想像できないようである。これは彼らの認識不足を意味しない。おそらく、ヒューマンインターフェースなどという独立した対象は記述の領域にしか存在しないのである。

アメリカのインタラクションデザイナー、ブレンダ・ローレルは、1991年の著書『劇場としてのコンピュータ』においてすでに、アプリケーションとインターフェースを区別せずに、それらを統一的なひとつのプロセスとして同じコンテクストの中で考えるべきだと言っている。[★7] それこそが使用者において現象していることの実際だからである。ソフトウェアにおける抽象と具象の分節は、おそらく、ソフトウェア制作に携わる者に特有の、説明上の作法に過ぎない。

ソフトウェア制作では通常、ヒューマンインターフェースは、人間とアプリケーション内部の働きを媒介するものとして捉えられている。ヒューマンインタフェースは、すでに存在する機能の集合に対して、使用者との接触面として作用するように付加されるものと考えられている。実際に我々は、ソフトウェアが思いどおりに使えない時、何かアプリケーションが持つ機能へのアクセスがヒューマンインターフェースによって妨害されているような気分になる。ローレルは、「さまざまなモードの間隙で認知の小さなつまずきが起きることについて、私たちに何ができるだろうか?」と問う。

ソフトウェアにおける操作性の問題は、ヒューマンインターフェースに原因があるということになっている。しかしこの世界が世界そのもののインターフェースであることからわかるように、ヒューマンインターフェースの問題はヒューマンインターフェースという概念自体に端を発している。我々が何か媒介的なものに作業を妨害されていると感じるなら、妨害しているのは媒介的なもののデザインではなく、媒介的なもの自体の存在、つまり作業そのものが内包している間接性や手続性なのである。

ローレルは、「直接参加感の概念は、スクリーン設計の美学より幅の広い芸術的な考察への扉を開いてくれる」と言っている。アプリケーションとインターフェースの境界をなくすことによって、ソフトウエアは使用者にとっての直接的な存在となる。そしてそのデザインが持つ学際的な性質が鮮明に浮かび上がる。コンピューター科学と従来のインターフェース理論に浸りきっているデザイナーたちは、その視点を変えるだけで、ヒューマン＝コンピューター・アクティビティーのデザインに影響を及ぼす理論的かつ生産的な知識の、豊富で新しい源を発見できるかもしれないとローレルは言う。

機械化時代のヒューマンインターフェースの概念では、人間と機械の間で第三者的に両者を仲介するものが存在していた。なぜなら、工作機械の制御盤など、実際に操作部と作用部が離れているのが普通だったからだ。一方、アプリケーションの現象がGUI上のインタラクションで完結する世界では、もはやヒューマンインターフェースの概念は必要ない。語義矛盾的だが、つまりGUIはUIではない。GUIはコンピューターを制御するためのインターフェースではない。GUIこそが、我々が触れようとしている当のものなのである。GUIはいつも、そこに見えているそれそのものであろうとしている。デスクトップに置かれたファイルを開く時、どこか別のところに存在している何かを遠隔操作しているわけではない。ただファイルを開いているのである。SNSを見る時、どこか別のところにあるSNSをモニタリングしているのではない。ただSNSを見ているのである。

たとえばハンマーを、構造と素材に分けて捉えることはできる。しかしそれぞれを別々にデザインすることはできない。我々にとってのハンマーはそこに見えているそれであり、その全体性をもって我々と相属している。デザインはまず、物の全体性や相属の在り方に関わっている。ヒューマンインターフェースデザインという行為がいったい何をデザインしているのかということは、一般にはほとんど理解されていない。それは単に使用時の感覚的な手触りや表象の意匠を作ることではない。ヒューマンインターフェースデザインの一番重要なテーマはヒューマンインターフェースについてのものではない。それは、逆説的だが、ヒューマンインターフェースの概念が不要になる場所を見極めることである。ヒューマンインターフェースは、使用者と処理機能を繋ぐものとしてではなく、行為者と行為対象の境界を透過的にするものとして捉えなければならない。

ヒューマンインターフェースデザインの思考法は、使用者が触れる主要なヒューマンインターフェースだけでなく、管理者向けの設定用スクリーン、各種API、あるいは運用手順の作成等にも適用できる。それらはすべて、インターフェースデザインというひとつのジャンルと言えるかもしれない。つまり異なる二項のモデルを透過的にするための、ストローモデルのデザインである。ストローモデルは、何らかのインタラクションが生じるシステム、つまりあらゆる構造体において必要となるだろう。異なるプロトコルやロジックを持つ者同士が、互いにとって「そこに知覚できるものがそのものである」ようにすること。インターフェースは、それを外部から観察する実装者にとっては界面に見えるが、そのデザインに被投された者同士には世界そのものに見える。インターフェースデザイナーが担うのは、対象領域の中で、その対象にとっての対象自体、そしてその前提としての対象世界を構築するという、存在論的なモデリングなのである。

見立て

ソフトウェアのヒューマンインターフェースは、全体がイディオムで構成されている。スクリーンの概念、マウスや指での操作、ボタンのように見える矩形など、すべては「そのように解釈する」というイディオムである。記号がハイコンテクスト化すると表現はイディオマティックになる。しかしイディオマティックな表現を用いるにはまず、それを構成する要素のプリミティブな反応が我々にとって理解可能なものになっている必要がある。たとえば、デスクトップGUIの基本的な操作イディオムは、スクリーン上に見えているオブジェクトをクリックして選択することである。これはマウスの物理的なボタンを指で押すという身体動作によって行われる。つまりこのイディオムは、関心の対象物に対して指で圧力をかけてみるという、我々の生活上の基本的な態度をベースにしている。その他にも、物を掴んで移動するという動作によってオブジェクトのドラッグ・アンド・ドロップを行うなど、手を使った物への働きかけとそれに対する視覚的なフィードバックによって、インタラクションが成立するようになっている。マルチタッチスクリーンでは、スクリーン上で指をスワイプさせることによりビューを遷移したりスクロールさせたりする操作イディオムが用いられる。スクリーンに入りきらないオブジェクトはそれをずらすことで閲覧領域を移動できる、というメンタルモデルを我々が受け入れているのは、のぞき窓とその向こうに広がる空間の二重構造について我々がすでに親しんでいる、もしくは容易に認識可能であることを意味する。

このようにソフトウエアの表現力は、イリュージョンのイディオムが発展していくことによって高まる。逆に言えば、ヒューマンインターフェースのイディオムを検討せずにソフトウェアの開発要件を定義するのはナンセンスである。人はヒューマンインターフェースを通じてシステムの意味を把握するのだから、学習可能なイディオムとしてそれを構成できないのなら、どんなアイデアも道具としての意味を成さない。意味のある道具を作りたければ、むしろイディオムに合うように要件の方を定義する必要がある。

ＧＵＩは直接操作可能なグラフィックによってシンボリックな対象世界を創り出す。その性質を最も端的に現すのがアイコンだ。アイコンとは聖像であり、偶像であり、象徴的な見立てのことである。アイコンはそれ自体が、ＧＵＩの視覚言語が持つオブジェクト指向性を象徴している。１９９３年に『マルティメディア・ソフトの世界』を著した明田守正をはじめとするＳＦＣ（慶應義塾大学湘南藤沢キャンパス）の学生たちは、アイコンが持つ抽象と具象のストローモデル的な性質を言い当てていた。

コンピュータにとってのＩＣＯＮはプログラム、機能を駆動する起動点であり、人間にとっ

てのＩＣＯＮは意味を表している。すなわち、ＧＵＩは人間とコンピュータの境界を内在化する働きをもっている。★8

明田らによれば、アイコンは二次元的な図像パターンの一般的名称だが、その図像はモチーフとなる現実世界の物体を代行して表象するものではないという。アイコンは、現実世界の物体をそのまま表そうとするものではなく、ソフトウェア空間におけるオブジェクトの機能を表している。ある視覚オブジェクトを選択する行為は、そこに定義されたプログラムを起動する行為である。つまりアイコンはまず、プログラム駆動のためのインデックスとしての役割を担っている。こうした「機能を表す図像」は、同時に、「利用者の意思を表す図像」という意味にもなる。アイコンを表示しているだけではプログラムは眠ったままだが、使用者がそのアイコンが表す機能を選択し駆動しようとすることで、それは実行され、その意義が現実化する。つまりソフトウェアのプログラムとそれを指し示すアイコンは、使用者自身の意図を表しているのだと明田らは言う。オブジェクトの機能を表現するために考えられたアイコンは、その機能を選択する自由を使用者に解放することによって、使用者自身の心の内部にある可能性としての「プログラムの利用法」を表すことになる。

アイコンはオブジェクトの機能的な存在性を体現しているが、それはただ環境的な構成要素としてそこにあり、使用者からの接触を待っている。そこに接触するかどうか、いつどのような目的で接触するかは、使用者の自由として解放されている。この解放性、つまりオブジェクト自体が使用者の行為の可能性に明け渡されていることが、オブジェクト指向パラダイムの転回点である。アイコンは視覚的に自立したものとして認識されるが、その在り方が、ソフトウェアのリアリティーを左右するのだと明田らは言う。このリアリティーとは、どれだけソフトウェアが実在感を持つかという問題である。リアリティーがあれば使用者は自然にソフトウェア空間に没入できる。リアリティーを高めるには、当然、そのヒューマンインターフェースが使用者の意図やメンタルモデルと密接に同期するようになっていなければならない。スクリーン上に自らのメンタルモデルを見る時、使用者はそれを自らの手で操作することで、自らに新しい姿を与えることができる。

GUIのイディオマティックな表現は、アイコンに代表される構成要素の象徴的な見立てによって成立している。スクリーンは物理的には電気信号に応じたピクセルの明滅に過ぎないが、我々はそこに十分に実在的な対象を見て取る。そうした見立ての能力、特に、頭の中で見立てた物を操作の対象として再び外在化する能力は、人間に特有のものである。写実的な映像には人間以外の動物も何らかの反応を示すだろうが、象徴的な図像に自らのメンタルモデルを反映させて抽象と具象の境界を飛び越えるのは、人間的な精神の特徴だろう。

約二万年前に描かれたラスコーの壁画をはじめ、フランス南部およびスペインにおける洞窟をキャンバスにした先史時代の芸術は、ネアンデルタール人が姿を消した後、現生人類であるクロマニヨン人によって作成されたものだと言われている。それらは深い洞窟空間の中で、光と闇の幻想的な効果に触発されたものだった。獣脂を燃やす石のランプや焚き火のゆらめく光で照らされて、岩壁の凹凸や割れ目が動物の形に見えたのかもしれない。スペイン北部のアルタミラ洞窟に描かれた有名なバイソンは、岩のこぶや膨らみを巧みに使って立体感を出し、生命力を表現している。ショーベ洞にある四頭並んだ馬の頭部の絵は、窪んだ岩の微妙な曲面が、ちょうど馬の鼻や額になっている。★9 洞窟の芸術家たちの仕事には、我々人間が持つ再帰的な見立ての能力が現れている。洞窟の中に馬や牛がいたわけではない。彼らは岩の窪みや膨らみをイメージとしての馬や牛に見立て、それを外在化させること、つまり絵を描くという行為に結びつけていた。目の前に無い事柄についての観念を共有し、それを表象化することで対象をより強く観念化するという、人間としてのコミュニケーションが生まれていたのである。

言葉と絵の起源、それらが我々の思考やコミュニケーションをどう規定しているのかについては諸説あるが、芸術認知科学の研究者、齋藤亜矢によれば、子供を観察すると、語彙が爆発的に増える時期と表象的な絵を描きはじめる時期は同期しているのだという。★10 齋藤は、ヒトはなぜ絵を描くのかというテーマを研究するにあたり、チンパンジーが描く絵と人間の子供が描く絵を比較する実験を行った。チンパンジーなどの大型類人猿は、筆記具を使って絵を描くことができる。チンパンジーにペンを与えると、子供がはじめてペンを手にする時のように、口に入れてみたり振り回してみたりする。しかし色々と試すうちに紙とペンの対応を把握し、紙の上にペン先をつけて線を描くようになる。しかしチンパンジーは、いくらペンに慣れても、表象を描くことはないのだという。

実験では、チンパンジーの顔のイラストから目や鼻や口を消して、輪郭だけが描かれている紙をチンパンジーに渡してみた。するとチンパンジーは、顔全体にしるしをつけたり、輪郭線をなぞったりした。しかしそこに足りていない目や鼻や口を補って描くことはなかった。一方、人間の場合、二歳後半以下の子供はチンパンジーと同じような反応を示すが、二歳後半以上の子供は、「あ、おめめ、ない」などと言って、自発的にそこに無い目や鼻や口を補って描いた。人間の子供は、先にちょっとした線や図形を示すと、それを手がかりに物の形を見立てて、足りない部分をつけ足して描いたのだという。

二歳後半のこの時期は、子供の語彙が爆発的に増える時期でもある。言葉の体系が整ってくることと見立ての想像力の発達には関連がある、と齋藤は言う。人間は言葉を手に入れたことで、見立ての想像力を手に入れた。そしてそれこそが、絵を描く心の基盤のひとつであり、芸術の起源における重要な鍵なのである。たとえば岩壁の凹凸やしみに顔を見つける時、我々は、ここが目でここが口でというふうに、素材の部分と顔のパーツを対応づけて見ている。つまり我々がすでに持っている「表象スキーマ」に当てはめることをしている。子供の絵が時にデフォルメされ過ぎて見えるのは、実際に見ているものを描いているのではなく、すでに持っている表象スキーマを表しているからだ。デッサンの訓練を受けていない者のスケッチはよく漫画風になってしまうが、それはむしろ人間ならではの表象の能力を発揮しているということなのである。逆に言えば、デッサンの訓練とは、我々の目に備わった見立ての反応を抑制し、表象を捨てる訓練なのである。

文明批評家の嶋田厚は、そうした人間の見立ての能力、イメージの世界の創出が、デザインという活動の源泉なのだと言っている。★11 低次の生物においても、知覚情報を記憶として蓄積する能力が認められている。しかしそれを体内で変換し、再び体外に構築するのは、人間の特徴的な能力である。人間の異常に進化した大脳は、記憶を活性化し、リアルな文脈から切り離した状態で対象化する。そしてそれを自由に操作可能なものにする。人間は、それまで現実には存在しなかった新しい事物を脳内に描き、それを発話を含む身体操作を通じて外化するという行為を、長い時間の中で身につけた。その結果、人間は「企てる」ことができるようになったのだと嶋田は言う。

人類の進化史においては、言語やシンボル世界の形成といったものが重要な「テイク・オフ」として取り上げられてきた。しかしそこには、物質世界と精神世界を繋げる説明が不足していた。重要なのは、そうした精神の発達が、人間を「企てる」生物にしたことだろうと嶋田は言う。企てる能力、つまり見立てる能力の獲得は、進化の過程において何らかの淘汰圧が働いた結果であり、自然な進化として捉えることができる。

　企てると言う内的行為には、物質的な手段（そこには自分の手や口も含まれる）をとおして外界に何らかの物理的効果を生じさせるという予期が前提されている。この主体的な契機があってこそ、さまざまに試みられた外化行為が、次に集団のなかで共有される2次情報として形成されたのではないか。★11

そしてこの「企て」こそが、今日我々がデザインと呼んでいる行為なのだと嶋田は言う。古くから人間社会に広く行われていた呪術的あるいはアニミスティックな行動様式も、物質世界を超越した神秘的なものというわけではなく、単純に、人間の内に成立したシンボリックな表象世界のストレートな反映だった。見えるものの背後に見えないものを想像し、両者が自由に行き交う世界の中で、我々の祖先は物にこだわり、身振りにこだわり、さまざまな用途に即した人工物の制作を企てる試み、つまりデザインが開始されたのだと嶋田は言う。

現象

ソフトウエアはシンボリックな表象世界である。スクリーンに見えているのは我々のメンタルモデルを表象したものであり、動的な反応を示すそれらは、同時に、我々のメンタルモデルを形成するものでもある。だから人が操作して使うソフトウエア、つまりインタラクティブ性のあるソフトウエアを作る上では、デザインというものを現象学的に捉えなければならない。一般的にこのデザイン分野はヒューマンインターフェースデザインと呼ばれる。しかし界面の概念は内部機構と操作部の区別を前提としているので、むしろソフトウエアの存在論を逆行させてしまう恐れがある。インターフェースという語感は、異なるもの同士の接触を期待させる。そこでは、両者の要求を記号化したり変換したりして接続するロジックそのものが対象化されている。しかし世界そのものが触れ得ぬ実在とのインターフェースなのであれば、その現象は、主体と客体の間にあるのではなく、主客に跨ってあると言える。我々は世界の内に我々自身を位置づけるが、その世界は我々の内で境界づけられている。目の前にあるものが、実は自分の内側にある。自分の外側だと思って見ているものは、自分の頭の中に描かれたイリュージョンなのである。我々が見るものすべてはイリュージョンであり、そのイリュージョンこそが我々にとって唯一の現実なのである。

カンタン・メイヤスーは、意識にとっては「すべてが内にある」と同時に「すべてが外にある」のだと言っている。[★12] 何かを思考することが可能であるためには、それについての意識を持つことが可能でなければならない。だから我々は意識の中に閉じ込められていて外に出ることはできない。その意味で意識は外部をもたない。しかし別の意味では、意識は完全に外部に向いているのだとも言える。なぜなら、意識を持つことはつねに何かについての意識を持つことだからである。意識は世界と根源的な繋がりを持っているが、その世界という対象を外から観察するような視点を我々は持ち合わせていない。意識は世界へと自己超越する一方、その世界は、意識が世界へと自己超越するその限りにおいて存在するのである。

したがって、この外部の空間は、私たちに面するものの空間でしかない、私たちの固有の実存に対面しているという資格でのみ存在するものの空間でしかないのである。[★12]

これと非常に似た世界認識へ、マトゥラーナは神経生物学的な立場から接続する。マトゥラーナによれば、生命システムというのは自己構成的な閉鎖系であり、そこには入力も出力もなく、外的な物理的刺激と神経システムの活動には対応関係がないのだという。[★4] ニューロンの閉じたネットワークは外的な刺激によって起こるネットワーク自身の構造変化によって攪乱され、生物はその攪乱による変化を感じ取る。我々は環境に適応して行動していて、生命体の反応には再現性があり、刺激に対する因果関係があるように見える。しかし実際には、生命体はその固有の歴史に依存しながら、再帰的、自己産出的に作動しているに過ぎない。知覚は外的現実の把握ではなく、外的現実の特徴化である。閉じたネットワークとしての神経システムの作用においては、知覚と幻覚の区別は不可能である。その意味でも、ヒューマンインターフェースというイリュージョンは、はじめから我々の現実とひと続きなものであるし、そのデザインは我々自身の世界を攪乱する契機なのである。

シンボリックな表象世界を作るという意味で、ソフトウェアのデザインは人間の根源的な活動に立ち戻っていく。ヒューマンインターフェースは入出力の間接的な仲介者である、という認識はもはや前時代的なものになっている。そのため、ヒューマンインターフェースをデザインするために、インターフェースそれ自体の実在性について明確に思考することは叶わない。それはたしかに現象しているが、物からインターフェースだけを取り出すということはできない。

ミディアムはメッセージであるというのは、言いかえれば、メッセージがミディアム化したということだ。デザインの対象が物質的なものから現象的なものに変わったということである。そこでは、もはや内部構造とインターフェースの区別はない。もちろんすべてのデザインは現象的なものであるが、情報化／デジタル化されたミディアムにおいてそれらの現象性は物質性からの制約を受けない。それは純粋にデザイナーのイメージに制約されるのみだ。このイメージをここでは「デザインモデル」と呼ぶことにする。デザインモデルはメンタルモデルのアーキタイプであり、またコピーでもある。

アメリカの認知科学者、ドナルド・ノーマンは、道具において目に見える構造の部分を「システムイメージ」と呼んでいる。★13 システムイメージはデザインモデルから作られ、また道具の使用を通じて使用者にメンタルモデルを与える。もしシステムイメージが一貫性を欠いていたり、適切にデザインモデルを反映していなければ、使用者はメンタルモデルを形成できず、道具をうまく使うことができない。一方、アラン・クーパーは、ソフトウェアにおいては実装上の構造と使用者が目にする構造を別なものにできるとして、使用者が目にするものを「表現モデル」と呼んでいる。★14 作業に対して使用者が持っているメンタルモデルと、そのための処理を実現する実装モデルは、通常異なる。そのため、表現モデルは使用者のメンタルモデルに近づけたものにしなければならない。いずれにしてもデザイナーがイメージするデザインモデルは、システムイメージや表現モデルの要件となる。

しかしここで疑問が生じる。システムイメージや表現モデルは、使用者が接する物自体のモデルだが、はたしてそんな「部分」が本当に物に付随しているのだろうか。物の存在の仕方を人間が解釈したものがメンタルモデルなのだから、物自体にモデルが付随していてもそれは誰にも解釈されることがない。誰もいない森で木が倒れても音がしないように、花の美しい赤色が花の中にないように、時計の中に時刻が入っていないように、人間から切断された物には何のモデルもないはずである。このことはデザインを存在論的に考える上で重要なポイントとなる。ティム・インゴルドが投げかけた「デザインはどこにあるのか」という問いと同じことだ。我々が物に接する時、接しているのは物であって物のデザインではない。そうであれば、ソフトウェアの現象を作り出しているインターフェースとは、いったいどこにあるのだろうか。

Intefaceという単語は興味深い。そこには、メイヤスーが意識について指摘したのと同様の、相関的な外在性についての矛盾した性質がある。「inter-」という接頭語は「between」の意味なので、interfaceは「between-faces（面と面の間）」と言い換えられる。これは人や物が互いに出会い、やり取りする場を指す。しかし主体側のfaceから見ると、interfaceという客体もまたfaceなのである。出会いの場が、当の出会う相手でもあるという、客体の二重化が起きている。interfaceの概念によってfaceが多元化するようなかたちになる。このことは、ヒューマンインターフェースを入出力の仲介者として位置づけることの矛盾を示唆している。

インターフェースの概念は、異なるもの同士が出会う場である。ハーバート・サイモンはそれを、人工物における内部環境と外部環境の接合点だとした。★15 入出力の仲介者としてヒューマンインターフェースを考えるならば、それは人間の言葉とコンピューターの言葉を相互に翻訳するもうひとつの面である。インターフェースがそのような翻訳の仕組みを内部構造として持っているのなら、インターフェースには厚みがあることになる。するとそこには、内部構造の入出力を仲介する、インターフェースのインターフェースが存在することになる。これには際限がなく、翻訳のスタックがオーバーフローしてしまう。

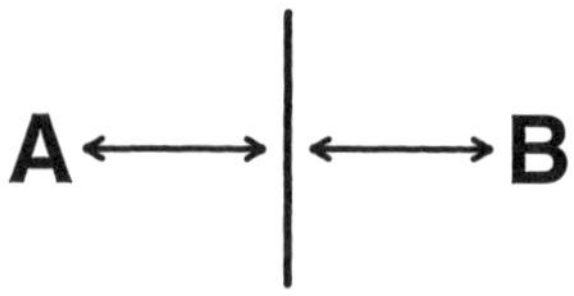
A
B

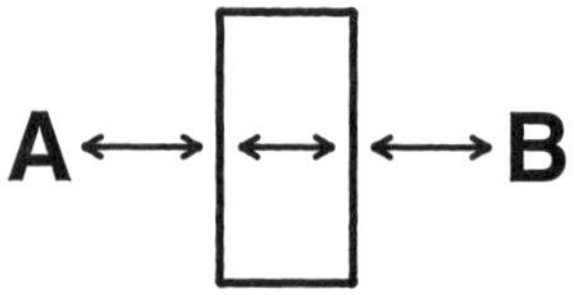
A
B

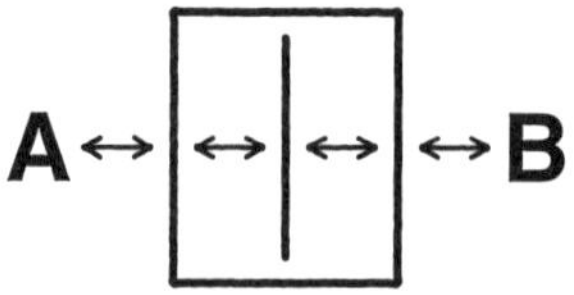
A
B

この無限後退のイメージは、ローレルが指摘するインターフェースモデルの問題と基本的に同じものである。その問題とは次のようなものだ。ヒューマンインターフェースを仲介者として見た場合、それが機能するためには、人間は、コンピューターが何を期待し何を扱えるのかについてある程度の知識を持っていなければならない。またコンピューターの方にも、人間の目的と行動がどのようなものであるかについて何らかの情報が組み込まれていなければならない。しかし人間とコンピューターが互いの内面に関するモデルを持つならば、やはり推測のスタックはオーバーフローしてしまうのである。

人間とコンピュータが相手について「考えて」いる内容もまた現在進行していることの一部であることを認めるなら、相手がこちら側について考えている内容について、双方がそれぞれに考えている内容も必然的にモデルの中に含まれるべきであるといわざるをえないだろう。この複雑さたるやめまいがするほどである。★7

ローレルは、「概念の定義付けにこんなに苦労するときは、たいてい見当違いを犯していると考えてよい」と言っている。インターフェースを仲介者として捉えるのは見当違いである。インターフェースは両者の間に立つ翻訳者ではない。それはストローモデルとして双方を包摂するものである。メンタルモデリングとしてのデザインでは、使用者と環境を同列に扱うホリスティックな認識基盤としてインターフェースを捉える必要がある。主体と客体は無限後退する界面で繋がるのでは

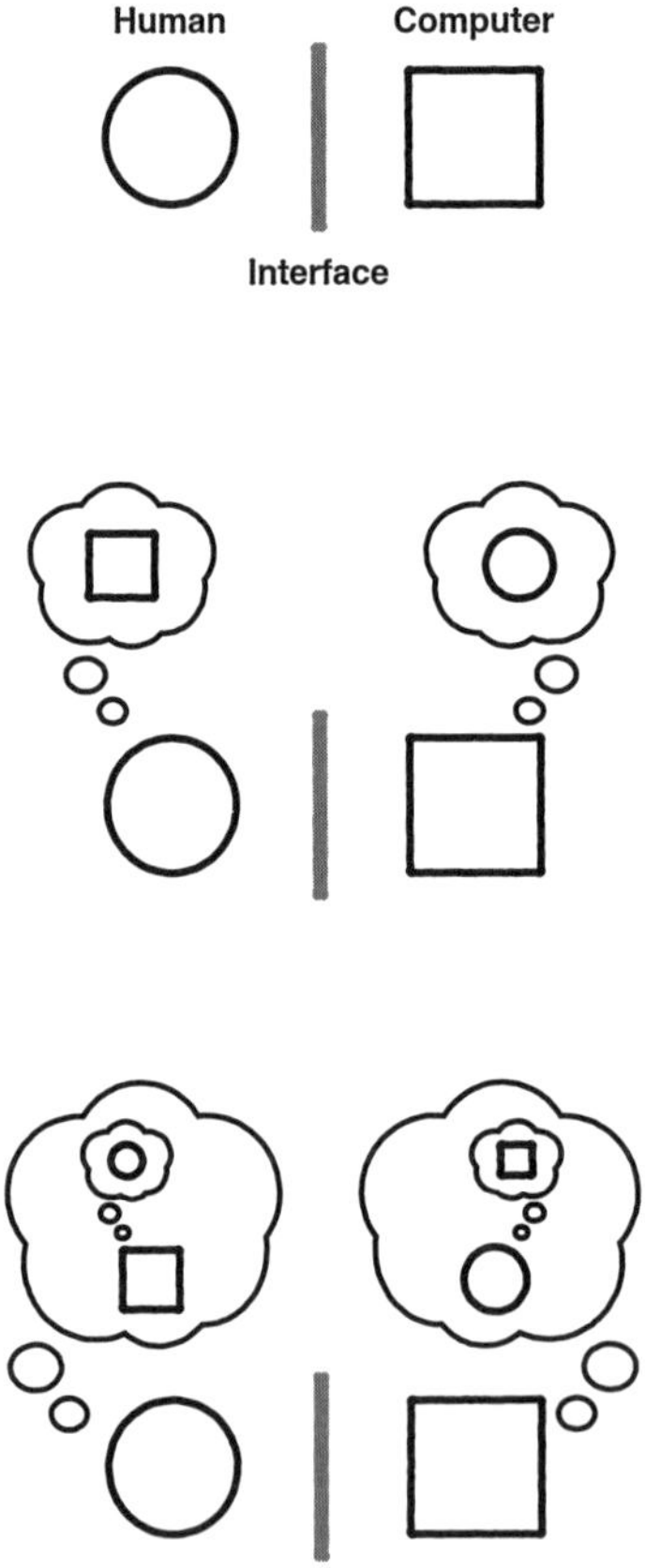

ブレンダ・ローレル『劇場としてのコンピュータ』より

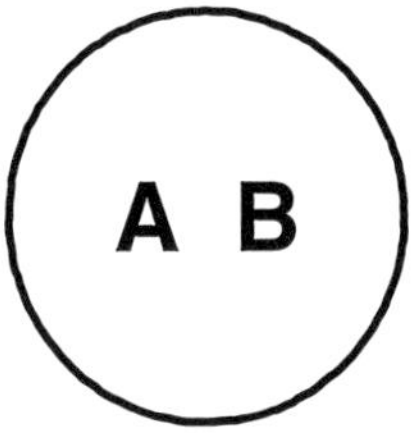

ない。それは行為の可能性という主客未分の世界性として現れるのである。

我々が目にするものはすべてイリュージョンであり、現象的に了解されたものだが、物の部分としてそうした現象が付随しているわけではない。道具の現象をヒューマンインターフェースと呼ぶならそういう部分は実際には存在しない。強いて言えば、我々が物に見出している道具性そのものということになる。我々が物に対して何らかの配慮的な意識を向ける時、そこに道具性が見出される。そうした道具性を対象化しデザインしようとする際の手がかりとして、インターフェースという概念が用いられるに過ぎないのである。そのように、物と物を隔て、また接続する場所としての境界には、存在論的なテーマが横たわっている。哲学者の加地大介は、著書『穴と境界』の中で、「西洋哲学史の中で境界の存在論というものの位置を振り返ってみたとき、実はそれが長きに渡って存在論の中枢に近い場所を占めていたことがわかる」と言っている。[★16] 境界の存在論は、そもそも物とは何かという問題と密接に関係しているからである。

境界

何かが物として存在するには、それが環境の中での独立性を持っていなければならない、と加地は言う。もしある物が周囲の環境に溶け込んで完全に渾然一体となっていたら、それは物とは言えない。言い換えれば、物は、その環境から区別され得る最低限の「境界」を持たなければならない。同様に境界は、物同士の触れ合いについて語るためにも不可欠な概念である。二つの物が触れ合っている時、それが一つの物ではなく二つの物であると言えるためには、両者が境界によって接触しつつも、なお隔てられていなければならない。つまり境界は、対象の内部でもないし外部でもないという、特殊な性質を持っていることになる。これはどういうことか。物と物が触れ合うということには、大きな謎が含まれている。

加地は、物と物の触れ合いについて、デイヴィッド・クラインとカール・メイトソンの「衝突の論理的不可能性」[★17]という理論を引く。それは、二つの物体の衝突は論理的に不可能である、ということを、次のように証明する理論である。

1　二つの物体間の衝突には、両者の接触が含まれている。
2　もしも二つの物体が接触しているならば、それらは、隣り合ういくつかの空間点を占拠しているか、それらは空間的に重複しているかのいずれかである。
3　空間は連続的である。
4　いかなる二つの物体も、隣り合う空間点を占拠することはできない。(空間は連続的なので、いかなる空間点も別の空間点と隣り合っていない。)
5　二つの物体が空間的に重複することは不可能である。
6　それゆえ、いかなる二つの物体も接触しない。
7　それゆえ、いかなる二つの物体も衝突しない。

この証明が本当に成立するなら、我々の世界観は大きく揺らいでしまう。加地は順を追って証明の中の問題を探していく。

まず二つの球が接触している状態を考える。二つの球が並んでいて、両者がちょうど接触している時、その接触しているところは境界として両者に共有されている。しかしそれは両者の部分が空間的に重複していることを意味しない。重複していたらもはや二つの物体ではなく、合体した一つの物体になってしまうからだ。そこで、両者は一つの空間点において重複しているのではなく、隣り合った二つの空間点のそれぞれに各球上の一点が位置している、と考えてみる。しかしそのようなことはあり得ないと加地は言う。そもそも空間が連続的である以上、ある点と別のある点とが

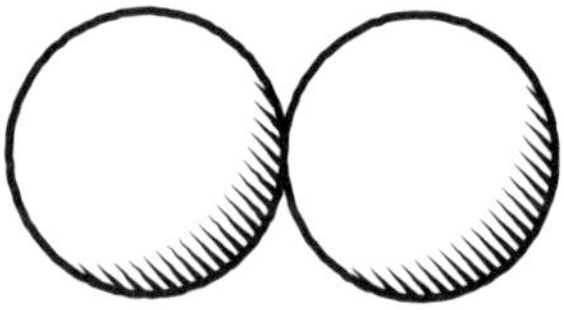

加地大介『穴と境界』より

「隣り合っている」というような状態は存在しないからだ。空間が連続的であるというのは、空間をどこまでも細かく切断できるということだ。つまり任意の二つの異なる空間点の間には必ず別の点が存在するということである。だから空間の切断面上の点が隣り合うということはない。ゼノンのパラドックスと同じような論理が成り立ってしまうのである。

実際、ミクロのレベルにおいては、量子同士の厳密な意味での接触や衝突は起こっていない。そもそも量子は日常的なレベルの物体のように明確な表面を持って存在するものではない。加地はそれを、一種の「力の中心」や「エネルギーの結び目」のようなものだとする。量子は「物」と言えるような対象ではなく、時空における或る種の攪乱状態のようなものである。量子レベルでは、空間自体も量子的、すなわち、連続的ではなく離散的な構造を持っていると考えることができるという。

しかし、そのような事実によって実体論や境界論が無意味になるわけではないと加地は言う。クラインらの証明は、「厳密な意味での衝突や接触は実際には起こっていない」ということを証明しただけではない。彼らの証明は、そもそも衝突や接触というものが「あり得ない」ことの証明なのである。しかもその「あり得なさ」は、自然法則の結果としてこの現実世界では起こり得ないということではなく、接触という概念には矛盾があり、そもそも意味をなさないということなのだ。クラインらの証明は、何かと何かが触れ合うことで因果的影響を及ぼし合うという認識は論理的に破綻しているということの証明なのだと加地は言う。仮に、ミクロレベルでは厳密な意味での接触が起こっておらず、すべて何らかの斥力によって記述できるとしても、それによって日常的な中間レベルの物体間の接触を記述したことにはならない。中間レベルでの存在論の中には、ミクロレベルの存在者は含まれていないからだ。

二つの球が一点で接触している時、点には幅がないので、両者の距離はゼロである。この場合の接触とは、重複はしていないが分離もしていないという、すべて否定形によって記述される意味での接触なのだと加地は言う。両者の接触点を「境界」と呼ぶなら、境界は、重複している何かでも、間隙を形成する何かでもなく、ただ「無」として存在していることになる。このような視点はレオナルド・ダ・ヴィンチも持っていた。ダ・ヴィンチは水面における空気と水の境目について次のように考えていたという。

空気を水から分かつものは何なのだろうか？　そこには、空気でも水でもなく、しかし何ら素材を持たないような、共通の境界がなければならない。なぜなら、物体が二つの物体の間に挟まれているとすると、その物体が両者の接触を妨害することになるからである。そして、空気と水がいかなる媒質も挿入されることなく接触し合っている以上、そのような妨害は起こっていないのである。……（中略）……したがって表面とは、連続的でない二つの物体に共通する境界であり、そのいずれの部分ともなっていない。もしも表面がそのいずれかの部分を成すならば、それは分割可能な塊であることになるが、しかし、それは分割可能ではない。とすれば、無がこれらの物体を互いに分け隔てているのである。★16

ある物体を切断すると、切断面を境界とした二つの物体になる。たとえば数直線（0,1）の間に位置する物体を、ちょうど真ん中の0.5のところで分割すると、その物体はそれぞれ（0,0.5）と（0.5,1）の二物体となる。この時0.5の位置に境界が生まれたことになるが、境界が実体的なものであるなら、それは同一の空間点を共有できないのだから、生まれた境界は二つの物体のどちらか一方だけに属したものになる。すると二つに分割した物体の片方にだけ表面があって、もう片方には表面がないということになる。しかしそのような物の状態は見たことがないだろう。だから境界は実体的なものではないと言える。では境界は本当に「無」なのだろうか。

そこで加地は、哲学者アルフレッド・ノース・ホワイトヘッドの「延長的抽象」という理論を紹介する。ホワイトヘッドは、境界を、重なり合いながらある一点へと収束していく抽象的な対象

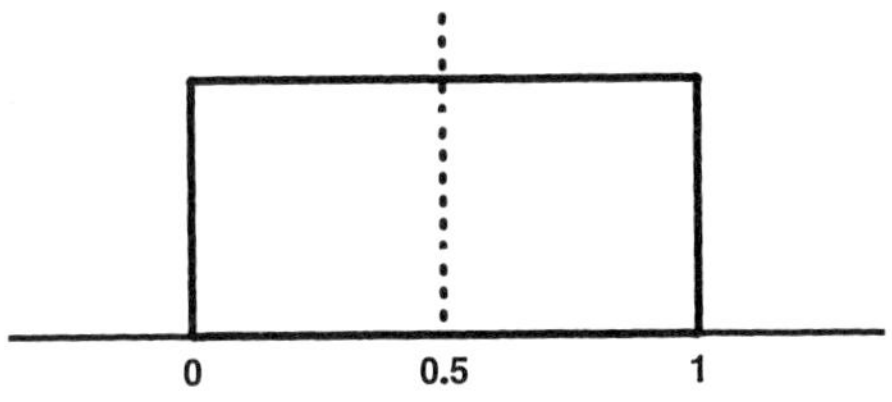

加地大介『穴と境界』より

の集合だと考えた。先と同様に、数直線（0,1）の間の0.5のところに境界があるとする。この境界はまた区間［0.4, 0.6］の中にも位置している。さらに区間を狭めた［0.4999, 0.5001］の中にも位置している。こうして狭めていけばどこまでも狭い区間になっていくが、その幅はゼロではなく、つねに一定の幅を持っている。どこまで狭めていってもそれらの区間が境界と同一になることはない。境界はつねに個々の区間の中に位置している。境界とはこのような区間の収束が向かっている仮想的な何かだというのである。

しかし境界というものを集合的な抽象的対象にしてしまうと、我々はそれを見ることも触れることもできないことになる。たとえば、具体的な鈴木さんや佐藤さんではなく、人間という集合的概念を見たり触ったりできないのと同じだ。境界に対するこの捉え方は、我々の生活感

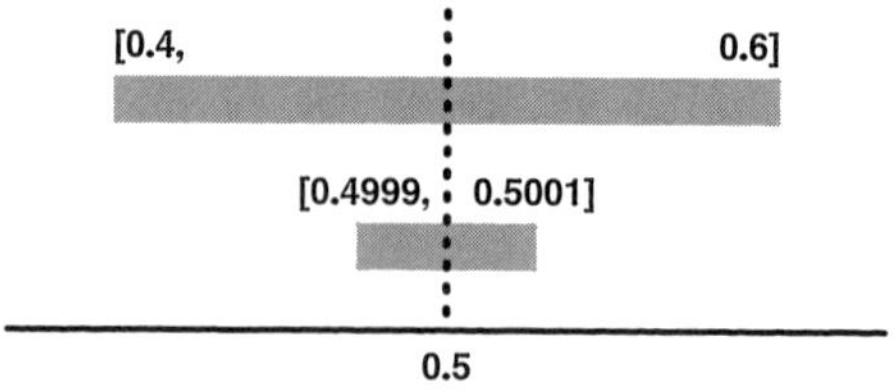

加地大介『穴と境界』より

覚から乖離している。

加地によれば、そもそも、集合としての境界という発想に見出される特徴は、境界論のみならず、より根本的なレベルの議論にも見出せるものだという。たとえばクラインらの証明にあるような、空間点の集合として空間的対象を捉えるという発想全般にも共通しているものだ。しかし考えてみれば、点という抽象的対象を基礎的存在者とする点集合によって物体のような具体的対象を捉えようとするということ自体が、きわめて不自然なことなのではないかと加地は言う。クラインらの証明に誤謬があるとすれば、その点である。

我々が日常生活の中で境界について語る時、それは物の表面を指す。我々が意識する、物の表面のざらつきや滑らかさ、硬さや柔らかさ、光沢や色合いなどは、表面が物体的なものであるからこそ生じるものであり、明らかに我々は、境界を具体的なものとして捉えている。物同士の触れ合いについても、物体の表面のさまざまな分子が形成する凸凹や硬軟によって生ずる物理的な摩擦現象として捉えている。つまり表面そのものを物体や物体的部分として捉えることは、結果的にそれを境界ではないものとして捉えることに他ならない。言い換えれば、物体的部分として表面を捉えることは、結局のところ、記述のレベルを中間サイズからミクロレベルへと移すことでしかなく、その結果、その記述レベルにおいて新たな形で境界が登場することになる、と加地は言う。つまり、具体的な対象として境界を捉えるということは、必ずしも境界を物体として捉えるということではない。むしろ、非物体的でありながら具体的と言えるような対象として、境界を捉えるということなのである。

境界は、つねに何かを限界づけてこそ境界と言えるという点において、つねにその「何か」に存在論的に依存している。その意味で、あくまでも主となる物の発生とともに現れる従属的な存在である。しかし境界は、その主となる物を境界づけ、世界の中で独立性を立ち上げているという意味で、存在性の鍵でもある。境界には、そうした特殊な存在論的性質がある。我々は、境界が示すような存在の多様性を認めることなしに、インターフェースというものを対象化できない。インターフェースをデザインするということは、物とは何かを考えることであり、ひいては存在とは何かを考えることである。

物の存在性は、その物の物理性に依存しながらも、物理性そのものから超越している。それは言ってみれば、「意味のある無」を伴って物を形づくっている。たとえば、ドーナツのドーナツらしさがその「穴」にあるとすれば、ドーナツという物体をいくら分解してもその存在性を取り出すことはできない。ベンチのベンチらしさは、車のベンチシートが示すように、腰掛けの途中に区切りが「無い」ことにある。容器の容器らしさは、容器を成り立たせている原料にあるのではなく、納める働きをする「空洞」にある。ハイデガーは、瓶（かめ）の瓶性について、次のように言っている。

瓶をワインで満たすとき、私たちは、壁面と底面のなかへワインを注いでいるのでしょうか。そうではなく、私たちがワインを注ぐのは、せいぜい壁面のあいだ、かつ底面のうえへ、です。なるほど壁面と底面は、この容器の不浸透性の部分ではあるでしょう。しかし不浸透性の部分だからといって、それでもう納めるはたらきをするわけではありません。瓶いっぱいに注ぐとき、注がれるものは、空の瓶のなかへ流れ込んでこれを満たします。この空洞が、納めるはたらきをする容器の部分なのです。空洞、つまり瓶のこの無の部分こそ、納めるはたらきをする容器としての瓶の本体にほかなりません。★18

物の本質は物体の構成要素に還元されるわけではない。物が何かの意味を持つ時、その意味を構築しているのはその物自体ではない。多くの場合、我々は物の働きの中心を見過ごしている。なぜならそれは目に見えないからである。こうした現象は「無用の用」とも呼ばれる。中国の思想家、老子は、次のように言う。

三十の輻（ふく）は一轂（いっこく）を共にす。
其の無に当たりて、車の用有り。
埴（しょく）を埏（せん）して以て器を為（つく）る。
其の無に当たりて、器の用あり。
戸牖（こいう）を鑿（うがち）て以て室を為る。
其の無に当たりて、室の用有り。
故に有の以て利を為すは、無の以て用を為せばなり。

三十本の輻（スポーク）がひとつの轂（ハブ）に集まって（車輪を形づくって）いる。そこ（輻の中心）に何も無い部分があるから、車輪としての用をなせる。粘土をこねて器をつくる。そこ（器の内側）に何も無い部分があるから、器として用をなせる。戸や窓をあけて部屋を作る。そこ（部屋の中）に何も無い部分があるから、部屋としての用をなせる。つまり形の有るものが役にたつのは、形の無いものがその用をなしているからである。

物の存在性は、それそのものの実体性とは異なる。物を環境から区別し、物と物を境界づけているのは、物理性から超越した特殊な存在性を持つ何かである。これは、その存在によって物の存在性が立ち上がっているという意味で、物そのものだとも言える。我々は身の回りの物々を、それらの境界として了解している。つまりこの境界というものは、我々が物の存在を了解する時に生じる、了解の足跡のようなものだと言える。

アメリカの哲学者、ケン・ウィルバーは、著書『無境界』の中で、誰もが正当なものとして受け入れるもっともありふれた境界線は、我々の有機体としての体を取り囲む皮膚の境界だと言っている。★19 これは普遍的に受け入れられている自己と非自己の境界であり、その内側にあるのが「私」で、外側にあるものが「非＝私」である。この「私」と「非＝私」の境界は、身体という物理的なものによって規定されているように思われるが、実際にはそうとも言えないのだという。たとえば、「あなたは、自分が体だと感じますか？ それとも自分が体を持っていると感じますか？」と聞かれたら、多くの人は「自分が体を持っていると感じる」と答えるだろう。体は「私」というより「私の物」であり、「私の家族」や「私の車」などとそれほど違わないレベルで認知されていることがわかる。このように、自己／非自己の境界は柔軟なものであり、人によって、あるいは時と場所によって、より小さくも大きくもなる。この自己／非自己の境界に関する議論で重要なのは、アイデンティティーには一つではなく数多くのレベルがあるということだとウィルバーは言う。これらのアイデンティティーのレベルは、理論的な仮説ではなく、自分自身で観察可能なリアリティーなのである。

ウィルバーによれば、境界はすべて、内側と外側を区切るものだという。もっとも単純な境界の形として、円を描いてみると、それが内側と外側を表していることがわかる。

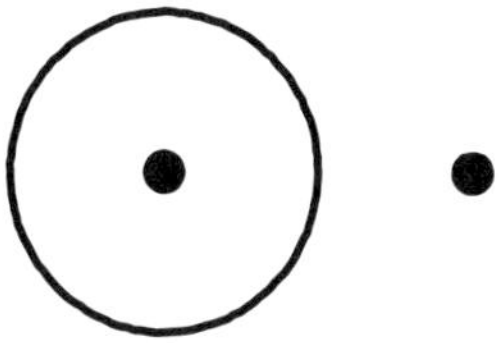

ケン・ウィルバー『無境界』より

しかし、内側と外側という対立は、我々が円の境界を描くまで存在しなかったものだ。その対立を生み出しているのは境界線そのものである。境界を設けることは、対立を作ることである。我々がさまざまな対立の世界に住んでいる理由は、我々の生活が境界を設けるプロセスだからだとウィルバーは言う。

事実は単純だ。われわれが争いと対立の世界に住んでいるのは、われわれが境界の世界に住んでいるからである。すべての境界が同時に戦線だというところに、人間のおかれた苦しい立場がある。境界が強化されればされるほど、戦いは苦境に陥る。快楽に執着すればするほど、さらに苦痛を恐れなければならない。善を追求すればするほど、悪に対する強迫観念が強まる。成功を求めれば求めるほど、失敗を恐怖する。生に執着すればするほど、死はより恐ろしいものになってくる。何かに価値を見出せば見出すほど、その喪失が怖くなる。つまり、われわれが抱えている問題の大半は、境界とそれが生み出す対立の問題なのだ。★19

問題は、我々がつねに境界を実在するものとして扱おうとすることにあるとウィルバーは言う。境界が実在すると信じ、境界そのものの存在に疑問をさしはさもうとはしない。しかし、対立の分離が存在するかのように見せているのは、境界そのものなのである。我々の思考が介在しない客観的な世界に、境界はない。いかなるタイプの境界線も、真の世界の中には見出すことができない。境界は、物事を区別し名前を与えようとする我々の想像の中だけに存在している。

たしかに自然界には、大陸とそれらを取り囲む海との間にある海岸線のような、さまざまな線がある。しかしそうした線は、陸と海が互いに触れ合う場所を表しているのであり、区分するだけでなく、両者を繋ぎ合わせていもいる。線は相対立するものを取り結び、識別すると同時に、統一する。一本の線で隔てられた両側は、隔てられていながら、不可分に抱き合う運命にある。線は境界ではなく、区分しつつ結び合うものなのである。

たとえば、先ほどの円を拡大して、内側と外側を区切る境界ではなく、凹面を表す一本の線として捉えてみる。するとその同じ線が同時に凸面を作り出していることに気づく。両者は同時に生じている。この線が凹面と凸面を分離させているとは言えない。この線は分離をもたらしているというより、片方がもう片方を存在させているのである。そして両者の存在は互いに依存し、不可分に

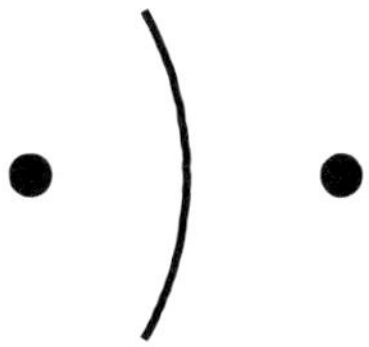

ケン・ウィルバー『無境界』より

なっている。

実在する線は、われわれがその両側を分離した関連のないものと思いこんだときに幻の境界となる。その二つの外面的違いを認め、内面的な一体性を無視したときに幻の境界となるのである。内側が外側と共存していることを忘れたとき、線は単に分離するだけで同時に統合しはしないと思ったとき、線は境界となる。[★19]

境界と取り違えさえしなければ、線を描くことには何の問題もない、とウィルバーは言う。快楽と苦痛を区別することはよいが、快楽と苦痛を分離したものとして捉えるべきではない。線の両側は、ストローの両側のように、互いに引き合い、引かれ合う、不可分な現象である。世界を境界のないものとして見れば、あらゆる物事が相互に依存し、浸透しあっていると見えるようになる。喜びと苦痛、善と悪、生と死が、不可分に関連しているように、あらゆるものは、それ以外のものと関連している。

ハンマーを持っていると、すべての物が釘に見えるかもしれない。しかしウィルバーによれば、本当は、釘という境界を見ているわけではなく、それを作り出しているのだという。あらかじめ環境から分離された物を知覚しているのではなく、その場で発明しているのである。この発明はあくまで我々自身によるものであり、言うなればイリュージョンである。ただし、世界に境界はなく、あらゆるものが相互に浸透しあっているというのは、物事には区別がなく、世界は全く均質なものだということではない。「世界は、あらゆる種類の特徴や外観や線を含んでいるが、それらはすべて一つの縫い目のない場に織りこまれている」ということなのだ。たとえばあなたの手はあなたの頭とは違う。頭と足は違うし、足と目は違う。しかしそれらはすべてあなたの身体を構成するものである。あなたの身体はあらゆる部分で自らを表現している。部分は全体を構成すると同時に全体から規定されてもいる。

境界は現象的な存在であり、それは我々の意識の中に生まれる。そしてその境界によって境界づけられた物々が織りなすイリュージョンの世界に、我々は被投されている。我々の意識なしに物は存在しない。純粋に客体的な存在として、物が個別的にそこにあるわけではない。物がそこに存在し、それに触れることができるのは、我々が配慮的な交渉としてその物に出会っているからである。物に触れるということについて、ハイデガーは次のように神秘的に語っている。

実存範疇としてみれば、世界の「もとにある」存在は、出現している事物が一個所にならんでいるというような客体的存在を決して意味しない。「現存在」というような名の存在者が、「世界」という名のもうひとつの存在者と「ならび合っている」、というような事態は存在しない。たしかに、われわれは、ふたつの客体的存在者が一個所にならんでいることを言語的に表現するさいに、たとえば「机が戸の《もと》（そば）にある」、「椅子が壁に《触れて》いる」と言いあらわすことがある。けれども、厳密に言えば、《触れる》とは決して言えないはずである。それも、詳しく点検してみればやはり椅子と壁の間にも隙間を確認できるからというわけではなくて、かりに隙間がゼロであったとしても、机は原理的に、壁に触れることができないからである。《触れる》ことができるためには、壁が椅子に《向かって》出会うことができるということが、前提条件になるであろう。存在者が世界の内部にある客体的存在者に触れることができるのは、それがほんらい内＝存在という存在様相をそなえている場合だけである。すなわち、それが現に存在しているとともになにか世界というようなものが発見されていて、その世界のなかから存在者が触れてきておのれを現わし、そうしてそれの客体的存在において近づきうるものになっている、という場合だけである。★20

5

対象と転回

オブジェクト指向

境界は我々の精神が生み出す特殊な存在である。我々が物に触れるためには、その境界性を超えて、配慮的な交渉によって接続しなければならない。イリュージョンとして示される物の内側と外側を繋ぎ合わせ、主体と客体をひとつづきの世界に包摂しなければならない。ソフトウェアという記号操作の体系にそうした包摂性をもたらしているのは、主にグラフィック表現とその反応である。そこに筋の通った妥当性が感じられれば、使用者はそれをもってソフトウェアの動作原理をイメージすることになる。GUIソフトウェアはコンピューターの論理的な構造を説明するのではなく、首尾一貫した架空の設定を行為の背景に前提する。使用者はオブジェクトに対する配慮的な交渉を通じて、自らが被投された世界の世界性を学習し、その学習によって世界性を強化させる。

イリュージョンとして破綻のないひとつづきの世界を作り上げるには、世界を構成する要素ひとつひとつを個別にデザインするわけにはいかない。部分は単一の全体性から自明的に生じなければならないし、全体は個々の部分から自明的に立ち上がらなければならない。そのような再帰の概念にもとづくモデルの一例に、数学者ブノワ・マンデルブロのフラクタル図形がある。フラクタル図形では、部分と全体が自己相似している。フラクタル図形はどこまで拡大しても、あるいは縮小しても、同じ形になっている。部分と全体が同じ力を持っている。無限の複雑さが、ひとつの単純さの中にそっくり折りたたまれている。破綻のないイリュージョンを形成するにはこの再帰的なモデルが必要になる。モデル全体の記述を部分の表現にも用いること。この発想が、オブジェクト指向デザインの根底にある。

オブジェクト指向性というコンセプトを理解するには、オブジェクトという単語の語感からそのイメージをうまく取り出す必要がある。「Object」は古くからある日常的な英単語だが、日本語に訳すことが難しい。たとえば単にそれは「物」、あるいは「物体」というフィジカルな存在を示したり、「対象」や「目的」といった概念的な存在を示したりする。あるいは「客体」や「客観」といった哲学的な抽象度を持つ言葉でもある。文法用語としては「目的語」と訳される。「客体」や「客観」としての「Object」の対義語となるのは「Subject」であり、日本語では「主体」「主観」と訳される。「Subject」もまた日本語に訳しにくく、「話題」や「教科」といった意味にもなる。文法用語としては「主語」と訳される。ところが「対象」や「目的」などと訳されることもあり、対義語であるはずの「Object」との関係性を理解しにくい。Object は最終的な到達点として掲げられている物であり、Subject はそこへ向かう手段として選ばれる題材である。なお、「Subject」の「sub-」は「下へ」「副の」「弱の」といった消極的な意味を持つが、日本語の「主体」や「主観」には「主」の文字が使われているため積極的なニュアンスがある。だから英語の「Object／Subject」が持つ対義的な響きは、日本語の「客体／主体」のそれとはかなり異なる。「Object」には絶対的で揺るぎない響きがあり、「Subject」は相対的で文脈依存的な響きがある。そのような語感を前提に、オブジェクト指向性は、（サブジェクトではなく）オブジェクトを指向する態度を表しているのである。

オブジェクト指向という言葉を最初に使ったのはアラン・ケイである。★1 1960年代、ケイはSketchpadやSimula（オブジェクト指向のコンセプトの原型と言われているグラフィックシステムおよびプログラミング言語）などについて調べていて、それらがいずれも、異なる目的のために同じアイデアを使用していることに気づいた。つまり、単純なメカニズムに再帰性を持たせることで複雑なプロセスを実現するということである。この発見は「まさに啓示のようだった」とケイは言う。なぜならそれは、数学や生物学などさまざまな分野にも見られる普遍的なモデルだったからだ。この考え方、つまりオブジェクト指向性を徹底的にソフトウェアのデザインに適用することで、Smalltalkが生まれた。

Smalltalkのデザイン——とその存在——は、私たちが記述できるすべてのものは、状態とプロセスの組み合わせをそれ自身の内部に隠しながらメッセージ交換によってのみ扱える、単一種の動作的基本要素の再帰的構成によって表現できる、という洞察によるものだ。哲学的には、Smalltalkのオブジェクトはライプニッツのモナドや20世紀の物理学や生物学の考え方と共通点が多い。Smalltalkのオブジェクトの作り方は、顕現することが概念—イデア（Ideas）—の理想化（idealizations）として機能するという点で、非常にプラトン的（Platonic）である。イデアはそれ自体の顕現物である（「イデア＝イデア」）ということと、「イデア＝イデア」は「顕現物＝イデア」の一種——それ自体の一種であり、システムは完全に自己説明的である

——ということから、プラトンには非常に実践的なジョークとして受け入れられただろう。[★2]

表象されたオブジェクトそれぞれが自身を環境から区別し、自立して、使用者からの行為に反応する。それぞれが自身に関するデータを保持すると同時に、生物の細胞のように、同じコードのコピーを有している。コンピューターの概念を抽象化し、フラクタル化する。小さなコンピューターの集まりが大きなコンピューターを形成するようにする。それはどこまでも拡大可能であり、どこまでも縮小可能である。

ケイは、ソフトウェアオブジェクトを細胞に見立てることについて、「細胞が良いアイディアだとしたら、その協調が充分に密接になり、細胞が集まって超細胞——〝組織〟や〝器官〟になれば、なにか意味のあることが起こるだろう」と言っている。[★3]そしてそうした「組織」のような超細胞の例として、ケイはスプレッドシートを挙げる。

スプレッドシートは同時に活動するオブジェクトの集まりであり、四角形のセル（細胞）を配列した形式をとる。シートのどのセルに変更が加えられても、それに関係するセルは即座に再計算され、新しい値が表示される。スプレッドシートのイリュージョンは単純にして直接的かつ強力なものである。スプレッドシートは、つねにその構造を維持するポケット宇宙のシミュレーションであり、驚異的な応用範囲をもつキットだとケイは言う。スプレッドシートでは、視覚的なメタファーが、状況と対処方法に対する使用者の理解を促進するようになっている。セルと数式を結びつけるのも簡単で、特に意識することなく、抽象的なモデルの能力を引き出すことができる。

スプレッドシートが優れているのは、それが単に財務計算を助けるだけでなく、さまざまな事柄のシミュレーションに使える道具だからだとケイは言う。たとえばグラフ作成機能がなくても、セルを条件に応じて塗りつぶすことで棒グラフを作ることができる。セルは、自身に設定されたルールに従って自身の値を変更する。この単純かつ連鎖的な仕組みがすべてのセルに備わっている。スプレッドシートは、それ以上のいかなるサブジェクトも持たない。使用者はスプレッドシートのそうした性質を把握して、自らの文脈の内に用途を見出し、そのパワーを活用する。ソフトウェアにとって重要なのは、そのように単純かつ無限に拡張可能なモデルを使用者に解放することである。ケイは次のように言う。

もっとも強力なテストとは、その機能が予想される必要性にどの程度うまく適合しているかを調べるのではなく、設計者が予想していなかったことをしようとした場合に、どの程度うまく機能するかを調べることだ。これは、蓋然性の問題ではなく、「ユーザーは、なすべきことを理解し、迷わずそれを実行することができるだろうか?」という、〝見通し〟の問題である。[★3]

道具としての物に求められているのは、恣意的に設定された目的に対する蓋然性ではなく、物それ自体の性質が把握可能になっていて、使用者が自らの文脈において自由にそれを活用できることである。近代合理主義的な観点では、道具は特定の用途を体現したものと見做されている。

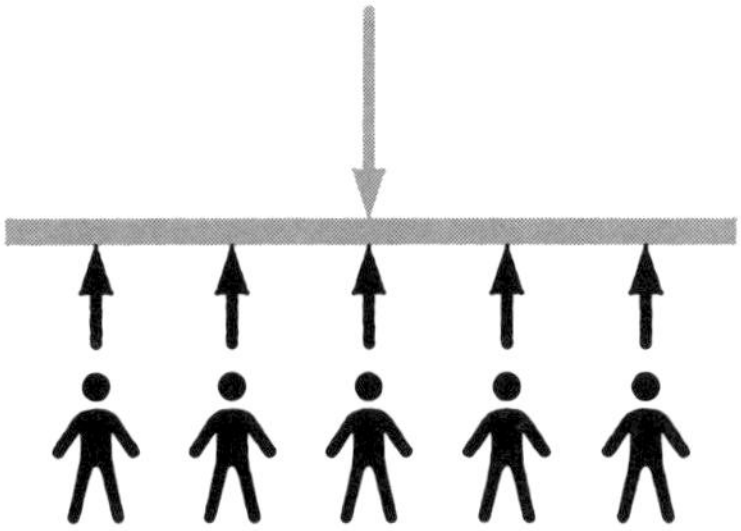

道具は使用者をその行為へと束縛するために作られる。そのような道具はサブジェクティブである。サブジェクトの語源はラテン語の「subjectus (brought under：下にもたらされた)」で、これは「sub-(under：下に)」と「jacere (throw：投げる)」が合わさった「subicere」の過去分詞である。サブジェクティブな道具は、使用者の立場を下に置き、その行為を上から支配しようとする。この使役的なベクトルは我々自身の実存とコンフリクトするため、ブリコラージュを破壊してしまう。

一方、それぞれの文脈の中に新たな用途を見出させ、構造的カップリングを経て手許存在となるような道具は、オブジェクティブである。Objectの語源はラテン語の「objectum (thing presented to the mind：心に示された事物)」で、これは「ob-(in the way of：その方へ)」と「jacere (throw：投げる)」が合わさっ

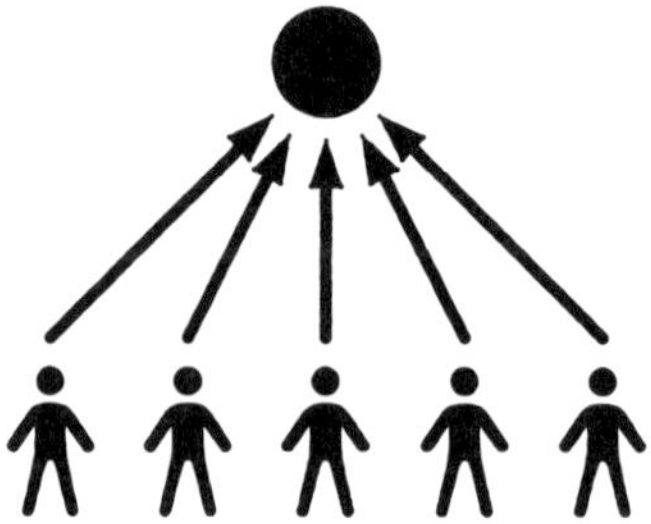

た「obicere」の過去分詞である。動詞としてのobjectが「異議を唱える」や「反対する」といった意味になるのは「そこへ投げかける」というニュアンスを持っているからである。オブジェクティブな道具は、使用者の向こうに示されており、その行為を解放する。それぞれの実存を受け入れ、ブリコラージュを促す。

　オブジェクト指向存在論を提唱するアメリカの哲学者、グレアム・ハーマンは、道具の手前性は人間に依存したものであり、手許性は人間から独立したものだと言っている。[★4] 手許的な道具の存在性は、ある種の高次性をもって、目当ての方へと投げかけられている。

道具存在に対して意識におけるイメージという身分よりも高い地位が与えられるべきだとすれば、それは道具存在が人間的現存性により依存しているからではな

く、むしろその逆だからである。[★4]

オブジェクト指向のコンセプトでは、観念的な仕事空間の中にいくつかの物を作る。物たちにはそれぞれに特徴的な性質が与えられている。その物たちにメッセージを送ると、物たちはそれぞれに反応する。使用者はその反応を利用して仕事をする。これはたとえば、石の鋭さを利用して肉を切るとか、火の熱さを利用してそれを焼くといった行為と似ている。そして石や火といったものに対する我々の配慮的な交渉は、それらをオブジェクトとして実在化させる。そして観念として操作可能なものにする。

アラン・ケイと共にSmalltalkを開発したダン・インガルスは、オブジェクト指向のコンセプトを構築する上で、事物についての観念を持つことができる我々の精神の能力に着目した。それをコンピューターのデザインに反映すれば、我々にとってより直接的に利用できる物になる。インガルスは次のように言う。

精神は、即時的なものであれ記録されたものであれ、広大な経験の宇宙を観察している。人（one）はこのあるがままの経験から宇宙との単一性（oneness）を感じることができる。しかし、この宇宙に参与（participate）したいと願うなら——文字どおりある部分を担いたい（take a part）なら、区別をつけなければならない。そうして人はあるオブジェクトを宇宙の中で特定する。同時に残りのものはすべてそのオブジェクトではないものになる。そのもの自体によって区別をつけることがスタートである。しかし区別することがもっと簡単になることはない。「あそこにあるあの椅子」について話そうとする時はいつも、その椅子を区別するための全プロセスを繰り返さなければならない。そこで参照という行為が登場する：我々はあるオブジェクトにユニークな識別子を関連づける、そして、それ以降は、もとのオブジェクトを参照するにはその識別子を挙げるだけでよい。コンピューターシステムは心の中にあるものと互換性のあるモデルを提供すべきだと述べた。したがって、コンピューター言語は「オブジェクト」という概念をサポートし、その宇宙の中のオブジェクトを参照するための統一的な手段を提供すべきなのである。★5

インガルスによれば、オブジェクト指向のソフトウェアが目指したのは、人と人がコミュニケートする時の、顕在的な入出力モデルと、潜在的な入出力モデルの、両方をサポートすることだった。顕在的な入出力とは、実際に発せられ、知覚される、言葉や動きのこと。潜在的な入出力とは、二者が精神的に共有し、文脈を作る、文化や経験のこと。コンピューターがこのようなモデルを持つことができれば、人間と直接的にコミュニケート可能な存在になるとインガルスは考えたのである。具体的には、顕在的なモデルは視覚的な表象とマウスの操作の同期によって実装され、潜在的なモデルはメンタルモデルとデータモデルの同期によって実装される。

ソフトウェアが精神レベルのコミュニケーションを実現するために、オブジェクト指向のデザインでは、我々がそのために利用している観念（アイデア）もしくは分類（クラス）というものをデー

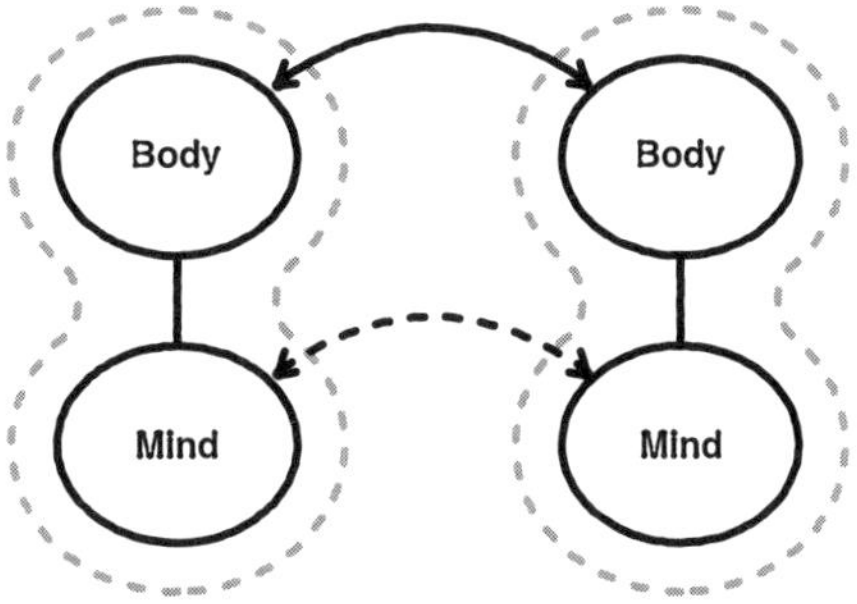

ダン・インガルス「Design Principles Behind Smalltalk」より

タ構造に反映する。たとえばソフトウェア世界の中で書類を扱うのであれば、「書類」というクラスと、「その書類」というインスタンスを、プラトンのイデアリズムのような生成モデルで関係づけるのである。

インガルスによれば、分類とは「そのもの性（nessness）」の実体化なのだという。我々は椅子を見る時、その経験は「その椅子そのもの」と「その椅子のようなもの」の両方を捉えている。抽象は、「類似した」経験を統合する精神の驚異的な能力から生じるものであり、心の中のもうひとつの対象、つまりプラトン的な椅子、あるいは椅子性として、現れるのだという。

物理世界においては普通、継承と包含の概念はあまり区別されずに用いられる。りんごは果物の一種である（継承）から果物コーナーに置かれている（包含）。このような認識のパターンは構造に有限の大きさを与える。芸術家の多くはその有限性を手がかりに形を模索してきただろう。それは同時に、イデアを形而上学的な次元に留め置くことを意味していた。しかし、形の構造が持ち得る力を自由に想像する者は、再帰的なモデルに憧れるだろう。樹々のフラクタルなシルエットや、細胞の複写的な全体性からのアナロジーによって、イデアを操作可能なところに誘い出す。オブジェクト指向のソフトウェアがそれを可能にした。

オブジェクト指向のソフトウェア世界ではすべてのものが等しくオブジェクトだから、継承と包含はそれぞれの構造を持っていて構わない。構造には無限の大きさが与えられる。部分は全体となり全体は部分となる。オブジェクト指向のデザインでは大きなものと小さなものが等価に扱われる。形を絶対座標から掬い上げ、トポロジカルな連関の中に漂わせる。すべては再帰的な生成モデルで捉え直される。我々はついに、そのようなデザインの道具を手にしたのである。そうしたオブジェクト指向の世界観を端的に表している例が、デザインパターンのひとつ、コンポジットパターンだ。

このクラス図は、GUIにおける一般的なファイルシステムのオブジェクトモデルを示している。まず抽象クラスとしての「ファイルシステム要素」があり、その性質を継承した「ファイル」と「フォルダー」がある。そしてフォルダーはファイルシステム要素（ファイルとフォルダー）を包含している。継承のベクトルと包含のベクトルが逆転することで、ファイルシステムをフラクタルな構造にしているのである。オブジェクト指向デザインにおいて、事物は分解の中で統合され、統合の中で分解される。形は因果ではなく、つねに同時に生まれている。

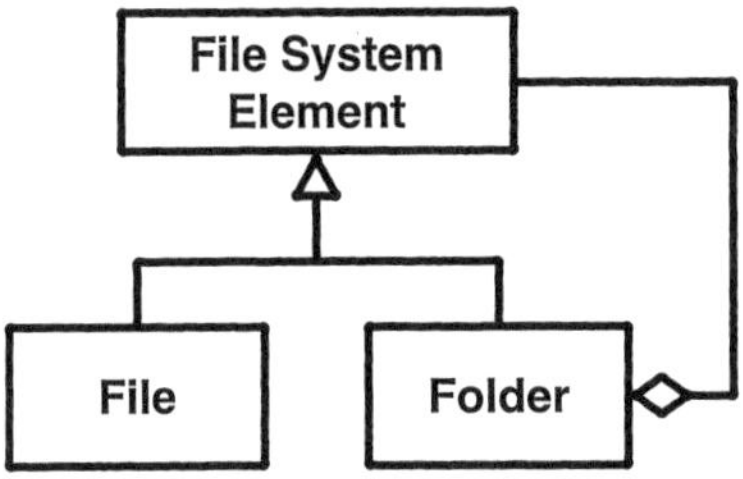

オブジェクト指向デザインの基本性質は、なにより、オブジェクトが在るということそのものである。自立的で再帰性を持った存在者たち。それ以外の性質は付随的なものだ。オブジェクト指向のソフトウェアにおいてオブジェクトは自分を自分だと思っている。それらは単にコンピューターの部分として盲目的に動いているのではない。オブジェクトは自分自身の存在を「知っている」のである。その証拠に、オブジェクトの反応を規定しているプログラムにはselfについての記述がたくさんある。プログラムの中で「self」という文字を書くとき、プログラマーは生き生きとそのオブジェクトになっている。いくつものオブジェクトになりながら、そこで自然に活動しているのである。

因果律に従って解釈される近代的なストーリーテリングでは、内在的に直観された世界を外在的に説明するために、それを線形化またはツリー化する。このような変換の手続きを踏むのは人間ならではコミュニケーション方法だろう。しかしそれは世界の解釈を特定のサブジェクトのもとに回収してしまう。あらかじめコミュニケーションの目的が設定されており、その方へと解釈を矯正してしまう。オブジェクト指向で世界を現そうというのは、再び世界を野生的な直観の在り方で記号化し直すことだ。因果関係ではなく、同時の中に事物のネットワークを広げ直すことだ。

サブジェクティブなデザインでは、起こることが先に決まっており、使用者がそれをなぞるようになっている。使用者の行為がファンクションのひとつとしてデザインに含まれている。これに対してオブジェクティブなデザインでは、起こりそうなことが可能性として同時に存在しているだけだ。使用者の行為はあくまで可能性のひとつに過ぎない。オブジェクティブなデザインはそのようにつねに行為に開かれている。

イギリスの登山家、ジョージ・マロリーは、「なぜあなたはエベレストに登りたかったのか?」というレポーターの質問に、「なぜならそれがそこにあるからだ (Because it's there.)」と答えたという。オブジェクティブなデザインはつねに何かを対象化する。マロリーが言う「それ」をオブジェクトとして捉える。オブジェクティブなデザインは意識にのぼるすべての「それ」をデザイン可能な「もの」として対象化する。世界をあまねく対象化する態度なのである。

ケイはコンピューターの粘土に手を突っ込みたいと言った。つまり今コンピューターに触れているその人がその手でそのコンピューターを直接デザインできるということ。使うことと作ることの区別をなくすということだ。それには具象(ヒューマンインターフェース)と抽象(プログラム)

を同じ原理のもとでひとつづきにする必要がある。具象と抽象を包摂した単一的で再帰的な存在として対象化する必要がある。それがオブジェクト指向デザインだ。まずそうした存在論的な指向性が前提された上での、デザインパラダイムなのである。

シンタクティックターン

我々の頭の中にあるメンタルモデルがコンピューターの中にも用意されている。そしてそれがスクリーンに表象されている。しかもその表象は我々の身体的な動作に呼応して変化する。その変化が我々のメンタルモデルを更新する。このような再帰モデルを実装レベルのパターンとして明示したのが、いわゆるMVC（Model-View-Controller）である。MVCは、ノルウェーのコンピューター科学者、トリグヴェ・リーンスカウクが、1970年代後半にPARCで客員研究員を務めていた時に考案したものだ。GUIソフトウェアのデザインを、モデル（データを認識モデルでまとめる）、ビュー（モデルをスクリーンに表示する）、コントローラー（モデルとビューの間を取り持つ）という三つのレイヤーで構成する、というアイデアである。★6

MVCは使用者の頭の中にあるものとコンピューターのデータとの繋がりを作る。リーンスカウクによれば、使用者はGUIを操作する時に二つのことを行っているという。すなわち、考えることと行為することである。人間と機械の間のスムーズなインタラクションを実現するためには、使

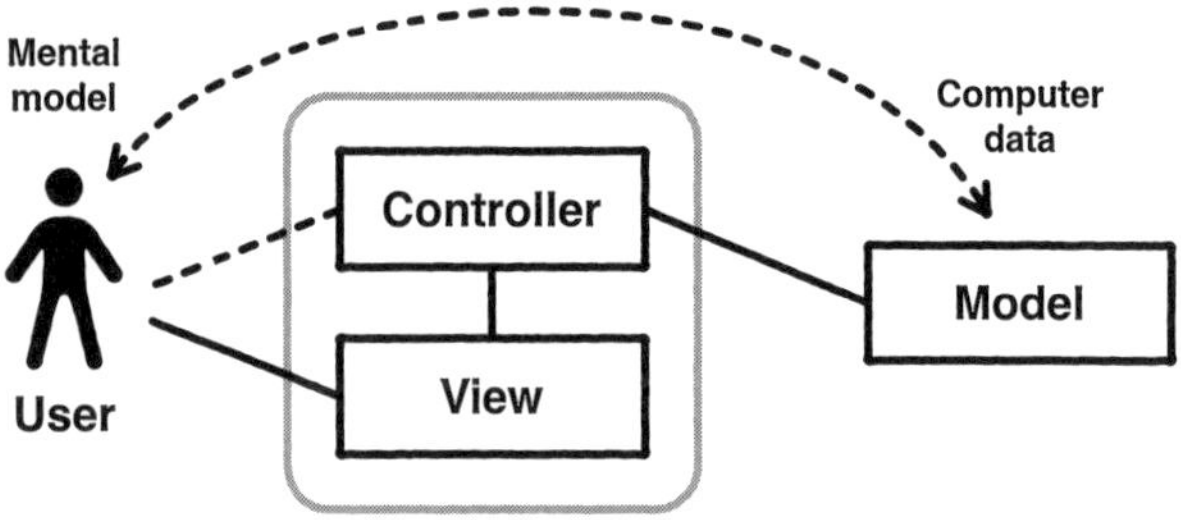

トリグヴェ・リーンスカウク、ジェームス・コプリエン
「The DCI Architecture: A New Vision of Object-Oriented Programming」より

用者の中のモデルとコンピューターの中のモデルとが精神的融合を果たさなければならない。オブジェクト指向デザインとMVCはこの構想を支えるために発達した。MVCの目標は使用者の脳とコンピューターの脳（メモリーとプロセッサー）が直接結ばれているというイリュージョンを作り出すことだった。

このマッピングはまず、エンドユーザーがインタラクティブなインターフェースに接触するという形で行われる。ユーザーはインターフェースを、それが描かれる元となるデータと、彼または彼女のビジネス世界のモデルの間の、パスを作成するために使用する。よく設計されたプログラムは、情報モデルをうまくデータモデルに取り込むことができるし、あるいは少なくとも、そのようにしているというイリュージョンを与える。もしソフトウェアにそれができれば、ユーザーはコンピューターのメモリーが彼または彼女の記憶（メモリー）の延長であると感じる。★6

OOPは、コンピューターは人間の精神を拡張したものであるというエンゲルバートの構想から生じた、とリーンスカウクは言っている。OOPにおける先駆者たちの目的は、エンドユーザーのメンタルモデルをコードにおいて捉えることだった。これらの構想がなければ、OOPとGUIの隆盛はなかった。

OOPとGUIの登場は、ソフトウェアデザインにおける一大事件だった。OOPは、その名のとおり、プログラムをオブジェクトの集合として構成するものである。GUIも同様に、ヒューマンインターフェースをオブジェクトの集合として構成する。両者の成り立ちは連動しており、互いに依存している。このパラダイムシフトにおいて何がシフトしているのかといえば、それはシンタックス（構文）である。OOPでは通常、プログラムを「Object→Verb」の順に記述する。

'string' asUppercase

このOOPの記述例では、'string'と言う文字列オブジェクトにasUppercase（大文字にする）というアクションを実行させている。GUIにおいても、基本的な操作方法は、物を指定して次に動作を選ぶという順序になっている。たとえばデスクトップにあるファイルをマウスクリックで選択し、メニューから「開く」というアクションを実行する。両者の目的語中心的な性質は、それ以前に主流であった動詞中心的な「Verb→Object」シンタックスのコマンド式入力と対照的である。

```
upcase('string')
```

この手続型プログラミングの記述例では、コンピューターにupcase（大文字にする）というコマンドを'string'という引数とともに実行させている。「Verb→Object」のシンタックスは英語の命令文に倣っており、プログラマーはその命令を発しているサブジェクト（主体）として暗黙的に前提されている。一方「Object→Verb」のシンタックスは、プログラマーからコンピューターへの命令ではなく、オブジェクトからオブジェクトへのメッセージングとして解釈される。メッセージを受信する側のオブジェクトはレシーバー（receiver）と呼ばれ、送信する側のオブジェクトはセンダー（sender）と呼ばれる。受け取ったメッセージに対してどのような反応をするかはレシーバーだけが知っていればよく、センダーは関知しない。つまりオブジェクトはプログラマーのサブジェクト（主題）とは関係なしにそれぞれに振る舞うだけである。むしろプログラマーが自身のサブジェクトをオブジェクトの働きに近づけることになる。石の鋭さや火の熱が我々の営みを無限に拡張するように、オブジェクトの自立した存在性がソフトウエアをどこまでも拡張可能なメタミディアムにする。

オブジェクト指向デザインの構文論的転回（シンタクティックターン）は、コンピューターを道具論的に見た際のコペルニクス的転回と言える。しかもカントのコペルニクス的転回が客観から主観への転回であったのに対し、オブジェクト指向デザインのコペルニクス的転回は、地球中心説から太陽中心説への転回と同様に、主観（サブジェクト）から客観（オブジェクト）への転回なのである。

オブジェクトは純粋な実在の概念であり、客体の主体化である。サブジェクティブな観点でしかデザインをしたことがない者に対してオブジェクトとは何かを伝えるには長い説明が必要になるが、単にすべての「在るもの」と言ってしまうこともできる。ソフトウェアデザイナーは自らそれを創作してみることで、オブジェクトとは何かを掴んでいく。

オブジェクト指向デザインはコンピューター技術の文脈から生まれたものだが、その根本性質は、物はどのように存在し人はそれをどう扱うのか、という我々自身の在り方に根ざしている。我々が物に対して配慮的に働きかける時、それはオブジェクトになる。ソフトウェアデザインにおいては対象を選択することが存在論の発生源となる。「Object→Verb」への構文論的な転回は、デザインというものを追求すれば自然に辿り着く道理なのである。オブジェクト指向デザインにおいては、主体と客体の視点が未分化し、客体が主体的に扱われる。そこでプログラマーは、あるいは使用者は、コンピューターに指示（subject）を出すのではなく、対象（object）に直接働きかける。これが、サブジェクティブなデザインからオブジェクティブなデザインへのパラダイムシフトなのである。ケイは次のように言う。

Smalltalkのオブジェクト指向性は非常に示唆的であった。オブジェクト指向とは、オブジェクト自身が自分が何をできるのか知っているという意味である。抽象的なシンボルの場では、それは、最初にオブジェクト名を記述（するかあるいは持ってきたり）してそしてそれに何をするかを指示するメッセージを付ける。具体的なユーザーインターフェースの場では、それは最初にオブジェクトを選択することを意味している。それから何がしたいのかをメニューによって提示する。どちらの場合でも、オブジェクトが先であり、やりたいことがその次となっている。これは具体的なものと抽象的なものとを高い次元で統合している。★7

オブジェクト指向デザインは具象と抽象を統合する。GUIとOOPは同じ原理のもとで作動する。オブジェクト指向デザインはコンピューターの在り方を使用者の知覚と認知から見立てようとするものであり、それは要するに、ヒューマンインターフェースこそが使用者にとってのコンピューターになることを意味している。

PARCでワードプロセッサーやSmalltalkの開発に携わったアメリカのコンピューター科学者、ラリー・テスラーは、1980年にAppleに移籍し、同社の最初のGUIコンピューターであるLisaの開発に参加した。Lisaが発売された1983年に彼が書いた講演論文に、「オブジェクト指向ユーザーインターフェースとオブジェクト指向言語」というものがある。★8 その中でテスラーは、GUIを「オブジェクト指向ユーザーインターフェース（Object-Oriented User Interface）」と呼び、ＯＯＰとの関係やそれぞれの展望について述べている。オブジェクト指向ユーザーインターフェース（ＯＯＵＩ）という言葉が使われたのはこれが最初だと言われている。[★9] ＧＵＩの本質は見た目がグラフィカルであること以前に、まずオブジェクトを指向していることである。その意味で、ＯＯＰと同列にＯＯＵＩと呼ぶ方が相応しい。ＯＯＰとＯＯＵＩは、オブジェクト指向性が統合している抽象と具象を表している。

ＯＯＰとＯＯＵＩの関係は、オブジェクトの内側への探求と外側への探求という形で捉えることもできる。ソフトウェアのデザイン性について、プログラマーは「その中が何でできているのか」を問い、デザイナーは「それが世界の中の何であるか」を問うだろう。しかし道具的な物の存在性において、それら二つの側面が別々にあるわけではない。両者は同じ現象に属している。オブジェクト指向性はソフトウェアの単一原理として二つの問いを統合する。それが世界の中の何であるかという問いを通じて、その中が何でできているかを問う。あるいはその逆も同様である。オブジェクト指向性において、両者は同じことだ。

ケイが「オブジェクト自身が自分が何をできるのか知っている」と言うのはつまり、大小の再帰的なレベルにおいて、オブジェクトは自身の表裏を一貫して自覚しているということである。むしろその自立性こそがオブジェクトの実在性なのである。オブジェクト指向存在論の文脈においてハーマンも、オブジェクトはただそれらの自立的な実在性だけによって定義されると言っている。

対象は、二つの意味で、自立的でなければならない。すなわち、対象は、その構成要素以上の

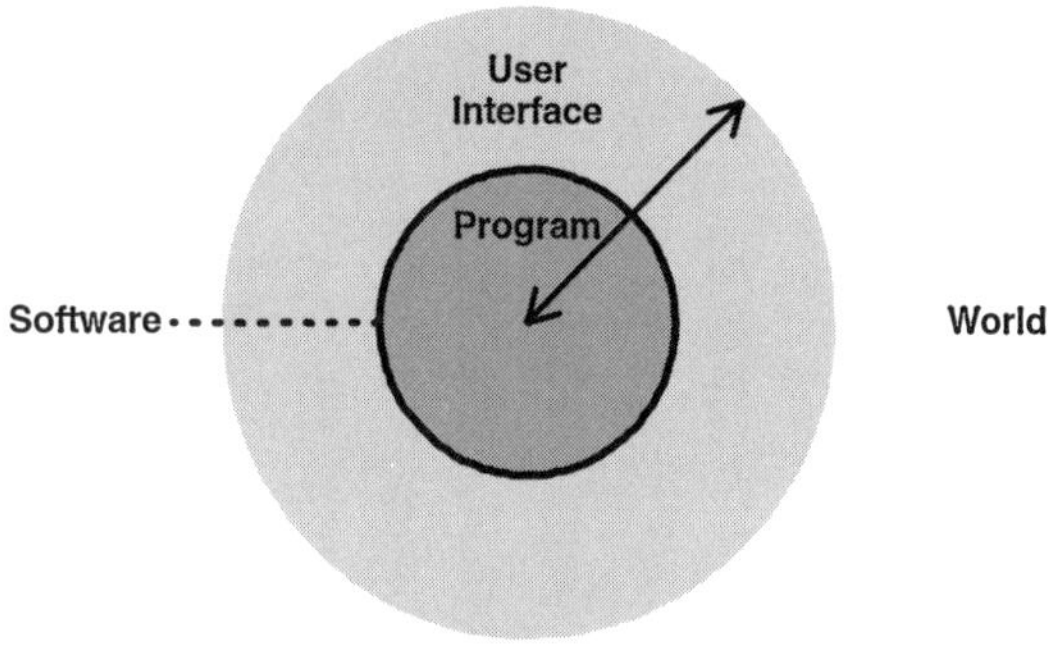
User
Interface
Program
Software
World

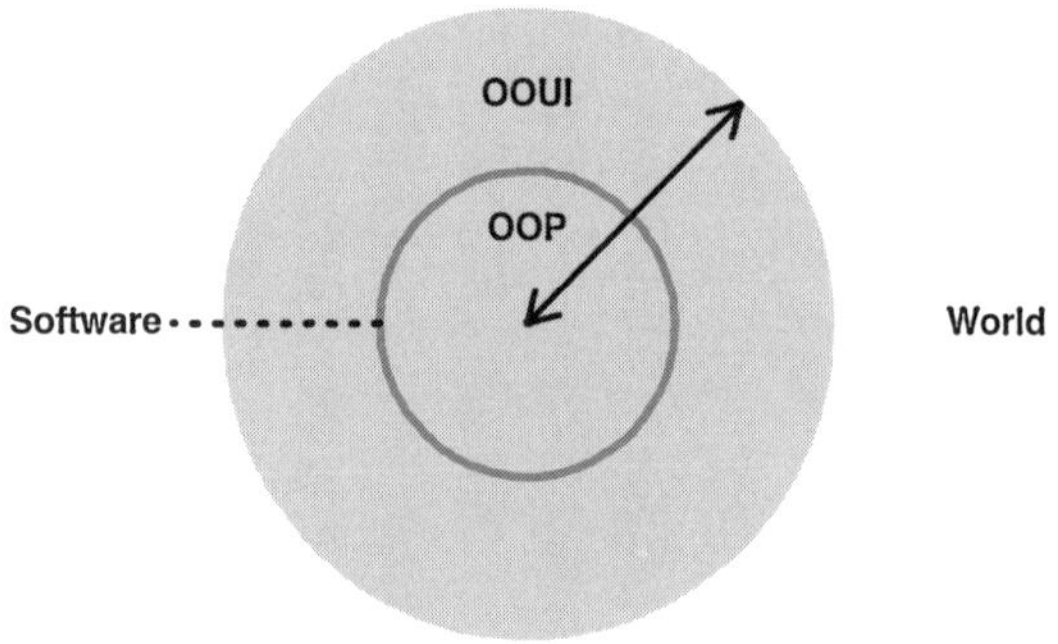
OOUI
OOP
Software
World

何かとして創発する一方で、他の存在者との関係から部分的に自らを抑制しているのである。★4

ハーマンによれば、実在的オブジェクトの実在性はオブジェクトがそれ自身であることのうちに存在しているため、それらは互いに触れ合うことがないのだという。オブジェクトとは、第一義的には、使われるものでも知られるものでもなく、それ自身であるものだからである。オブジェクトは、自らの構成要素にも他の事物との外的関係にも還元不可能であり、それゆえ、独立している。一方、我々が日常的に経験する対象としての感覚的オブジェクトというものがある。感覚的オブジェクトは我々にとっての現象世界を作っている。インガルスの言葉を借りれば、これは顕在的なルートでコミュニケートしている。OOPに対してOOUIがひとつ優位にあるのは、オブジェクトの実在を感覚的な存在へと橋渡ししている点である。

オブジェクトは何ものにも還元されない独立性を持ち、それ自体に何か意味が備わっているわけではない。物の中にデザインが入っていないように、オブジェクトはあらゆる目的や文脈から解放されている。しかしオブジェクト同士が何らかの関係を持つことは可能性として受容されている。それを可能にする手がかりはオブジェクトの感覚的な性質として備わっている。ハーマンはオブジェクトについての公準として、次のような事項を挙げている。★10

・あらゆるものは連続的な傾向に即してではなく、明確な境界と切断点にしたがって分割される。

・実体／名詞が行為／動詞よりも優位を占める。
・あらゆるものには、どんなにはかないものであっても自律した本質があり、われわれの実践はその本質をわれわれの理論がそうするのと同じに把握する。
・あるモノが何であるかということが、あるモノが行うことよりも興味ぶかいことになる。
・思考とその対象は、他のいかなる二つの対象以上に分離しているわけでも、それよりも分離していないのでもないので、両者は「内的に行為する」よりも相互行為しあう。

ハーマンの理論は哲学的なものだが、ここに挙げられた事柄はいずれも、ソフトウェアにおけるオブジェクトの在り方としてもうまく表現されているように思う。まずオブジェクトが在る、ということ。それは名詞的な実在性を持っており、使用者による作業文脈に先行しているということ。オブジェクトに備わった性質が仕事を形づくるということ。そしてオブジェクトは使用者のメンタルモデルと同期しているということ。

ハーマンのオブジェクト指向存在論が「オブジェクト指向的」だと感じるのは、オブジェクトがそれ自体との関係のみよって抑制的に自立する仕掛け、つまり実装モデルを超越的な視点から示しているところだ。そこには存在者よりも高次の、現象世界の外からカプセル化を計画する「デザイン者」が示唆されている。オブジェクト指向存在論は、だから、オブジェクトの実在や現象を説明したものというより、それらをひとつの原理の内に実装する方法としての「オブジェクト指向デザイン」を説明したものであるように思われる。オブジェクトはデザインされているのである。

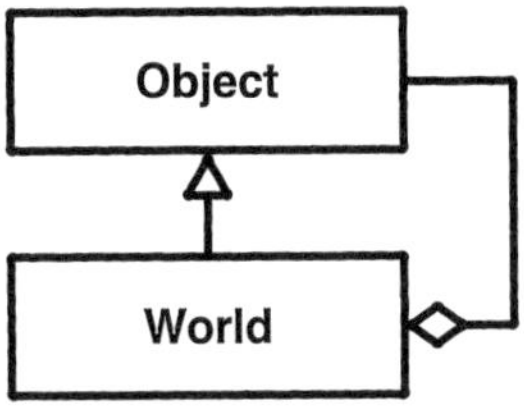

オブジェクト指向の世界観は、それ自体を単純なコンポジットパターンで表せるだろう。オブジェクトという部分の集まりで世界はできているが、その全体性として、まず世界はオブジェクトなのである。

OOUI

英語の命令文に倣った「Verb→Object」シンタックスは、その命令を発する者としてのサブジェクト（主体）およびその文脈としてのサブジェクト（主題）、そしてコンピューターを使役するという構図としてのサブジェクト（服従させる）を示唆する。その典型が、CLI（コマンドラインインターフェース）である。CLIの特徴は、一行の命令文を書きそれを実行するという、通時的な単位で行為が表現されることにある。一方、「Object→Verb」シンタックスのOOUIの世界にはサブジェクトは存在しない。ただオブジェクトとそれらの振る舞いが共時的に在るだけだ。

サブジェクティブな操作では、動詞に対して引数を渡して実行する。オブジェクティブな操作では、オブジェクトにアクション実行のメッセージを送る。サブジェクティブな操作の問題はオブジェクト（目当て）が不在であることだ。手続きだけがあり、使用者に対象が開示されていない。

仕事領域についての分析結果から関心の対象が特定されたとしても、それらが動詞の引数として現れるだけであればパラダイムはシフトしない。オブジェクト指向の構文論的転回とは、まずオブジェクトが開示されることで起こる。サブジェクトはオブジェクト同士の間に可能性としてのみ仮定され得る。操作の意味はつねに遅延的に定まる。ヒュームが言うように、出来事と出来事の繋がりは我々の体験的な理解の習慣から成り、過去と未来の間に必然的な関係はない。オブジェクティブなデザインにあるのは、この遅延性である。同様に、OOUIにおいては目的と手段の間にも必然的な繋がりはない。両者を結びつけるのはただ、使用者の中にある創造性だけである。

オブジェクト指向の世界では、物々は時間の流れの外側で自身の諸反応を伴いながら存在している。オブジェクト同士の関係はプログラマーによってあらかじめデザインされているが、それは原因と結果という関係ではなく、世界の在り方として動的なネットワークを形成している。

OOUIのスクリーン上でフォルダーを開くと中のファイルが見える。この時インターフェースが担っているのは、フォルダーとファイルの働きではなく、手と目の働きの方である。フォルダーやファイルの実在には現実も空想もない。OOUIは、そこへアクセスするための新たな身体性のことなのである。OOUIが行っているのは、我々の意識にのぼるものに形を与えて対象化することだ。対象化とは、アクションを受け取りリアクションを返す自立的な存在として現すことである。そのようにして世界を示すことである。プログラマーは、使用者が取り得るすべての操作をあらかじめ予想し、その手順をプログラムにしているわけではない。オブジェクト指向性とは、個々の要素がそれ自身の振る舞いだけを知っているように作ることだ。世界の変化を線形的に定めるのではなく、見立てられたオブジェクトの自立性と、それら同士の相互作用の中に、行為の可能性を可能性のままに解放しておくということだ。

アプリケーションのスクリーンは、往々にして「手続きとしてデータを入力する場所」としてデザインされる一方、OOUIではこれを「オブジェクトの表象」としてデザインする。使用者は間接的に手続を行うのではなく、オブジェクトを直接触りながらそれを望む形に近づける。サブジェクティブにデザインされたアプリケーションをオブジェクティブに変えようとする時、ステークホルダーの多くにとってはこの発想の転換が難しい場合がある。あまりに長い年月、スクリーンを手続きの申請フォームのようなものとして捉えてきたからだ。仕事上の概念的なものを、触ることができる実体として捉えられないのである。

自分が企画や保守をしてきた複雑怪奇なシステムに対して偏執的とも言える愛着を抱く担当者がいる。彼らにとってはそれを保守する立場にあることが既得権益なのか、よりシンプルで合理的なソリューションに代替されることを拒絶する。彼らは、自分が苦労して育ててきたその複雑なシステムを他のシステムでリプレースできるはずがないと信じている。しかしそのシステムが複雑なのは、彼らが物事をシンプルにする能力に欠けているからなのだ。ＯＯＵＩによる新たな視点でうまくデザインされたシンプルなコンセプトモデルを見せると、がっかりされるのはそのためだ。時には、その新しいデザインが細かなエッジケースに対応できていないなどと言って粗探しをする者もいる。しかし現実の要求事項を完全網羅していないというのはただの難癖であることがほとんどである。それらを完全に網羅しようとしたことで複雑怪奇になっていたのだから。デザインとは、明示されたすべての要求に対応することではない。在るべき仕事のモデルを作り、それを道具の形に示すことだ。

使用者の要求をそのまま機能仕様にすればソフトウェア開発は失敗する。部材としての納まりがなければ建築が成立しないように、イリュージョンとしての納まりがなければソフトウェアは成立しない。素直に構造化できない要求を無理に飲み込むことがソフトウェア開発における努力のしどころだと勘違いしている人は多い。オブジェクトを自立させ、使用方法に柔軟性を与え、プログラムに拡張性や保守性を持たせること、つまりデザインのインテグリティーを高めるためには、使用者の個別文脈的な要求よりも、イリュージョンの全一性の方が重要だ。イリュージョンの全一性とは、たとえばゼロワンインフィニティールール、レイアウトのゲシュタルト、「Object→Verb」のシンタックス、その他の視覚表現、入力ジェスチャー、フィードバック、ラベリングなどについての一貫性のことである。デザイナーは、その機能がそこにあれば特定の作業が効率的になるとわかっていても、それがそこにあるのは不自然だという理由で実装をオミットすることがある。デザイナーはインテグリティーを気にしている。必要なものを集めるというより、道具としてのナチュラルな自明さを探し求める。デザイナーは使用者の代弁者でも、システムオーナーの代弁者でもなく、道具の代弁者となる。

使用者の要求を手がかりにしてデザイナーが新しい仕事のモデルを作る。それを再び使用者の要求に照らして、有効性を確かめる。使用者の要求は機能的だが、仕事のモデルは構造的だ。前者から後者を導くには視点の転換が必要となる。次の交差点で右や左に曲がりたい、という文脈的要求に対して、ステアリングホイールという静的な構造を与えるのが道具のデザインである。オブジェクト指向デザインは構造に強度と柔軟性をもたらす。

ヒューマンインターフェースデザインは、情報や機能を「どう表すか」についてのデザインだと思われているが、それ以前に、そのソフトウェアでそもそも「何を現すか」についてのデザインなのだ。オブジェクト指向インターフェースについてIBMが作成した氷山の図では、ソフトウェアデザインを「オブジェクト」「インタラクション」「プレゼンテーション」の三層で説明している。そして一番下のオブジェクト層、つまり「何を現すか」のデザインが全体の60%を占めるとしている。[★11]

そのソフトウェアは使用者にとって何なのか。処理すべきデータの性質や入力書式を決めただけでは使役的な入力フォームが量産されるだけだ。使用者の目当てを知覚可能なオブジェクトとして表象できなければ、使用者はそれと向き合えない。手続的なものを解体して素直にオブジェクトを

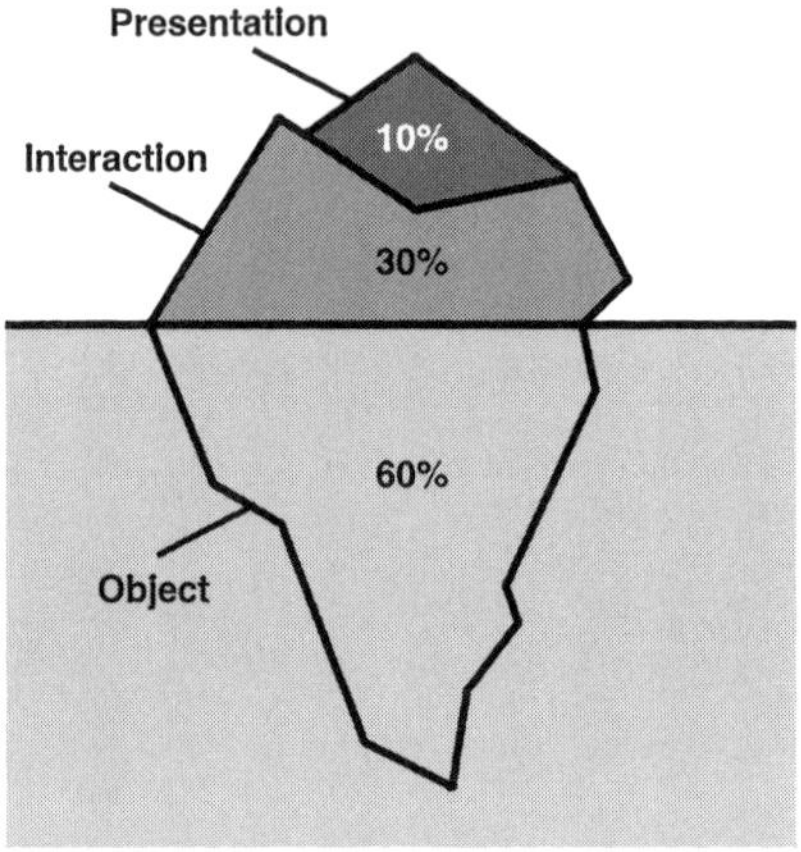

IBM『Object-Oriented Interface Design - IBM Common User Access Guidelines』より

現す。その新しいメンタルモデルを伝えるのがOOUIということだ。オブジェクト指向デザインではまず、ドメインにおける共通了解としてのオブジェクトを抽出する。そう言うと、もともとそこにある何かを見つけ出すようなことだと思うかもしれない。たとえば夜空に目を凝らしてオリオン座やはくちょう座を見つけ出すようなことだと思うかもしれない。しかしそうではない。オブジェクトの抽出とは、無名の星々の中に勇敢な狩人や美しい鳥を思い描くようなことである。まさにコンステレートする（星座のように集団を形成する）ことなのだ。多くのシステムエンジニアが行っているオブジェクト分析はデータモデルを定義するためのものだが、本来的には、OOUIを通じてメンタルモデルを提案するためのものなのである。

そうして新しい仕事の姿が見えてくると、システムの企画者は、業務アプリケーションのデザインとは要するに業務のデザインなのだと気づくだろう。まず仕事に合わせてソフトウェアは作られるが、やがてそれに合わせて仕事が作られる、というスパイラルに自覚的になるだろう。OOUIによる業務アプリケーションのリデザインによって、組織内でのソフトウェアに対する考え方が変化する。多くの組織において、業務はただ形骸化した手続きとしてソフトウェア化されており、ドメインオブジェクトはその背後でぼんやりと霞んでいる。OOUIによってドメインオブジェクトをソフトウェアの中にはっきり表象すれば、使用者はそれらに直接触れながら仕事に取り組めるようになる。決められた手続きを踏むことが仕事なのではない。仕事とは、関心の対象を自らの行為によって動かし、新しい形を作ることである。そのような創造的な活動として、仕事に直接性が与えられる。

ヒューマンインターフェースは人間とコンピューターの間を取り持つ仲介者なのではなく、境界を超えて両者を包摂しているイリュージョンである。ブレンダ・ローレルは、仲介者としてのインターフェースモデルの問題を、人間とコンピューターが透過的に接続されたストローモデルのイメージで描き直した。[★12]

この図では、ヒューマンインターフェースの概念はたしかに記述の領域において存在するものの、当事者である人間およびコンピューターにとっては意識する必要がない、もしくは意識することができないものであることを表している。別な言い方をすれば、人間とコンピューターという対立そのものがそこには存在しない。双方にとって目の前にあるのはオブジェクトにすぎない。さらにそれらのオブジェクトは、使用者のメンタルモデルとコンピューターのデータモデルを同期的に

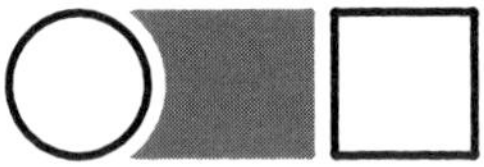

ブレンダ・ローレル『劇場としてのコンピュータ』より

表象したものなので、自他の区別すらそこにはない。我々自身を含む感覚的なオブジェクトたちは、すべて同列に、現象としてのヒューマンインターフェースに被投されているのである。

ＯＯＵＩのデザインメソッドについて研究したシステムエンジニア／リサーチャーのデイヴ・コリンズは、著書『Designing Object-Oriented User Interfaces』の中で、リーンスカウクがＭＶＣの関係で示したメンタルモデルとデータモデルの同期、およびそれらを表象するヒューマンインターフェースの実現について、実装プロセスの観点から言及している。[★9] コリンズによれば、ＯＯＵＩをデザインする上では三つのモデルを扱うことになるという。一つ目は我々の頭の中にある構造、つまりメンタルモデルである。これはソフトウェア開発の初期に行う分析フェーズの内容と応答する。二つ目はス

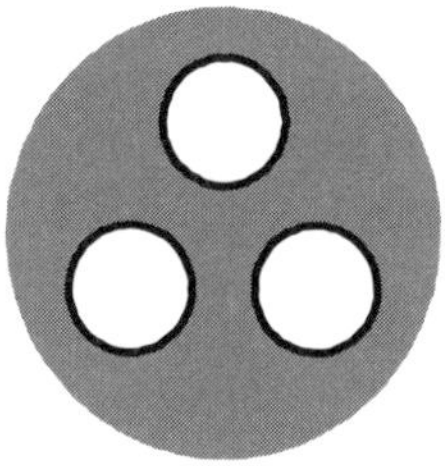

クリーンに表示される視覚的なインターフェースである。三つ目はインターフェースを実現するための内部的な仕組み、つまりプログラムモジュールやデータベースである。コリンズはこの三つを、「コンセプチュアルモデル」「インターフェースモデル」「インプリメンテーションモデル」と呼ぶ。

インプリメンテーションモデルは三つの要素で構成される。視覚要素を司る「ビュー／コントローラー」、データを永続化するための「データベースオブジェクト」、そしてデータベースオブジェクトを情報として処理する「システムインプリメンテーション」である。ＯＯＵＩの実装を考える上では、ビュー／コントローラーだけでなく、データベースオブジェクトやシステムインプリメンテーションについても同時に検討しなければならない。なぜならインターフェースは、オブジェクトやそれを処理する機能を現すものだからである。

では、ドメインについての分析によって発見された中核的なオブジェクト（コリンズはそれらを「コアオブジェクト」と呼ぶ）をどのように実装するのか。インターフェースのレベルでは、それらは視覚表現およびインタラクションの振る舞いに変換される。インターフェースにはさらに、アイコン、ボタン、スクロールバーなどといった要素も必要だが、それらはコンセプチュアルモデルには含まれない。同様に、コアオブジェクトを生成したりフィルタリングしたりする処理には、データベースに格納されるデータそのものには含まれないさまざまなオブジェクトが必要になる。このように、コンセプチュアルモデルが持つコアオブジェクトを基本にしながら、ＯＯＵＩ全体の成立に必要なその他のオブジェクトが付加されていく流れを、コリンズは次のような図で表している。

それぞれの粒はオブジェクトのクラスである。最初にコンセプチュアルモデルのクラス群が定義され、次にインターフェースモデルのクラス群、最後に、ビュー／コントローラーのクラス群、システムインプリメンテーションのクラス群、データベースオブジェクトのタイプ群が定義される。いずれのモデルも、最初に定義されたコンセプチュアルモデルを反映したものになる。グレーの粒は、コンセプチュアルモデルに対して後から加えられたものを示す。点線は、システムオブジェクトがデータベースオブジェクトとして永続化され、あるいはそれらがインターフェースとして視覚化されるという、モデル間のアイソモーフィズム（同型性）を表している。

メンタルモデルから定義されたコアオブジェクトが、インターフェース、システム、データベー

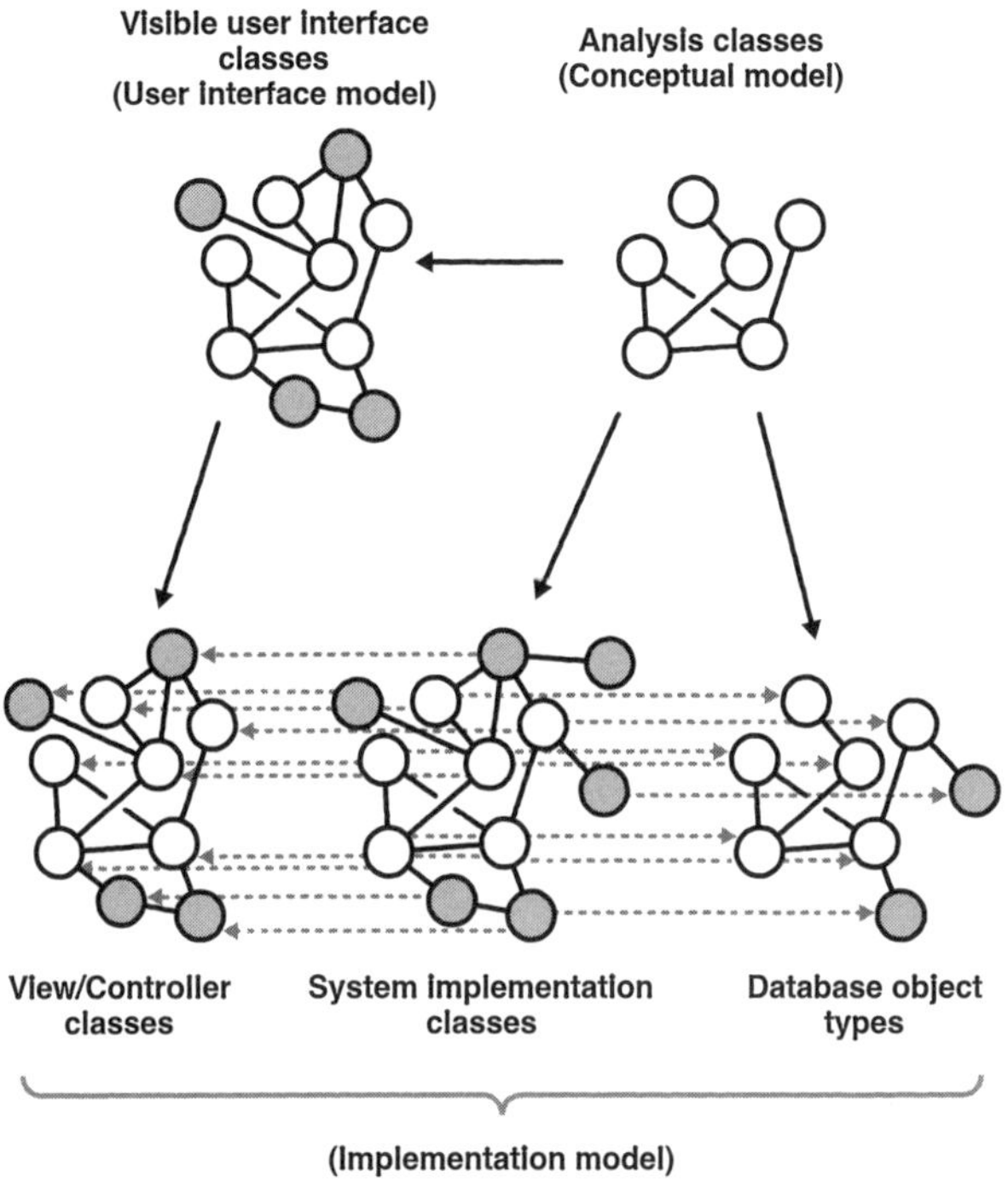

デイヴ・コリンズ『Designing Object-Oriented User Interface』より

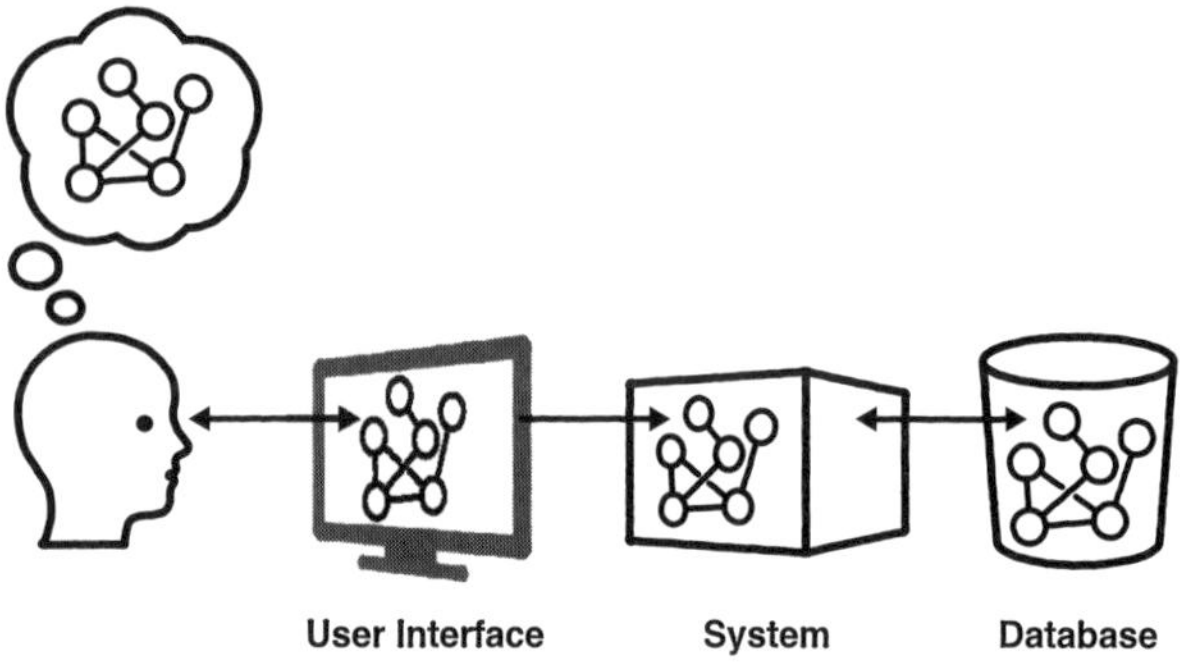

デイヴ・コリンズ『Designing Object-Oriented User Interface』より

スを貫いて同型性を持つ様子を、コリンズは上のような図で表している。これはリーンスカウクのMVCの概念図をわかりやすく描き直した形になっている。オブジェクト指向デザインにある具象と抽象の再帰的な連続性は、実装レベルのモデリングの中に位相的な同型性を作りだし、ソフトウェア世界に強度を与えているのである。

スクリーンをひとつの空間として扱うOOUIでは、インターフェースの変更は同期的に実行される。この同時性は、オブジェクト同士がストロー理論によって相互作用するということを意味している。対話的な操作という意味のインタラクション、つまり因果的な通時的プロセスではなく、オブジェクトたちが共時的に空間を共にしているということである。OOUIの共時性はイベント駆動であることによって実現される。スクリーン上の要素はそれぞれが独立して使用者からの操作を待っているが、これは裏でイベントループが回っていて処理のきっかけを見張っているのである。イベントループはOOUIの世界でつねに作用している重力のようなものである。一連のオブジェクトがひとたびイベントループの循環に入ると、あとは自分たちで勝手にメッセージを送り合い、協調して動く。そしてイリュージョンが一気に生まれる。

朝が来たから一日が始まる。一日が始まったから朝が来る。両者は同じことだ。原因と結果は相対化されて交換可能になる。指が粘土を押すのと粘土が窪むのは同時であり、そこに手続的な段階は無い。OOUIはまさにこの同時性をコンピューターというメタミディアムに宿らせる。因果がひとつになり、そこで出会う自己と自然とがフラットな場所で了解される。OOUIのグラフィックは空間であり、つまり同時である。プロセスは時間であり、つまり逐次である。コンピューター プログラムは目標を時間に還元しようとするものだが、それを空間で包摂したのがOOUIだ。逐次でもあり同時でもあるという、時空の往還がそこにある。これがオブジェクト指向のアニミズムだ。直接操作というのは、正確には、ソフトウェアにおけるシンクロニシティーのことなのである。

OOUIは、作業段階における推論過程を我々の直観的な思考パターンに同期させ、主体と客体、サブジェクトとオブジェクトが包摂的に作用し合うようにする。それは手許存在性の契機となる。釘を打ち込む時、ハンマーを振り下ろす動作と、打ち込まれた釘の姿は、一体化したイメージとして目当ての妥当性を形づくる。オブジェクト指向的な捉え方では、道具とその対象は非人称的に交わる。スクリーン上のアイコンが、操作の道具でもあり、処理の対象でもあるのはそういうことだ。

ＯＯＵＩ（ＧＵＩ）は対話型のインターフェースだと位置づけられることがあるが、[13] 実際のところ、それは対話的なものではない。ＯＯＵＩは使用者とコンピューターとの対話ではなく、使用者がオブジェクトを直接扱うものだ。もしＯＯＵＩが、入力と出力の往還という離散的な対話に見えるのなら、それは処理の遅さやデザインの悪さが原因である。マウスポインターの動き、スプレッドシートのセルの更新、ピンチ操作による画像拡大などのように、本来それらは対話ではなく同時的な現象だ。厳密にはコンピューターに定められた周波数に応じて逐次的に処理されるものだとしても、それは我々の知覚の上では身体運動の連続的な延長である。つまりＯＯＵＩの直接操作は、バッチ処理や自然言語プロンプトなどと同列のものではない。直接操作の場に参加しているのは使用者ひとりであり、操作対象であるオブジェクトは使用者自身をモデルとしているのである。

オブジェクトに対する我々の意識が、我々とその物との交わりであるなら、この世界には、道具的存在性をもたないものは何も無いと言える。ケイはおそらくすべてのオブジェクトを道具的なミディアムとして捉えていた。要するに、ＯＯＵＩを構成するすべての要素は、我々とインタラクト可能な相手として存在していなければならない。

コンピューターは、近代の合理主義的伝統から生まれたが、オブジェクト指向のパラダイムはその伝統を自己破壊する性格を持っていた。つまりそれは思考の道具であり、かつその思考を規定している言語体系そのものを操作可能にするという高次の創造性をもたらす。コンピューターはシミュレーションの装置だが、コンピューターを使うことで明らかになってきたのは、世界内存在としての我々にとって、シミュレートされた世界とそうでない世界との間には何の境界もないということだ。そうであるなら、その世界に直接手を突っ込めるようにしよう。それがＯＯＵＩの発想なのである。

ＯＯＵＩをデザインするために必要な視点や実践的な手法については、拙著『オブジェクト指向ＵＩデザイン——使いやすいソフトウェアの原理』に詳しく書いた。ここではその中から、ＯＯＵＩを成立させる四つの原則を挙げる。★14

オブジェクトを知覚でき直接的に働きかけられる

ＯＯＵＩでは、使用者が行う操作の対象がスクリーン上に知覚できる形で示される。操作の対象、つまり、アプリケーション、ドキュメント、コンテント、入力フォーム、処理を実行するトリガーなどが、アイコン、ウィンドウ、テキスト、グラフィック、コントロール、リスト、メニュー、ボタンといった形を伴ってスクリーン上に並べられる。使用者はマウスや指を使ってそれらを直接的に指し示し、押したりずらしたりしながら状態の変化を確認し、作業を進める。これはあたりまえのように思われるかもしれないが、たとえばＵＮＩＸを操作するターミナルスクリーンでは、テキストでコマンドを打ち、その実行結果もテキストで表示される。操作の対象はあらかじめ見えておらず、使用者は頭の中でシステム内の情報構造を想像しながらキーボードでコマンドを入力する。そして表示された結果を見て、再び頭の中で次の操作をコマンド文として組み立てる。このようなコマンド起点の操作モデルはＣＬＩと呼ばれ、オブジェクト起点のＯＯＵＩとは対照的なものとなっている。

ＣＬＩではコンピューターに対してコマンド文を使って間接的に処理を依頼する。これは複雑な処理や連続的な処理を短い命令で実行するのに適している。しかし一方で、ＣＬＩを使いこなすには、プログラムやデータの概念的構成を正しく理解していることや、さまざまなコマンドと構文をあらかじめ知っている必要があり、コンピューターの専門家ではない一般的な人々には敷居が高い。ＯＯＵＩでは、我々が日常生活の中で作業をする時と同じように、対象物が見えていて、それに触ることができ、作業の結果を対象物の変化としてその場で確認できる。基本的な操作は、見えている対象を指し示すという原始的な身体動作によって行う。

オブジェクトは自身の性質と状態を体現する

ＯＯＵＩはソフトウェア世界を構成する諸概念を知覚可能な姿で対象化している。ウィンドウ、リスト、画像、文字、アイコン、ファイル、フォルダー、メニュー、ボタン、スクロール領域などは、すべて情報や機能を操作対象として対象化したオブジェクトである。使用者はオブジェクトを見て、それが何であるか、どのような状態にあるか、それに対して何ができるかなどを把握する。

使用者が作業の進捗を理解し、次に行うべき操作を正しく判断できるようにするために、各オブジェクトはつねに自身の性質と現在の状態をそのもの自体の形や色などによって示し続けなければならない。たとえばファイルという概念を対象化したアイコンがある場合、それがファイルであること、選択されているかどうか、ドラッグ中かどうか、ロックされているかどうか、操作を受けつける状態かどうか、ファイルの内容がダウンロードの途中かどうか、ファイルの内容はどのようなものかなど、できるだけ視認しやすい形で表現しなければいけない。またその状態が変更された際には（たとえば使用者のクリックによって選択されたら）、オブジェクトは即座に自身の見た目を変えて、新しい状態を使用者に示す。

このようなリアルタイムの状態表現によって、使用者はそのオブジェクトが本当にそこに在り、直接的に操作に反応する実在性を持った物であると感じるようになる。論理的で概念的なソフトウェア内の対象を物のように感じさせ、日常生活での作業と同じ感覚でソフトウェアを扱えるようにする。

オブジェクト→アクションの操作順序

OOUIにおける操作は「オブジェクト選択→アクション選択」のシンタックスで行われる。これは「Object→Verb」の順序と言うこともできる。使用者はオブジェクト、つまり操作の対象をまず選び、それからオブジェクトに対するアクションを選ぶ。オブジェクトをまず選びそれからアクションを起こすという行為の順序は、我々が日常生活で行っている所作と共通している。ハンマーで釘を打つとき、まずハンマーを手に取り、それからそれを振り下ろす。振り下ろしてからハンマーを持つ者はいないし、そもそも釘を打つという行為をそのように表現すること自体がナンセンスである。つまりこれは構文的な順序性の問題を超えて、物や物を使った行為のイメージを成立させている我々の基本的な世界認識への接続なのである。

ＯＯＵＩでは、たとえばファイルを開く時、まず開く対象のファイルをスクリーン上で選択し、それから「開く」というアクションをメニューなどから選択する。あるいはワードプロセッサーで文字のスタイルを変更する時、まず対象の文字列をエディター上で選択し、それから希望するスタイルをツールバーなどから選択する。一方、ＣＬＩでは操作の順序が逆になっている。つまり「Verb→Object」の順序で操作する。コマンド文は、まず動詞としてのコマンドをタイプし、それに続いて目的語としての引数をタイプする。

ＣＬＩの操作が動詞の入力から始まるのは、その操作モデルがコンピューターへの命令体系としてデザインされているからである。一方ＯＯＵＩの操作モデルは、コンピューターに対する命令ではなく、目の前にあるオブジェクトにアクション実行のメッセージを送るというものだ。使用者がまずオブジェクトに対して意識を向けるようにデザインされている。それにより、サブジェクトに束縛されることなく、ソフトウェア内に行為の可能性が保存されるのである。

すべてのオブジェクトが互いに協調する

ＯＯＵＩでは、ソフトウェアでの作業に必要なあらゆる概念が対象化されて目に見えるようになっている。スクリーン上のソフトウェア世界を構成する要素はすべてオブジェクトとして何かを表象している。さまざまなオブジェクトが自身の性質を体現しながら並べられ、作業空間の全体を構成している。そこでは使用者がソフトウェア世界を構造的に認識できるよう、オブジェクト同士が互いに協調しながら存在している。

ＯＯＵＩのスクリーンは通常、縦軸と横軸を持つ二次元の領域である。そしてその上で各オブジェクトは、論理的な空間構成や、視覚的なゲシュタルト法則に従って配置される。たとえば重要なものはより大きく、重要でないものはより小さく示される。同じ種類のものは同じ形や色を持ち、違う種類のものは違った形や色を持つ。並列な関係にあるものは整列された位置関係で並んでおり、包含関係にあるものは領域の入れ子構造として表される。階層構造など論理的な展開的関係にあるオブジェクト同士は、上から下へ、左から右へという順序で配置される（アラビア語圏などのＲＴＬ式のデザインでは右から左へ）。

このようにさまざまなオブジェクトが全体として一貫した表現ルールのもとに組み合わされ、作業空間を形成する。作業状態に変化が起こると、当該オブジェクトは自身の形や色を変化させてそれを使用者にフィードバックする。使用者は自分がとった行動（たとえばアイコンに対するクリック）とそれに応じたオブジェクトの変化（アイコンのハイライト）から、スクリーン全体における差分として、行為の意味（アイコンを選択したということ）を学習する。そうしてソフトウェア世界のイリュージョンが再帰的に形成されていくのである。

ＯＯＵＩの基本的なレイアウトパターンは、オブジェクトを一覧と詳細（master and detail）で表現するものである。これは同じ種類（クラス）のオブジェクトを複数扱う情報システムの標準とも言えるイディオムである。たとえばメールアプリケーションであれば、スクリーンにまずリスト形式で並べられた受信メッセージの一覧があり、そのうちの一件を選択すると、そのメッセージの詳細な内容が表示される。一覧の中のオブジェクトはシンボルとしてその詳細を開くためのスイッチの役割を果たす。一覧表示と詳細表示は、それぞれ別のウィンドウで表示してもよいし、ひとつのウィンドウを上下または左右に分割してそれぞれのペインに同時に表示してもよい。あるいはスクリーンが小さければひとつのウィンドウ内で一覧表示と詳細表示が切り替わるようにしてもよい。一覧表示はアプリケーションの性質に応じて、一次元のリスト、二次元のタイル、あるいは地図やカレンダー上への配置などさまざまな表現をとる。いずれにしても、同じオブジェクトが集合内の一項目として簡易的に表示されたり、その内容を編集するために広い領域を使って詳しく表示されたりする。物理的な世界では、ひとつの物が同時に複数の表象を伴って同時に現れることはないが、ソフトウェアではそのような表現が受け入れられる。

アメリカのデザイナー、セオ・マンデルは、1997年の著書『The Elements of User Interface Design』の中で、OOUIを「GUIの原型」としてではなく、MacやWindowsといった既存のシステムの先にある「GUIの理想系」として考えている。[★15] その中心的なコンセプトは、アプリケーションというモードをなくし、システムワイドでオブジェクトを共有すべきであるというものだった。そのような発想によって作られたものとして、WindowsのOLE、Macの「発行と引用」、OpenDoc、Newton OSなどを挙げている。iPhoneやAndroidといったスマートフォンのシステムも含め、現在普及しているOS環境では、ある程度アプリケーション横断的にオブジェクトを扱うことができる。しかし基本的な操作体系はアプリケーションパラダイムによって構成されており、使用者はそのモードを意識せざるを得ない。マンデルはあるべきOOUIの姿として、前述の四原則と同様の事項に加え、以下の点を提出している。

・ユーザーが見るのはタスクではなくオブジェクトである
・タスクに対する入出力よりもオブジェクトに対する入出力を重視する
・ユーザーは自分なりの方法でタスクを遂行でき、またそれを改善できる
・限定的なオブジェクトを複数のタスクで使い回す
・ひとつのオブジェクトは複数のビューを持てる
・すべてのオブジェクトがつねにアクティブである

これらはいずれも、ソフトウエアにオブジェクティブな存在性を与える方策として有効だと思われる。まずもってソフトウエアは、サブジェクトの体現ではなく、オブジェクトの体現なのだということ。使用者が行う操作は、サブジェクティブな手続きではなく、オブジェクトとのインタラクションなのだということ。操作の方法はソフトウエアが規定するものではなく、オブジェクトとのインタラクションの中で創発されるのだということ。オブジェクトは特定の文脈に束縛されず、行為の可能性に開かれているということ。そしてすべてのオブジェクトは「つねにすでに」そこに在って使用者からのアプローチを待っているのだということ。こうしたオブジェクト指向性の徹底

は、現在のヒューマンインターフェースにおいては不十分だとマンデルは考えている。開発者やデザイナーの間では、オブジェクト指向デザインが持つ存在論的な意味がほとんど理解されていないのである。

6

モードレスネス

モードレスデザイン

本書は、デザインという行為が持つ意味空間の創造可能性について、ソフトウェアのモードレス性（モードレスネス）という観点から考えるものである。モードレスネスにおける「ネス」が指している「そのもの性」は、「モードがないこと」である。つまりモードの不在性に関する存在性に言及している。この特殊な存在性は、境界という概念が持つそれと同種のものであり、我々が被投された世界の現象的な在り方と繋がっている。モードレスなデザインについて考えるというのは、デザインを存在論的に考えるということと同義である。

ソフトウェアを存在論的にデザインする態度が、オブジェクト指向である。オブジェクトへの指向性は、抽象的なレベルと具象的なレベルの両方において「Object→Verb」のシンタックスを作動させる。このシンタックスが、要するにモードレス性である。「Object→Verb」のシンタックスでは、まずオブジェクト（対象）としての何かが目の前に投げかけられており、使用者はそのひとつを選ぶ。この段階では、使用することについていかなる束縛も生じていない。使用者の頭の中にはそのオブジェクトに対して行うことのイメージがあるかもしれないが、オブジェクトはまだ行為の可能性に開かれ続けている。

たとえば商店で買い物をする時、我々は棚に並んだ商品のひとつを手に取る。その時、我々はそれをレジに持っていくこともできるし、棚に戻すこともできる。そのような自由があるのは、あらかじめ商品が手に取れる状態で棚に並んでいるからである。商店というデザインにおいては、商品というオブジェクトがもともと指向されている。一方、ソフトドリンクやスナックの自動販売機、ファストフード店や駅の券売機などの、現金で支払うタイプのものでは、先に料金を投入しなければ商品を選べないようになっているものがある。購買行動において料金を支払うという行為は「購入の実行」を意味する。料金の支払いが先で商品の選択が後という操作のシンタックスは、だから「Verb→Object」である。この操作手順は販売機の内部的なメカニズムから規定されたものかもしれないが、インタラクションデザインとしては不自然なものだと言える。たとえば販売機の中のAという商品を買いたい時、そのボタンはAの価格以上の料金を投入してからでないと機能しない。使用者はまず表示されているAの料金を目で確認し、その分の現金を財布から取り出して機械に投入し、再びAのボタンを探してそれを押す、という動作が必要になる。料金を入れる行為は「商品選択待ち」状態を発生させ、商品ボタンを押すまでその効力が持続する。このように、システムの中である状態が一定期間持続する場合、それはモードと呼ばれる。「Verb→Object」のシンタックスは、モーダル（モードがある）なのである。もし、料金を入れてAのボタンを押した直後に、やっぱりBの方がよかったと思っても、すでに購入は済んでしまっており、商品を選び直すことはできない。あるいは、現金を入れたところで気が変わって購入を中止しようとした場合、使用者は現金を取り戻すために「取り消し」ボタンを押さなければならない。すでに商品選択待ちモードに入っているシステムに対して、購入の行為をキャンセルしてモードを終了するように伝える必要があるのである。モーダルなシステムは、操作を決められた道筋に束縛する。しかもその道筋は効率の悪い経路を辿る。経路の途中で別なことがしたくなったら、その道筋から抜け出すための手続きを踏まなければならない。

「Verb→Object」シンタックスの販売機を操作する時のメンタルモデルは、料金の投入によって購入の権利を獲得し、商品を選択することでそれを行使する、というものだろう。このモデル自体は単純だが、まず購入の権利を獲得しなければ商品の選択ができないという手続性が、システムをモーダルにしている。「Verb→Object」シンタックスのインターフェースでは、「Verb」がモードを発生させ、「Object」の選択はそのモードの中でしか行うことができない。ある操作の意味や有効性が前の操作に依存して変化する場合、使用者は手続き全体をあらかじめ意識しておかなければならない。

最近では電子決済対応の販売機が増えており、これはたいてい先に商品を選べるようになっている（先に料金を投入することもできる）。つまり商店で物を買う時と同様に「Object→Verb」のシンタックスで購入操作ができる。このタイプでは、一度商品を選んだ後に気が変われば、別の商品を選び直すこともできる。商品を選んだところで気が変わって購入を中止したくなったら、そのままそこを立ち去ればよい。操作の中にモードは発生しない。つまり「Object→Verb」のシンタックスはモードレス（モードがない）である。購入の実行は料金の支払いというアクションに統合されており、自然である。要するにデザインにおいてオブジェクトを指向するというのは、道具の使用からモードを取り除くということである。

道具がモードを持たないようにすること。そのようなデザインを「モードレスデザイン」と呼ぶことにする。モードレスデザインでは、使用者は特定のモードに制限されることなく、自由な方法で操作を行うことができる。モードレスデザインは、直前の行為に束縛されることなく、一貫した行為の可能性を保つ。操作に特定の順序や制約を強要するモーダルなデザインとは異なり、モードレスデザインでは、使用者は道具のさまざまな要素や機能と自由にインタラクトできる。

ヘアドライヤーは髪を乾かすのに適した形で作られているが、実際には雨で濡れた靴を乾かすこともできる。ヘアドライヤーには使用者の行為を特定の用途に束縛するような物理的制約がないからである。フリーザーバッグは食品の保存に適した形で作られているが、化粧品を入れて持ち歩くこともできる。フリーザーバッグはモードレスだからである。使用者の行為はデザインの目的（食品を保存する）に束縛されることなく、物の感覚的な性質（透明で柔らかくジッパーで閉じられる）から創発される。そのような行為の創発が可能になるのは、道具がモードを持たない時だ。

モーダルデザインとモードレスデザインの対比的な関係はさまざまなところにある。たとえば次のようなものだ。

電車と自動車

電車はモーダルであり、自動車はモードレスである。電車は行き先が決まっており、乗客はただ乗っているだけで目的地に行くことができる。しかし途中で目的地を変更する自由はなく、速度を変更したり、駅以外の場所で止まることもできない。一方、自動車は運転手が自分で運転する必要があるが、途中で目的地を変えたり、道筋を変えたりする自由がある。速度を調節したり、途中で止まったり、そのまま引き返すこともできる。

西洋包丁と和包丁

人間工学的な形状の西洋包丁はモーダルであり、板前が使う和包丁はモードレスである。手の形にフィットするように作られた西洋包丁は一般的に握りやすく使いやすい。しかしそれによって持ち方が規定されてしまう。一方、日本料理の板前はグリップに凹凸のない包丁を使う。平板な把手はデザインの不足を意味しない。どのように持ってもよいという完全なプレーンさが、修行を積んだ板前のあらゆる技術を受け入れる豊かさとなる。★1

カトラリーと箸

ナイフ、フォーク、スプーン、といったカトラリーはモーダルであり、箸はモードレスである。カトラリーはそれぞれ、切る、刺す、掬う、という目的に従って用いられる。ある程度の汎用性を持った形状になってはいるものの、料理に合わせて持ち替えたり、一度の食事において複数のサイズを使い分けたりする必要がある。一方、箸は単純な二本の棒でありながら、摘む、切る、挟む、といったさまざまな動作に対応する。これは料理の種類や食事の作法とも関係するが、西洋のカトラリーと比較するとモードレス性が高い。

古くから用いられてきた生活の道具は、我々の身体や文化と溶け合ってさまざまな文脈を受け入れるモードレスな形をしていることが多い。それらは暮らしの中の多様な要求によって時間を経て洗練されると同時に、それぞれの文脈のハブとなって逆に多様な所作を作り出すきっかけにもなる。箸はそのような道具の典型である。箸のデザインの豊かさについて、デザイナーの佐藤卓は次のように言っている。

箸には取手に充たる部分がなく、取手どころか、どの指はどこに当てて、といったデザインは一切施されていません。ものの側から「このように使ってください」と教え示すデザインではなく、素材のままそこに在って、見掛けは「どうぞご自由に」とやや素っ気ないくらいですから、箸を初めて目にした他国の人は、いったいこれをどう使うつもりなのか？　と面食らうに違いありません。しかし使用法をマスターしてしまえば、食べるための道具としてのこの使い勝手の良さは他に代えがたいものになることでしょう。つまりは、二本の棒である単純さが、人の本来持っている能力をむしろ引き出しており、そこには人の所作さえもが生まれます。★2

モードレスデザインによって使用者は、目の前のオブジェクトについて特定の意味を強要されることなく、自らの意味を与えることができる。使用者は自分の行為の中でオブジェクトの性質を了解し、自分なりの創意工夫によって、自分の目的をそこに接続するのである。こうした行為は我々の生活の中にさまざまなブリコラージュをもたらす。しかし多くのソフトウェアでは、そのブリコラージュがモードによって切断されている。多くのソフトウェアは「Verb→Object」のシンタックスで操作することを前提にしており、モーダルなデザインになっている。ソフトウェアを使いやすくするためには、モードを取り除かなければならない。ソフトウェアの使用者をブリコルールにするには、ソフトウェアをモードレスにしなければならない。ソフトウェアからモードを取り除けば、ソフトウェアはもっと使いやすくなる。

ソフトウェアのヒューマンインターフェースをモードレスにする最も基本的な方法は、操作のシンタックスを「Object→Verb」にすることだ。このシンタックスはOOUIの操作性を特徴づけるものであり、CLIの「Vert→Object」シンタックスと対照をなす。OOUIでは操作の対象がまずスクリーン上に見えている。使用者はそれを選択し、次にアクションを選ぶ。これが逆だと、アクションを選んだ後に「対象選択待ち」の状態、つまりモードが発生してしまう。対象選択待ちモードの最中に気が変わって別のことをしたくなったら、使用者はそのモードを解除する操作をしなければいけない。OOUIの「Vert→Object」シンタックスではモードは発生しない。もし対象を選んだ後で別のことをしたくなったら、何もせずそのまま別の行動に移ればよい。

ソフトウェアにおけるモーダルなインターフェースの典型はモーダルダイアログだ。モーダルダイアログは使用者の作業を中断し、特定の入力操作を強要する。使用者はその入力を終えるか、あるいはキャンセルボタンを押すまで、元の作業に戻ることができない。モーダルダイアログは使用者がそれまで操作していたスクリーンの上に重なるように突然表示されるため、いかにも操作を強制的に中断させるものだが、インターフェースのモードは他にもさまざまなところにある。明田守正らはモードの意味を、「排他的特定作業選択状態」と定義している。★3 たとえばワードプロセッサーにおいて、キーボードから文字を入力する状態、表を作成する状態、図形を作成する状態などが独立しており、ひとつの状態にある時に他の作業ができないとすれば、それらはモードと言える。モーダルなアプリケーションでは、別の作業をするたびにモードを切り替えなければならない。

一方、たとえば自動車のインターフェースでは、ブレーキを踏む状態とステアリングホイールを回す状態は切り替える必要がない。運転に必要な動作は、運転席に座るだけですべて同じ状態で行うことができる。自動車はそのように、意図的にモードレスにデザインされている。そのような発想で、排他的特定作業選択状態を作らずに、いつでも任意の操作が行えるようにソフトウエアをデザインする必要がある。たとえばワードプロセッサーであれば、文字入力をしている途中で、表作成モードに入ることなく、表を挿入したりその内容を編集したりできなければならない。あるいは図形作成モードに入ることなく、図形を挿入したりそのスタイルを変更したりできなければならない。オブジェクトに対するプロパティーの変更は、モーダルダイアログではなく、ツールバーやプロパティーペインからモードレスに行えなければならない。

ヒューマンインターフェースで目にする、モーダルデザインとモードレスデザインの対比的な例を、いくつか挙げてみる。

プロパティー変更ダイアログとサイドペイン

Macや Windowsが普及してしばらくのあいだ一般的だったデザインに、プロパティーダイアログがある。これは選択したオブジェクトのプロパティーを変更するのにモーダルダイアログを用いるものだ。使用者はオブジェクトのプロパティーを変更するためにまずダイアログを開き、そこで入力を行い、「OK」ボタンを押して確定させる。このような操作はモーダルである。一方、つねに表示されているサイドペインやツールバーでプロパティーを変更できるようになっている場合、その操作はモードレスである。サイドペインやツールバーでは、プロパティーの値を変更すると同時にそれがオブジェクトに適用される。わざわざ確定のためのボタンを押す必要はない。最近ではこの方式が増えている。

ファイル選択ダイアログとダブルクリック

たとえばファイルを開く時、まずメニューから「開く…」を選択し、ファイル選択のためのモーダルダイアログが表示され、そこで目的のファイルを選択し、「OK」ボタンを押す。このような操作手順はモーダルである。ファイル選択ダイアログから「OK」ボタンをなくして、選択と同時にファイルが開かれるようになっているものもあるが、開くことをやめるにはキャンセル操作が必要なため、やはりモーダルである。一方、まずデスクトップなどに見えている目的のファイルを選択し、メニューから「開く」を選択する、あるいはファイルのアイコンをダブルクリックして開く。このような操作手順はモードレスである。

一回性のモードとデフォルトスタイル

スライド作成アプリケーションのPowerPointで四角形をキャンバスに挿入する際、まずメニューから「四角形」を選択すると、ポインターが十字の形になり、その状態でキャンバス内をドラッグすると、それを対角線とした四角形が描かれる。一度四角形を描くと、ポインターは元に戻る。これは一回性のモードである。四角形を描き終わる前に操作を中止するにはEscキーを押すなどしてモードから出る必要がある。一方Keynoteでは、メニューから「四角形」を選択した瞬間にデフォルトスタイルの四角形がキャンバス中央に挿入される。図形の大きさや位置などは後からプロパティーペインなどで変更する。この操作はモードが発生せず、モードレスである。四角形の挿入をやめるには、単にアンドゥするだけである。

スタイルの選択と対象の選択

スプレッドシートアプリケーションのExcelで、選択したセルの罫線のスタイルを個別に変更するには、まず「筆」としてのスタイルを選んでから、上下左右などのボーダー箇所を指定する。スタイルの選択を切り替えるのにキャンセル操作は必要ないので、明らかなモードが発生しているわけではないが、先に選んだスタイルによって後に指定したボーダー箇所への影響が変わるという意味で、モーダルである。一方Numbersでは、先にボーダー箇所を選んでから、そのボーダーのプロパティーとしてスタイルを選択するようになっている。この方法は先に対象を選択するようになっているため、よりモードレスである。

これらの例はいずれも、シンタックスの違いを表している。モーダルな操作のシンタックスは「Verb→Object」であり、モードレスな操作のシンタックスは「Object→Verb」である。モーダルな操作ではまずVerbを指定する。そのVerbが何らかのパラメーターを必要とする場合、そのパラメーターを入力する操作は、Verbを指定する操作のすぐ後に続けて（そしてVerbが実行される前に）なされなければならないため、システムはモードを作る必要がある。使用者をモードの中に引き入れて、パラメーターの入力を終えるまで他の操作ができないようにしなければならない。一方、モードレスな操作ではまずObjectを選択し、次にVerbを指定する。Verbを指定した瞬間にそれは実行される。Object選択の操作はVerbの指定より先に行われるので、VerbからObject束縛されない。使用者はいつでも別のObjectを選択しなおすことができる。またVerbの指定もObjectから束縛されない。Objectによって指定できるVerbは変化するため、VerbはObjectに依存していると言えるが、Object選択の操作とVerb指定の操作は連続していなくてもよい。その意味で二つの操作は独立している。だから厳密には、「まずObjectを選択する」というより、「すでにObjectが選択されている」状態を起点として、操作が始まるのである。図形挿入の例のように、何らかのパラメーターを入力する必要がある場合でも、まずデフォルトのパラメーターでVerbを実行し、後から任意のタイミングでパラメーターを変更できるようになっていれば、モードを作らなくて済む。そのパラメーター変更の操作もモードレスに行えるようになっていれば、使用者はモードを経由せずに、目標状態のオブジェクトを得ることができる。

モードレスにする方法

ヒューマンインターフェースをモードレスにするというのは、操作がモードを持たないようにするということだが、それはデザインの過程で混入するモードを丁寧に取り除き続けるということだ。そして、フィードバック、可逆性、一貫性、同時性などを丁寧に加えていくということである。ただし、モードというサブジェクティブな制約が加えられていること自体が不自然なことなのだから、モードレスネスの積極性とは単に対象をできるだけ自然な状態を保つということに過ぎない。ジェフ・ラスキンは次のように言っている。

> 情報理論的に正当な入力プロセスを省略することと、モードレスにすることは違います。モードレスにするというのは、本来必要のない順序性や操作制限を取り除くことです。★4

本来OOUIには、オブジェクトそれぞれについての、ステータスに応じた表現があるだけで、使用者の背景的な意図を解釈するような発想はない。そればかりか、解釈しているふりをしてもいけない。オブジェクトに対するアクションはすべてステータスの変更であり、現象的な解釈は使用者の側に委ねておくべきである。

インターフェースをモードレスにする方法の基本は、「Object→Verb」のシンタックスを採用することだ。しかし操作が「Object→Verb」の順序であっても、その後に使用者にパラメーターの追加入力を求めるのではモードが発生してしまう。ワードプロセッサーにある「印刷…」「書き出し…」といったメニュー項目のエリプシス（…）は、何らかの追加入力が必要だという印である。これらのメニュー項目を選ぶと、モーダルダイアログが開き、パラメーターを入力するよう促される。たとえば「印刷」であれば、これを実行するにはパラメーターとして「どのファイルを」という情報と「どのような形式で」という情報が必要になる。前者は「表示中のページ」としてすでに指定されているが、後者は使用者が追加でモーダルに指定する必要がある。

複数のパラメーターを必要とするアクションをモードレスにする方法はいくつかある。ひとつはパラメーターのプリセットを事前に作成しておき、それをオブジェクトとして見せることである。使用者はそれを選んで実行するだけなのでモードが必要ない。たとえば音楽再生アプリケーションのプレイリストなどがそれにあたる。プリセット方式を用いれば、ドキュメントを新規作成する時の操作もモードレスにできる。この場合のプリセットは、ドキュメントのテンプレートとして機能する。ワードプロセッサーやプレゼンテーション作成アプリケーションなどでは、こうしたテンプレート方式を採用しているものが多い。複数のパラメーターを必要とするアクションをモードレスにするもうひとつの方法は、アクションを複数の単純なアクションに分解することである。たとえば「カット・アンド・ペースト」がその良い例だが、これについては後に詳しく述べる。

操作をモードレスにするためのまた別のアプローチは、実行ボタンをなくすことである。オブジェクトのプロパティーを変更するような場面ではよく、一連の入力フォームに値を入力して、最後に「保存」や「更新」といった実行ボタンを押すようになっている。使用者が入力を終えても、このボタンを押すまで入力した値はオブジェクトに反映されない。このようなデザインは、その入力フォーム自体がモードを形成していて、実行ボタンによってモードが終了するという意味になる。使用者が実行ボタンを押し忘れてウィンドウを閉じてしまえば、モードがキャンセルされたことになり、入力は無駄になってしまう。あるいは実行ボタンを押さないまま別の作業をしようとすると、警告のダイアログが表示され、実行するかキャンセルするかを選択させられる場合もある。使用者は知らないうちにモードに入っており、そこから出るにはそのための手続きを踏まなければならない。こうしたプロパティー変更の操作からモードを取り除くには、実行ボタンをなくし、使用者が入力をするそばから（理想的には1ストロークごとに、そうでなければ入力フィールドからフォーカスがはずれたタイミングで）その値をオブジェクトに反映する。もしプロパティーを個別に反映させるとオブジェクトの状態に問題が生じる場合には、フィールド間の整合性が保たれるように自動的に関連する他のフィールドを変更するようにする。

一般にモーダルダイアログは、使用者の作業を強制的に止めて、パラメーターの入力を求めたり、警告メッセージを表示したりするために用いられる。前者の場合は、モーダルダイアログの使用をやめて、前述のようにパラメーターのプリセットを使用したり、プロパティーの即時反映を行えばよい。後者については、たとえば使用者がデータを削除しようとする時など、不可逆的な行いに対してモーダルダイアログで確認を求めることには一定の合理性があるように思われる。しかし以下の考え方でインターフェースをデザインすれば、ほとんどの確認ダイアログを排除できる。

まず、確認ダイアログというものは、使用者の意思を確認するためのものである。確認することで、データロスにつながるリスクを回避しようとするものである。しかしたとえば、ドキュメントのウィンドウを閉じる時に表示される「保存しますか?」というダイアログは、単純に自動保存の機能を実装すれば必要なくなる。また、使用者がオブジェクトを削除しようとした時に表示される「本当に削除しますか?」のようなダイアログは、意思確認の操作をモードレスに行えるようにすれば不要になる。たとえば、あるオブジェクトに付随する「削除」ボタンが押されたら、モーダルな確認ダイアログを表示するのではなく、そのボタンのすぐ近くにもう一度「削除」というボタンをモードレスに表示する。これが押されたら削除を実行する。リスクのある行為については同じ操作を二回行うようにすることで、実質的に使用者の意思を確認できるということだ。モードは発生しないので、使用者がもし削除するのをやめたければ、単に他の操作を開始すればよい。

しかし、確認ダイアログの問題は、モーダルダイアログが用いられることだけではない。そもそも、使用者の意思を確認するということ自体に問題があるのだとアラン・クーパーは言う。

確認ダイアログがいつも同じ場面で表示され続けると、ユーザーはすぐそれに慣れてしまい、ほとんど見もせずにそれを閉じるのが習慣になっていく。こうして、確認ダイアログが表示されるのと同じぐらい、確認を粗末に扱うことがルーティンになる。すると、本当に予期せぬ危険な状況、つまり利用者に注意を喚起すべき状況が発生した際にも、彼は機械的に、まさにそれがルーティンになっているために、確認を粗末に扱ってしまうだろう。[★5]

つまり、意思確認のためのインターフェースが有効になるのは、使用者がほぼ間違いなくその行為を「キャンセル」するであろう場合のみなのだ。このパラドックスのような問題にどのように対処すればよいのか。クーパーは、次の三つの方針を提案している。

尋ねることなく実行する

開発者は、使用者が大胆なアクションを実行しようとすると、その責任を負うことに不安を感じ、確認ダイアログを出す。だから確認ダイアログは使用者への責任転嫁である。使用者はアプリケーションが操作したとおりに処理を実行してくれると信頼しているのだから、アプリケーションはその仕事を果たすことについて誠実であるべきだ。つまり確認せずに、ただ実行すればよい。

すべてのアクションを取り消し可能にする

アプリケーションが使用者の信頼に応え、尋ねることなくアクションを実行するには、それが望まない結果を導いた時のために、すべてのアクションは取り消せるようになっていなければならない。

モードレスなフィードバックによってミスを防ぐ

取り消しを可能にするのと同様に効果的なアプローチは、使用者に適切な情報をモードレスに提供し続けることである。そうすれば、あるアクションがどのような結果をもたらすかを事前に予測できるようになり、不要な操作ミスを減らすことができる。

システムやタスクの状態など、使用者に知らせるべき情報がヒューマンインターフェースの構造に組み込まれており、使用者の作業を止めることなくつねにフィードバックされていれば、使用者はそれらを調べるために別な場所へ行く必要がなくなる。たとえばワードプロセッサーであれば、現在どのページのどのセクションを見ているのか、ドキュメント全体で何文字あり、どこにカーソルがあるのか、といった情報をウィンドウのステータスバーなどにつねに表示すべきである。またすべてのオブジェクトはOOUIの原則に従って、つねに自身の状態を体現し続けるべきである。

Appleとモードレスネス

ヒューマンインターフェースデザインにおいてはモードレス性が重要だと言われてきた。さまざまなデザイン研究者や実践者が、ヒューマンインターフェースにはできるだけモードが無い方がよいと言い、またデザイン原則としてモードレス性を提唱してきた。たとえばAppleが作成した2011年の「Mac OS X Human Interface Guidelines」には、次のような記述がある。

モードレスネスを取り入れなさい

ユーザーは彼らにコントロール権を与えるアプリを好み、また彼らから頻繁にコントロール権を奪うアプリをたいてい嫌います。ユーザーからコントロール権を奪う最も一般的な方法は、ユーザーに特定の経路をたどることを強要するモードを乱用することです。★6

Appleは古くからサードパーティーの開発者向けに「Human Interface Guidelines」を公開しており、改訂を重ねている。そこには伝統的にモードレスネスについての記述がある。最初期の1985年のバージョンである「The Apple II Human Interface Guidelines」を作成したブルース・トグナズィーニは、「The Desktop Interface」という章の冒頭に、「モードの回避」と題した文章を掲載している。★7

モードとは、ユーザーが形式的に入ったり出たりしなければならないアプリケーションの一部分のことで、それが有効な間は実行できる操作が制限されます。実生活では通常、人々はモーダルに物事を行わないので、コンピューターソフトウェアでモードを扱わなければならないことは、コンピューターが不自然で不親切だという考えを強めることになります。

モードが最も混乱を及ぼすのは、間違ったモードに入った時です。残念ながら、これが最も一般的なケースです。モードに入っていると混乱するのは、将来の行動が過去の行動によって左右されたり、親しんだオブジェクトやコマンドの挙動が変わったり、習慣的な行動が予期せぬ結果を引き起こしたりするからです。

ウィンドウ式のアプリケーションでモードを使うのは魅力的です。しかし、あまり頻繁にその誘惑に負けてしまうと、ユーザーはあなたのアプリケーションで時間を過ごすことを、満足のいく体験ではなく、むしろ面倒なことだと思うようになるでしょう。

これは、ウィンドウ式のアプリケーションではモードを決して使うことがないと言っているのではありません。モードが特定の問題を解決する最良の方法であることもあります。それらのモードのほとんどは、以下のカテゴリーのいずれかに分類されます：

- 手続きベースの長期的なモード。たとえばグラフィック編集とは対照的にワードプロセッシングを行うようなモード。各アプリケーションプログラムは、この意味でのモードです。
- 短期的なスプリングローデッド・モード。ユーザーはつねにそのモードを持続させるために何かをしています。マウスボタンやキーを押し続けるのが、この種のモードの最も一般的な例です。

- アラートモード。ユーザーが異常な状況を修正しなければ先に進めない時のモードです。

このようなモードは最小限にとどめるべきです。

その他のモードは、次のいずれかの要件を満たしていれば許容されます：

- グラフィックエディタで異なるサイズのペイントブラシを選ぶような、それ自体がモーダルである身近な現実のモデルをエミュレートするもの。MousePaintやその他のパレットベースのアプリケーションは、このモードの使用例です。
- 何かの属性だけを変更するもので、テキスト入力の太字モードや下線モードのように、振る舞いは変更しないもの。
- ソフトウエアによって解決できないエラー状態のように、モード性を強調するために、システムの他のほとんどの通常操作をブロックするもの（たとえば「ディスクドライブにディスクがありません」）。

アプリケーションがモードを使用する場合、現在のモードを視覚的に明確に示す必要があり、その表示はモードの影響を最も受けるオブジェクトの近くにあるべきです。また、モードに入ったり出たりするのが非常に簡単でなければなりません（パレットのシンボルをクリックするなど）。

キーボード（マウスレス）インターフェースのいくつかの機能はモーダルです。たとえば、カーソルキーは通常再定義され、EscapeとReturnはモードの終了用に使用されます。しかし、このモード性の範囲をこれらのキーのみに限定し、ユーザーが期待できる動作の変化の種類に一貫性を持たせるよう、あらゆる努力が払われます。

1985年当時Appleは、Apple II、Lisa、Macintoshという三つの製品向けにGUIを開発していた。ヒューマンインターフェースの表現としても、アプリケーション開発の方法としても、GUIはまだ一般に普及していなかったため、AppleはGUIの思想やデザイン上の注意点を啓蒙する役割を果たした。その中でモードレス性はすでに重視されていたのである。ただし、モーダルである方がよい場合や、モーダルであることが許容される条件などについても触れている。実際、アプリケーションという単位で機能セットを提供すること、モディファイアキーによって一時的に振る舞いを変えること、一連の不可分な入力に問題があった際にその場で修正を求めることなどは、現在のソフトウェアでもモーダルな表現で実装されていることが多い。

Appleは Macintosh用アプリケーションのデザインに一貫性を持たせるために、各種APIをサードパーティーに公開した。それによってどのアプリケーションもMacintoshらしい統一感のあるヒューマンインターフェースを持てるようになった。「Human Interface Guidelines」は、APIを利用するサードパーティーの開発者に、その統一的なルールを教えるためのものだった。たとえば標準的な見た目のメニューバーはAPIを使えばすぐに実装できるが、メニューの中にどのような項目をどのような並び順で表示するかは開発者に委ねられていた。しかし、どのアプリケーションでも共通して持つべき項目（開く、印刷、検索、カット、コピー、ペースト、終了など）は、定められたルールに従って配置することをAppleは求めた。そうしたルールを適用することでアプリケーションの操作性が高まることをサードパーティーは理解していたため、積極的にガイドラインは守られた。操作性が高まる理由は、アプリケーション間で操作方法が共通していれば使用者の学習コストを低く抑えられるからだ。別の言い方をすれば、アプリケーションそのものはある種のモードであるとしても、アプリケーションごとの振る舞いに違いが少なければ、モード性は弱まる。つまりモードレスに近づくのである。

アプリケーション間のデザインに一貫性を持たせること。それはAppleにとって、Macintoshをできるだけモードレスにするということであった。一貫性を重視することはヒューマンインターフェースデザインの基本的な原則のひとつであり、その目的は使用者の学習コストを下げることだが、見た目や振る舞いが一貫しているということは、それらがつねに一定しているという意味で、要するにモードレスであるということなのである。

AppleはMacintoshのOSのバージョンアップに合わせて「Human Interface Guidelines」を何度

も改訂したが、2017年にウェブ上のコンテンツとして完全に再編成されるまでの間、デザイン原則として基本的に同じ項目を掲載し続けていた。[★8、9] それらはMacintoshに限らずあらゆるOOUIシステムに適用できる汎用的なもので、ヒューマンインターフェースデザイナーであれば現在でもよく把握しておくべきものである。しかしそのひとつひとつをよく見てみると、実はどれも同じようなことを言っていることに気づく。一貫性もそのひとつだが、つまりいずれも、モードレス性を求めているのである。

メタファー（Metaphors）

現実世界で我々がすでに知っているものに見立ててデザインすること。これはつまり、コンピューターというモードをなくすということである。

直接操作（Direct Manipulation）

身体的な動作によってオブジェクトを直接的に操作しているように感じさせること。これはつまり、スクリーンの中と外を未分化し、ソフトウェアというモードをなくすということである。

見て、指す（See-and-Point）

オブジェクトが見えていて、それを指し示すことからアクションを行えること。「Object→Verb」のシンタックス。これはつまり、一連の操作の中からモードをなくすということである。

一貫性（Consistency）

デザインを統一的にし、ある場所から別の場所へと知識を移動できること。これはつまり、状況に依存した振る舞いというモードをなくすということである。

WYSIWYG（What You See Is What You Get）

見えるものが得られるもの。もとは1970年代前半のテレビ番組「The Flip Wilson Show」でコメディアンのフリップ・ウィルソン扮する「生意気なジェラルディン」が用いた決めぜりふ。「見てのとおり」といった意味。PARCの研究者は初期のGUIエディターを形容するのにこの言葉を使った。プリント出力されるもののイメージをスクリーン上で確認でき、またその場で編集できるということ。実際に得られるものと編集用インターフェースとの間に違いがないこと。GUI以前は両者の間の違いが大きかった。これはつまり、作業段階に依存したモードをなくすということである。

使用者によるコントロール（User Control）

コントロール権はコンピューターではなく使用者に与えること。これはつまり、使用者が自分なりの方法で仕事を進められるよう、コンピューターが特定の使用方法を強制するようなモードをなくすということである。

フィードバックとダイアログ（**Feedback and Dialog**）
使用者の操作に対して即座にフィードバックを返し、状況の変化を明示的にすること。フィードバックの内容は使用者に理解できるよう対話的にすること。これはつまり、状況をつねに明示し、操作の結果が暗黙的に蓄積されるようなモードをなくすということである。

寛容性（**Forgiveness**）
操作を取り消し可能にし、使用者がアプリケーションを探索できるようにすること。これはつまり、あらゆる操作を目的に向かう試行錯誤の一環としてポジティブなものとするために、正しい操作手順や間違った操作手順といったモードをなくすということである。

知覚された安定性（**Perceived Stability**）
コンピューターの複雑性に対処できるよう、一定した拠り所を用意すること。たとえばデスクトップはアプリケーションの後ろにつねに表示されており、いつでも戻れる場所としてスクリーン空間に安定感を与えている。これはつまり、コンピューター全体がひとつの世界であるように感じさせるということであり、用途ごとに別の操作体系があるようなモードをなくすということである。

美的インテグリティー（**Aesthetic Integrity**）
情報をよく整理し、シンプルで標準的なグラフィックで表現すること。インテグリティーは余計なものも欠けているものもない全体性のこと。またそれそのものであろうとする誠実さや高潔さのこと。これはつまり、ヒューマンインターフェースのすべての要素がオブジェクトを誠実に表象しながら調和するということであり、作為的な印象や文脈を与えるようなモードをなくすということである。

モードレス性（**Modelessness**）

モードをできるだけなくして、使用者が好きな時に好きなことができるようにすること。この単純な思想が、その他の原則の基盤になっていると言える。

モードレス性はOOUIの最も重要なデザイン原則であり、ひいてはパーソナルコンピューターのパーソナル性を実現した立役者でもある。Appleのデザイナーたちがそのことにどれぐらい自覚的であったかわからないが、Macの開発フレームワークは操作のモードレス性をサポートするさまざまな仕組みを持つようになった。モダンなGUIシステムはいずれも類似した機能を備えているが、たとえばMac OS X以降のCocoa APIでは、次のような基本機能を提供している。★10

マルチタスキング（**Multi-Tasking**）

マルチタスキングは、OSが複数のアプリケーションおよびウィンドウを同時に動作状態にするための機構である。システム全体の中で現在フォーカスされているアプリケーションやウィンドウはひとつだが、アプリケーションそのものはどれもフォアグラウンドで動き続け（バックグラウンドで実行するように設定されたものを除く）、すべてのウィンドウの表示は更新され続ける。開発者はアプリケーションがつねに動作していることを前提に各種処理をプログラムでき、使用者は複数のアプリケーションやウィンドウを跨いで作業できる。

ランループ（**Run Loops**）

ランループは、次に来るイベントの受信を調整するために使用するイベント処理ループである。メインスレッドに付随するランループはクリックなどのイベントを受信し、該当オブジェクト（たとえばクリックされた場所にあるウィンドウ）にそれを伝える。ヒューマンインターフェースが使用者の操作に対していつでも即座に反応できるのは、このイベント処理が高速にループしているからである。OOUIソフトウェアのランタイム（実行中の状態）は、メインスレッドのランループが生成する時空間だ。アプリケーションが起動すると新しい宇宙が始まり、オブジェクトに血がかよって生きた存在になる。そしてオブジェクト同士の相互作用によって世界が姿を現してくるのである。

ファーストレスポンダー（**First Responder**）

ファーストレスポンダーは、レスポンダーチェーン（イベントに応答するオブジェクトの連なり）内の最初のオブジェクトを表す。要するに現在フォーカスされているインターフェースオブジェクトのことである。たとえば使用者が「編集」メニューから「コピー」を選ぶと、「copy:」というメッセージがファーストレスポンダーに送られる。ファーストレスポンダー側に対応したメソッドがあれば実行され、なければレスポンダーチェーンを辿って親のインターフェースオブジェクトに送られる。この仕組みがあることで、オブジェクトのポリモーフィズム（同じメソッド名でオブジェクトの種類ごとに振る舞いを変える）がヒューマンインターフェースによって体現され、使用者は共通的なアクションを異なるオブジェクトに対して実行できる。

ターゲット-アクション（Target-Action）

ターゲット-アクションは、ボタンやメニューアイテムなどのインターフェースオブジェクトに固有の動作をカプセル化するための単純なメカニズムである。開発者は「ターゲット」と「アクション」という二つのプロパティーをオブジェクトにセットする。「ターゲット」はアクションメッセージのレシーバーであり、「アクション」はターゲットに送られるメッセージである。たとえば使用者がボタンを押すと、そのボタンにセットされたターゲットオブジェクトに対して、そのボタンにセットされたアクションが送信される。ターゲットとしてnil（無し）がセットされている場合にはファーストレスポンダーにアクションが送信される。このメカニズムによって、複雑なコントローラーを介さずとも、インターフェースオブジェクトとコアオブジェクトが即座に接続され、「Object→Verb」のシンタックスを実現できる。ターゲット-アクションの方式でメッセージを送る際は、センダーはレシーバーからのリターンを受け取れない仕様になっている。これは暗黙的に、ひとつのアクションが1ストロークの操作、1回分のランループで完結することを求めている。つまりモードを発生させないということである。

ドラッグ・アンド・ドロップ（**Drag and Drop**）

ドラッグアンドドロップは、アプリケーション内とアプリケーション間の両方で、直接操作によってインターフェースオブジェクトを受け渡す仕組みである。ドラッグ・アンド・ドロップは、内部的にはカット・アンド・ペーストとほぼ同じ仕組みで、それを1ストロークでできるようにしたものである。使用者がインターフェースオブジェクトをドラッグすると、そのインターフェースオブジェクトが表象しているコアオブジェクトがクリップボード（正式にはペーストボード）にコピーされる。そして受け入れ可能なインターフェースオブジェクトの上でドロップすると、クリップボードにセットされたコアオブジェクトがドロップ先のインターフェースオブジェクトにペーストされる。

オートセーブ（**Autosaving**）

オートセーブは、アプリケーションがデータ（特にドキュメントベースのデータ）を一定のタイミングで自動的に保存する仕組みである。たとえば次のタイミングで保存がかかる。

・アプリケーションが終了する時
・アプリケーションがdeactivateされる時
・アプリケーションがhideされる時

・アプリケーション内でデータが変更された時

これにより使用者は、スクリーンに表示されているデータが永続化されているかどうかを気にすることなく作業を行うことができ、また不用意にデータを失う恐れがなくなる。ひいては、データの永続化という、ソフトウェアの実装モデルに依存した余計な概念を持たなくて済むようになる。アプリケーションの終了時に「データを保存しますか？」と聞いてくるモーダルダイアログを無くすことができる。

Cocoa バインディングス

Cocoa バインディングスは、コアオブジェクトの状態とそれを表象するインターフェースオブジェクトの状態を双方向に同期するメカニズムである。これによりＭＶＣパラダイムが完成する。たとえばドキュメント上に長方形の図形オブジェクトがあり、そのサイズを指定する数値入力フィールドがプロパティーペインにあるとする。表示されている長方形、数値入力フィールド、そしてソフトウェア内部の図形オブジェクトは、コントローラーをハブにして双方向にバインドされている。使用者が数値入力フィールドを操作して値を変えると、コントローラーを経由して長方形の表示が即座に更新される。使用者がマウスを使って長方形のサイズを変更すると、コントローラーを経由して数値入力フィールドの値が更新される。バインドされたインターフェースオブジェクトが複数あれば、すべて同時に変更が反映される。Cocoa バインディングスは、このような双方向データバインディングをNSObjectControllerを使って簡単に実装できる仕組みだが、開発フレームワークの多様化に伴い、現在では他のバインド方式も提供されている。いずれにしても、データバインディングの同時性と双方向性は、操作から原因と結果という段階性あるいは一方向性を取り除き、ヒューマンインターフェースをストローのような存在にする。ソフトウェアは同時の世界として立ち上がる。使用者は指で粘土に窪みを作るように、モードレスにオブジェクトを扱うことができる。

オブジェクトコントローラー（**Object Controller**）

オブジェクトコントローラーは、NSObjectControllerという名称で提供されるコントローラーで、コアオブジェクトとインターフェースオブジェクトをバインドする役割を果たす。NSObjectControllerのサブクラスであるNSArrayControllerはコアオブジェクトのリスト表示（NSTableView）、またNSTreeControllerは階層表示（NSOutlineView）を制御する。両者はモデル層と連動しながらフィルタリングされたオブジェクトを一覧表示したり、その中で選択されている項目（selectedObjects）を詳細表示したりする。OOUIの基本レイアウトパターンはオブジェクトを一覧（master）と詳細（detail）の二つの形で表現することだが、オブジェクトコントローラーはそれらの実装に役立つ。対象が「つねにすでに」そこにあり、使用者は好きな時に好きな順序で操作を行うことができるという、モードレスな環境を成立させるための仕組みである。

レプリゼンテッドオブジェクト（**Represented Object**）

レプリゼンテッドオブジェクトは、representedObjectという名称でインターフェースオブジェクトが持つプロパティーで、そのインターフェースオブジェクトに表象させるコアオブジェクトをセットする。このプロパティーを使って、インターフェースオブジェクトの内部および外部からコアオブジェクトにアクセスできるようになる。たとえばウィンドウAの中にNSTreeControllerで制御されたリスト表示があり、そこで選択された項目の詳細をウィンドウBに表示する場合、NSTreeControllerのselectedObjectsプロパティーの第一要素を、ウィンドウBの内部に置かれたNSViewControllerのrepresentedObjectプロパティーにセットする。そしてウィンドウB内のインターフェースオブジェクトとそのrepresentedObjectをバインドする。そうすることで実質的にウィンドウを跨いで一覧と詳細（master and detail）をバインドすることができる。representedObjectプロパティーはインターフェースオブジェクトとコアオブジェクトの関係をシンプルに明示し、データバインディングの柔軟性を広げる。

モードレス性のためにCocoa APIが提供する仕組みで特に感心するのは「ファーストレスポンダー」と「レプリゼンテッドオブジェクト」の概念である。これらによってOOUIが簡単に実装できる。メニューから実行するアクションのターゲットには基本的にfirstResponderを指定する。つまりどのオブジェクトに対してアクションメッセージを送るかをセンダーは積極的に知らないでおくのである。またそのセンダーも、representedObjectによって動的なものとなる。メニュー項目にコアオブジェクトを表象させる場合、NSMenuItemのrepresentedObjectにそのコアオブジェクトをセットすれば、モデルの状態をメニュー項目の状態と同期させることができる。このような遅延的な振る舞いがモードレス性の分子となる。物はそれ自体への解釈を暗黙的に前提することなくいつも行為の可能性に開かれている。このあたりまえのことをソフトウェアにおいて巧妙に実現しているのである。

ヒューマンインターフェースが完全にデータバインドされて各要素が自立的に振る舞い出すと、それを作るプログラマーですら恣意的な仕様を持ち込めなくなる。ソフトウェアがバタフライ効果で満たされ勝手に内側から世界を構成する。デザインがうまくいっていると感じるのはそういう時だ。たとえば、初めてアプリケーションを開いた時にだけウェルカムメッセージを出すような仕様をデザイナーが考えても、「初めてアプリケーションを開いた時」などという条件は人間側の文脈に依存しているので、わざわざ使用履歴を記録するような仕組みを追加しない限り、それを判定する確実な手がかりはインターフェースのどこにも無い。優れたインターフェースの実装は、インターフェース自体がデザイナーの恣意性を拒絶するのである。モードレスなソフトウェア世界には始まりがなく、そのような世界としてつねにすでに存在し、使用者は気づけばそこへ投げ込まれている。データバインディングという観点で言えば、使用者のメンタルモデルも、ソフトウェアと同期するひとつのインターフェースオブジェクトに過ぎない。

Cocoa APIは上記の機能に加えて、いやそれ以前のものとして、ヒューマンインターフェースをモードレスにするための基本機能である「アンドゥ」および「カット／コピー・アンド・ペースト」

を提供している。

アンドゥ、リドゥ（Undo, Redo）

アンドゥは、一度行った操作を取り消すための機能である。リドゥはアンドゥした操作を再び実行する機能である。これらが十分に実装されていれば、正しい操作や間違った操作といった手続的な概念をソフトウェアから取り除くことができる。アンドゥは、間違えないための仕組みではなく、間違ってもよい仕組みとして作られているのである。アンドゥがあればすべての操作は学習や試行錯誤の一環として肯定される。アンドゥは単なる機能ではなく作業に対する新しい意味づけである。使用者の操作ミスを減らしたいなら、確認ダイアログなどによって手順を冗長化するのではなく、アンドゥを可能にすればよい。アンドゥはユーザーイリュージョンの典型である。

アンドゥは一度実行した処理を無かったことにする機能だが、興味深いのはその仕組みである。これは、メモリーの状態を逐次保存しておいてアンドゥでそれをリストアするというものではない。一般的な実装としては、ある処理「A↓B」が実行されたときに、それと正反対の動きをする処理「B↓A」をアンドゥマネージャー内のスタックに登録しておき、アンドゥ時にそれを実行する。結果的に当該オブジェクトの状態が元に戻る。またアンドゥ「B↓A」の実行時に、アンドゥマネージャーは元の処理「A↓B」をリドゥ用のスタックに登録する。リドゥ時にはその「A↓B」を実行する。

使用者にとってアンドゥは時間を戻すような感覚だが、実際には、ある行為の中に、再生の行為が投企的に内存しているのである。時間を戻しているのではなく、むしろ過去の中に準備されていた未来を取り出しているのだ。

カット／コピー・アンド・ペースト（Cut/Copy and Paste）

カット・アンド・ペースト、コピー・アンド・ペーストは、選択したオブジェクトをメモリー内のクリップボードに格納し、任意のタイミングで任意の場所にそれを挿入する機能である。カット・アンド・ペーストした場合は移動となり、コピー・アンド・ペーストした場合は複製となる。クリップボードはシステムレベルで管理されるため、アプリケーションを跨いで利用できる。またペーストを受け入れる側の処理方法に応じて異なる種類のデータを扱うことができる。たとえばFinderで画像ファイルをコピーした場合、それをグラフィック作成アプリケーションにペーストすれば画像がペーストされ、テキストエディターにペーストすればファイル名がペーストされる。

カット／コピー・アンド・ペーストはオブジェクトを簡単に別の場所へ複製または移動するための便利な機能だが、これはもともと、テキスト編集の操作をモードレスにするために考案されたものである。モーダルな操作が一般的だった時代に、ヒューマンインターフェースのモードレス性を追求するひとりの研究者が発明したものである。1970年代にPARCでGUIベースのテキストエディターを開発していた、ラリー・テスラーだ。彼は「文字列移動の操作をモードレスにする」という難題に取り組み、「問題の外に出た」のである。

カット／コピー・アンド・ペースト

テスラーはおそらく、ソフトウェアのユーザビリティーに取り組んだ最初の人間のひとりである。テスラーは高校でプログラミングを勉強し、1961年にスタンフォードに入学した。在学中に彼は、フットボールの試合で使われるカードスタント（観客たちが一斉にカードを掲げて大きな文字や絵を作るパフォーマンス）用のカードを自動生成するプロジェクトに参加した。これはコンピューター科学の学生とアートの学生の共同プロジェクトだったが、コンピューター科学の学生が作成したプログラムは使い方が難しく、アートの学生たちは難色を示した。テスラーはアートの学生たちを観察し、彼らが望むものを実現すべく三年間プログラムの改善を続けた。そしてついにアートの学生でも使えるシステムを完成させた。[★11]

1963年、学業と並行してソフトウェアコンサルティング業を始めた彼は、使い勝手のよいシステムを作ることに取り組んだ。当時のコンピューターシステムは、コンピューターの専門家がオペレーションを担当することが普通だったが、テスラーがデザインしたシステム、たとえば大学病院のルームスケジュールプログラムは、担当医師が自ら操作できるものだった。[★11]

当時コンピューターの使われ方はバッチ処理が中心だったが、インタラクティブなシステムも現れはじめていた。しかしどれもモードがあって使いにくいと感じていた彼は、モードをなくすにはどうすればよいかを考えるようになった。1968年にSAIL（スタンフォード人工知能ラボ）で働き始めた彼は、サンフランシスコ・ベイエリアのコンピューターサイエンスコミュニティーに触れ、アラン・ケイやドナルド・ノーマンと出会う。そして認知心理学にも興味を持つようになった。[★12]

1970年代になって、テスラーはPubという出版用のマークアップ言語を開発した。これはARPANETに接続された大学の学生たちに広く使われたが、テスラーは本当は、誰でも使えるようなインタラクティブなレイアウトシステムが必要だと考えていた。[★11] ある日彼は、地元のボランティアグループのために季刊カタログの版下づくりを手伝っていた。そこでカッターと糊で切り貼り（カット・アンド・ペースト）作業をしながら、友人に次のように話したという。

> 未来ではこんなやり方はありえないよ。未来では目の前に大きなスクリーンがあって、ドキュメントから引用箇所を取り出して、糊なしでページ中に貼りつけるようになるんだ。位置合わせの問題も起こらないだろう。そして完成したらフォトタイプセッターで印刷する。すべてがインタラクティブに行われるんだ。[★11]

テスラーはこのビジョンを実現するための場所を探し、1973年、Xerox PARCに入社した。彼はインタラクティブなドキュメント編集についての仕事を希望した。しかし上司のビル・イングリッシュは彼に、当時開発中だった分散オフィス・システム、POLOS（PARC Online Office System）のチームにまず入るように言った。これはテスラーをがっかりさせたが、イングリッシュ

は彼に、約半分の時間をアラン・ケイが開始していたSmalltalk＋Altoのチームで働くことも許可した。[★11]

POLOSのメンバーの多くは、SRI（スタンフォード研究所）のダグラス・エンゲルバートのグループからXeroxに来た者だった。ビル・イングリッシュもそのひとりだった。テスラーは、同じくSRI出身のジェフ・ルリフソンと共に、未来のオフィス・システムのビジョンを作成した。これはOGDEN（Overly General Display Environment for Non-programmers：ノンプログラマーのための過度に一般的な表示環境）というレポートで、デスクトップメタファーの原型のようなアイデアが記されていた。その中でルリフソンは、ラベルつきのピクトグラムをインターフェースに利用するアイデアを提案した。このアイデアは彼が記号論についての本から得たもので、現在多くのGUI環境で使われているアイコンの原型となった。[★11]

当時、POLOSのメンバーのほとんどは、エンゲルバートのチームが開発したNLSのインターフェースに強く傾倒していた。しかしテスラーとルリフソンは違った。マウスとキーパッドを用いて操作するその仕組みはよくできていたものの、入力のために多くのモードを切り替える必要があり、習得するには6ヶ月程度かかると言われていた。インターフェースを誰でも使えるようなものにするという発想が、当時はなかったのである。

当時のテキストエディターを使いこなす秘書たちを観察していると、私の愛したコンピューターは、実際には非友好的な怪物であり、その最も鋭い牙はつねに存在するモードであることがすぐに確信できた。新しいユーザーからの質問で、少なくとも「どうすればいいのですか?」と同じぐらい多かったのが、「どうすればこのモードから抜け出せるのですか?」だったのである。★13

モードの犠牲者は初心者だけではなかった。熟練者でも、あるモードの中で使われるコマンドを別のモードの中でタイプしてしまい、苦痛を伴う結果を招くことがよくあった。たとえば「D」というキーの入力は、モードによって、「選択された文字をDに置き換える」、「選択された文字の前にDを挿入する」、「選択された文字を削除する」といった異なる意味になる。文字を挿入するつもりが削除してしまうということが頻繁に起こった。★13 さらにジョークのようなことが起こるのは、「edit」という単語をタイプした時である。プログラムがコマンドモードにあることに気づかず「edit」とタイプすると、まず最初の「e」によってドキュメント全体が選択される。これは「entire」コマンドを意味するからだ。次の「d」で選択されたテキストが消去される。これは「delete」コマンドを意味する。次の「i」は「insert」コマンドを意味し、プログラムが挿入モードになる。そして最終的にドキュメントには、「t」の文字だけが残る。操作を取り消す機能はあったものの、一段階しか取り消せなかったので、「t」を挿入してからでは全消去の操作を取り消せなかったのである。★14

そこでテスラーは、短時間で使い方を習得できるものを作ろうと考え、Smalltalk上でMini Mouseという小さな編集プログラムを開発した。これはNLSのキーパッドは全く使わず、マウスボタンをひとつだけ使うものだった。このプログラムを作る前に、テスラーは使用者を観察したいと考え、「空白スクリーン実験」と呼ばれるテストを行った。テスラーはPARCに入ったばかりの秘書を呼んだ。彼女はまだ既存のシステムに触れたことがなく、コマンド方式の影響を受けていなかった。そして何も表示されていないスクリーンの前に座ってもらい、「このスクリーン上にドキュメントのページがあると想像してください。これはカーソルを動かして文字を入力する装置です。あなたはこのドキュメントに変更を加える必要があります。どのようにしますか?」とたずねた。すると秘書はこう答えた。「私はそこを指して、deleteキーを押すと思います」。また文字列を挿入する場合には、その場所を指して、タイプを始める、と彼女は言った。従来のテキストエディターでは、たとえばパラグラフを削除するにはまずdeleteモードに入ってから対象のパラグラフを指定する。文字を挿入するにもまずinsertモードに入る。コンピュータープログラムの操作に汚染されていない彼女が持つ操作のイメージはそれとは全く異なるものだった。テスラーはその後、他の新人にも同種のテストをしてみたが、同じような結果が出た。人々は、自分たちが紙の原稿の上でやっていたことをコンピューターのスクリーンでもそのまま行おうとしたのである。[★11]

まずポイントしてそれからアクションを行う、というモードレスな操作の有効性について、テスラーは上司のイングリッシュにレポートした。それまでイングリッシュは、NLSのデザインを疑問視するテスラーの取り組みに懐疑的だった。PARCメンバーたちは、NLSの「Verb→Object」の構文は英語の文法と同じなのでわかりやすいと思っていたのである。[★12] しかしイングリッシュはテスラーのレポートを見て考えを変えた。実際、PARCのビルの中で通りすがりの人々にMini Mouse

試してもらうと、彼らは5分で操作を習得できた。Mini MouseはPARC内で評判になった。★11

ソフトウェアデザイナーはしばしば「Verb→Object」構文の方が直観的だと考えた。なぜなら英語の命令文は「Verb→Object」の形だからである。しかし、さまざまなユーザーテストの結果から、特にコンピューター初心者にとっては、「Object→Verb」の順序の方がより自然で、より速く、そしてより間違えにくいことがわかった。「Object→Verb」の順序の方がより良い理由は、それが、ユーザーが罠にかかったと感じるモードの発生を減らすからだ。★15

Mini Mouseの功績によってテスラーはテキストエディターのプログラムに集中することが許された。ちょうどXerox傘下の教科書出版社であるGinnからパブリッシングシステムについての研究を依頼された彼は、その仕事を喜んで引き受けた。テスラーはGinnから来たティム・モットとともに、当時Altoで動いていた最初期のWYSIWYGエディターであるBravoのソースコードをベースにして、Gypsyという新しいエディターを作りはじめた。Bravoは優れたテキストエディターだったが、モード指向だった。テスラーはこれを誰でも使えるエディターにすべく、テキスト編集の操作からモードを取り除くさまざまな方法を考案した。そのひとつがダブルクリックである。当初、カーソル位置、単語、パラグラフなどの選択にはNLSの5キーのキーパッドを使う方法が考えられた。しかしキーの押し間違いが多く発生し、習得が難しかった。そこで、マウスのシングルクリックでカーソル位置選択、ダブルクリックで単語選択、トリプルクリックでセンテンス選択をするという方法を考えた。これなら特別なコマンドやキーパッドの操作を覚えなくても、マウスのワンボタンだけで各種の選択操作を行うことができる。もうひとつのアイデアは、「ドロー・スルー（ドラッグ・スルー）」と呼ばれるテキスト選択の操作である。これは選択したい文字列の始点から終点までをマウスでドラッグすることで、任意の範囲を1ストロークで選択できるようにするものだった。ドロー・スルーがあれば、選択文字列の始点と終点を個別に指定するというモーダルな手続きをなくすことができる。★11

マウスを使ったモードレスな編集作業においてもうひとつ問題になっていたのは、カーソルの表現である。当時のテキストエディターの多くは、文字を反転させることで挿入位置を示していた。この場合、タイプした文字列がどこに行くのか判然としないのである。プログラムによって振る舞いは異なるが、タイプした文字列が反転した文字を上書きするものが多かった。これは誤った上書きを引き起こした。上書きではなく挿入したければinsertキーによってモードに入る必要があった。挿入モードの時にタイプした文字列は、反転した文字の前に挿入された。しかしテスラーの実験では、多くの使用者はタイプした文字列が反転した文字の後ろに挿入されると期待していたことがわかった。上書きや挿入を行うためのモードの種類、モード内での操作順序、モード終了時に作業がどのように反映されるかは予想しづらく、プログラムによっても異なるため、人々は目的の位置に文字を入力するというだけのことに悪戦苦闘していたのである。テスラーがこの問題について考えていた時、同僚のピーター・ドイチュが良いアイデアを思いついた。それは、カーソルを文字の上ではなく、文字と文字の間に置くというものだった。その後ダン・インガルスが縦線でカーソルを表現することを思いついた。テスラーはそれを点滅させ、視認性を高めた。[11]
その頃アラン・ケイはSmalltalkの開発に取り組んでいたが、当時のことを、次のように振り返っている。

モードレスにするのに最もむずかしい領域は、ごくささいな例であるが、初歩的なテキスト編集がある。何人ものエディターを悩ませている「挿入」と「上書き」モードからどうやったら逃れられるのだろうか。いく人かが同時に解決に辿り着いた。私の場合は、初心者のプログラマーがSmalltalkで段落エディターを作成するのに、私には簡単に思える問題でつまっていた結果が手掛かりであった。週末を費やして段落エディターの試作をした。単純化を試みた主な点は、挿入、上書き、消去という区別をキャラクター文字の間隔の選択に置き換えたということである。すなわち、幅がゼロである選択を許すと、すべての操作は上書きでできる。挿入とは、幅がゼロであるところに上書きすることになる。消去は、幅がゼロであるキャラクター文字で上書きするという意味になる。私は1ページ程度のSmalltalkのプログラムを書いて、勝ったと思った。ラリー・テスラーはこれをほめた上で、彼の新しいGypsyエディターで動いているアイデアを見せてくれた（それはピーター・ドイチェの提案をもとに作成されたものであった）。アイデアが飛び交う中で、多くのものが創造され、発明されていった。ゲーテが記したように、虚しくその優先権を叫ぶことよりも、発見のスリルを味わうことの方が大切である。[16]

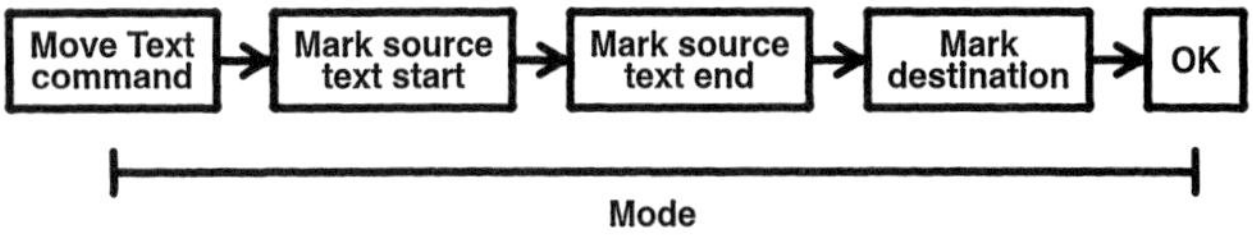

ラリー・テスラー「A Personal History of Modeless Text Editing and Cut/Copy-Paste」より

テキスト編集をモードレスにする上で残された問題は、文字列移動についてのものだった。たとえばNLSのテキストエディターで文字列を移動するには、NLSにまずM(ove) T(ext)と伝えてから、移動したい文字列の始点を指定、終点を指定、そして移動先の挿入ポイントを指定し、OKと伝える。最初のMove Textコマンドによってモードが発生し、一連の操作を特定の順序で行い、OKによって文字列移動が行われ、モードが終了する。[★12]

文字列移動の操作からモードを除去するのが難しいのは、文字列を移動するためには「文字列を移動したいという意思表示」「対象文字列の始点指定」「対象文字列の終点指定」「挿入位置の指定」「実行の合図」という5ステップの操作を連続して行わなければならないからである。5つのステップにまとまりを持たせるために、モードが必要になるということだ。その中の「対象文字列の始点指定」と「対象文字列の終点指定」はマウスを使ったドロー・スルーによって1ストロークの操作に変換できる。しかしそれでも「文字列を移動したいという意思表示」「対象文字列の選択（ドロー・スルー）」「挿入位置の指定」「実行の合図」という4ステップはそれ以上減らすことができない。モードレス性を持つための基本は、操作を、対象選択とアクション選択という2ステップで完了させることである。最低でも4ステップを要する文字列移動をモードレスにする方法はないのだろうか。

テスラーは、前に見たことがあった、スタンフォード大学のペンティ・カネルヴァが開発したTVEDITというテキストエディターのことを思い出した。このプログラムにはモードがあったが、削除と挿入について斬新な方法をとっていた。まず文字列を削除するには、対象を選択して、escape-d-return（delete）をする。その時、削除したものはバッファされる。そしてescape-o（oops）をすると、削除の操作が取り消され、バッファの内容が元の場所に挿入される。ステップの間に使用者はカーソルの移動やタイピングなど他のことを行うことができる。またLキーを押すと、カーソルがどこにあっても、現在のカーソル位置にバッファの内容が挿入される。つまり間違って削除してしまった時には単にLを押せば、（カーソルは削除した文字列の場所にあるので）削除を取り消すことができる。この方法が優れていたのは、削除した後にカーソルを別の場所に移動してLを押せばそこに削除したものが挿入されるので、Moveのようなコマンドを使わなくても文字列を移動できることだった。テスラーはこの方法を使えば文字列移動の操作をモードレスにできることに気づいた。

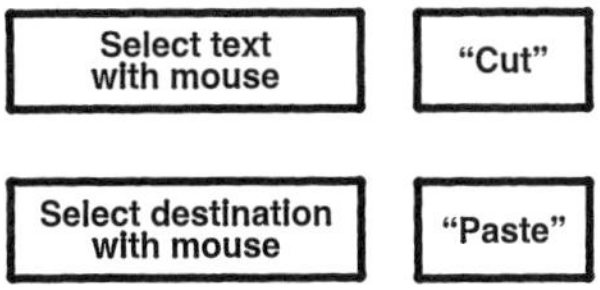

選択した文字列を任意のタイミングでメモリー上のウェイストバスケット（クリップボード）に格納し、任意のタイミングでそれをカーソル位置に挿入できればよいのである。まさに紙の原稿でカット・アンド・ペースト（切り貼り）するのと同じなので、それらのコマンドは「カット」および「ペースト」と名づけられた。また、文字列の移動ではなく複製をしたい時のために「コピー」コマンドも追加された。こうして、「カット」「コピー」「ペースト」「アンドゥ」「ダブルクリック」「ドロー・スルー」の機能がGypsyに実装された。

文字列を削除したければ、まず削除したい文字列をドロー・スルーまたはダブルクリックで選択してcutを実行する。文字列を移動したければ、やはり移動したい文字列をマウスで選択してcutを実行、挿入位置をマウスで指定し、pasteを実行する。移動ではなく複製をしたければcutのかわりにcopyを使う。これらはすべてモードレスに行うことができる。文字列選択とcut, copy, pasteのアクションはいずれも1ストロークで実行できる。それぞれのアクションは独立しており、コマンドによるモードで各ステップをまとめる必要がない。使用者はそれぞれのアクションを自由に組み合わせて実行できる。たとえばcutとpasteを任意のタイミングで行うことで、結果的に、文字列が移動するのである。

モードがないということは、アクションの選択とその実行が同時ということであり、モーダルな操作にくらべてより少ないステップで目的を達成できるということである。これは操作の凝集性が高いということであり、逆に言えば冗長性が低いということでもある。そのため、モードレスな方式では間違ったアクションを実行してしまう可能性が高まる。ただしモードレスな操作では、各ステップが独立しているため、間違った場合もそれを取り消す必要がない。あるいは最小限の手戻りで済む。たとえば、もし対象の選択を間違えたら、単に選択し直せばよい。アクションを間違えた場合には、アンドゥですぐに1ステップ戻ることができる。モード使用時に起こるような、一連の操作がすべて無駄になるようなことが起きないのだ。

テスラーは後年、「カット・アンド・ペーストの発案者は私ということになっているようだが、本当はペンティ・カネルヴァで、私はその名前を変えてキーストロークの数を6つから2つに減らしたに過ぎない」と言っている。[★11] しかしこれは不当な謙遜だろう。カット・アンド・ペーストという驚くべきアイデアの本質は、単に削除したものを簡単に挿入できるということではない。本質は、文字列移動の操作をモードレスにするために、文字列移動という概念の方を解体し、カットとペーストという二つの端的な概念に再構成したことなのだ。文字列移動には最低でも4ステップの操作が必要であり、これは減らすことができない。減らせないからモードを作らざるを得ない。しかしモードによってしか文字列移動が成立しないなら、文字列移動という目的そのものが手続的な段階性を帯びているということだ。だからこれをモードレスにするには、手段ではなく、目的の方を再構成しなければならない。作業に対する使用者の意識を、サブジェクトからオブジェクトに向け直させなければならない。テスラーが行ったのは、文字列移動の方法の変更ではなく、文字列を移動するという目的の捉え方の変更なのである。実際、カット・アンド・ペーストは文字列移動のための機能ではない。カットという機能とペーストという機能を組み合わせれば「文字列を移動することもできる」というだけだ。テスラーがGypsyに実装した、カット、コピー、ペースト、アンドゥなどは、どれも特定の目的的な文脈、つまりサブジェクトを持たない機能である。機能をサブジェクトから解放し、使用者のブリコラージュに明け渡すことで、ヒューマンインターフェースはモードレスになるのである。

Gypsyは1975年に完成し、Altoおよびレーザープリンターとともに Ginnに持ち込まれ、このシステムはDTPの先駆けとなった。★17 またテスラーが考案したモードレスなテキスト編集の方式は、SmalltalkやXeroxが後に開発したStarに取り入れられ、それらに影響を受けたMacintoshやWindows、そしてほとんどすべてのGUIワードプロセッサーに採用された。もちろん、現在広く使われているiPhoneやAndroidのヒューマンインターフェースにも継承されている。

モード追放運動

PARCの研究者たちがOOPやOOUIに取り組んだ1970年代、モードの問題はテキスト編集の操作に限らず、システム全体の操作モデルの中に存在していた。当時のシステムは複数のプログラムを同時に使うことができなかった。テキストエディターを使っている途中で、そこに書かれた数値を使って別のプログラムでグラフを作成する、といったことはできなかった。システムはモードの階層を備えており、使用者はそこに拘束されていたのである。テスラーによれば、典型的なモード階層は次のようなものだった。[★13]

エディタープログラムを使うには、まずシステムのExecutiveからEditorモードに入る。Editorでファイルからテキストをコピーするためにcopy-fromコマンドを発行すると、「from what file?」というプロンプトが表示される。そしてファイル名を入力する。もしスペルが思い出せなかったら――その場合はfrom-what-fileモードを終了し、copy-fromモードを終了し、編集したテキストをsaveし、Editorをexitして Executiveに移動し、ExecutiveからFile managerを呼び出し、list-filesコマンドを発行し、目的の名前を探してスペルを確認して、listコマンドをterminateし、File managerをexitしてからExecutiveに移動し、再びEditorに入り、copy-fromコマンドを発行し、「from-what-file?」というプロンプトが表示されたら、確認した名前を入力する。[★13]

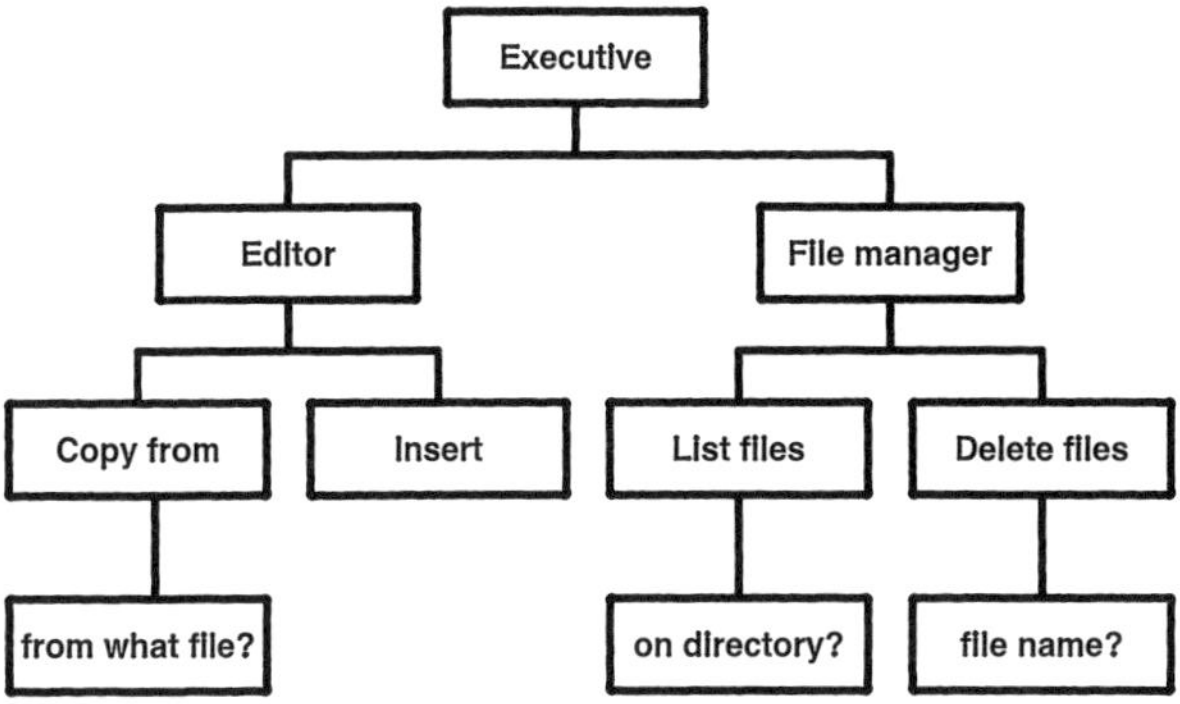

ラリー・テスラー「The Smalltalk Environment」より

そうした状況の中で、Smalltakのデザインに取り組んでいたケイは、「オーバーラッピングウィンドウ」と呼ばれる画期的なインターフェースを考案した。[★13] それまでにも、限られた表示面積の中で多くの情報を扱うための表現は研究されていた。アイヴァン・サザランドのSketchpadでは、スクリーンをタイル状に分割して複数のデータを同時に見せることをしていた。エンゲルバートのNLSでは、ひとまとまりの情報をウィンドウに見立てた領域におさめる表現を試していた。進行中の複数のタスクをそれぞれ別のウィンドウで表示し、ウィンドウを切り替えることでタスクを自由に切り替えることができるシステムもあった。しかしそうしたウィンドウシステムには、ウィンドウ同士がスクリーンのスペースを奪い合うという問題があった。ひとつのウィンドウを大きくすると別のウィンドウは小さくなってしまう。オーバーラッピングウィンドウはこの問題を解決する。ウィンドウが前後に重なり合うようになっていて、スクリーン上で個別に移動できる。あるウィンドウの大きさや位置が他のウィンドウの大きさや位置に影響を与えることがない。スクリーンの背景は机の表面のような役割を果たし、ウィンドウはその上に重なり合って置かれた紙のシートのように描画される。前面にあるウィンドウの後ろに、部分的に覆われたウィンドウが顔をのぞかせている。後ろのウィンドウの見えているところをマウスでクリックすると、そのウィンドウが今度は前面に来る。オーバーラッピングウィンドウには次の利点がある。

・複数のタスクに関連する情報を同時に見ることができる
・タスクの切り替えは、ウィンドウを選択するだけで行える
・タスク切り替えによって情報が失われることがない

ウィンドウはそれぞれが異なる文脈や機能を持つという意味ではモードのようなものであるが、マウスボタンひとつでいつでも自由にそこから出られるという意味で、ここで問題にしているモードとは異なる。ケイは、オーバーラッピングウィンドウのモードレス性について次のように言っている。

NLSは複数のウィンドウからできており、FLEXでは複数のウィンドウと少し小さいと思われるビットマップディスプレイとからなっている。しかしそれは個別のピクセルから成

り立っていた。この結果、重なり合うウィンドウをすぐに思いついた。ブルーナーの対照性の考えによれば、いつでも比較する方法を常に用意しておくべきである。動く視覚の精神は、できるだけたくさんの要素を画面に表示することで創造性をかきたて、問題解決を促し、妨害を防ぐ。ウィンドウを利用するときの直観的な方法は、マウスをそのウィンドウに入れて、ウィンドウを「上」にしてウィンドウをアクティブにすることである。このインタラクションは特殊な意味でモードレスである。確かに、一つのウィンドウに絵を描く道具があって、もう一つはテキストを保持しているというように、アクティブなウィンドウはモードを構成している。しかし、何かをするときには停止せずに隣のウィンドウに移ることができる。これが私にとってモードレスたる由縁なのである。ユーザーはいかなる後退もせずに、いつでも望んだように次の行動に移ることができる。モードのないウィンドウによるインタラクションと、以前のぎこちないコマンドラインによるシステムを比較したなら、すぐに全てがモードレスになっているべきであることがわかるであろう。このようにして「モード追放」運動を始めたのである。[★16]

ケイはSmalltalkを、「統合環境（Integrated Environment）」だと考えていた。それはつまり、OSとアプリケーション、アプリケーションとアプリケーションの間にモードの壁がなく、プログラムのデバッグ、ドキュメントの編集、グラフィックの作成、音楽の再生、シミュレーションの実行など、さまざまな活動の間を自由に移動できるようなものを指していた。そこでは使用者もしくはプログラムがコンピューター内のすべてのリソースに直接アクセスでき、統一的かつ協調的な方法でそれらを利用できる。また蓄積された情報が勝手に失われることなく、あらゆる活動を織り交ぜながらコンピューティングパワーが発揮されるのである。★13

オーバーラッピングウィンドウがあれば、使用者はいわゆる「先読み」をしなくて済む。モードがある場合、そのモードの中で必要となる情報はモードに入る前に把握しておかなければならない。複数の情報がそれぞれのウィンドウとして同時に表示されていれば、あるいはあるタスクの途中で必要になった情報をその場で新しいウィンドウとして開くことができれば、作業から暗黙的な準備段階をなくすことができる。また、一度行った操作が無駄になったり同じことをやり直したりすることが減る。見たいウィンドウが現在アクティブなウィンドウの後ろに隠れてしまっていることもあるが、その場合でも使用者はクリックするだけでそれを前面に呼び出せるのである。★13

Gypsyのプロジェクトを成功させたテスラーは、Smalltalkの開発に本格的に参加することになった。そしてウィンドウシステムの細部についてさまざまなデザインを考案した。たとえばウィンドウ上部のタイトルタブや、ウィンドウ側面のスクロールバー、そしてマウス操作ですぐにコマンドを実行できるポップアップメニューなどである。これらはその後に普及するウィンドウ表現の基礎となった。また、階層的な情報にすばやくアクセスできるよう、ひとつのウィンドウ内を複数のペインに分割し、一覧と詳細を同時に表示する方法も生み出された。この表現を用いれば、あらゆるデータベース的なコンテンツを、視覚的に、マウス操作によって扱えるようになる。★13 これが、

OOUIの基礎的なレイアウトパターンである「一覧と詳細」の原型となった。

テスラーやケイが取り組んだ「モード追放」運動によってOOUIの基本的な操作イディオムが作り出された。それらは1980年台にMacやWindowsのインターフェースを形づくり、2000年代にiPhoneやAndroidのインターフェースを形づくることになった。また、OOUIを実現するプログラミングパラダイムとしてOOPやMVCは開発手法のスタンダードとなり、現在ではさまざまな応用モデルが試されている。


OOUIにおける「Object→Verb」のシンタックスは、操作からモードを取り除く効果があるが、そもそもスクリーン上に提示されている要素を任意のタイミングで指し示せるということがOOUIの基本イディオムなので、インターフェースの表現が空間的なマッピングを利用したオブジェクト指向であることと、操作が非順序的でモードレスであることの間には、相互に強い必然性がある。OOP／OOUIの構文論的転回は、単に操作の順序が「Object→Verb」に変わったというよりも、コンピューターの操作から正しい手順という固定観念を取り除き、使用者が好きな方法で仕事を探索できるようなモードレス性をもたらしたということなのである。

モードレス性は一貫性であり同じ態度が持続することである。またモードレス性は直接操作性であり現在状態と目標状態の間に恣意的な手続きが介在しないことである。そしてモードレス性はオブジェクト指向性であり、つねにすでに、使用者の手許に対象が表出されていることである。デザインの素人は、モードを作ることがデザインであると思いがちだ。つまり使用者を特定の道筋に誘導することがデザインの役割だと考えてしまう。道路標識や避難口のサインなど誘導そのものを目的とした場合にはそうだろうが、ヒューマンインターフェースにおいては、むしろ行動を解放するベクトルでデザインを考えるべきである。インターフェースのモードというのは、作り手が考える以上に罪深い。これは人権に関わる問題だ。モーダルなインターフェースは、人の行動を決まった順序の中に閉じ込め、コントロールしようとする。道具を提供しているように見せて、人を道具にしているのである。だからデザイナーはいつも、できる限り操作をモードレスにする努力をしなければならない。これはインターフェースデザイナーにとっての第一の倫理規範だろう。インターフェースに現れる無自覚なモード性は、デザイナーの能力不足か、あるいは倫理観の欠如を表している。

モードレス性は、道具を、使用者の精神と身体へ明け渡す。全く知らないシステムを使いはじめる時でも、そのインターフェースがモードレスであれば、操作に慣れるまでの期間はとてもエキサイティングなものになるはずだ。それは箸や自転車の習得と同様、世界に触れる新しい神経組織を獲得する過程だからである。Macintoshの初期コンセプトを作ったことで知られるジェフ・ラスキンは、モードレス性の理想をシステムがモノトナスな状態（ある結果を得るための操作がひとつだけ提供されている状態）であることとして捉え、次のように礼賛する。

私は、インタフェースがモードを持たず、かつ、可能な限りモノトナスであれば、その他全てのデザインが現代のインタフェース水準から見て平均的なものであっても、劇的に使いやすいものとなると信じています。これによってユーザは、著しく高い信頼レベルにまで自らの習慣を高めることができるのです。この2つの属性を実現するだけで、インタフェースはユーザの意識から消え去り、取り組んでいる作業に対して完全に集中できるようになるのです。完全に（あるいはほとんど完全に）モードを無くし、モノトナスなシステムにすることによる心理的効果は、インタフェース・デザイン分野における実証研究によって実証されているのです。

もし私の考えが正しいのであれば、モードが無くモノトニーに基づいた製品を使用することによって、ほとんど病みつきとも言える習慣が形成され、製品を愛するユーザ人口も増加していくことでしょう。そして、競合製品への乗り換えに対して心理的な抵抗を示すようになることでしょう。しかし、非合法なドラッグを販売する場合とは異なり、中毒になるようなインタフェースの販売は合法であり、その製品はユーザにとって有益なものとなるのです。[★4]

7
モダリティー

複雑性保存の法則

ラリー・テスラーは、カット／コピー・アンド・ペーストの発明者としてだけでなく、「複雑性保存の法則」の提唱者としても知られる。複雑性保存の法則とは、アプリケーションの複雑性は減らすことができず移動のみできる、というものである。これはインタラクションに付随する複雑さの問題をエネルギー保存の法則になぞらえて示したものと言える。テスラーによるオリジナルの表現（1984年）は次のようなものだ。

すべてのアプリケーションには、それ以上減らすことのできない固有量の複雑性がある。唯一の問いは：誰がそれを扱うかだ――ユーザー、アプリケーション開発者、それともプラットフォーム開発者？★1

たとえばメールを送信するには最低でも二つの要素が必要になる。差出人のアドレスと宛先のアドレスである。この複雑性は、デザインをどのように工夫しても減らすことができない。しかしその一部を、使用者側からシステム側に移動することはできる。システムが差出人アドレスを設定ファイルに保存したり、宛先アドレスの入力を自動的に補完したりすれば、使用者の操作は楽になる。アメリカのデザイナー、ダン・サファーは、インタラクションデザイナーが複雑性保存の法則を覚えておくべき理由を二つ挙げている。★2 ひとつは、どれだけ努力してもデザインのプロセスにはそれ以上単純化できない要素があると認めなければならないから。もうひとつは、自分が作る製品の中にこの複雑性を移せる適当な場所を探さなくてはならないからである。使用者にとっての複雑性を少しでも減らすために、デザイナーやプログラマーが複雑性の移動を引き受けなければならないのだ。

テスラーが複雑性保存の法則を思いついたのは、PARCからAppleに移り、1983年から1985年にかけてMacintosh用のオブジェクト指向フレームワークを開発していた時だった。★2 ソフトウェアの操作をモードレスにするためにはヒューマンインターフェースに一貫性がなければならない。それにはOSがヒューマンインターフェースの雛形を提供することが有効だ。そうすればサードパーティーの開発者は標準的な表現を踏襲でき、コーディングの量も減らせる。この考えからテスラーは、共有ソフトウェアライブラリーであるMacintosh Toolboxと、アプリケーション自体との間に、ジェネリックアプリケーションと呼ばれる中間レイヤーを加えることにした。ジェネリックアプリケーションは、ウィンドウ、メニュー、コマンドなどを含んでおり、OSの標準的な振る舞いを提供する。ドキュメントを作成し、開き、保存し、印刷したりできるが、ドキュメントの内容や形態は含んでいない。このアイデアをAppleの経営陣やソフトウェアベンダーに訴求する際に、彼は複雑性保存の法則の考え方を用いたのである。アプリケーションには、生来それが持つ、それ以上には縮小できない複雑性がある。これを、使用者でもなく、アプリケーション開発者でもなく、プラットフォーム開発者が引き受けるものとして、ジェネリックアプリケーションの意義を主張したのである。

では、アプリケーションの複雑性と言う場合の「複雑性」とは何だろうか。単純に考えれば、ヒューマンインターフェースとして示される、機能、コントロール、選択肢などの量である。また、特定の目的を達成するまでに必要な操作の量である。複雑性の一部をシステム側に移動することで、それらの量が減る。使用者はより少ない操作、短い時間で作業を終えることができる。しかしこのような捉え方は、テスラーのコンセプトを単純化しすぎているだろう。もし量だけが問題なのであれば、それを減らすために、たとえば3ステップ必要だった操作を1つのボタンでまとめて行えるようにするなど、自動化のアプローチをとればよいということになる。Gypsyのデザインでテスラーがとったアプローチに照らせば、それはむしろ方向が反対だ。

ソフトウェアの複雑性に関して、アラン・クーパーらによる『About Face』の中に興味深い記述がある。

ほとんどのデザインは人間の振る舞いに影響を及ぼす。たとえば、建築は人間が物理空間をどう使うかを左右し、グラフィックデザインはそれを見た人の行動を促したり、後押ししたりすることを意図している。しかし現在では、半導体が組み込まれた製品（コンピュータから自動車、携帯電話、家電に至るまで）が身の回りにあふれている。つまり、私たちは複雑な振る舞いを示す製品を日常的に作っているのだ。

オーブンのようなベーシックな家電を例に考えてみよう。デジタル時代が到来する前のオーブンの操作は簡単だった。ひとつしかないつまみを正しい位置まで回すだけでよかったのである。電源がオフになる位置がひとつあり、つまみを回すポイントによってオーブンの温度を設定できた。つまみを所定の位置まで回すと、毎回まったく同じことが起きたのだ。これを「振る舞い」と呼べないことはないが、ごく単純な構造である。

これをマイクロプロセッサー、液晶画面、オペレーティングシステムが内蔵された最新型オーブンと比べてみよう。「お菓子・パン」、あるいは「グリル」などのボタンに混じって、「スタート」、「取消」、「プログラム」といった料理とは関係のないラベルのボタンが並んでいる。昔、ガスレンジでつまみを回していた頃と比べると、これらのボタンは、押すとどうなるのか予測しづらい。実際、ボタンを押した結果は、そのときのオーブンの作動状態とか、その前にどのボタンを押したかといったことによって大きく変わる。さきほど複雑な振る舞いと言ったのはそういう意味である。[★3]

クーパーらがここで言っている「複雑な振る舞い」とは、明らかにモーダルな振る舞いのことである。ある操作の意味や有効性が前の操作に依存して変化する時、その振る舞いは予測しづらく、インタラクションを複雑にする。もしひとつひとつの操作の意味が一定で、それぞれが独立して機能するなら、システムは単純なままに保たれる。たとえ目的達成までの操作の数が多くても、各操作の意味や必要性が使用者にとって自明であれば、問題にならない。デザイナーやプログラマーが対処すべき複雑性とは、つまりモードのことなのである。

モードによって生じる複雑性を、ある操作が前の操作によって規定されている状態の連続量として考えると、これは単純に、一連の操作をひとまとめにするのに必要な情報量として表せる。たとえばAとBという2種類のボタンを特定の順序で3回押さなければならないとすると、一連の操作の情報量は3ビット（8通り）となる。仮に3ビットの操作を1つのボタンで実行できるようにしたとしても、使用者の行為を網羅するには8つのボタンを用意する必要があるため、情報量は減らない。一方、モードがなければ、つまりボタンを押す順序や回数が決まっていなければ、それぞれの操作は独立しているので、情報量は1ビット（2通り）から増えることがない。モードレスなインターフェースよりもモーダルなインターフェースの方が操作方法が固定されていて初心者に優しいという意見を時々見るが、それは操作方法が固定されているというより正しい操作方法が固定されているということであり、使用者に課せられる情報量＝複雑性はそれだけ大きくなるということなのである。

アプリケーションの複雑性がモードを表すなら、複雑性の一部を使用者側からシステム側に移動させるには、まずその複雑性を生み出しているモードを何らかの方法で解体しなければならない。モードを解体するということは、モードに必然性を与えている操作の目的に対して、ヒューマンインターフェースが新しい観点を与えるということである。それはまさに、テスラーがカット・アンド・ペーストでやってみせたことである。文字列移動というタスクの複雑性は減らせないが、単純な「Object→Verb」シンタックスの組み合わせにすることで操作をモードレスにできる。ソフトウェアを手続きの道具から創造の道具としてデザインし直すことができる。このことから学べるのは、複雑なことができるようにするにはむしろ単純な作りにしておく必要があるということだ。複雑さに対して複雑さで対抗すれば弱いシステムになってしまう。強いシステムは、つまりさまざまな文脈に対して破綻することなく対処できるシステムは、複雑さに対して単純さで対抗するのである。

モーダルなインターフェースとは、簡単に言えば、ひとつの同じ操作が、異なる処理を発動する複数の行為に対して割り当てられているインターフェースのことである。モーダルなインターフェースは使用者の行動を制限する。ある同じ操作が、モードAにおいてはaという処理を発動する。またモードBにおいてはbという処理を発動する。その場合、モードBにいる時にaの動作をさせたければ、使用者はモードBを解除して、モードAに入り直さなければならない。発動させたい処理とは直接関係のない、モードの切り替えという余計な操作をしなければならないのである。一方、モードレスなインターフェースは使用者の行動を制限しない。使用者はいつでもaもbも実行できる。これは、aとbにそれぞれ異なる操作が割り当てられていることを意味する。モードレスなインターフェースでは、使用者がaを行う可能性とbを行う可能性が同時に生じる。取り得る操作の幅が限定されないということである。

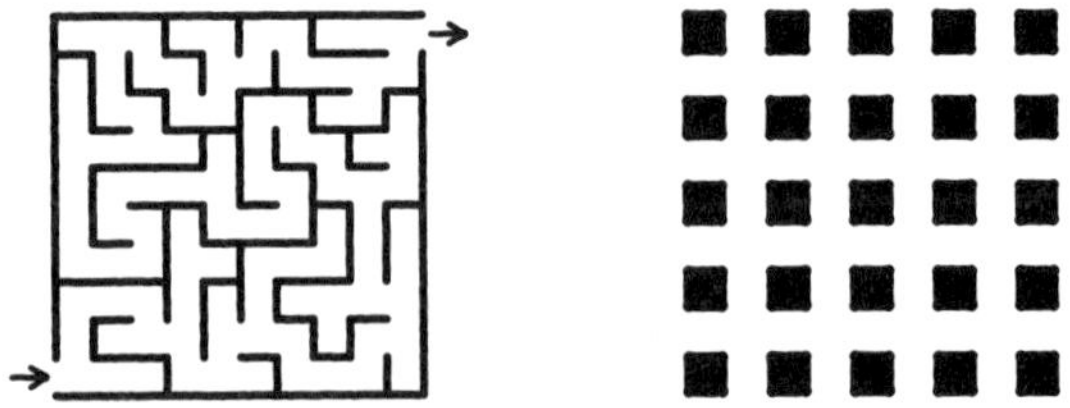

インターフェースをモードレスにすると、システムがひとつの状況下で取り得る状態の数が増えて、開発時のテストが大変になると言われることがある。しかし、行為に開かれていることそのものが道具の有理性なのである。使用者からすればモーダルなインターフェースは迷路を歩かされているようなものだ。システムが唯一用意している正解は、恣意的かつ暗黙的で、その正解からはずれた無理性は使用者が負わされることになる。

モードレスなインターフェースでは、使用者はどこから入ってどこへ出てもよい。正しい道筋というものはなく、習熟度や状況に応じたより良い道筋の可能性があるだけだ。それだと使用者の行動を正しく制御できないというなら、その考えは使役的すぎる。道具は使用者をコントロールするものではなく、使用者がコントロールするものだからである。たしかにモードレスなインターフェースをテストするのは大変だが、全体の状態変化を時間軸上のツリーとして扱わなくてすむようにオブジェクトは自立しているのだし、そもそも、無理性を取り除く努力を使用者ではなく制作者が負うようにするために、インターフェースはモードレスでなければならないのである。

モーダルなアプリケーションよりもモードレスなアプリケーションの方が開発側のコストが大きいとすると、複雑性のシステム側への移動とはつまり、使用者にとっての使いやすさを開発コストによって獲得するという意味に単純化できる。逆に言えば、アプリケーションをモーダルにしてしまうのは、それによって開発コストや運用コストを下げることができるからである。OOP／OOUIの開発フレームワークが充実している現在では話が別だろうが、1970年代の頃は今と比べてコンピューターリソースが圧倒的に少なく、非線形的かつグラフィカルなアプリケーションを十分なスピードで開発し、コンパイルし、実行するのが難しかった。たとえばテスラーがAlto上でGypsyのグラフィカルインターフェースを開発していた時、その動作は非常に遅く、「ビデオテープに九分の一の速度で録画し、普通の速度で再生すると自然な感じになるほど」だったという。[★4] スクリーンを二次元空間として扱いポインティング装置を用いてコンピューターを操作するというアイデアは1950年代からあったにもかかわらず、1960年代にビデオ表示端末が登場してパンチカードの時代からインタラクションの時代になり、1970年代にパーソナルコンピューターが市販されるようになっても、しばらくはテキストベースのインターフェースが主流だった。その大きな理由のひとつは、実用的な速度でグラフィカルなシステムを実行できる低価格のハードウェアが存在しなかったからだろう。一般にGUIシステムが普及しはじめたのは、1984年にMacintoshが発売されて以降である。

クーパーはソフトウェアのモードについて、「実装モデルにもとづいたモードは、混乱を招きやすい」と言っている。[★5]たとえば、「編集」モードと「印刷」モードの切り替えは、プログラムにとっては便利であるが、使用者にとっては便利とは言えない。これはつまり、モードはプログラム実装上の都合によって生じることがあり、そのようなモードほど、使用者にとっては混乱の原因になるということである。実装モデルにもとづいたインターフェースは実装コストの低いインターフェースであり、そのようなインターフェースがユーザビリティーを下げるのなら、やはりモードの問題は複雑性が移動されて「いない」ことによって生じるものだと言える。

1978年にノースキャロライナ大学のジェイムス・スニアインジャーが「User-interface Design for Text Editing」という論文を書いている。[★6]これはOccamというテキストエディターのインターフェース開発に関するものだが、そこに次のようなことが書かれている。

・コンピューターシステムには、コマンドモード、編集モード、入力モードなど、いくつかのモードがあるのが普通である。異なるモードが存在するのは、異なるプログラムがマシンを制御しているからかもしれないし、さまざまなコマンドやオプションを名づけているコードを再利用しようと意識的に努力しているからかもしれない。異なるモードがなければ、可能なすべてのコンピューターコマンドにコードを割り当てる必要があり、コードは非常に長く扱いにくいものになってしまう。

・モードは便利であるが、現在のモードを忘れることはよくあるエラーの原因である。典型的な例は、INSERTコマンドを忘れてしまったり、余計なコマンドを入力してしまったりすることである。Occamでの経験から、コマンドモードと入力モードは、ユーザーが最も混同しやすい二つのモードであることがわかっている。この二つの共通点は、ユーザーが最も多くの時間を費やすモードだということである。どうやら、あるモードに短時間いる分にはエラーを起こさないようだが、通常のモード以外で長時間過ごすと、自分がどのモードにいるのか忘れてしまうようである。ターミナルに現在のモードを表示することは助けになるが、問題の解決にはならない。

この論文は、ソフトウエアのモード問題に言及した最も古いもののひとつだと思われるが、そもそもコンピューターにモードが存在する理由として、情報の複雑性と開発コストに触れている点が興味深い。コンピューターはその利用価値を高めるためにたくさんの機能を実装する。するとそれらを呼び出すためのたくさんのコマンドが必要になる。しかしすべてのコマンドを並列に扱おうとすればそれだけ広い名前空間が必要になる。つまりより多くのコンピューターリソースが必要になる。同じコマンドやオプションを使い回して開発コストを下げるには、それらの上位に階層を追加すればよい。そのようにして追加された階層が、モードなのである。ここで指摘されている名前空間の問題は、あくまで使用者が先にコマンドを発行するという操作方法を前提として生じるものだ。おそらくスニアインジャーはまだオブジェクト指向の「Object→Verb」シンタックスを知らなかったのだろう。彼はたくさんのコマンドを扱う上で「モードは便利である」と考えていたのである。

この論文では、モードによる使用者の混乱についての指摘も興味深い。モードが問題になるのは、使用者があるモードの中に長くいる時だとスニアインジャーは言っている。長くいることで、自分が何のモードの中にいるのか、あるいはモードの中にいること自体が、わからなくなってしまうのだという。Occamというテキストエディターでは、ドキュメントにテキストを挿入する際、まず入力モードに入る。するとプログラムは挿入する文字列を入力するためのオペランドモードに入る。この時、より長い文字列を入力している時の方が使用者はモードを忘れてしまうのだという。モードを忘れてしまうことが問題なら、現在のモード名をスクリーンのどこかに示していればよいと思われたが、実験してみると、多少の効果はあったものの、問題の完全な解決にはならなかった。ここがモード問題の重要な点である。もし使用者が現在のモードをはっきり認識しているなら、モードは大きな問題にならない。しかしモードの中にいる使用者にとって、モードを認識し続けることは難しい。モードは、モードの認識そのものを困難にする。

モードとは何か

ジェフ・ラスキンは、インターフェースを解説する上で「モード」という用語がいつから用いられてきたのか定かではない、と言っている。[★7] ラスキンはまた、1975年にラリー・テスラーとティム・モットがGypsyについて書いたドキュメント[★8]の中に「Gypsyには〝モード〟がない（There are no "modes" in Gypsy）」と書かれていることに着目し、「モード」という用語は1975年当時ではまだ目新しく著者は引用符で囲む必要性を感じたのだろう、と言っている。テスラーらによるこのドキュメントはGypsyのスクリーン構成や操作方法をXeroxの内部向けに記したものだが、そこで「モード」に対する引用符の他にもうひとつ興味深いのは、「モードレス」という言葉が一度も使われていないことである。ドキュメントを読んでいくと、先の記述の他に、マウスのボタンは「モード依存ではない（not mode-dependent）」という表現があるだけで、「モードレス」という形容詞や「モードレスネス」という名詞は一度も登場しない。当時はおそらく、モードという概念やそれを減らそうという意識は明確にあったものの、モードがない状態を積極的に表すための用語は定まっていなかったのだろう。1977年に作成された、やはりXeroxの内部向けドキュメントである「A Methodology for User Interface Design」という資料を見ても、「モード」という言葉は出てくるものの、「モードレス」という言葉は使われていない。[★9]

テスラーは、自分の車のライセンスプレートを「NOMODES」という文字にしていた。プレートのフレームには、モーダルなプログラムに困惑した人々がよく口にする「HOW DO I GET

OUT OF THIS MODE?」という言葉や、モードをもたらす典型的なコマンドやプロンプトである「INSERT」「FIND」「REPLACE」「FILE NAME」という言葉が書かれたシールが貼られていた。[★10] またテスラーは、1981年8月の「BYTE」誌のSmalltalk特集号で、友人からもらったというTシャツの写真を掲載しているが、その胸には大きく、「DON'T MODE ME IN」と書かれていた。[★11] そのフレーズのまわりには、「INSERT」「DELETE」「REPLACE」「FILE NAME」「SEARCH」「REPLAY」という小さな文字が、有刺鉄線で結ばれるかたちであしらわれている。

私の友人は、私が数年に渡って繰り広げている狂信的とも言えるキャンペーン、つまり地球上から、少なくとも私のコンピューターのディスプレー画面からモードをなくすキャンペーンをからかうために、このシャツをくれたのだ。[★11]

PARCにおいてテスラーは、自他ともに認めるモードレスネスの信奉者であった。しかしライセンスプレートにもTシャツにも、「モードレス」という言葉は使われていない。一方、そのTシャツの写真が掲載されている「The Smalltalk Environment」という記事の本文では、テスラーは「モードレス」という言葉を何度も使っている。この記事はPARCを辞めてAppleに移った直後のテスラーが、GypsyやSmalltalkのヒューマンインターフェースについて解説しているものだが、彼は自身が取り組んだ仕事を説明するために、「モードレス編集」や「モードレスシステム」といった表現を使って「モードがない」状態を積極的に概念づけているのである。これらのことから、「モードレス」という言葉がインターフェースデザインの用語として使われ出したのは、1977年から1981年の間だと推測できる。

モードレスデザインの始祖とも言えるテスラーは、そもそも「モード」をどのように定義づけていたのだろうか。先の「A Methodology for User Interface Design」はXeroxの複数の研究者によって作成されたドキュメントだが、テスラーもその著者の中に入っている。このドキュメントには、「モード」について次のように書かれている。

モード：コマンド言語は、同じ入力アクションのセットに異なる意味が割り当てられるような、複数の異なるコマンドモードの使用を避けるべきである。コマンド言語のモードは、ユーザーが理解しなければならない追加的な概念の一つである。またたとえ理解したとしても、誤ったユーザーアクションを頻繁に引き起こすものである。★9

モードの定義としてよりふさわしい記述が、テスラーが2012年に書いた「A Personal History of Modeless Text Editing and Cut/Copy-Paste」という記事の中にある。それは次のようなものだ。

1981年のSmalltalkに関する記事（「The Smalltalk Environment」）で、私はモードを「一定期間持続し、特定のオブジェクトに関連せず、オペレーターの入力に解釈を与える以外の

役割を持たない、ユーザーインターフェースの状態」と定義した。★12

ここでテスラーは、自身が1981年に書いた「The Smalltalk Environment」からモードの定義を引用しているが、記事の中を探してもそのような記述はない。おそらく彼の記憶違いだと思われる（そのかわり1982年4月の「BYTE」誌に掲載された「Designing the Star User Interface」という記事の中に、テスラーの言葉としてこの定義が引用されている）。いずれにしても彼の考えるモードとは何かがわかった。箇条書きにすると次のようになる。

- ユーザーインターフェースの状態のこと
- 一定期間持続する
- 特定のオブジェクトに関連しない
- オペレーターの入力に解釈を与える役割だけを持つ

ここでポイントになるのは後半の二つである。モードというのは、インターフェースの状態のうち、オブジェクトに依存しないものだということ。つまりオブジェクト選択の操作よりも前にすでに発生しているものなのである。そして、モード自体はシステムにモード性（操作に対する別な解釈）を与えることしかしないということ。つまり何かを創造する行為そのものではなく、それは単に装置についての働きなのである。

テスラーが「The Smalltalk Environment」の記事を発表して以降、多くの研究者がソフトウェアのモード性（モダリティー）について言及するようになった。ＰＡＲＣ内ではもう何年も議論されてきたテーマだったが、それが周知のものとなったのである。モードの問題について多数の論文を書いたロンドン大学のハロルド・シンブルビーは、１９８２年に書いた「Character Level Ambiguity: Consequences for User-Interface Design」という論文の中で、アクションに対する解釈の変化としての「モード」と、システムやアプリケーションの「文脈」や「状態」とを区別している。[★13]前者はモードエラーを引き起こし、後者はインタラクションのある時点における使用者の選択肢を（良くも悪くも）制限するのだという。シンブルビーは、利用可能な機能の数が適切なキーの組み合わせの数を超えた場合に、モードが導入されると言っている。そして、モードはインターフェースを曖昧にし、それが頻繁に用いられると使用者は簡単にエラーを起こすと言っている。

このようにモードは、「前ＧＵＩ」時代のコンピューター操作における最大の問題だった。そしてテスラーたちが考案したモードレスな操作イディオムは、ＧＵＩの普及と同時に広く歓迎されたのである。

一方、ソフトウェアの操作はモードレスにすべきだという考えに対する懐疑的な見方もある。たとえばヨーク大学のアンドリュー・モンクは、１９８５年の論文「Mode errors: a user-centred analysis and some preventative measures using keying-contingent sound」の中で、「現実的な複雑さを持つほとんどすべてのシステムに、ある種のモードがあることは明らかである」と言っている。[★14]そしてモードがあったとしても、それが問題になるのは、使用者がある行動の結果について誤った期待を持っている場合だけだと言っている。たとえば、過去のタイムシェアリングシステムにおいては、システムは「Return」または「Enter」が押されるまで入力された文字をバッファリングしていた。バッファがいっぱいになると、それ以降のキー入力はすべて無視された。この振る舞いの変化は使用者が予期していないものであるため、「キーを押したのに何も効果がない」というモードエラーに繋がる。一方、問題にならないモードの例として、モンクはスクリーンエディターの改行アルゴリズムを挙げる。現代のエディターは通常、テキストの入力がスクリーンの右端に達すると改行する。その時、最も近いスペースやハイフンまでバックトラックされる。カーソルがスクリーンの右端近くにある時、つまりシステムが「行末モード」にある時は、文字入力に対する表示の振る舞いが変化するということである。しかしこれについては、ほとんどの使用者は文字列の表示がどこで改行されるかについて気にしていないため、問題にならないのだという。ただし、たとえば表を作成している時などは、使用者は改行位置について特定の期待を持っているので、モードエラーに繋がる恐れがあるのだという。

ＩＢＭが１９９３年に出版したヒューマンインターフェースのガイドライン『IBM Common User Access Guidelines』には、モードについて次のような記述がある。

モードとは、ユーザーが特定の操作のみを行える状態を指します。モードはユーザーの選択肢を制限します。しかし、モードは状況によっては有用です。つまり、たとえば、同じテクニック、キー、ボタンなどを使って複数の操作を実行できるようにすることで、入力装置の機能を拡張することができます。また、モードは熟練したユーザーが素早く一連の操作を行うのにも役立ちます。[★15]

クーパーも『About Face』第3版の中で、「モードが本質的に悪いということはない」と主張している。[★16]「デザインのまずい」モードにはたしかにいらいらさせられるが、「それだけのことだ」というのである。たとえばグラフィック作成アプリケーションでは筆やペンなどを選ぶ「ツールパレット」のイディオムが一般的になっているが、クーパーはこれを良いモードの使い方だとしている。そして次のように言う。

PARCの研究者たちは間違っていたわけではなく、誤解していただけだ。MacPaintのユーザーインターフェイスは、現代のプログラムと比べても優れたものだったが、それはモードレスに作ったつもりになったからではない。むしろ、プログラムがどのモードに入っているのかがすぐにわかり、簡単にモードを切り換えられたからなのである。[★16]

ヒューマンインターフェースをモードレスにしようとする上でよく話に上がるのが、このツールパレットの問題である。グラフィック作成アプリケーションのツールパレットは、現在選んでいるツールに応じて描画の効果が変化するという意味でモーダルな機能だが、これをモードレスにする方法はあるのか、という問題である。Appleのガイドラインでは、1985年の時点ですでに、許容可能なモードのひとつとしてツールパレットを挙げている。ツールパレットはモーダルだが、あっても良いモードだというのである。Appleのガイドラインでは、アプリケーションそのものや、Shiftキーを押している間だけ文字入力が大文字になるようなスプリングローデッド・モードなどについても、良いモード、あるいは許容可能なモードだとしている。しかしこうした指針にはあまり根拠が感じられず、恣意的なものに思われる。モードというものを基本的には避けるように言いつつも、完全に排除するべきだというわけでもない、といった曖昧さがある。果たしてモードは完全に除去すべきなのか、それとも少しはあってもよいのか、あるべき所にはあるべきなのか。あってもよいモードがあるならばそれはどのようなモードなのか。こうしたモードの是非に関する議論からわかるのは、そこで実際に問題になっているのは、モードの良し悪しではなく、モードとは何かという定義だ。

たとえばテスラーの定義を採用するならば、ツールパレットやアプリケーションは、モードではない。ツールパレットでツールを選ぶ操作は、特定のツールというオブジェクトを選ぶ操作であり、使用者にとって単にモードを切り替えること以上の意味を持っている。使用者は自分が選んだオブジェクトを、絵を描くための筆に見立てて、それを直接操作しようとしている。アプリケーションの切り替えも同様に、その操作はアプリケーションというオブジェクトの選択行為である。またアラン・ケイがオーバーラッピングウィンドウについて説明したように、アプリケーションのウィンドウは1クリックで切り替えることができるため、そこにはむしろモードレス性がある。

対象選択のジェスチャーが同時にモードの切り替えを意味する場合、モード切り替えの手続きは「Object→Verb」のシンタックスに内包されるので、準備作業としてその手続きを意識する必要がない。

では、Shiftキーによる大文字入力についてはどうか。キーボードの操作に慣れていれば、Shiftキーを押して一時的に大文字入力モードに入ることに問題を感じることは少ないだろう。一方で、Caps Lockキーによって大文字入力モードにしている時には、キーボードに慣れていても問題になることが多い。モードに入っていることに気づかなかったり、モードに入ったことを忘れてしまったりするからだ。Shiftキーでも Caps Lockキーでもそこで生じるモード（大文字入力モード）は同じであるのに、一方は問題にならずもう一方は問題になるのはなぜなのか。テキストエディターの行末の振る舞いは、たしかに通常は問題にならないが、表作成などの幅の狭い領域の中にテキストを入力している時には問題になる。モンクは、使用者がある行動の結果について誤った期待を持っている場合にモードエラー、つまりモードに起因する間違いが起こるとしている。そのことから、これらのモード性、およびその問題の有無を考えるためには、モードの定義に加えて、さらにモードエラーが起こる条件を明確にする必要がある。

モノトニー

ヒューマンインターフェースにおけるモードと、モードが引き起こすモードエラーについて、ラスキンほど厳密に定義づけを試みた研究者はいないだろう。彼は著書『ヒューメイン・インタフェース』において、一章をまるごと割いてそれらについて考察している。ラスキンはこう言う。

モードとは、インタフェースにおける間違い、混乱、不必要な制限、複雑さの温床となる重要なものです。モードによってさまざまな問題が引き起こされるということは、世の中で広く認識されているにもかかわらず、インタフェース・デザインの分野においては、完全にモードのないシステムを作るという戦略がほとんど採用されていないのです。★7

ラスキンが求めるのは、完全にモードのないシステムである。そのようなシステムをデザインする方法を明らかにするには、モードというものの正体を明らかにしなければならない。そのために彼はまず、「注意の所在」と「ジェスチャー」という概念を取り上げる。

ラスキンは次のように説明する。我々の意識には、認知的意識と認知的無意識がある。たとえば、自分が今着ている衣服の感触に注意を払ってみる。すると、それまで意識していなかった、衣服が体のさまざまな部分を押さえつけている感触が、急に意識にのぼってくる。最近の楽しかった時の記憶を思い起こす。するとその時の感情が急に呼び戻されてくる。自分の名前をアルファベット表記した時の最後の文字について考える。するとその知識がどこからか急に取り出されてくる。我々には認知的意識と認知的無意識が備わっている。そしてある刺激によって、心理構造が片方からもう片方へと移行する。認知的意識は、何か新しいことや脅威を感じる状況に遭遇した時、あるいは「型にはまらない」判断をしなければならない時、つまり今この場で起こっていることにもとづいて行動しなければならない場合に、呼び起こされる。認知的意識は逐次的に作動するものであり、同時にたったひとつの問題についての思考しか、あるいはたったひとつの行為に対する制御しか、行うことができない。そして意識的な記憶は、ほとんどの場合、わずか数秒で消え去ってしまう。

衣服の感触に注意を払う時のように、我々は思考を無意識から意識へと移行させることができる。しかし意図的に思考を意識から無意識へ移行させることはできない。「象のことは考えるな」と言われた時、それが実現されるのは、「象のことを考えないようにしよう」とした時ではなく、「象のことを考えないようにしようと考えなくなった」時である。つまり、象が「注意の所在」でなくなった時である。我々が同時に集中できる対象は、我々の感覚や想像が知覚している世界すべてを含めたとしても、たったひとつしかない。そのひとつしかない対象である物体、特徴、記憶、思考、概念がどのようなものであれ、それが注意の所在となるのである。

我々は、何かの作業を繰り返しているうちに、それが徐々にやさしいものに感じられてくることがある。スポーツや楽器の演奏、自転車に乗ること、歩くこと。繰り返し練習することによって、ある能力が「習慣」となり、ほとんど考えずにその作業を行うことができるようになる。この習慣は、悪い方にも作用する。たとえば爪を噛むなどの癖や、薬物の常用などである。習慣は非常に強力なものであり、意識による制御が効かない。ある行為が日常生活において「型にはまった」ものとなっているなら、それは無意識の領域に入り、自動化されてしまう。ヒューマンインターフェースの操作についても同様である。どのようなインターフェースでも、それを継続的に使用することによって習慣が形成され、それを避ける方法は存在しない。ラスキンは、「デザイナーとしての私たちに課せられた命題は、ユーザー側に問題が引き起こされるような習慣を形成させないインターフェースを創り出すことだ」と言う。たとえばクーパーも指摘したように、何かを削除しようとした時に現れる「本当に削除しますか?」といったダイアログは役に立たない。なぜなら使用者はほとんどの場合「実行」を選ぶことになるため、それが習慣化し、「実行」ボタンを押すことができる行為の一部となってしまうからだ。ダイアログを見て自分の意思を確認し直すということができなくなるのである。誤った削除をなくすために作られた確認ダイアログは、習慣によって意味を失い、実際には単に通常の削除プロセスを複雑にするだけの存在となる。

ラスキンによれば、注意の所在というものは、作業や問題に没頭すればするほど、変わりにくくなるのだという。集中すればするほど、注意の所在を変えるには大きな刺激が必要となる。たとえば電車の中で読書に集中しすぎて、降りる駅を過ぎてしまったといった経験があるだろう。ある部分への集中度が高まるほど、他の部分に対する注意は薄れる。作業が重要なものになればなるほど、使用者はシステムからの警告に気づかなくなる。警告メッセージというものは、それが見逃されてはならない最も重要な時ほど、見逃されやすくなる。これらのことからも、ヒューマンインターフェースにおいてより重要なのは、使用者に確認や警告を提示することではなく、すべての操作結果を取り消せるようにすることなのだとラスキンは言う。

認知的無意識の領域にある行為の中でも、特に、いったん開始すると自動的に完了する一連の動作を「ジェスチャー」と呼ぶ。たとえば、「the」という単語を入力する場合、タイピングの初心者にとっては各文字をタイプする動作がそれぞれのジェスチャーになる。一方タイピングの熟練者の場合には、単語自体がひとつのジェスチャーになる。行為が習慣化されると、別々に認知されていた動作はひとつの心理単位に連結される。操作に熟練することで、一連の動作は単一のジェスチャーになるのである。注意しなければならないのは、同じ行為でも、それがどのレベルでジェスチャーとして自動化されているかは人によって異なるということだ。

ヒューマンインタフェースでは、ひとつのジェスチャーに対して複数の解釈が用意されている場合が多い。たとえば「Return」キーを押すというジェスチャーは、状況によって、改行文字の挿入であったり、コマンドラインの実行であったり、漢字変換の確定であったり、デフォルトボタンのショートカットであったりする。インターフェースがジェスチャーをどのように解釈するかは、モードによって決定される。つまり、ジェスチャーの解釈が異なっている場合、インターフェースは異なったモードにある。もしジェスチャーの解釈がひとつに定まっているなら、インターフェースはひとつのモードにある。これがモードというものに対する定義の出発点である、とラスキンは言う。

モードの最も単純な例は、トグル式のボタンである。点灯と消灯をひとつのトグル式ボタンで行う懐中電灯を考えてみる。このボタンを押すと、現在の状態が消灯状態であれば点灯し、現在の状態が点灯状態であれば消灯する。この場合、ボタンには二つのモードがあることになる。ボタンを押すという同じ操作が、一つ目のモードでは点灯を意味し、二つ目のモードでは消灯を意味するのである。しかしこれでは、懐中電灯の現在の状態がわかっていなければボタンを押した時の動作を予測できない。通常であれば懐中電灯の点灯状態を目で確認することで現在のモードを把握できるが、もし鞄の奥深くに入れた懐中電灯について消し忘れていないかを確認したければ、一度それを鞄から取り出してみなければならない。これはモードによる問題である。インターフェースに複数のモードがある場合、目的のために必要となる操作は、そこに実装されている機能を知っているだけではわからないのだ。

トグル式のボタンは、ラベルをつけるのも難しい。たとえば「オン」というラベルのついたボタンがあるとする。これを押すと何かの状態がオンになることはわかる。しかしこれがトグル式ボタンで、押すとラベルが「オフ」に変わるとする。その状態でもう一度押すと状態がオフになるのだが、使用者から見れば、オンにしたつもりなのにラベルの表示が「オフ」になるので混乱する。ラベルが現在の状態を表しているのか、押した後の状態を表しているのか、わからないからである。ラベルのつけ方を反対にして、つねに現在の状態を示すようにしても、問題の解決にならないのは明らかだ。問題を解決する確実な方法は、トグル式ボタンの使用をやめて、ラジオボタンにすることである。「オン」と「オフ」の二つのラジオボタンを用意し、オンにしたい場合は「オン」を、オフにしたい場合には「オフ」を押すようにするのである。そうすれば問題は起こらない。ラジオボタンでは、ひとつのコントロールにひとつの機能しか割り当てられていないため、モードの変更がないからである。

モードに起因する問題のもうひとつの例は、先にも挙げたCaps Lockキーである。このキーがいつの間にか押されてしまっていて、入力するアルファベットが意図せずすべて大文字になってしまった経験があるだろう。Caps Lockがオンになっている場合には、Caps Lockキーのライトが点灯したり、キー自体が押し込まれた状態になったりするので、それを目視すれば、現在Caps Lockモードに入っているかどうかを確認できる。しかしタイピングしている時、使用者の注意の所在はスクリーン上のテキストにあるため、使用者はモードの変化に気づかないのだ。ドナルド・ノーマンは「Design Rules Based on Analyses of Human Error」の中で、「モードエラーは現在の状態を明確にフィードバックしないシステムで頻繁に発生する」[★17]と指摘しているが、ラスキンによれば、モードエラーが起きるのは、フィードバックが不十分であったためではなく、フィードバックそのものが使用者の注意の所在にならなかったためなのである。

ここでもう一度、グラフィック作成アプリケーションのツールパレットについて考えてみる。ツールパレットにおけるツールの選択は、これから使おうとするツールオブジェクトを選択する行為であるため、単にモードの切り替えという以上の意味性がある。またクーパーは、ツールパレットのイディオムを「プログラムがどのモードに入っているのかがすぐにわかる」良いインターフェースだと言っている。[★16]しかしPhotoshopなどを使ったことがあればわかるとおり、キャンバスの上でマウスをドラッグしてからやっと自分が間違った絵筆を握っていたことに気づくということがそれなりに起こるのである。グラフィック作成アプリケーションのメーカーはこの問題を認識しているため、現在どの絵筆が選ばれているかを使用者に示すために、単にツールパレットで当該ボタンをハイライトさせるだけでなく、マウスカーソルの形状をその絵筆に合わせた形状に変化させるという方針をとる。しかしそれでも問題は起こる。なぜなら、使用者の注意の所在はマウスカーソルではなくキャンバス上のグラフィックにあるからだ。現在のモードをフィードバックする表示が使用者の視覚野の中心にあったとしても、それが注意の所在となっていなければ、システムが告げようとしているメッセージに使用者は気づかないのだとラスキンは言う。特に熟練者はグラフィック作成の作業について確固とした習慣を形成してしまっているため、モードから逃れる術はない。また初心者は、そもそもマウスによる描画操作に先立って必要なツールを選び直すという手順を正しく意識できていないため、やはり同じ問題に遭遇する。

ノーマンは先の記事の中で、モードによる間違いを最小化するための三つの方法を挙げている。[★17]

・モードを持たない
・モードの違いを区別できるように明示する
・モードによって必要となるコマンドが異なるようにし、間違ったモードにおけるコマンドが困難を引き起こさないようにするラスキンによれば、この三つの方法のうち、モードによる間違いをつねに避けることができるのは一つ目のものだけだという。二つ目の方法は、ここまで見てきたように散発的にしか効果がない。また三つ目の方法では、モードエラーの代償を減らすことはできるものの、モードエラー自体を減らすことはできない。マウスカーソルの変化以上に、使用者の注意を強引にモードのフィードバックに引きつける方法もあるかもしれないが、それは使用者が没頭している作業を妨害して割り込むことになる。そのようなインターフェースの振る舞いは、モードエラーと同じぐらい望ましくないものだろう。モーダルダイアログがその例であり、だからこそ、クーパーはこれを排除しろと言うのである。

ヒューマンインターフェースに複数のモードがある場合、頻度の差こそあれ、何らかのモードエラーが発生する。しかしすべての使用者が同じモードエラーに遭遇するわけではない。これは、あるインターフェースの振る舞いが、特定の使用者にとってはモードを持っているように感じられ、別の使用者にとってはそう感じられないからである。だから、モードというものを完全に定義するには、使用者がインターフェースをどのように捉えているかという点を組み入れなければならない。そこでラスキンはモードを次のように定義する。

あるジェスチャーに対してヒューマンインターフェースがモードを持つのは：

1. インターフェースの現在の状態が使用者の注意の所在となっておらず、

2. そのジェスチャーに対して複数の異なった応答がインターフェースによって実行される場合

この定義には二つの段階がある。それぞれについて、ラスキンは「Backspace」キー（Macでは「Delete」キー）を例にして説明する。テキストを入力している時に「Backspace」を押すと、最後に入力した文字が削除される。最後に入力した文字が「e」であった場合、「Backspace」を押すとその「e」が削除される。最後に入力した文字が「x」であった場合、その「x」が削除される。定義の後半部分のみを考えた場合、「Backspace」を押した時の動作は最後に入力した文字に依存するため、そこにはモードがあることになる。しかし多くの場合、使用者の注意の所在は削除しようとする文字にあるため、定義の前半部分が適用されて、この操作はモードを持たないものとなる。実際、「Backspace」の操作によってモードエラーが起こることは稀だろう。ただし、もしテキスト編集中にカーソルを見失った状態で「Backspace」を押せば、おそらく予想外の結果が引き起こされる。

ラスキンの定義に照らせば、グラフィック作成アプリケーションのツールパレット、あるいはアプリケーション自体なども、やはりモードである。現在どのツールが選ばれているかや、現在どのアプリケーションを使用しているかは、作業に没頭している使用者の注意の所在にはならないからである。Appleがカット／コピー・アンド・ペーストなどの汎用的な機能をどのアプリケーションでも変わらず利用できるようにしているのは、モードをできるだけ作らないようにするためだった。しかしすべてのコマンドがアプリケーション横断的に共通化されていない以上、モードエラーを無くすことはできない。ただしラスキンは、モードがあってもモードエラーを引き起こさないようなインターフェースがあると言う。そのようなモードの状態を、彼は「擬似モード」と呼ぶ。ラスキンによれば、Caps Lockキーを使って大文字を入力するのと、Shiftキーを押し続けながら大文字を入力するのとでは、大きな違いがあるのだという。前者ではモードが確立されるのに対し、後者では確立されない。実験によれば、キーを押し続けたり、ペダルを踏み続けたり、あるいはその他の物理的な方法でインターフェースをある状態に保ち続ける場合、モードによる間違いは起こらないのだという。神経生理学的側面から言っても、我々の筋肉が力を活発に生み出している場合、我々にフィードバックされる信号は低下しない。Shiftキーを押し続けている間、その状態は我々の認知的意識にとどまり続ける。このようなモードは一般的にスプリングローデッド・モードと呼ばれるが、ラスキンはこれについて、バネを使っているわけでもモードが確立されているわけでもないとして、かわりに「擬似モード」という呼び方を提案している。擬似モードは、モードエラーを除去する非常に有効な方法だとラスキンは言う。しかしこれに頼りすぎて、複数のキーコンビネーションを用いるような操作をいくつもインターフェースに組み込むと、使用者はそれを扱いきれなくなってしまうので注意が必要なのだという。

グラフィック作成アプリケーションのツール選択がもし擬似モードを用いたものなら、絵筆を切り替え忘れたり、描画スタイルを事前に調整し忘れたりすることが減るかもしれない。しかしそれは絵筆やスタイルの種類が一つか二つ、せいぜい三つ程度しかない場合だろう。通常はもっと多くの種類を扱うため、擬似モードを作るための操作が増えすぎてしまう。一方で、マウスでの描画操作をあくまでも「Object→Verb」のシンタックスにする方法もある。先に紹介したKeynoteにおける図形作成の方法と同じように、まずはデフォルトのスタイル（たとえば細い黒線）もしくは前回使用したスタイルで描画し、後からその線のスタイルを変更できるようにすればよいのである。実際、ベクターデータとして描画オブジェクトを扱うドロー系のアプリケーションでは、そのような振る舞いになっているものが多い。しかしラスターデータとして描画するペイント系のアプリケーションでは、使用者が求めているのは描きたい属性をすべて兼ね備えた描画であり、それを一筆ごとに確認しながら作業することだろう。現実世界で我々が絵を描く時の、まず筆を選び、次に色を選んでから、キャンバスに筆を置く、という動作に倣えば、描画に先立ってツールパレットでツールを選ぶことの不自然さは最低限のものである。またそこで生じるモードエラーは、現実世界で絵を描く時にも全く同じように生じるものだ。そして、もし間違ったツールが選ばれていても、使用者の注意の所在は描いているグラフィック自体にあるため、描画した瞬間に間違いに気づく。幸いなことにデジタルのキャンバスでは、その場で間違った一筆をアンドゥし、望ましいツールへと変更して、作業を続けることができる。ラスキンは、ツールパレットは「Object→Verb」のシンタックスを適用できない唯一のイディオムだと言っている。

ここまでの考察をふまえて、最終的にラスキンはモードについて次のようにまとめている。

インタフェース・デザインにモードを導入する場合、そのモードによって制御される状態がユーザの注意の所在となっており、同時にそれがユーザから可視となっているかユーザの短期記憶に存在していることを保証することによってのみ、ユーザをモードに起因する間違いから解放できるのです。モードが適切な条件下で使用されている、あるいは特定のモードを使用することによって発生する欠点よりもその利点が勝っている、ということを実証するのはデザイナの責任なのです。モードのあるインタフェース・デザインを避ければ、常に安全なのです。★7

ラスキンの理想は、システムを完全にモードレスにすることである。そのためにはまず、基本的な操作をすべて「Object→Verb」にする。またどうしてもシステムの振る舞いを一時的に変更したい場合には、擬似モードを使う。その上でラスキンは、もうひとつ取り組むべきこととして、「モノトニー」という概念を挙げる。モノトニー（単調さ、変化のない様）とは、ある動作を起こすための操作がひとつしかなく、またある操作が起こす動作がひとつしかないような、操作と動作がつねに一対一の関係にある状態を指す。モノトナスなインターフェースでは、必要な結果をもたらす手段がたった一つしか提供されない。多くのアプリケーションでは、同じことをするために複数の手段が用意されている。マウスによる操作とキーボードによる操作であったり、最新バージョンで追加されたコントロールと下位互換のために残されているコントロールであったりする。こうしたデザイン方針は、より多くの使用者の要求に応えるためのものである。しかし同じ動作のために複数の手段があると、何かを行おうとした時にその方法について考える余地が生まれ、習慣の形成を阻害してしまう。ヒューマンインターフェースを完全にモードレスにするには、システムはモノトナスでなければならない。インターフェースがモードを持たず、かつ可能な限りモノトナスであれば、それは劇的に使いやすいものになるとラスキンは言う。

ヒューマンインターフェースにおけるモードの在り方は、ラスキンによって精緻に解き明かされた。ただしラスキンが求めるモノトニーは、実際には、一定以上複雑な機能を持つアプリケーションに適用するのは困難だろう。なぜなら複雑なシステムをモノトナスにすると、使用者が習得すべき操作の種類が多くなりすぎるからだ。それは事前の知識を要求することになり、モーダルなシステムと同じ問題に陥ってしまう。一方、ラスキンが出発点とした最もシンプルなモードの定義には、非常に重要な観点が示唆されている。ジェスチャーの解釈が複数ある場合、インターフェースは複数のモードを持つ。ジェスチャーの解釈がひとつの場合、インターフェースはひとつだけモードを持つ。ラスキンはモノトナスなインターフェースを理想としたが、インターフェースが真にモノトナスである時、それはモードがないのではなく、モードが「ひとつしかない」ということなのだ。モードとは解釈の仕方のことである。モードエラーは、モードに入ることではなく、モードが変わることで生じる。モードがない状態はモードレスと表現されるが、それは解釈の仕方が存在しないという意味ではなく、解釈が一定していて変わらないということである。つまり、モーダルデザインとはモードが変化するデザインのことであり、モードレスデザインとはモードがひとつだけあって変化しないデザインのことなのである。ソフトウェアは使用者の操作に応じて何らかの反応を示す。その意味を解釈するのは使用者である。解釈がなければコンピューターはただの箱である。道具が意味を持つならば、そこには必ず解釈＝モードがあるということだ。

では、インターフェースからモードを除去していった時に最後に残るモードとは何か。それはシステムの振る舞いを純粋な仕方で使用者が解釈している、そういう状態だろう。だから最後に残るひとつのモードは、使用者があらかじめ持っているモードなのである。ウィノグラードらが言ったように、先入観は主体が誤って世界を解釈してしまう状態ではなく、解釈の背景をもつための必要条件である。使用者があらかじめ持っているモードとは、つまり、使用者の先入観そのものだ。しかもそれは、ある使用者がたまたまその時に持ち合わせたものではなく、つねにすでに使用者が被投されている世界の在り方なのである。ラスキンは言う。多くのデザイン理論はインターフェースに対して、使用者の個性や感情に適応することを要求しているが、習慣を混乱させることなくそのような要求を実現できるインターフェースとはどのようなものなのか、という問いへの答えは明確になっていない、と。そして次のように指摘する。

未来のインタフェースでは、ユーザの感情的要求を情報として正しく察知し、私たちが学習を経て自動化した操作を邪魔しない形で利用することができるようになるかもしれません。しかし、そうなったとしても、そのインタフェースはユーザの持つ不変の認知的要求を率先して満足できるものでなければならないのです。本書で概観している原理は、そこでも適用できなければならず、感情的要求から来るものに優先して適用されなければならないはずなのです。[★7]

モードの必然性

モードの問題は、ソフトウエアのヒューマンインターフェースに限らず、さまざまなところにある。たとえばモードは、航空機、船舶、医療機器などの操作ミスを引き起こし、重大事故の原因となってきた。[★18] ノーマンは、制御機械の操作時に起こるモードエラーについて、次のように言っている。

モードエラーは、装置がいくつか異なる操作モードをもっていて、あるモードで適切な行為が他のモードでは違う意味をもつようなときに生じる。モードエラーは、その装置がもっている制御スイッチや表示の数よりも、実行可能な行為の数の方が多く、それゆえ一つのスイッチが二つの役割を果している装置ではいつでも生じうる。[★19]

ここからわかるのは、モードの問題というのは、機械的な装置が電子制御されることによって顕在化したということである。それ以前の機械や道具では、基本的に操作の状態を装置の内部に記憶しておくことができなかった。あるいはできたとしても物理的な機構として目に見えるようになっていた。そのためモードの問題はそれほど顕在化しなかった。

家電が使いにくいという話をよく耳にする。ボタンが多すぎて使い方がわからないという。しかしよく聞いてみると、問題の原因はむしろ逆である。機能の多さに対してボタンが少なすぎるのだ。ボタンが10個あるのが問題なのではなく、それに対して機能が20個あることが問題なのである。メーカーの論理として、ボタンなどの部材はできるだけ増やしたくない。しかし機能は増やしたい。そこで、操作体系の中にモードが作られる。ひとつの機能を実行するために、恣意的なボタンの組み合わせや操作手順が設定される。これは学習困難なので使いにくさの原因となる。簡単なことをするにも組み合わせの知識や手順の再現が必要になる。ボタンが増えたとしても、それぞれがモードを持たずひとつの機能に割り当てられていれば、つまりモノトナスな状態に近ければ、混乱は少ない。機能が増えてボタンが膨大になればたしかに使いにくくなってしまうが、だからといって、モードを作ったりメニューを階層化したりすれば解決するというものではない。むしろ問題を見えにくくして学習を困難にしてしまう。

以前こういうことがあった。あるスティック状のICレコーダーがあり、それにはスライド式スイッチがついていた。スイッチをONの側にスライドさせると録音が開始され、元の位置に戻すと録音が停止されるようになっていた。スイッチの横には小さな液晶パネルがあり、その横にはプッシュ式のボタンがあった。このボタンを押すとメニュー操作モードに入るようになっていた。このICレコーダーをインタビューの録音に使っていたのだが、時々、なぜか何も録音されていないことがあった。調べると、メニュー操作モードの時にはスライドをONにしても録音が開始されない仕様だということがわかった。インタビューを開始する前にメニューを操作して何かの設定をし、そのままモードから出るのを忘れていたのである。仕事上この仕様は深刻な問題をもたらした。スライド式の物理スイッチは扱いやすかったが、意味不明なモードの制約がそれを台無しにしていたのである。

道具が電子制御され、特にコンピューターによって多量の状態保存と複雑な条件分岐が可能になると、エンジニアたちはそこへ次々とモードを詰め込みはじめた。プログラムを読み込んでメモリー上に展開できるコンピューターでは、複数の決まった手順のセットを組み合わせて連続的かつ高速に実行できる。これはつまり、人の記憶力や計算能力を超えて深いモードを作れるということだ。だからコンピューターを活用することは、モードを複雑化させていくことと同義だったのである。ある製品の使用者が「操作手順がわからない」と言う時、我々は、デザインとして手順が明確でないことを指摘する前に、製品には決まった操作手順があるはずだと使用者が考えるようになってしまったことを憂うべきである。一般に行われているシステムの要件定義は、使用者の行動シナリオを拠り所とするので、製品は手続的でモーダルなデザインになってしまう。しかしデザイナーは本来、使用者が手順を気にせずに済むデザインを考えなければいけない。

ユーザー中心という言葉を短絡的に捉えることの害は計り知れない。デザインにおいて使用者のタスクやストーリーに注目しすぎると、製品はモーダルになる。ビジネスアプリケーションにおけるタスクとは業務のことであり、これは使用者に課せられた任務であるから、システムは基本的にコンテクストを固定化する方向でデザインされる。要求分析の手法はこの発想で発展し、デザイン理論もその流れから捉えられてきた。しかし管理主義的な作業環境から創造的な仕事は生まれない。管理主義的なデザイン観は、必ずしもシステムの管理者だけが持つものではない。管理主義的な環境下で仕事をしている人々が持つデザイン観もそこにはめ込まれているのが普通だ。アメリカのコンピューター科学者、ナサニエル・ボーレンスタインは、著書『Programming as if People Mattered』の中で、「使用者の声に耳を傾けよ。ただし、彼らの言うことは無視せよ」[20]と言っている。使用者はたしかにドメインに関する現実的な経験をたくさん持っている。しかし彼らは、ミディアムについての技術的な理解や、既存の枠組みから出るためのデザイン感覚を持ち合わせていないことが多い。そうした人々の言葉にただ従ってソフトウェアを作るのは、凡庸な悪として知られるアドルフ・アイヒマンの仕事のようなものだとボーレンスタインは言う。使用者がいるだけではソフトウェアはデザインされない。そこにはソフトウェアデザイナーが必要なのである。

ＯＯＰやＯＯＵＩは管理主義的なものに対するカウンターとして生まれ、ソフトウェアを固定化されたコンテクストから解放した。しかし「使用者の行為を管理する」というシステムオーナーの欲求は変わることがない。現在の経験主義的なデザイン手法の多くは、相変わらずタスク偏重の官僚的な施策である。もちろんコンテクストを意識しないデザインなどないし、用途に合わない道具も無意味である。しかし、優れた道具というのは多様なコンテクストを受容するのであって、固定するのではない。真に意義深い道具は、使用者自身がその利用コンテクストを決定できるものでなければならない。ソフトウェアはシステムオーナーに帰属するものではなく、使用者に帰属するべきものである。そもそも我々が目にするあらゆる物は、本来的に我々自身に帰属している。道端の石ころはいつでも拾い上げることができるし、いつでも打ち捨てることができる。自分への帰属が絶たれている状態の方が異常だ。そのような異常な状態が、モードなのである。

モードは類型化され固定化されたコンテクストである。だからコンテクストの転写として道具をデザインするとモーダルになる。モーダルな道具は使用者がそれを手にする以前に型づけされている。問題は、コンテクストには際限がないのでその型はほぼ間違いなく「適合しない」ということだ。コンテクストの数だけ道具を作らなければならないのなら誰の手にも負えない。仮にそれが可能だとしても、道具を使うことの利便性より道具を選ぶことの複雑性が大きくなってしまう。必要なのは、テスラーがそうしたように、コンテクストを解体することだ。コンテクストの解体とは、単にデザインを段階化しモジュール化するということではない。世界をサブジェクトの側ではなくオブジェクトの側から捉え直すということである。物事を因果ではなく同時に見るということ。そうしたパースペクティブの転回に、優れたデザイナーの思考が必要なのだ。

コンテクストを固定化しようとするシステムでは、ダイアログ（対話）式のインタラクションが多用される。そこには、システムからの質問に答えることで目的に対して最適な解が得られるという発想がある。しかしダイアログ式のインタラクションはコンテクストの行方をシステム側に委ねる形となるため、使用者にとってはコントロール性が低く道具性に欠けたものになる。使用者は作業を進めたければ一方的に提示されたダイアログの内容に対応しなければならない。すると仕事の主導権を持つことができなくなる。ダイアログ式のインタラクションにおいてシステム側に見受けられる人格性は、一方的にコンテクストを規定するという意味でモーダルだ。これを「人格モード」と呼んでみる。擬人化されたシステムにはすべて人格モードがある。一方、モードレスデザインはオブジェクトを自分で操作するものであり、システムに人格はなく、ダイアログもない。

ただし、ハンマーや椅子といった単機能の道具と違い、コンピューターは、ひとつの装置で異なるプログラムを動かしてその用途を変更できるので、コンピューター自体がモードの集合体であるとも言える。たとえば一般的なパーソナルコンピューターやスマートフォンにおいては、次のようなモードが複層的に存在している。

- コンピューター自体（電源を入れている時しか動かない）
- ユーザー管理（ログインしているアカウントに依存してできることが異なる）
- アプリケーション（目的に応じて複数のアプリケーションを使い分けなければならない）
- ウィンドウ／ビュー（目的に応じて複数のウィンドウやビューを切り替えなければならない）
- 各種コントロール（現在フォーカスがあるコントロールにしか入力できない）

これらのモダリティーは、インターフェース要素やコンテンツをグループ化して整理し、実行できる処理を制限して混乱を防ぐという意味を持つ。明田守正らは、モードというものの性質について、ノードとリンクという概念を用いて次のように言う。

あるノードからジャンプできる他のノードの数がなんらかの限定を受けているとき、そのノードはモード状態にある。ジャンプ可能なノードの数、すなわちそのノードにおけるリン

クの数はモード限界を表す。[★21]

ノードが存在するには、それが他のノードとリンクされ、そのことによってノードそのものが境界づけられていることが前提となる。何の制約もなく、およそ考え得るあらゆる行為が可能な道具というものはナンセンスである。モノトナスなシステムがひとつの理想だとしても、ソフトウェア世界に認知のための手がかりを与えるには、何らかの制約を階層的に設ける必要がある。むしろそうした制約に対する表現の一貫性が、ソフトウェア世界の解釈を可能にする先入観をもたらしているとも言える。

ハンマーという道具的存在が認められる時、我々の中で、それを振り下ろす行為と、打ち込まれた釘という目標を求める意識は、一体になっている。打ち込まれた釘のイメージがそれを実現する行為のイメージと分離している場合、目標状態への切符としてモードの選択が促されることになる。なぜ我々の頭の中で目標状態と行為のイメージが分離してしまうのか。この疑問に対しては、たとえば「仕事というものがそもそも行為だから」「要求分析の目的は一般にタスクを特定することだと考えられているから」といった理由が挙げられるだろう。しかし本当は、それよりも根本的な理由がある。

子供が言葉を認識しだすと、親は躾をはじめる。物や概念の名前を覚えさせ、その良し悪しを教え、そして目標状態へのプロセスを言語化する。服を着替えさせるために、靴下の脱ぎ方やボタンのはめ方などの手順をコピーさせる。つまり、物事に区別をつけ、目標への到達方法はプロセスに還元できるという思考を持つことは、人が人になっていくということとほとんど同義なのである。人間以外の動物は、餌を食べる時、その目的や、自分がどうやって餌を食べているかなどを意識しないだろう。モダリティーは、人として最初に教育される世界認識の基本メソッドなのである。

奥野克巳は、著書『モノも石も死者も生きている世界の民から人類学者が教わったこと』の中で、道元禅師のいう「分別の知」と「無分別の知」について紹介している。[★22]「分別の知」とは、ものを分け、隔てる知恵のことである。「無分別の知」とは、ものを切り分けない知恵のことである。感覚や知能、理性や感情などの基準によって対象を切り分けるようなアリストテレス的な知は、分別の知である。たとえば、「苦」と「楽」は、分別を重んじる俗世では二項に分けられる。しかし深層の次元では、両者は決して分けられるものではない。苦しみの中に楽があり、楽の中に苦しみがあるという方が実際の経験に近い。そのような無分別の次元には真理が現れ、「そこに力が遍満している」のだと奥野は言う。しかし、分別の知と無分別の知は、必ずしも対立するものではない。両者は相補的なものであり、その間を往還することが重要なのだという。

道元は分別を「人の生の構図の必然」だとも認めている。ものの輪郭を刻み出し、固定化・実体化する分別を一方では認めつつ、他方でそれだけに執着するのではなく、一つの固定的な見方を乗り越え相対化すること、すなわち、分別から無分別へ、さらに無分別から分別へと往還しながら世界を捉え続けることが、道元の思想である。[★22]

分別というものを「モード」と言い換えるなら、これは人が環境をコントロールしようとする際に必然的に囚われてしまうモダリティーの解釈と一致するだろう。モードは必然だが、その上でモードレス性を追求するところに我々の「乗り越え」がある。これは栽培された思考から野生の思考への「歩み戻り」でもある。そのような観点の相対化を果たすには、モードというものの必然性についてもう少し掘り下げる必要がある。

存在論的カテゴリーとモード

ここまで、主にヒューマンインターフェースにおけるモード性について見てきたが、そもそも、一般的にデザインの文脈で言う「モード」とは何か。それはファッションや建築などにおける、時代や風潮に特有のスタイル、美学、またはそれらの傾向のことである。デザイナーはしばしば効果的な表現のために作品のモードを考慮する。モードは、文化的な豊かさや革新性の象徴として、世の中でむしろ肯定的に受け取られている。表現におけるモードは、その表現を表現たらしめているベクトルである。表現にモードが伴っていなければ、他でもなくあえてそれを行うという運動性が欠如する。つまり何も表現されないということである。たとえば音楽の文脈で言うモードは、音階を構成する音符のセット、いわゆるスケールのことだが、モードを全く無視して楽器を鳴らせば、それは音楽ではなく、ただのランダムな音の集合になってしまう。つまりモードは表現性の証であると同時に、モードを持つことは表現することの必要条件なのである。

さらに広く、日常的な言葉としての「モード」の意味を引くと、次のようになる。

mode

a way or manner in which something occurs or is experienced, expressed, or done
何かが起こる、または経験、表現、実行される方法または作法
（New Oxford American Dictionary）

a particular way or style of behaving, living, or doing something
振る舞い、生活、何かを行う、特定の方法またはスタイル
（Longman Dictionary）

モードの語源はラテン語の modus（measure, manner：寸法、物差し、手段）である。これはさらにインド＝ヨーロッパ語の med-（測定する）から来ている。モードの本来のニュアンスは、「ある物差しに沿った行為」といったものだろう。

modus の派生語としては他に次のようなものがある。

model（様式）
moderate（適度の）
modern（近代の）
modest（控えめな）
modify（修正する、修飾する）
mold（鋳型）

「mode」あるいは「modus」は、哲学的な文脈で「様態」と訳される。この概念は、事物の在り方における偶有的な諸性質を指すものとして、古くからさまざまに用いられてきた。

実体と偶有性の区別はアリストテレスのカテゴリー論まで遡る。実体とは、そのもの自体であり、持続的かつ自己同一的な基本存在のことである。偶有性とは、実体の現象の仕方であり、そうであったりなかったりする偶然的な性質のことである。たとえば、木、猫、人間、雪といった基本的な対象は、偶有性の自己存続的な主体として定義される実体である。木が高いのは、「木」と言う実体が「高さ」という偶有性を持っているからである。雪が白いのは、「雪」という実体が「白さ」という偶有性を持っているからである。14世紀以前は、偶有性にはそれ自体の実在性はなく、あくまで実体に従属したものであると考えられていた。★23

これに対し、後期のスコラ学者は、偶有性はそれ自体が実在性を持つ、と考えるようになった。偶有性はそれ自身の本質存在を持っている。それらが実体に内在することは当然だが、それは絶対に必要なことではない。偶有性は実体とは区別されて存在し得るというのである。この考え方は、パンとぶどう酒の色や味といった偶有的なものが聖体化された後も実体を継承することなく存続するという、神学的な関心から来たものだった。しかしこれにより、実体と偶有性の区別は曖昧になった。[★23]

16世紀末になると、イエズス会士たちが、事物ではなく、事物が存在する仕方に関わる「様態」という新しい区別を加えるようになった。様態は従属的な実在である。様態は、その様態なしでも存在し得る事物を修飾するが、様態だけで存在することはできない。様態は、実体と偶有性を決定する役割を果たす。様態は不完全な存在である被造物を完成させるのである。様態がなければ実体は形や位置を欠くことになる。様態はアリストテレスの伝統における偶有性と一致しているように見えるが、偶有性と様態の間には大きな違いがある。それは、偶有性と様態がその対象に対して持つ関係である。たとえば、白さという偶有性が、そうでなければ無色であるはずの雪に色を加えるように、偶有性は対象に、その本質の外部に、何か新しいものを「加える」。一方、様態は対象を「修飾」する。たとえば、一塊の粘土は、それがとり得るさまざまな形によって決定される。これは、決定可能なものに対する決定不可能なものの関係として理解することができる。様態は実体の決定子となるのである。[★23]

様態の概念はやがてイエズス会の外にも広がっていったが、これを独自の存在論の中で大きく取り上げたのがデカルトである。デカルトの存在論における基礎的なカテゴリーは、「実体」「属性」「様態」である。実体とは、その存在のために他のものを必要としないもののことである。各実体には、その本質を構成する主要な属性がある。存在論的には、二つの還元できない種類の実体として、精神と物体がある。延長と思考は、精神と物体の主要な属性である。実体の他のすべての性質は、この属性の様態（mode）または修飾（modification）である。物体の主な様態は形と運動である。知的な知覚、感覚、意志は思考の様態である。様態と同様に、属性も実体の中にあり、実体に依存している。しかし、属性は概念的に実体と区別されるだけで不変であるのに対し、様態は可変であり、様態的に実体と区別される。★23

スピノザは、デカルトの様態の存在論に影響を受けた主要な哲学者の一人である。スピノザの体系はデカルトの三つの根本概念にもとづいているが、実体と様態の関係についての説明は複雑である。スピノザの哲学においては、神が唯一の実体であるとされ、延長と思考はその属性である。様態は神の性質であり、すべての有限な事物は様態の束であるとされる。★23

存在論的カテゴリーとしての様態の出現には複雑な経緯があり、その存在論的地位と役割は形而上学者によって異なる。しかしおおよそ、カテゴリー論としての様態（モード）の概念は、次のように捉えることができるだろう。

- モードは可変である
- モードは実体に依存するが、モードなしに実体は現象し得ない

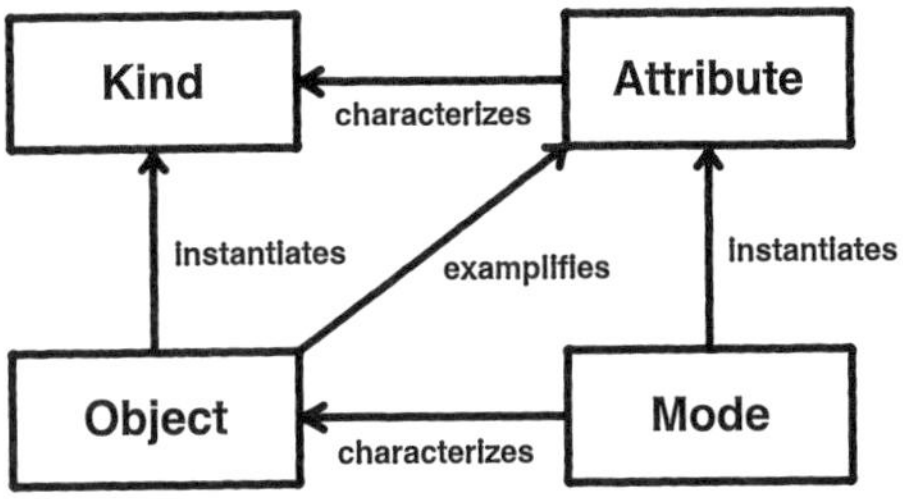

ロウの4カテゴリー

一方、現代的なカテゴリー論の中でモードの概念を取り上げているもののひとつに、ジョナサン・ロウの「4カテゴリー存在論」がある。分析形而上学を代表する哲学者のロウは、「具象／抽象」と「実体的／非実体的」という二つの区別を交差させることによって、オブジェクト（Object：実体的具象）、モード（Mode：非実体的具象）、種（Kind：実体的抽象）、属性（Attribute：非実体的抽象）、の四つからなる存在の根本的カテゴリーを提出している。[★24] 種は、「花」「惑星」などの「オブジェクトの種を表す語」に対応する。属性は、「赤い」「丸い」などの「オブジェクトの性質を表す語」に対応する。モードは、オブジェクトの持つ性質や、他のオブジェクトとの関係である。属性が「抽象としての性質、関係」であるのに対し、モードは「具象としての性質、関係」である。

四つのカテゴリーは存在論的関係によって結

ばれている。すなわち、実例化（instantiate）、特徴づけ（characterize）、例化（examplify）である。たとえば机の上にトマトが三個あるとする。これらはトマトという種に属する三つの別々のオブジェクトである。これら三個のトマトはいずれも赤色をしているが、それらの色は三個のトマトとそれぞれ同じ場所に存在している。つまりそれらの色は別々の具象である。このような具象としての性質がモードである。トマトという種を実例化したオブジェクト（個々のトマト）が三個あるように、赤色という属性を実例化する三つのモードが存在している。特徴づけは、非実体的なものと実体的なものの間の関係である。非実体的カテゴリーは実体的カテゴリーを特徴づける。個々の赤色（モード）は個々のトマトを特徴づけ、同様に、赤色（属性）はトマトという種を特徴づける。例化は、実例化や特徴づけのような根本的な関係ではなく、両者の組み合わせによって成り立つものである。たとえば我々は、三個のトマトのうちの一つを手に取り、「このトマトは酸味がある」と言うことができる。これは、オブジェクト（このトマト）を用いて抽象的な属性（酸味がある）を呼び出している。このように傾向性を分析することを、例化と呼ぶ。

ロウの4カテゴリーの構成を見てすぐに思い浮かぶのは、OOPにおいて一般的になっている「クラス／インスタンス／プロパティー」の概念構成だ。ロウの「オブジェクト」は、OOPにおける「インスタンス（instance）」に相当する。実際、ソフトウエアに関する話の中で「オブジェクト」という言葉が使われる時、それが指しているのは「インスタンス」のことである。ロウの「種」は、OOPにおける「クラス（class）」に相当する。ランタイムにおいてインスタンス生成（instantiate）

の鋳型となるのがクラスである。ロウの「属性」は、OOPにおける（クラスの）「プロパティー（property）」に相当する。クラスの内部には複数のプロパティーが定義されており、その構成がクラスを特徴づけている。ロウの「モード」は、OOPにおける（インスタンスの）「プロパティー（property）」に相当する。インスタンスの内部には複数のプロパティーがあり、それらにはインスタンスが生成される際にデフォルト値がセットされる。この初期化処理はクラス内に定義されている。インスタンスは、自身が生成された後は、ランタイム上でそのプロパティーを変更できる。

OOPのパラダイムを形成するこうした概念や用語は、プラトンのイデアリズムやアリストテレスの形而上学を基底とした西洋的なオントロジーの上に成立している。ソフトウエアのランタイム世界を構成するさまざまなインスタンスは、その背景にイデアリスティックなクラスを持ち、またそれぞれに可変のプロパティー＝モードがある。そしてそれぞれのプロパティーの変化の集合が、現在の世界を作り出す。その意味で、モードはインスタンスの数だけ存在しており、またモード同士の掛け合わせによって、世界は無限にモードづけられているとも言える。興味深いのは、OOPにおいては、クラスの境界はすべて恣意的なものだと了解されていることである。たとえば「木」というクラスと「雪」というクラスがある時、それらは単にデザイナーによってそう名づけられているだけで、それぞれは互いに相対的な存在である。唯一の絶対的な存在は「ルートクラス」と呼ばれるものであり、これは他のクラスを継承せず、その下の階層にあるすべてのオブジェクトに共通するプロパティーやメソッド（動作）を定義している。絶対的なひとつの存在を前提としてあらゆる事物をその派生とする考え方は、スピノザの存在論と類似性があるかもしれない。

いずれにしても、事物を特徴づけ、境界を与え、我々の生活世界を形という不均衡によって満たしているものがモードなのであれば、それは執着の原因であると同時に豊かさの根源でもある。しかしモーダルなデザインがことさら問題になるのは、多くのデザイナーが、本来使用者の側で解釈されるべきオブジェクトの「そのもの性」を、作為的なプロパティーとして設定してしまうからである。デザインに付加されたモードは、事物の無為の在り方ではなく作為の在り方として使用者を束縛しようとする。決められた解釈を強要し、使用者を駆り立てる。そのような使役性、あるいは徴用性が問題なのである。我々が求めるモードレス性とは、そのような付加的なモードに駆り立てられることなく、人間が自ずから纏っている環境への直観と同調するものだ。モードレス性という計画的な無計画は、ラスキンの言葉を借りれば、人間の不変の認知的要求を率先して満足させるためのデザインなのである。

環世界とアフォーダンス

よく知られるように、フッサールの現象学は、外界の実在性についての素朴な思い込みを括弧に入れて停止し、内面的な純粋意識から世界が構成される仕組みを解明しようとした。しかし彼はやがて、むしろ世界を素朴に信じる「自然的態度」を根源的なものとし、すでに存在するありのままの生きられた日常世界、つまり我々に共有された「間主観性」を持つ生活世界こそが、あらゆる理論に先立つ前提なのだと考えた。[★25] 主観性はそれぞれ単独で世界に対峙しているのではなく、相互に絡み合いながら共に働き、共通の世界を作り上げている。つまり客観性（オブジェクティビティー）とは、共通了解としての主観性（サブジェクティビティー）なのである。モードレスデザインは、そのような間主観的な世界に沿った在り方を求めている。

主体間には共有された客観がある、という見方は、視点を変えると、客体の捉え方に関する共通の特性が、主観の在り方に客観的な特性を与えているのだとも言える。ドイツの生物学者、ヤーコプ・フォン・ユクスキュルによれば、すべての動物はそれぞれの種に特有の「環世界（Umwelt）」を持っているのだという。[★26] 環世界は、それぞれの動物が独自の時間／空間として知覚し、主体的に構築している世界である。動物の行動は各動物ごとの異なる知覚と作用の結果であり、それぞれに特有の意味を持っている。たとえばマダニには視覚や聴覚や味覚がなく、かわりに嗅覚、触覚、そして温度を感じる能力を備えている。マダニは木の枝によじ登り、その下を通る哺乳類を待っている。哺乳類が通りかかると、その皮膚腺が発するわずかな酪酸の匂いを察知して下に落ちる。哺乳類に取りついたマダニは、温度感覚によってそれが獲物にふさわしいかを判別する。ふさわしければ皮膚組織の中に頭を突っ込み、血液を吸う。そして草むらへと転がり落ち、卵を生む。これがマダニの一生である。

ユクスキュルによれば、生物体の脳細胞は、知覚器官としての知覚細胞群と、作用器官としての作用細胞群で構成されているのだという。知覚器官は外部から動物主体に迫ってくる問いかけの刺激のグループに対応しており、作用器官は動物主体の答えを外界に与える実行器の運動を制御するグループとしてまとめている。一グループの知覚細胞の知覚記号は、動物の体の外で集まってひとつになり、そのまとまりが行為のための「知覚標識」として客体の特性になる。同様に、作用細胞の作用記号はまとまった運動インパルスとしてその支配下にある筋肉に作用し、それによって作動した実行器は、主体の外にある客体に「作用標識」を刻みつけるのだという。

たとえるなら、各動物主体はピンセットの二本の脚、すなわち知覚の足と作用の脚で客体を掴んでいるようなものである。それによって、客体のある特性が知覚標識の担い手になり、別の特性が作用標識の担い手になる。ある客体の特性はすべて、その客体の構造を通じて互いに結びついているので、作用標識によってとらえられた特性は、知覚標識を担う特性に客体を通じて影響をおよぼすとともに、知覚標識自体がみずからを変化させるように作用しなくてはならない。これを手短かに表現するなら、作用標識は知覚標識を消去するということになる。[★26]

客体が主体の行動に関われるのは、それが一方では知覚標識の担い手になり、他方では作用標識の担い手になるからである。機能環の図でわかるように、主体と客体は「ぴったりはめこまれて」おり、ひとつの組織立った全体を形成している。マダニを主体とし、哺乳類を客体としてこの図に当てはめてみると、まず哺乳類の皮膚線は最初の回路の知覚標識の担い手である。酪酸という刺激が知覚器官の中で知覚記号となり、作用器官に相応のインパルスを生じさせ、これが落下の行動を

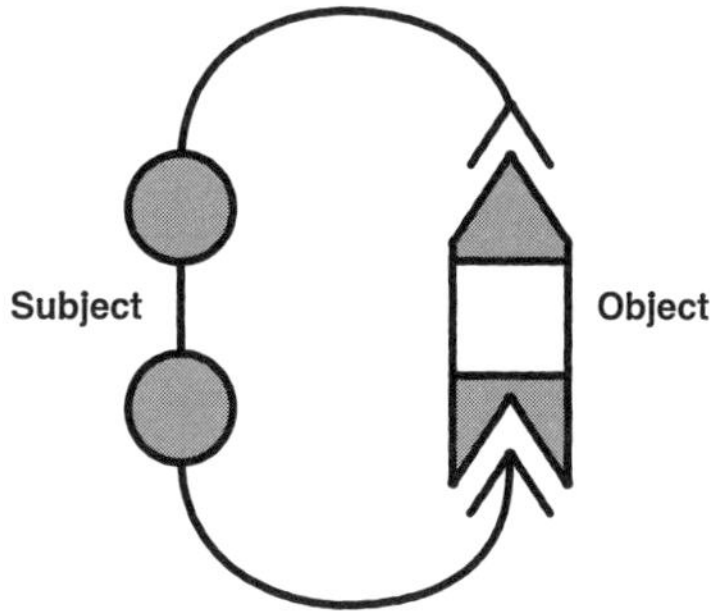

機能環｜ユクスキュル『生物から見た世界』より

引き起こす。落下したマダニは哺乳類の毛に衝撃という作用標識を与え、これが触覚という知覚標識となり、それにより酪酸という嗅覚標識が消去される。触覚の知覚標識はマダニに歩き回る行動を起こさせ、やがて毛のない皮膚に到達すると温かさという知覚標識によって今度は食い込む行動が始まる。こうした知覚と作用の連鎖によって、マダニの行動が形成される。その際、哺乳類の体の特性に根ざす何百もの作用のうち、マダニにとって知覚標識の担い手となるのは三つだけであるという点が重要だ。マダニをとりまく世界にはこれら三つの刺激だけがあり、降り注ぐ木漏れ日や美しい鳥のさえずりなどは存在しない。これがマダニの環世界なのだという。

動物は、自分の環世界の客体について行うあらゆる行為について作用像を築きあげており、それを感覚器官から生じる知覚像と不可避的に結びつけている。それにより、対象物はその意味を我々に知らせる特性を獲得する。ユクスキュルはこれを「作用トーン」と呼ぶ。同じ対象物がいくつかの行為に使われる場合、その対象物は複数の作用像を持つ。その場合、それらの作用像は同じ知覚像に別のトーンを与えているということになる。動物はそれぞれの知覚像に行為の「トーン」を見る。人間のように経験を積み重ねることができる動物の場合は、新しい経験について新しい作用トーンをもった新しい知覚像を作ることができる。

また我々は、ただ一つの知覚像を持つ対象物を探しているのではなく、ある特定の作用像に対応する対象物を探すことのほうが遥かに多いのだとユクスキュルは言う。たいていの場合、我々は決まった椅子を探すのではなく、何か座るためのものを探す。このように、特定の行為と結びつき得るものを探している時に知覚像に与えられているのが、「探索トーン」である。人間は探索トーンのもとで対象をさまざまに知覚し直す。そして自らの環世界を更新する。しかし、対象を捉え直すことができるためには、知覚標識と作用標識の間に直接性がなければならないだろう。そこに身体感覚的な自明性がなければ、探索はうまくいかない。

ユクスキュルによれば、環世界を観察する際、我々は目的という幻想を捨てる必要があるのだという。環世界の観察は、デザインという観点から動物の生命現象を整理することによってのみ可能なのである。本能という概念は、個体を超えた自然のデザインというものを否定するために持ち出されるものにすぎない。自然のデザインが否定されるのは、デザインは物質でも力でもないので、デザインとは何かということについて正しい概念を形成できないからだとユクスキュルは言う。壁に釘を打つとき、ハンマーがなくてはどんな立派なデザインも無駄になる。しかし何のデザインもなく偶然にまかせたのでは、どんな立派なハンマーも役立たない。デザインがなければ、つまり自然の秩序の条件がなければ、秩序ある自然ではなく、単なる混沌になってしまう。

主体と客体はひとつながりとなって環世界を形成している。主体は客体に依存し、客体は主体に依存している。デザイナーが新たな客体を持ち込もうとしているのはそういう場である。それは新たなフィードバックループを作るということだ。ユクスキュルの言葉を借りれば、知覚標識と作用標識の繋がりを新たに作るということ。フィードバックループを成立させるには、その繋がりが自然でなければならない。重要なのは、二つの標識はあくまで主体側から与えられるものだということである。もしデザイナーが恣意的に標識を付加するなら、それらは主体から切断され、モードという不自然さをもたらす。我々のデザインが使用者の世界の一部となり、またそこに新たなトーンが加わる余地を拓こうとするなら、トーンの構築を使用者の主体性に委ねる必要がある。フランスの哲学者、モーリス・メルロ゠ポンティは、『眼と精神』の中で次のように言う。

> 私の見るすべてのものは、原則として私の射程内に、少なくとも眼なざしの射程内にあって、「私がなしうる」ことの地図の上に定位されるのだ。この二つの地図は、いずれも完全なものである。つまり、見える世界と私の運動的企投の世界とは、それぞれに同一の存在の全体を覆っているのだ。[★27]

ユクスキュルの主張は、動物は種によって全く異なる世界を持つということである。動物の行動を決定する標識は、主体ではなく、客体の側にある。その意味で、客体の在り方は主体によって規定されており、また主体の在り方は客体によって規定されている。これと類似した理論を生態学的な観点から提示したのが、アメリカの心理学者、ジェームズ・ギブソンである。

ギブソンは、生態学的実在の世界を構成している要素のうち、特に「面」を重視する。面は、物質（物）と媒質（大気）を分かつ存在であり、面が我々にとっての実質的な環境なのだという。[★28] 我々が環境の物質を識別するための有力な手段は、物質の面を見ることである。面は、持続し、あるいは変化する固有のさまざまな特性を有する。要するに、我々は空間の中で生活しているのではなく、インターフェースの中で生活しているのである。

物理的実在の世界の事物は意味を持たないが、我々が知覚している生態学的実在の世界は意味をもつ事物から成っている。またそれらの意味は、新たに見出され得るものである。そうした事物の典型が道具である。それは握ることができ、持ち運んだり、操作することができる。人間は手を自由に使う。これは道具を自由に使えるということである。道具が意味を持つのは、我々が生態学的実在の世界に住んでいるからである。

たとえば細長いオブジェクトは、特にもしその一端が重くなっていて、他の端が握れるならば、我々にとって、打ったり叩くことをアフォード（afford：できる状態にある）する。硬くて鋭い刃を持ち、握ることのできるオブジェクトは、切ることやばらばらにすることをアフォードする。

尖ったオブジェクトは突き刺すことをアフォードする。ギブソンは、生態学的世界におけるそうした動物と環境の相補関係を「アフォーダンス（affordance）」という言葉で表した。

ギブソンによれば、道具は、それを使用している時には身体の延長であり、使用者自身の一部となっていて、もはや環境の一部ではなくなるのだという。しかし、使用していない時には、それは単に環境の中の対象に過ぎない。たとえば衣服は、それを着ている時は着ている人の身体の一部である。熱損失を調節するといった効用だけでなく、衣服は着ている人の身体の表面の肌理や色を変えてしまう、いわば第二の皮膚である。一方、着ていない時には、衣服は織物や動物の皮といった環境の中の対象に過ぎない。衣服は我々に着ることをアフォードする。そしてそれを着ると、身体に付属するものとなり、もはや環境の一部ではなくなる。そのような、身体に何かを付属させる可能性が示唆するのは、動物と環境との境界は皮膚の表面に固定したものではなく、位置を変え得るものだということである。

では、我々が知覚している環境である「面」から、どうやってアフォーダンスが生じるのだろうか。おそらく面の構造や配置は、それらの面がアフォードするものを構成しているのだとギブソンは言う。

もしそうならば、それら面を知覚することが、面がアフォードするものを知覚することである。これは大変大胆な仮説である。なぜならば、環境に存在する事物の「価値」や「意味」が直接的に知覚されることを示しているからである。さらにこの仮説は、価値や意味が知覚者

の外側に存在するということがどのような意味をもっているのかを説明することになろう。[★28]

アフォーダンスを知覚することは、価値や意味に満ちている生態学的対象を知覚する過程である。生態学的な観点における対象は、物理学的もしくは心理学的な観点における対象と違って、その物（環境）自体に観察者にとっての意味が含まれている。我々はそれを「直接」知覚する。感覚刺激として受け取ったものを間接的に理解するのではないのだ。

すでにゲシュタルト心理学では、我々が対象の意味を直接的に理解することを発見していた。しかしなぜそのようなことができるのかは説明されていなかった。アフォーダンス理論はそれを説明する。我々が対象の意味を直接的に理解できるのは、そこに直接意味があるからなのだ。

環境のアフォーダンスをめぐる重要な事実は、価値や意味がしばしば主観的で、現象的、精神的であると考えられているのとは異なり、アフォーダンスがある意味で、客観的、現実的、物理的であるということである。けれども実際には、アフォーダンスは客観的特性でも主観的特性でもない。あるいはそう考えたければその両方であるかもしれない。アフォーダンスは、主観的客観的の二分法の範囲を超えており、二分法の不適切さを我々に理解させる助けとなる。それは環境の事実であり、同様に行動の事実でもある。それは物理的でも心理的でもあり、あるいはそのどちらでもないのである。アフォーダンスは、環境に対する、そして観察者に対する両方の道を指示している。[★28]

我々は我々が住んでいる世界によって作られたのであり、環境が持っている可能性と動物が生命を維持する方法は、不可分に結びついている。我々はつねにすでに、この生態学的な環境に被投されているということだ。環境は、動物がとり得る行為をその中に含んでいる。人間はある限度内で環境のアフォーダンスを変えることができるが、それでもなお人間は、自分が置かれている状況の産物なのだとギブソンは言う。これはまた、自然界の秩序と精神の秩序の間には同型性があるという、レヴィ＝ストロースの発見にも通じているように思われる。

ギブソンは、「アフォーダンスの理論は、価値と意味に関する既存の理論と著しくかけ離れている。アフォーダンスの理論は、価値とは何か、意味とは何かの新しい定義から始まる」と言っている。価値や意味というものは、通常、動物が認知プロセスを経た結果として主観的に生じるものと思われているが、アフォーダンス理論においては、それらは直接「知覚」するものである。我々は、物の色や形を知覚するのと同列に、意味や価値を知覚している。そしてそれは主観と客観にまたがっている。環境は我々が思っている以上に我々の一部であるし、我々は我々が思っている以上に環境の一部なのだ。ドイツの哲学者、マルクス・ガブリエルは、次のように言う。

すなわち、わたしたちの感覚はけっして主観的なものではない、ということです。わたしたちの感覚は、わたしたちの皮膚のしたに、あるいは皮膚の表面に挿入された添加物ではありません。むしろ感覚とは客観的な構造であって、わたしたちのほうがそのなかに存在してい

るのです。[★29]

動物と環境は別々に存在しているのではなく、知覚と行為によって相互包摂するかたちで存在している。主体は行為を通じて、客体のインターフェースに「可能」という意味を「知覚」する。インタラクション研究者の渡邊恵太は、人と環境の間に行為を拡張する道具が介入すれば、さらに別の次元の「可能」が知覚され、新しい行為に繋がるのだと言っている。[★30] 良い道具は、この可能の知覚が優れている。渡邊によれば、我々の身体の動きと対象の動きが連動するところには「自己帰属感」が立ち上がるのだという。自己帰属感とは、「この身体はまさに自分のものである」という感覚である。たとえば我々はふだん、マウスカーソルそのものを意識することなくマウスを使っているが、この透明性の正体は、動きの連動がもたらした自己帰属の結果としての自己感なのだという。

自己帰属した道具は透明化し、意識されなくなるのだとすると、そこにあるのは何も感じない世界だろうか。そうではないと渡邊は言う。自己帰属はそこに新しい知覚世界を出現させる。たとえば車を運転する時、初心者のうちはステアリングホイールやアクセルの存在が気になっているが、習熟するにつれてそれらは透明化し、やがてタイヤと地面の摩擦や、自分と車体が一体になったような新しい身体性が知覚されてくる。ペンで紙に文字を書いている時は、指とペンの境界ではなく、ペンと紙の境界がクローズアップされ、指先から線が紡ぎ出されてくるような感覚が知覚される。このように世界は道具を通してユニークに知覚されている。我々は自己帰属の先のインタラクションの中に新しい「私」を知覚するのだと渡邊は言う。自己帰属感は直接操作感とも言い換えることができるだろう。またそれは、主体と客体という二つのモードが解除された、道具のモードレス性だと言うこともできるだろう。

渡邊は、人や動物を包む環境の存在を、単なる脳内現象としてではなく、「人ー環境」システムとして捉え、そのメカニズムを「知性」だと考えている。人は道具とのインタラクションによって新しい知性を獲得できる。ギブソンのアフォーダンス理論は基本的に物理的な対象についての知覚を扱っているが、我々は、アイコンのような一見記号的な解釈のみで成立しているようなオブジェクトに対しても生態的に反応している。人は道具とのインタラクションによって新たな知性を獲得するという前提に立った場合、ソフトウエアの柔軟性はむしろより多くのアフォーダンスをもたらすことになるだろう。人はソフトウエアのように柔軟で、環境とのインタラクションによって知性を獲得する仕組みで作られていると渡邊は言う。知性は環境とのインタラクションの結果である。渡邊は、そうしたインタラクションのメカニズムを理解し、デザインを行うことで、我々はより新しい環境に対するパースペクティブを得られるのだと言っている。

主体の行為に対する客体側の反応性がアフォーダンスをより豊かにする。その可能性を理解することは、モードレスデザインについて考える上で重要である。イギリスの認知考古学者、ランボロス・マラフォーリスは、「How Things Shape the Mind—A Theory of Material Engagement」の中で次のように言っている。

人間と物質的世界との関わりにおいて、決められた役割もなければ、行為する存在と行為を受容する存在とのあいだに鮮明な存在論的隔たりがあるわけでもない。むしろ、そこには志向性とアフォーダンスとで構成された絡み合いがある。[★31]

インターフェース研究者の水野勝仁は、「思考とジェスチャーとのあいだの微細なインタラクションがマインドをつくる」という論考において、このマラフォーリスの言葉を引きながら、アフォーダンスの双方向性について論じている。[★32] 人は物に対しての意識を持ち、物は人に対してどのような行為が可能なのかを示す。石が「石斧」の形になるのは、人がそれを使う場面を想定しながら完成形をイメージして、そこに近づけていくからである。そこでは、行為の主体は人であり、行為を受容するのが石斧と考えるのが普通である。しかしマラフォーリスは、人だけが行為をするのではなく、物もまた行為をするのだとしている。人が石斧を作ろうとする時、人がある志向性のもとで石を割ると、その石の割れ方が、石の志向性を示す行為として、人に作用する。人は石の割れ方を見て、さらに割ろうとしたり、そこでやめたりする。このように、双方から発生する志向性が充満する場において行為が起こり、「石斧」が完成していく。そこでは、主体と客体とが共に行為者であり、また行為の受容者である。こうした物との動的な関係の中で、人は行為の志向性を持つマインドを形成してきたのだと水野は言う。

メタモード

賢明な読者はもうお気づきだと思うが、本書は「モードレス性」とは何かを明らかにするために、むしろ「モード性」について考えるものである。そこで判明したのは、デザインをモードレスにするためにモードを取り除いていけば、最後に残るのは、我々が自ずから構築している、ある種の超越的なモードであるということだ。

我々の環世界にあるトーン、あるいは環境が持つアフォーダンスは、我々の世界認識の前提となる超越的なモードである。これを「メタモード」と呼んでみる。メタモードは主体と客体が相互包摂されるその在り方である。それは詩人の態度であり、存在論的デザインのモデルである。世界内存在の前提であり、アニミズムの本質であり、暗黙知の源泉である。同時性の、

手許性の、使うことと作ることとの、必要条件である。
メタモードは行為に関するプリミティブな記号のセットである。これは知識や推論と違い、環境の中で直接的に作動している。プロセスではなく構造として一度に存在している。デザイナーがまず試みなければならないのは、デザインをメタモードに接地させることである。一方、モードは知識や推論を要求する。プロセスについての事前の想定が必要になる。そのため、モードはメタモードと干渉する。モードが強要される時、我々は世界との接続を見失う。
人間の学習能力は非常に高く、相当にモーダルな道具であっても訓練次第ではかなりうまく使えるようになる。しかしそのような状態においては、道具が手許存在になっているのではなく、使用者が正確に手続きし条件分岐するような、機械としての能力を発揮しているだけだ。

たとえ学習の結果である認知的無意識の中で使用者の創造性がわずかに刺激されたとしても、その創造性は、モーダルなシステムを作る管理者からは排除すべき対象と見做されるだろう。

我々の世界は意識されない自明に満ちており、それらこそが本当のデザインの集合なのである。使って嬉しいとか楽しいとかいう仕掛けは、道具のデザインにおいては非本質的なものだ。それらは認知的意識を駆り立て、習慣の形成を阻害する。一般的に、先入観は悪いものとして扱われることが多い。実際、新しい発想を得るには先入観を壊さなければならない。しかし先入観をすべて否定することは世界そのものを否定することである。モードを取り除くのは、世界認識の前提となっているメタモードへの同調可能性を広げるためである。我々は、行為を仲介する道具からモードを丁寧に取り除き、メタモードへと積極的に歩み戻らなければならない。

8

道具の純粋さ

意味連関

オブジェクトはつねにすでにそこに在って、使用者からのアプローチを待っている。ソフトウェアの操作方法はソフトウェアが規定するものではなく、オブジェクトとのインタラクションの中で創発されるものである。オブジェクトは特定の文脈に束縛されず、行為の可能性に開かれている。オブジェクトは、我々による意味づけを待っている。

ハイデガーは現象学的な観点から、我々にとって最も身近な事物との出会いは、それらを操作し使用するという配慮だと言っている。[★1] そうした存在者は、理論的な世界認識の対象として存在しているのではなく、我々が使用したり、制作したりする交渉において現れてくる。そのようにして出会う存在者を、ハイデガーは「道具（das Zeug）」と呼ぶ。世界は道具の連関である。それはつまり、我々は身の回りのあらゆる事物に何らかの意味的なものを見出し、その意味のネットワークの中に自らを見出しているということである。

マルクス・ガブリエルは著書『なぜ世界は存在しないのか』の中で、「意味の場こそが存在論的な基本単位である」と言っている。[★2] 意味の場とは、およそ何かが現れてくる場のことである。何かが意味の場に現れてくるという状態、それが、存在するということなのだという。たとえば草原にサイが一頭いるとする。このサイはたしかに存在している。このサイが草原に立っているという状態、つまり草原という意味の場に属しているという状態こそが、当のサイが存在しているということなのだという。

ガブリエルによれば、世界という概念はあらゆる領域を包含する領域のことであり、つまりそのような概念には矛盾がある。すべてを包含するような世界は存在し得ない。だとすれば、我々の周りにあるさまざまな対象はどこに存在しているのか。ダン・インガルスが言うように、それぞれの対象は、他の対象と区別されることで対象化されている。ただし対象は完全に独立して存在するわけではない。いずれの対象も、何らかの背景の前に現われ出ている。そうでなければ、その対象の形は明らかにならないからである。背景なしにはどんな対象も存在できない。同様に、前景のない背景というものも存在し得ない。すべての背景にはそこに属する何らかの対象がある。この、背景と前景という関係性こそが存在論的な基本単位であり、これが意味の場なのだとガブリエルは言う。

存在するとは、単に世界の中に現われていることではなく、世界を成すさまざまな領域のひとつの中に現われているということである。何らかの対象が存在し得るためには、当の対象が他のものから完全に切り離されていてはならない。対象は何らかの意味の場に現象しなければならない。そしてその意味の場も当然、また別の意味の場に現象しなければならない。このように世界は、ひとつのツリー構造ではなく、部分が全体と同じ力を持つフラクタルな構造なのだとガブリエルは言う。我々の生きている世界は、意味の場から意味の場への絶え間のない移行であり、さまざまな意味の場の融合や入れ子の動きなのだという。

存在するとはどのようなことか。この問いにたいするわたし自身の答えは、最終的には次のような主張に行き着くことになるでしょう。たったひとつの世界なるものなど存在せず、むしろ無限に数多くのもろもろの世界だけが存在している。そして、それらもろもろの世界は、いかなる観点でも部分的には互いに独立しているし、また部分的には重なりあうこともある、と。★2

世界は存在しないが、そのかわり無限の意味の場が存在する。我々はそれら意味の場の中に投げ込まれ、またそれら意味の場の間を移行し続けているのだとガブリエルは言う。そして我々は、ある意味の場から出る時に、新たな意味の場を生み出している。新たな意味の場を生み出すというのは、決して無からの創造なのではなく、さらなる意味の場への転換である。我々は誰もが一人ひとりの個人だが、それぞれ個々のものであるさまざまな意味の場を我々は共有している。我々は、無限に多くの意味の場を共に生きながら、そのつど改めて、当の意味の場を理解できるものにしていくのだと、ガブリエルは言う。

この共有された意味の場の連関は、フッサールの言う間主観性、あるいはモードレスデザインが開示するメタモードを想起させる。そうした意味の場を我々の前に立ち上がらせているのは、我々が何らかの配慮的な意識を向けている物たちであり、我々を人間たらしめている道具たちである。そして、我々が道具を作り使うことによって先入観をブレークダウンし、そこから新しい我々自身を創造していくという様は、まさにフィリップ・ヴァン・アレンが言及した「意味空間」の在り方だと言えるだろう。モードレスデザインは我々をメタモードに歩み戻し、我々が自分自身の意味空間を創造する可能性を高めるのである。

人は道具を作り、その道具を使って、また別の道具を作る。道具は世界の意味性の連関であると同時に、それを作った者たちの身体性の連関でもある。かつて打製石器を作っていた者たちの運動は、今ソフトウェアを作っている我々の運動と、物理的に連続している。我々は、世界のあらゆるものを「使う」ことができる。我々が知っているものとは、我々が「使っている」ものであり、我々がまだ知らないものとは、我々が「これから使う」ものである。道具存在の普遍性はすなわち、すべてのものがデザインのオブジェクトになり得るということを意味している。

優れた道具であるほどその道具性は使用者の創造性をもって発揮されてくる。そしてその使用を通じて使用者自身が創造し返される。道具のデザイナーは、道具が使用者の創造性を十分に反映するように、また使用者の創造性を広げるように、それが何に使われるか、どう使われるか、つまりそれが何であるかを、積極的に決めないでおく。その意味で、使用者にとって使いやすいものを作る、という言い方には語弊がある。使用者という人が先に在るのではなく、それを使った人が使用者になるのだ。同様に、それが使われることで、はじめてその物は道具になる。両者はひとつの手許性の中に統合されている。その物が何であるか、何の役に立つのか、といった説明は不要だ。その物それ自体の質感や、それがそこに在ることの調子が、良い物＝Goodsとして直観されてくる。

チャールズ・イームズは、「紙を使ってできることは紙そのものの魅力にはかなわない」と言った。[★3]道具的な物には、その使用価値や交換価値とは別に、それ自体の質感、それらが織られ、並べられ、重ねられた時の調子において、すでに抗いがたい魅力がある。イームズのこの直観はとても示唆的である。イームズのデザインにおいては、繊細なディテールの追求と大量生産可能な工業製品化は、その物自体のそのもの性として統合されている。デザインをそのようにオブジェクティブに捉え、説明はすべて後づけなのだと告白すること。説明される前の形を作ること。プロセスに還元されない混沌に向かい、最初の記号を打つこと。それがデザイナーの、まずもっての仕事である。

インターフェースはシステムによって暗黙的に想定された手続きを行うところではない。記号が接地して仕事が有意義になるのは、使用者が自らの工夫でそこにあるものをブリコラージュした時だけだ。つまり道具性の鍵はモードレス性にある。使用者は、物から見出される作用を実存的な状況に対してそのつど結び直す。結び直せるように、道具はほどけていなければならない。道具を作るというのは、さまざまな物の意味連関を作るということだ。つまり、コンテクストが生まれる可能性を保存するということである。コンテクストは、道具を規定するのではなく、むしろ道具から規定されるのである。

デザインをするのに、その上位に何か本来の目的があるはずだというラダリングは、むしろデザインという行為をわかりにくくしてしまう。デザイン行為が求めるのは、その対象がより良くデザインされることであり、そのより良さを解釈することがデザインの行為となる。デザインはプリミティブで自己目的的な行為である。ただしその自己目的性は、自己充足的ということではない。自己充足はし得ない。なぜならデザインは、相属しながらどこまでも広がる道具的存在の意味連関の中に投げかけられるものだからだ。デザインはつねに何かのためのデザインだが、その何かは同じ水平でシンクロナイズされている。

ソフトウェアとしての道具

デザインが一貫した純粋さを伴っていれば、使用者は自らオブジェクトの性質を学習し、目的に適合させることができるだろう。ひいては、使用することを通じて新しい目的を発見できるようになるだろう。職人が使う伝統的な手道具は純粋なものである。職人が手道具を扱う様子は、言わば人馬一体だ。人と道具という別々の世界に生きる魂がそこで共振している。人は道具になり道具は人になる。両者は主客を未分化してひとつのグルーヴに収斂する。ヒューマンインターフェースが伝統的な職人道具のように振る舞うなら、ソフトウェアの使用にも同じグルーヴが生じるだろう。

コンピューターシステムは作業を自動化するために作られるが、自動化が不完全である時、操作のデザインが必要になる。すべてのヒューマンインターフェースは、手動と自動の間にある不完全さを相手にしている。その意味で、ヒューマンインターフェースは手動と自動を接続するミディアムである。ミディアムには、操作というものについてのデザイナーの先入観が反映される。逆説的だが、使いにくいものができてしまう大きな原因は、デザイナーが使いやすいものを作ろうとすることにある。使いやすさへの作為が使いにくさを生むのである。なぜなら作為は小さな適合とそれ以外のすべての大きな不適合を作り出すからだ。使いやすさを作為してはいけない。使いやすさはニュートラルなところ、つまり道具の純粋さの中にある。モードレス性とは、打てば響くような道具性を発揮させることであり、手許存在として控え目に在ることである。催促がましい誘導や、恩着せがましい小細工を排除することである。デザイナーはデザインに混入するエゴを慎重に取り除いていく必要がある。

デザイナーは特定された用途に対応するように機能をデザインしようとする。特にソフトウェアにおいては、その用途に対して目的合理性の高い複数の処理をひとつのボタンで実行できるようなインターフェースが考案される。しかしそこで実際に起こることは、用途がはっきりしたボタンほど使用者にとっては理解しづらいものになるということだ。限定的な用途に向けて作られたボタンほど、それはデザイナーの限定的な先入観に従って動作する。その分、使用者の先入観との間にズレが生じるのである。デザインにおいて「気の利いた工夫」はつねに「余計なお世話」になる恐れがある。より便利にしようとして却って扱いづらいものにしてしまう。だから、気の利いた工夫を加えようとする前にまず、動かしたとおりにただ動く（あるいはそのように感じられる）ものを作るべきだ。シンプルで無駄が無く、行ったこととそれによって起こったこととの対応が明白であるような素直さを与えることが重要である。そうした手許性を経由してはじめて、使用者は道具の周りに意味空間を生成し、自らの在り方を更新できる。

道具が持つそのような動的な実在性について、清水高志は著書『実在への殺到』の中で、「ソフトウェアとしての道具」という表現を用いて論じている。ここでまず重要なのは、「道具としてのソフトウェア」ではなく「ソフトウェアとしての道具」であるということだ。我々はソフトウェアについて考える時、それが人々の生活や仕事においてどのように使用され得るのかという、その道具性に注目しがちである。しかしソフトウェアというものの特性の中に何らかの道具性を見出そうとするなら、まずソフト性と道具性の関係について考える必要があるだろう。モードレスデザインがソフトウェアの道具性を高めるなら、モードレス性とはすなわち優れた道具に見受けられる型づけの遅延性、つまりソフト性の自己参照的な獲得なのである。

清水によれば、これまで道具と人間の関係は過分に人間中心に考えられてきたのだという。[★4] 道具は、人間がある意図と目的を持ち、自らの能力を延長あるいは拡大するために発明されるものだとされてきた。しかし現代の我々を囲んでいる技術や道具は、それら自体が、与えられた目的を変容させる起点になったり、何かの目的を持ってそれらに近づく我々を翻弄し、我々を改変してしまうものなのだと清水は言う。

《道具》を《道具》たらしめているのがその用途であり、それによって果たされる目的であるとするなら、《道具》はそのときみずからを別のものとして作りだすのだ。《道具》の自己生成、その異型発生（Heterogenese）は、その意味でモノに能動性の起点としての役割を認めることである。さまざまな《道具》を、まずそのような能動的な起点として想像すること。そしてそこからモノの能動性の局面を普遍的な構造として考察することは可能だろうか？[★4]

情報技術の革新によって我々の環境世界は大きく変わりはじめた。そして、ミシェル・セールが「準-客体」論で示したような、道具的なものが自律性や能動性をもって人々の間に新しい目的や行為を形成するという洞察は、徐々に身近に感じられるようになってきたと清水は言う。道具の用途や目的は事後的に生成されるものであるという見方は、現代思想において共有されつつある。道具が人間の意図や目的を迂回させ、道具としての自己を自ら作り出すような能動性をそこに認めることは、道具をただ事物の諸関係のうちに還元するのではなく、諸関係に先在するものとして捉えるということなのだという。

清水によれば、既成の道具を起点としてそこに複数の目的性が結びついていくという事態は、奇妙な能動性と脱時間性を与えているが、そのようなことが起こるためには条件があるのだという。それはある種のニュートラルな規格化であり、他のものと結びつきやすい状態にそれを戻す、ということである。技術史的にも工業製品は規格化されることによって飛躍的な発展を遂げてきた。ソフトウェア、つまり知や情報という道具についても同じである。ここで清水が指摘している脱時間性、ニュートラルさ、他のものとの結びつきやすさ、といった性質は、モードレスデザインが求める同時性、モードのなさ、固定的なコンテクストからの解放性と同じ意味のものだろう。そうした「ソフトウェアとしての道具」について、清水は次のように言う。

ソフトウェアとしての《道具》を経由することで、あらゆる《道具》は協働し、あらたな

《道具》そのものを作るし、また予測不能な海を航海するといった自然の要素も織り込んだ、ネットワーク的な環境が作りだされる。そしてさらに、それに応じて人間そのものも従来想定されていた限局された振舞いを離れ、変わっていく。これは、技術を通じてなされる人間化（Hominisation）の一つの局面である。★4

モノ、ソフトウェア、人間の三者を、いずれも「道具」という同一水準で考え、各々に能動的な機能を見出すという立場は、モノを交換の観点のみから捉え、商品という形でのみ扱う唯物論の立場を変容させると清水は言う。そしてむしろ、物象化の方向を散らし、そこに多極性や曲折をもたらすためにこそ、モノ、ソフトウェア、人間は協働するのだと主張する。人間は諸関係の外部にあるのではなく、道具的な連関の内にあり、複数の出口を持つインターチェンジになっているのだと清水は言う。

清水によれば、複数の多を綜合的もしくは構成的にのみ扱うならば、それは個別や多を全体的な一や普遍に回収してしまうことになるのだという。モノが自己製作的に増殖し、なんらかの極に還元されない離散的な状態にあること。そこからさまざまな組み合わせが形成され新たな道具となるような、流動的な状況が成立すること。そうした背景が、我々が複数の一者としての個を考える上で必要なのだという。

道具を、特定の目的に最適化することを目指してデザインしていると、世界には目的の数だけ道具が作られることになる。無闇に道具が増えていく。最適化が進むほどひとつの道具の用途は狭まるから、使用者にとって目的に合った道具を探すコストが増える。つまり道具を目的に最適化することによって、却って道具をその目的から遠ざけてしまう。自分の目的に合わせて最適な道具を選ぶのは良い成果を得るために大事なことだが、道具の側に適度な抽象度がなければ、道具と目的はいつまでも出会わない。目的という型にデザインを流し込むと、その複雑性が反転した形で複製される。意味連関の総体としてみれば混沌が倍増している。目的に迎合して道具の抽象度を下げていけば、使用者の生活や仕事はより複雑になってしまう。

目的の遅延

釘を打つという目的に適した汎用性のある形を追求すると、ハンマーができる。しかし物に目的は入らない。ハンマーをいくら分解しても釘に関する部分は現れない。ハンマーが釘を打つのに役立つのは、そこに目的が含まれているからではなく、使用者が釘を打つためにそれを使うからである。そしてハンマーが使用者に対して打ちつける行為を自然に促すのは、ハンマーと使用者との間に「何か硬いものを打ちつけることができる」というアフォーダンスが存在しているからである。つまり、ハンマーは使用者のメタモードと調和している。一方、りんごの皮をむくという目的だけに特化した機能性を追求すると、専用のりんご皮むき機ができる。しかし、りんご皮むき機のように限定的な用途に最適化された機械は、目的合理性を最大化した結果として相応の複雑な構造になる。その複雑さは特定の用途以外への不適合性を高め、「何かの皮をむく」という単純なアフォーダンスを否定する。りんご皮むき機は、りんごの皮をむく時には高い性能を発揮するが、それ以外の時にはブリコラージュを拒絶する異物となる。もしあらかじめ想定された目的への合理性をデザインの最大の指標とするなら、道具はむしろ我々の生活を不適合で満たすミディアムとなってしまう。もちろん、りんごの加工業者がりんご皮むき機を使うことは理にかなっている。りんご皮むき機はりんご加工の仕事を効率化する。しかしそれは、りんご皮むき機の存在がりんごの加工という行為の使役性を高めているということでもある。目的合理性を追求する場合、その目的が限定的であるほど、道具のデザインは我々の行為から意味を奪っていく。

手段と目的の対応に関する使用者の理解を無条件に期待することは、デザイナーの傲慢である。使用者が道具の目的を推測して理解できるかというテストは多分に商業主義的で場当たり的だ。ましてや、使用者にデザイナーが意図したとおりの使い方を強要することがデザインの役割だと考えるなら、それは独善的で、専制的である。オブジェクトの性質が体現するメタモードを顧みず、システムの外で想定された「このシステムはこう使うもの」という一方的な決めつけが、ソフトウェアを道具性から遠ざける。使用者の自由な操作を否定し、特定の使い方を前提する時、仕様は複雑になり、あるいは曖昧になって、バグが混入する。使用者に特定の行動を取らせようとすると、デザインはサブジェクティブになり、使いにくいものになっていく。しかし使用者に何らかの動作を促したいということはある。デザインに目的を入れることはできないが、作られた形が役に立たなければ意味がない。使用者と道具の間に合目的的なアフォーダンスをもたらすには、行為と結果の間の自明性と、結果と目的の高い適合度が同時に成立しなければならない。ただし、そのような状況を実現するためにことさら使い方を誘導する必要はない。そうした作為は逆に使用者の能動的な解釈を阻害してしまう。有意義な解釈はつねに、使用の中から見出されなければならない。

クリストファー・アレグザンダーは、都市や建築のデザインの周囲に生じている現象的な共通項を集め、それらをデザインパターンと呼んでまとめた。[★5] そのパターンのひとつに「座れる階段」というものがある。階段というものは通常、高さの違う場所へ移動するために作られる。しかし屋外にある公共広場を囲むような広い階段には、よく人々が留まり、腰をおろして広場の出来事を見物している。人々は広場の活動を少し高い位置から観察したいと考え、またその活動の一部でありたいと望んでいる。広場や通りに面した階段、段状のテラスなどは、そのような人々に腰掛けることをアフォードしている。アレグザンダーは、人びとがぶらつく公共の場所には外縁部に二、三段の階段やレベル差を設けるべきだと言う。それは、人々をそこに「座らせる」ためではない。人々がそこに「座れる」ようにするためである。また別のパターンに「柱のある場所」というものがある。柱というのは通常、屋根や建物を支えるために作られるが、その存在にはもっと多くの意味性がある。たとえば柱には、それを中心にひとつの空間を作り出すという性質がある。柱があるところでは、人々がその空間に集い、テーブルを置いたり、寄りかかっておしゃべりをしたりする。アレグザンダーによれば、そのような空間をより良く作るためには、柱がある程度の太さを持っている必要があるのだという。現代的な技術によって、もっと細い柱で必要な強度を出せるようになったとしても、それでは有意義な空間が失われてしまうのだという。なぜなら人々は細い柱に対してそれを避けて行動する傾向があるからである。こうした人間と環境の創発的な繋がりを、アレグザンダーは有機的な都市デザインの一部として肯定する。使用者の行為は環境からアフォードされるのであって、デザイナーの意図によって決定されるのではない。物には、それを作ったデザイナーの意図とは無関係に、状況の中で生じてくる実在性がある。その物がいったい何であるかは、それを作ったデザイナーの意図とは関係なしに、遅延的に決定される。要求とデザインの適合は、そこへ向かっていかなければ現れてこない。あらかじめ適合があるというよりも、進みながら適合が作られていくのである。ある物が道具としてどのように役立つかは、個々の状況によって決まってくる。ある製品が使用者にとってどのような意味を持つのかということと、デザイナーがどのような意図でそれを作ったかということとは、何の関係もない。

道具とは何かの手段になるものだが、その「何か」をデザイナーが決めることは本来的にできない。デザイナーの役割は、サブジェクトを把握し、熟慮し、そこから抽出したオブジェクトを造形化して使用者の前に投げかけることだ。ワードプロセッサー、スプレッドシート、チャットツールなどは、いずれも特定の作業ドメインから発想されたものだろうが、これらが実際に顕現化しているのは、ドメインを超えたイディオムである。たとえばスプレッドシートの実在性とは、表計算ではなく、デジタル方眼紙とでも言うべき「何か」だ。その何かは、システムの内部的な仕組みや、事前に説明された使い方についての知識ではなく、それを使う行為の中から学習されるイディオムである。アラン・クーパーは、「どんなイディオムも学習が必要だが、優れたイディオムなら、1

回学習するだけで十分だ」と言っている。[★6]

自分の身の回りで道具が十分に役立っている状況を思い返すと、それは道具が自分の使い方に合わせて作られた時ではなく、自分が道具に合わせて振る舞えるようになった時だと気づく。自分が道具に同調しはじめると、道具は手許で直接呼応するようになる。要求とデザインの間に直接の関係はない。我々はただそこに在るものを活用して、できることをするだけだ。あたりまえだが、要求が満たされるかどうかは、要求によってではなく、道具によって決まる。道具が要求を承認するのである。

道端に落ちている石ころは、持ち帰って机の上に置けばペーパーウェイトになる。その時、石ころ自体には何の変化も起きていないが、そこに新しい意味が、人の行為によって見出されたのである。行為の可能性＝物の意味は、物の中から綻び出て、我々自身のメタモードと同じ次元で通じ合う。世界は物の意味連関の総体である。物はそれぞれの意味を現しながら我々に全体的なイメージをもたらしている。デザイナーは形によって物が持つ行為の可能性をよりはっきりさせる。人は道具を作り使うことで世界の世界性を確かめている。

絵本作家の五味太郎は、作品にテーマを持たせないようにしているのだという。[★7]作家が提示するのは作品の51％であり、あとの49％を作るのは読者の仕事だと五味は言う。その意味で子供は最も優れた読者である。なぜなら子供は解釈の仕方を作品に求めない。自分で世界を引き受けている読者だからである。しかし一般的には、作品にはその解釈の仕方があらかじめ含まれているとか、道具にはその役立て方があらかじめ含まれているとか、そういう考え方が支配的になっている。目的と手段を区別し、因果律の中に認識を押し込め、物そのものから目を逸らしている。我々は、自分で世界を引き受ける仕方を忘れている。我々が物事を理解したりその扱いに慣れたりする時、それは表象が心的に定着しているのではなく、攪乱されたニューロンのネットワークが行為の中に新しい構造的カップリングを見出しているのである。つまり、人は道具を使うことができるが、その人が実在としての何を使っているかということを道具のデザイナーは知ることができないということだ。我々の世界に対する接続の仕方において、対象の型づけはいつも遅延的である。道具が真に役立つのは、その道具によって新たに用が定まった時である。デザイナーは、物は作れても、それが何であるかを決めることはできない。メッセージが伝達される時、受け渡される物の中にそのメッセージが入っているように感じるが、解釈学や情報理論はこのナイーブな捉え方を転回した。道具をデザインする時、その道具の中に目的や利便性を入れることができると考えてしまうのはナイーブな態度だ。モードレスデザインはこれを転回するものである。

バイオリンは弾けなければただの精巧な工芸品だが、弾けるなら物憂げなツィゴイネルワイゼンになる。箸は使えなければただの二本の棒だが、使えるならサンマの塩焼きになる。自転車は乗れなければただの不安定な椅子だが、乗れるなら丘の向こうの知らない景色になる。ここで肝腎なのは、バイオリンがツィゴイネルワイゼンに、箸がサンマの塩焼きに、自転車が丘の向こうの知らない景色になるのであって、逆ではないということだ。近代合理主義的な「デザイン」はそのことを見誤っている。もちろん、バイオリンは別の曲にもなる。箸は別の料理にもなる。自転車は別の景色にもなる。現象がミディアムを規定しないのと同様に、ミディアムも現象を束縛しない。構造的カップリングはただシンクロニシティーとして起こるのみである。デザイナーにできるのは、そのために形を開いておくことだ。創造的な行為にはいつも意味の遅延性がある。行為の可能性に開かれた道具は環境との構造的カップリングを待っている。その時、道具から見れば使用者も環境変数のひとつにすぎない。意味の遅延性はモードレスデザインの特徴であり、物のパースペクティブであるオブジェクト指向もまたその一環である。創造的な構えというのは遅延的なものである。できるだけ形を開いたままにしておく。矢を射ってから的を描く。その有理性が、一般に良いとされている静的束縛型のデザインでは見過ごされている。物には目的など入っていない。物には物それぞれの作用があるだけだ。デザインがうまくいかないのは、物の中に目的を入れようとするからである。入れたつもりなのに入ってなくて、デザイナーは焦るのである。建築家が「この部屋は会議室である」と言ったところで何の意味があるだろう。人々が酒と肴を持ち寄ればそこはたちまち宴会場になってしまう。その物が何であるのかを、作り手は決めることができない。その物の使い方を、その物自体に固定することはできない。

一般的な見方に反して、インターフェースの構成要素を決めるのはそこで使用者が何をするか／しないかではない。表象されたオブジェクトに何ができるか／できないかである。対象ドメインの範囲が決まってしまえば、細かな使用者の作業文脈はインターフェースに影響を与えない。ドメインモデルから規定されるオブジェクトとその性質をできるだけ一貫した形で示すだけである。だからある機能について、作業文脈上ほとんどの使用者がそれを使わないことがわかっていても、ドメインモデルの誠実な表象のために依然としてそれを提示すべき時もある。文脈依存の表現はデザインを恣意的にしてむしろ使用者のメンタルモデルを破壊してしまう。ハンマーを例にとると、人がハンマーを自分のものにしていく過程というのは、そのハンマーで何ができるかを自分なりに探る過程である。その時ハンマーに求められるのはその存在性が素直に一貫していることであり、作業文脈に応じて形をころころ変化させることではない。

楽器を弾けない人でも簡単なボタン操作だけでさまざまな和音が出せるという謳い文句のツールがあった。誰でも音楽を奏でることができることを目指して作られたのだという。興味深いのは、楽器を弾けない人のために作られたそのツールは、それが音楽を奏でるために使われるなら、やはり楽器になってしまうということだ。楽器はどんなに簡単にしていっても楽器である。楽器を楽器たらしめているのはその構造やデザイナーの意図ではない。ただそれで音を鳴らそうとする使用者の行為だ。だからどんな物でも楽器になる。空瓶でも茶碗でも人体でも。そのことに異論を唱える者はいないだろう。物についてそれが何であるのかを決めるのはデザインではないしデザイナーでもない。マイケル・ポランニーが言うように、機械は物質から作られているが、機械がシステムとして意味を持つ時、物質と機械の境界上には物理的な法則では定まらない条件が存在している。そのような、システムが持つ単位体としての性質について、ウンベルト・マトゥラーナとフランシスコ・ヴァレラは著書『オートポイエーシス』の中で次のように言及している。★8

まず、機械は通常、構成素の物理的な性質および人工物として果たす機能や目的に即して定義されると考えられている。しかしこれはごく素朴な見解にすぎないのだという。たしかに機械は構成素より成り立っている。ただし構成素は同時に、何らかの相互作用や変換を単位体の内で規定するような諸関係を持っている。構成素の性質は、相互作用と変換のネットワークという観点から捉えなければならない。構成素はあくまで機械の動きに伴うかたちで相互作用に加わり、機械を単位体として統合しているのである。そうした関係的ネットワークを、マトゥラーナらは「有機構成」と呼ぶ。機械の有機構成は構成素の物理的な性質から独立している。さらに、機械の有機構成は、人間が機械を使用する用途によって特徴づけられるのでもない。その特徴は機械が作動する領域のものであり、機械をそれ自体よりも広いコンテクストから記述する際の事柄である。目的というものは、機械を説明するための便宜的な概念に過ぎないのだという。

人間が作る機械はすべて、ある目的をもって作製されている。実用的であるにせよないにせよ、人間の目的（たんに楽しみのためだけでも）が明らかにされている。この目的はふつう、機械が作動して得られた産物に現れると思われているが、必ずしもそうではない。だが機械について語ろうとすれば、目的という概念を用いることになる。それによって聞き手の想像力を刺激し、ある機械の有機構成について伝える説明の労力を軽減できるからである。つまり目的という概念を用いることで、聞き手がその機械をあたかも発明するかのようにするのである。しかし目的や意図、機能によって機械を記述しても、それらが機械の構成素だと考えてはならない。それは本来、観察の領域に属する概念であり、いかなる機械の有機構成を

も特徴づけることはできない。★8

生命システムは一般的に、目的を持つ有機構成だと考えられている。生命システムには内的な契機もしくはプログラムがあり、それらは有機構成の構造によって具現化される。それならば、個体発生は成熟へと向かう発達の統合的プロセスだとみなされる。しかしマトゥラーナらによれば、目的はいかなるシステムの有機構成の特質をも成していないのだという。その点で生命システムは機械と同じであり、また機械も生命システムなのである。目的因の考え方はあくまで行為を論ずる際の便宜的なものであり、有機構成そのものの性質とは関係がない。機械の観察者は普通、機械を動かしてみて、そこで起こる変化を記録する。この入力と出力の対応関係、および観察者がこれらをどのようにコンテクストに関係づけるかが、機械の目的を決定する。そのため目的は必然的に、コンテクストを定めて連鎖関係を作り出す観察者の領域にあるのだと、マトゥラーナらは言う。

同様に機能の概念も、観察者が構成素をシステム全体に関連づけながら描く記述の中に生じるものである。システム全体の状態は構成素の変化によって作り出される。しかし、たとえ構成素の変化とそれがもたらすシステムの状態との間に因果関係が認められるとしても、その関係の意味合いはつねに観察者によって定められる。だから機能というものもまた観察者の記述の領域に属しているのだとマトゥラーナらは言う。システムの有機構成は、システムに別の状態を引き起こすような、構成素とそれらの変化との関係を示しているに過ぎない。目的や機能の概念は、システムの有機構成を直接的に導出するものではない。また、システムの有機構成そのものも、目的や機能性といったものは含んでいないのである。

それゆえ目的や機能といった概念は、一見解明の手がかりにみえても、現象の領域ではなんら説明的価値をもたない。なぜならばこれらは現象の発生場面で生じているプロセスに一切言及していないからである。★8

我々は、ある目的から導出され得る有機構成、つまりデザインがどこかに存在していると考えがちだが、目的とデザインが関係づけられるのはつねに使用することの領域においてである。同様に、あるデザインから特定の使用目的が規定され得るというのもナイーブな見方である。両者の繋がりは、ただメタモードに従って成立するのみだ。もしシステムの提供者がそれらを特定の方向で関係づけ、それを使用者に強要するなら、デザインはモーダルになってしまう。それはシステムから有機性を奪い、デザインから生命性を奪うだろう。

デザイナーは自分の意図した使い方が「正しい使い方」だと思っているが、使用者にとっては自分の目的が達成できる使い方が「正しい使い方」となる。道具の意味性はつねに使用者側で現象するのであり、その現象の仕方を物のデザインに含めることはできない。そもそも、使用者の行為に合わせて道具をデザインするというのは、どこか間違っているのである。あらゆる道具はそれを役立てようとする人の行動に変化を与える。人は道具を選びつつも、その道具に合わせて自身の振舞いを変える。だからデザインは、人と道具の相互的な協調空間を提案する行為でなければならない。つまり厳密に言えば、道具をデザインするということは決してできないのである。道具は使用者の意味空間においてダイナミックに現れるものだからだ。道具のデザインとは、ミツバチのために花を黄色く彩るように、ただランデブーの可能性を開いておくことなのである。

パッセンジャーとドライバー

使用者が、デザイナーが想定していなかった使い方をしても、うまく機能する。そのような道具を作るには、構造的な原理のシンプルさと、コンテクストからの解放性が必要だ。要するに、使用者がそこに何らかの道具性を見出して自らの作業をデザインできるようにするということである。人と道具が相互に適合性を高めていけるようにするのである。その意味で、良くデザインされた道具は、使用者をパッセンジャーではなく、ドライバーとして前提している。

多くのデザインプロセスでは、使用者が行う仕事を命令として手順化するという、操作の線形化が行われる。つまり使用者をパッセンジャーとして扱っている。それにより使用者は、仕事の意味や影響に対して鈍感になり、自身のメタモードの中で道具と出会う機会を失う。車の運転では、ドライバーは「あのカーブを曲がるにはステアリングホイールをどれだけの角度回せばいいか」などと考えることはない。通常はステアリングホイールを意識することさえない。ドライバーは車を「運転している」のであって、車に「命令をしている」のではない。良くデザインされた道具は、使用者をドライバーとして扱う。たとえばグラフィック作成アプリケーションやスプレッドシートを使う時、使用者は対象とする領域（画像編集や表計算の操作）で「命令」しているのではなく、自ら「運転」しているのである。

職人にしろ事務員にしろ、手許の操作に熟達した人が道具を思いのままに扱って「運転」している様子は、他者の目には何か魔法を扱っているかのように映る。同じ対象を見ているのに、明らかにその人は自分と違う何かをその奥に見ている。作業者と作業対象、そのミディアムとなる道具が、すっかり嵌り合って、境界がなくなっている。道具のインテグリティーが高い状態、つまりデザイナーによって適度な取捨選択が行われ、そこにユニークな集中と動的均衡が感じられる場合、使用者はその道具に自身を融合したいという欲求を持つだろう。その欲求は必ずしも合目的性によってトリガーされるのではない。そこではある種の自己肯定感が期待されているのである。そのような道具に接続することで、我々の自己は延長され、肯定される。ユニークな集中と動的均衡とは、それ自体が何らかのベクトルを持ち、使用者との接続によってはじめて均衡が成立するような、安定的な不安定さのことである。二本の箸は我々がそれを手に取ることで一つの道具になる。自転車は我々がそれにまたがりペダルを漕ぐことで地面から垂直に立ち上がる。人と道具は、合目的性よりも先に、コントロール可能性によって出会っている。これは主観的な期待値として評価されるのもので、操作性とは異なる。自分の延長として環境をコントロールできそうに思えるかどうかが重要だ。自己肯定のための試行錯誤が、人と道具の相互発展的なスパイラルを生む。

環境をコントロールできそうかどうかの度合い。これを「コントロール期待値」と呼んでみる。

我々はコントロール期待値が高いものを好む。その好みは経験によって異なり、中には複雑な道具を扱うことを好む者もいる。複雑な道具の力で環境をより複雑にコントロールしたいと考える者である。しかし多くの場合には、シンプルなもの、美的インテグリティーが高く、メタモードにフィットするものが好まれるだろう。いくらパワフルな道具であっても、扱う上での認知的もしくは身体的負荷が大きければストレスが増え、自己肯定感を得られない。道具が使用者に自己肯定感を与えるには高いコントロール期待値が必要である。それには、行為と結果の素直な対応がなければならない。行為と結果の素直な対応とは、上手に使えばうまくいき、下手に使えばうまくいかないことである。使用者のスキルをそのまま結果に反映し、なぜうまくいったか、いかなかったかを、使用者が感じ取れるようにするものである。

ヒューマンインターフェースにおいて、使用者の学習効果を高める一番のファクターは、一貫性である。インターフェースがひとつの慣性系にあれば、使用者は自分が行ったこととその結果を対応づけ、これから行うことの結果を予測できる。つまり環境をコントロールできる。このことが次の行為を促し、さらに学習が進むという好循環を生む。ビデオゲームの多くはスクリーン上のキャラクターもしくはそれに類したオブジェクトを入力機器を通じてコントロールしながら遊ぶようになっている。子供たちがビデオゲームに熱中しているのを見ると、そのコントロール可能性（ある程度の不可能性を含む）そのものを楽しんでいるように思われる。すべてのゲームでは何らかの「見立て」と「取り決め」がそのゲーム性の源泉となっており、恣意的に設定された壁の向こうに入るところに面白さがあるが、ビデオゲームではその壁が物理的なスクリーンや入力機器の存在によって強調される。壁がゲームの中心になるのである。それにより、コントロールした結果ではなく、コントロールすること自体の刺激が快楽となる。このことから、自分の身体も含め、環境に対するコントロール欲求とその実現が人にとってどれほどアディクティブなのかがわかる。

使用者をパッセンジャーとして扱い、その行為を命令のセットに還元しようとするデザインアプローチは、道具の使用を使役的なコンテクストに閉じ込める。「人格モード」もそのひとつである。しゃべる家電、人型のロボット、音声エージェント、チャット形式の生成ツールなどは、使用者を使役者とし、道具を役務者とする構図でデザインされている。これは、レトロフューチャーによく見られたサーバント型コンピューターのイメージに影響されていると思われるが、そのサーバント像は、封建時代やコロニアリズムの価値観を反映しているだろう。特権的な人間が従属的な存在者をコントロールするというモデルを、道具のデザインに持ち込んでいるのである。しかし、優れた道具は使用者自らの中に生きているのであり、使役される者として外部から徴用されるのではない。インタラクションに使役的なモデルを適用することは文字どおりサブジェクティブであり、これはメタモードを壊してしまう。そのような製品を見ると、それを企画した組織の中に、他人格に対する支配欲や征服欲を強く持つ者が多く存在しているのではないかと懸念してしまう。道具の擬人化は、直接操作の中にエージェント性を混入させる。メタモードと同調する道具の在り方において、人格モードは不要である。「本当に削除しますか?」といった疑問文は、たとえそれが丁寧な言葉づかいであっても、手許性をスポイルする要因になる。ハンマーは「本当に釘を打ちますか?」

などと聞いてこない。

使用者をパッセンジャーとして扱うデザインは、使用者を使役者にするだけでなく、使用者自身が使役されるコンテクストをも作り出す。ロボット掃除機を購入すると、部屋の中でそれがうまく動くようにむしろ人が掃除をするようになると言われる。こうした副作用は、道具の存在が人の行動に変化を与えるという意味では正当だが、機械の構造が限定的な用途に最適化されている場合、使用者は単に役務者として作業を強制されているのである。人は階段を使って階を移動するが、階段が人を使役するわけではない。階段の物理的な性質と階を移動するという目的はメタモードの中で自然に適合している。しかし、上り用の階段と下り用の階段が恣意的に分けられている場合（実際にそのような施設があった）、そこに使役性が生じる。階段は急に不自然な存在になる。部屋に入ると自動的に明かりがつく、便座から立つと自動的に水が流れる、こうした自動的な動きは便利なこともあるが困ることもある。つまりその便利はたまたま便利なのであって、時々起こる不便を解消しようとすれば、そのための手続きや実行条件の設定に関する余計な知識を使用者が負担しなければならない。頻繁に使用するごく少数の機器についてであればそうした負担は許容されるかもしれないが、そのような自己帰属しない振る舞いを持つ道具が身の回りに増えれば、我々は多くの手続き的な行動を強制され、自由を失っていくことになる。

プログラマーの杉本啓は、著書『データモデリングでドメインを駆動する』の中で、ソフトウェアの道具性について「可変性」の観点から言及している。[★9] 杉本はまず、ソフトウェアと情報システムを区別する。前者は情報処理を支援する「道具」であって情報システムそのものではない。たとえば我々はスプレッドシートを使って住所録を管理することができるが、スプレッドシートというソフトウェアのデータモデルは、住所録管理という情報システムを実現するための素材のようなものに過ぎず、そこには抽象度がある。基幹系ソフトウェアの基本的なコードを細かなビジネスルールから分離し、個別文脈に対応するためのロジックを後から追加できるようにすれば、要求への対応可能性とシンプルさを両立できる。そしてその可変性は、システムの使役性を緩和し、ソフトウェアの道具性を高めるのだという。

道具性の高い道具は、ユーザーに高い自由度を提供し、創意工夫を可能にします。スプレッドシートはまさにその例です。ソフトウェアに可変性を導入し、ユーザー自らその可変性を用いて処理条件を設定すると、ソフトウェアはユーザーが指定したとおりに動作します。ここにおいて、ユーザーが主体、ソフトウェアが道具という関係性が明確に示されます。基幹系情報システムをソフトウェア化するとき、ともすれば、ユーザー自体も、部品のように業務フローに組み込まれた受動的な存在として扱われがちです。ソフトウェアに可変性を埋め込むことは、仕事のしかたを自ら工夫する存在としてのユーザーの能動性・主体性を回復することにつながります。★9

シンプルなデザインというのは、単に要素が少ないのではなく、抽象度が高く可変的だということである。シンプルな道具は、用途が限られているのではなく、むしろより大きな行為の可能性に開かれている。道具は何かのために作られるが、優れた道具は、その何かに対してつねに「あそび」を持っている。スペイン出身のデザイン／ゲーム研究者、ミゲル・シカールは、著書『プレイ・マターズ』において、遊びの態度（Playfulness）が我々の生活や社会の中で持つ意味を多角的に考察している。[★10] シカールは、遊びが持つ性質を七つに分類する。すなわち、文脈依存的、カーニバル的、流用的、攪乱的、自己目的的、創造的、個人的、である。その中でも特に、流用的（Appropriative）という性質をシカールは重視する。これはソフトウェアデザインでいう動的型づけのことであり、良いデザインは使用者に合わせたものではなく使用者が合わせられるものである、という考えと共通している。つまりその物が何であるかは後から決まるということ。そのような道具は、要するに「遊べる」ということだ。

> 遊び心のあるデザインは、文脈に制約を課して使い方を限定するのではなく、むしろユーザーの自由な解釈にゆだねる。そうしたデザインは、それがどんなふるまいをするものであるかをユーザーに示唆するだけであり、それにどんな意味を与えるかはユーザーの仕事である。[★10]

流用的であるとは、既存のコンテクストやその構成要素を別の目的のために「乗っ取る」ことができるということである。遊びは、今ある調和をブレークダウンし、新しい構造的カップリングを促す。遊びの実践によって我々は、批判的で創造的な力を持つことができる。シカールによれば、遊びをデザインする「遊びの建築家」は、建物の建築家と同じように、自分が丹念に作り上げたものを他者がどのように流用してもそれを甘んじて受け入れるのだという。遊びの建築家は、人々が自分自身を探究し表現するための場と、それをするのに適した小道具を提供する。

1943年、デンマークの造園家であるカール・テオドール・ソーレンセンは、コペンハーゲンに「エムドラップがらくた遊戯場（Skrammellegepladsen Emdrup/ Emdrup Junk Playground）」を作った。これは、木材、古タイヤ、大工道具などが置かれた建築現場のような広場で、子供たちはそこにあるものを自由に使い、好き勝手に小屋などを作ったり壊したりして遊ぶことができた。ソーレンセンは長年の観察から、子供たちは良く整備された公園よりも、がらくたがころがった廃屋や鉄屑置場で遊ぶことを好み、そこで見つけたもので自由に遊びを発明する、ということを知っていたのである。この遊戯場は評判となり、いわゆる「冒険遊戯場（adventure playground）」が世界中に作られるきっかけのひとつになった。

イギリスのアナキスト、コリン・ウォードによれば、そもそも子供の遊戯場を作る必要というのは、現代の高密度都市生活と高速交通から生まれたものだという。★11 この必要に対する権威主義的な対応は、ブランコやシーソーなどをしつらえることである。それらはある程度はおもしろいが、子供たちの想像や構築の努力を呼び起こすことはない。自分で何かを見つけたり、互いに協力するといった活動に組み込まれることがないのだという。ブランコやシーソーの使い道はひとつしかなく、空想も、腕前を伸ばすことも、大人の活動を真似ることも叶えられず、知的な努力や身体的な努力はほとんど求められない。ジャングルジムや遊戯彫刻などの抽象物体は少しましだが、それらもまた限られた年齢枠や限られた活動領域に応ずるものであり、使い手よりも作り手の好みに従って用意されている。だから子供たちが街路や建築現場などの方により興味を持つことは驚くにあたらないのだとウォードは言う。現代の都市では、すべての土地は工業または商業に利用され、草むらは囲い込まれ、小川や窪地は埋め立てられている。そのような中でも、子供たちのためには従来以上に多くの設備が用意されているという反論がある。それはそのとおりだが、しかし、それが一番いけないことなのだという。都市で暮らす子供たちは科学技術の驚異に満ちた世界でいろいろな物を見て感心するかもしれないが、本当はもっと何かを自分の手の中に握り、自分で何かを創り、創り変えたいと望んでいる。

優れた冒険遊戯場は、破壊と生成の連続過程の中にあるのだという。たとえばミネアポリスに作られた「仕事場」では、最初、どの子供も自分のことしか考えていなかった。用意されていた中古木材や道具を、彼らは独り占めしようと奪い合い、それらを自分の隠し場所にため込んだ。その結果、広場には一枚の板もなくなり、作りかけの小屋は襲撃された。言い争いが起こり、立ち去る者も現れた。しかし次の日になると、ほとんどの子供は自然に集まって修復作業を始めた。道具も隠し場所から集められた。個人主義者だった子供たちが互いに誘い合い、一緒に組んでやろうと言い出した。新しく補給の材木が着いた頃には、ひとつの共同体が生まれていた。遊戯場を管理する大人が介入してルールを当てはめずとも、子供たちは自分たちで秩序を回復したのだという。それは決して明文化されたような秩序ではない。無秩序の中に現れた自然な秩序である。

冒険遊戯場は、いわばアナーキーの寓話、自由社会のミニチュアであって、同じ緊張と変じてやまぬ調和とを、同じ多様性と自発性とを、同じく強制なき協働と発展と、そして個人の特質と共同体意識との解放を具備しているのにひきかえ、その主たる価値が競争と物欲にある社会ではこうしたものは眠りこんでしまっているのだ。★11

ウォードは、子供の遊びにとって最も理想的な条件、つまり、破壊から発見を経て創造へと自ら選び取ることは、大人の社会形成においても重要だと考える。物を作ること、組み立て、組み替え、繕い、仕立て直すこと。そうした衝動は、日常の労働生活や商業的な娯楽産業に埋もれてしまいがちである。しかし一方で、さまざまな分野でDIY運動が盛んになっているように、我々の中にあるブリコルールとしての気質はつねにその発現機会を求めている。そうしたブリコラージュを促し、広げるものとして、モードレスデザインは位置づけられるだろう。

アメリカの投資家、クリス・ディクソンは、革新的なものは最初おもちゃのように見えると言った。★12 従来の価値基準では性能が低いとされるもの、チープでシンプルだが遊べるものが、プロダクトの意味を変えるのである。このことは、商業的に成功するかどうかとは別の次元で重要なことを示唆している。我々が新しいものに接した時に確認するのは、遊べるかどうかである。落ちている枝でも、それが程よい長さと硬さなら、すぐおもちゃになる。別の言い方をすれば、それがブリコラージュに使えるかどうかが重要だ。自分の作っているものが「遊べる」ものになっているか、デザイナーは気にするとよい。人々は、行為の可能性=遊べそうなものに敏感に反応し、それらをおもちゃにする。おもちゃは人々の見立ての能力を触発し、そこに新しい意味空間を生成する。つまりメタモードを拡張する。そしてそこから生まれる次の行為がまた新たな視差を生み、遊びのスパイラルをつくるのである。

直交

佐藤卓が箸について、二本の棒であるその単純さが人の本来の能力を引き出していると言ったように、モードレス性は道具の本来の能力、つまり「人の能力を引き出すという能力」の鍵である。それは、物が人の行為をアフォードし、いくつものコンテクストを横断しながら、そこに豊かな意味空間の形成を促すという理想を示している。たいていのデザイン理論では、コンテクストに如何に適合させるかがデザインの鍵だとされる。しかし決まったことにだけ役立つ道具は、我々の行為とその意味を決まったことに拘束し、我々は自身の意味空間を広げる余地を奪われる。一方、モードレスデザインの発想は、コンテクストへの対処ではなく、コンテクストの見方を変えることである。顕在化したコンテクストに個別に対処するのではなく、それらを貫くのである。道具は複数のコンテクストと交差するようにデザインされる。そうすることで、潜在的なコンテクストへの準備

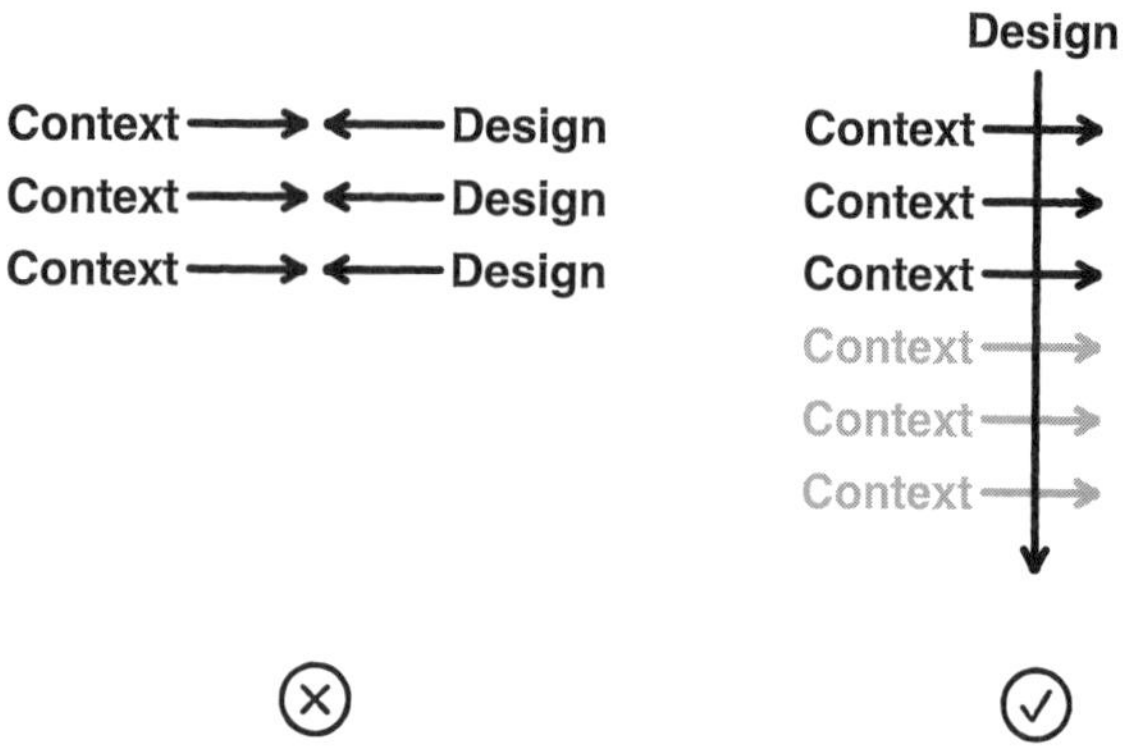

ができる。
　上の図が示す、コンテクストとデザインの交差点が、使用者にとってのオブジェクトとなる。そしてそれらを潜在的な領域へと繋げる線が意味空間となる。モードレスデザインは、オブジェクト同士の相属性として意味空間の創造可能性を広げる活動なのである。この図においては、横軸を時間として、縦軸を空間として捉えることができる。モードレスデザインは同時の世界において空間的な幅を持つ。デザインをする上で、コンテクストへの対応という視点はたしかに訴えるものがある。しかし個別のコンテクストの中で問題を解消するだけならそれは対症療法であって優れたデザインとは言えない。要するに、道具の抽象度を高く保つデザインはオブジェクト指向であるということだ。道具をデザインする際に、その働きの方向＝コンテクストではなく、作用点＝オブジェクトを手

がかりにするのである。包丁をデザインするなら、ランチタイム用の包丁、まかない用の包丁を作るのではなく、刺身包丁、菜切り包丁を作るということである。

ユーザビリティーは通常、特定のタスクを行う際の有効性や効率によって評価される。タスクがスムーズに行えない場合、その原因は必要な時に必要な機能や情報が提供されないことにあるとされる。そしてタスクはより細かく線形的に定義され、デザインがそれに従うことになる。しかしこの発想は短絡的だ。家の玄関に目的別のドアをつけるようなものである。ひとつのコンテクストにデザインを従属させてしまうと、他のコンテクストでは使いにくいものになる。作業が恣意的に手続化され、仕事の目当てが覆い隠されてしまう。そうではなく、モードレスデザインは機能（時間）を構造（空間）に再マップする。複数のコンテクストを貫き、問題に対して一段メタな視点から解法を示すのだ。タスクを分析的に定義することは、デザインを評価する際の手がかりとしては有効だが、モードレスデザインはむしろコンテクストを剥ぎ取った所、要求から時制を取り除いた、コンテクストと直交するオブジェクトの位相に現れる。

たとえば、りんごの皮をむくというコンテクストを考える。皮がむかれていない元の状態のりんごから、皮がむかれた目標状態のりんごを得るまでのプロセスにおいて、専用のりんご皮むき機はその大部分をサポートするだろう。機械にりんごをセットしてハンドルを回すだけで誰でもきれいに皮をむくことができる。りんご皮むき機は、りんごの皮をむくための道具として目的合理性が高い。一方、汎用的なピーラーは、りんごの皮をむくということについてはより少ない部分しかサポートしない。ペティナイフの場合はさらに少しの範囲しかサポートしない。しかも使いこなすには相応の訓練が必要になる。しかしペティナイフは、りんごの皮をむくこと以外にも用いることができる。玉ねぎをスライスしたり、人参を千切りにしたり、あるいはキャベツの葉をカービングしたりすることもできる。これはペティナイフの抽象度の高さを示している。抽象度の高い道具はその用途を使用者自身が考えるものである。そして自身の使用スキルの向上によって、その意味を広げるものである。ペティナイフの使用者は、デザイナーが想定したコンテクストとは関係なく、ただアフォーダンスに従って意味を探索する。ペティナイフの大きさ、重さ、硬さ、鋭さなどが「矢」となって、その周りに「的」が描かれる。コンテクストを見つけ、あるいは創造し、そこに道具を接続するのは、デザイナーではなく使用者なのである。

一方、道具に求められる従順さは、使用者の倫理観を問う。榮久庵憲司は著書『道具論』の中で、「道具は人のいいなりになることによって人をただす。ここに道具に特有の倫理観がある」と言っている。[★13] 道具は人のわがままさを許し、夢を叶える。道具は人に従う。包丁に凶器になれといえば凶器として働く。道具は、そのように人のいいなりになることによって、人の倫理に訴えるのだと榮久庵は言う。たとえ人道に反するような使い方にも道具は従う。そして時に大きな不幸を生む。それは人に従う道具による、人間に対する戒めなのだという。

道具に内在する最も重要な作法は、人間の命令にさからわないことである。これが道具の、すぐれて、怖ろしい存在の構図——道具の論理なのである。[★13]

道具の在り方は人間の在り方と表裏一体である。モードレスデザインは物自体のそのものの性を露わにすると同時に、それを使う者の人間性を露わにする。

モードレスな道具は人を自らの行為に向き合わせる。そこでは行為の本質が問われることになる。そのためモードレスデザインの実践においては、道具が接続する行為の抽象化が重要になる。りんごの皮をむくという行為から、何か手のひらサイズの有機的な物質をある程度の精度で部分に切断する、というように、その性質を抽象するのである。この抽象された行為の性質が、道具に要求される性質を導く。当然そこでは、その道具を使う人間の認知的あるいは身体的な特性も加味される。その結果として現れる道具は、手で持つのにちょうど良い大きさと重さで、適度な硬さと鋭さを持ったもの、つまりペティナイフ様のものとなる。この時、道具の抽象レベルを決定しているのは、目標状態へのプロセスを分析する視点の抽象レベルである。イタリア／イギリスの情報哲学者、ルチアーノ・フロリディは、システムを理解するプロセスと抽象レベルの関係について、次のような図で説明している。[★14]

フロリディによれば、我々があるシステムについての情報を得るその仕方においては、抽象のレベル（level of abstraction: LoA）が深く関わっているのだという。抽象のレベルとは、関心の持ち方のことである。我々はつねに何らかの抽象のレベルから対象を分析し、それをモデル化する。そのモデルが構造を特定し、システムを特徴づける。情報の取得にはこうした認識の再帰的な流れが内在している。システムの観察者は、自身の関心を手がかりにしてそれを分析する。関心が異なれ

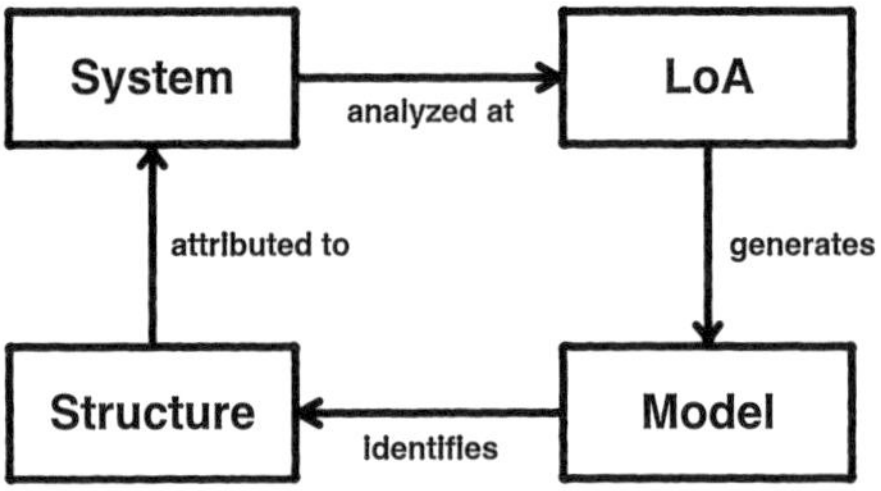

ルチアーノ・フロリディ「The Method of Levels of Abstraction」より

ば、同じシステムについても異なる見方で分析することになる。抽象のレベルはシステムの理解の仕方を規定する。デザインにおいてそれは、知覚される道具の形を規定する係数となる。モードレスデザインはこの抽象のレベルを高く保つ。

社会制度であれコンピューターソフトウェアであれ、長く運用できるシステムを作りたいなら、基本構造の抽象度をどれだけ高めておけるかが重要になる。将来の変更可能性を高く保つには、システムの深部に高い変更不要性が備わっていなければならない。変更可能性とは変更不要性であり、すなわち抽象性である。

デザインに抽象度を持たせて潜在的なコンテクストへの適合可能性を高める、という考え方をソフトウェアに適用すると、YAGNIの原則（You aren't gonna need it：機能は実際に必要とされるまで実装すべきでない）に反するように聞こえるかもしれない。しかし記述するコードを無闇に増やさないという意味で、これは原則に準拠するものだ。モードレスなソフトウェアの開発では、分析的に定義されたタスクに対してコーディングするのではなく、そうしたタスクが成し遂げようとしている目標状態そのものへと関心をラダリングし、ひとつ上の抽象レベルに対する行為として使用者の作業を捉える。そのように機能性の抽象度を高く保っておくことが、コードをあまり書かないでおくということなのだ。

形の合成

デザインをする時に考えるべきなのは、複数の要求をひとつの形で満たす方法はないだろうか、ということだ。それには、要求同士の間の相似性を見つけることである。そしてその相似性に向けて形を提案する。すると、ひとつの形の中に複数の「行為の可能性」を宿すことができる。要求同士の間に相似性が見つからない場合、それらの要求は違うスコープにあるため、デザインとしては別の場所で表現されるべきだということがわかる。

デザイナーは抽象化のために、現存するさまざまな現象の裏にある適合の相似性を発見する。たとえば形A、B、C、D、E、F、G、H、I、J、K、Lがあり、そのうちBC、EF、GH、JKの合成が適合的な現象を示しているとする。

適合的な形と形の間には何らかの因子があると考える。デザイナーは適合的な現象それ自体では

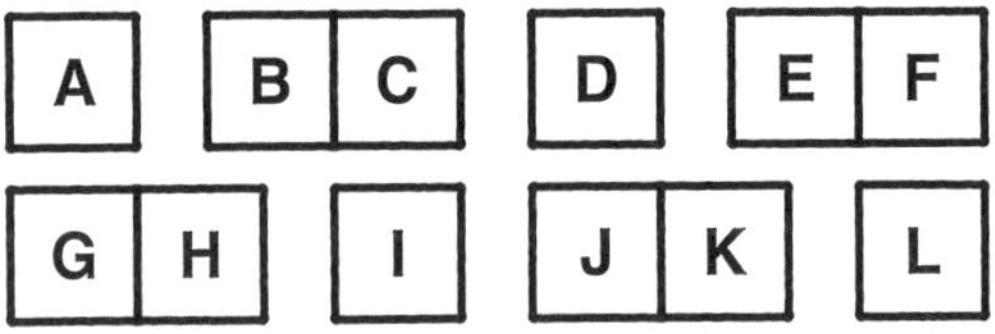
A
B C
D
E F
G H
I
J K
L

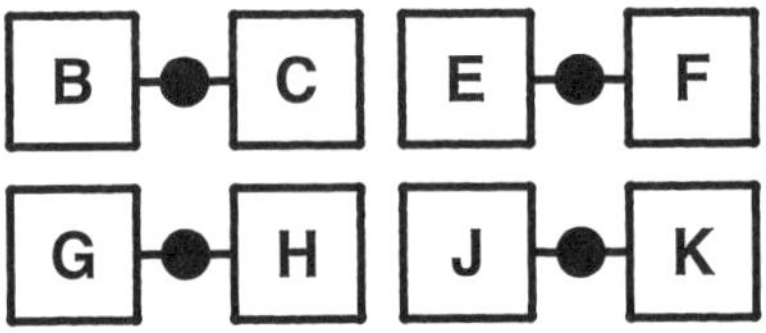
B C
E F
G H
J K

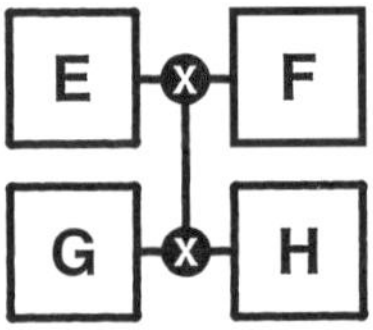
E X F
G X H

なくその因子に着目する。適合は偶発的なものだがその背景には何らかのカップリング構造があるはずである。

そして適合因子同士を比べて共通する構造を見出す。そうした構造が見つかってもカップリング自体は計画できないのでそのまま再利用できるわけではないが、制作したデザインの適合可能性を評価する手がかりにはなる。

EFとGHの適合因子に共通するXという相似性が発見されたとする。これを把握することでデザイナーの意識はひとつメタになる。アレグザンダーがデザインパターンを収集したのもこの観点によるものだろう。発見された相似性同士の間には、さらにまた別の相似性が発見される可能性がある。このような探索の蓄積が、デザイナーの直観を鋭くする。

アレグザンダーは、良い適合をもたらす形を再現性のある自覚的なプロセスによって導出する方法として、想定される複数の不適合因子の中から相互作用を持つものをセットにして同時に検討することを提案している。[★15] たとえば、家の中が暗いという問題に対して、明るくするために単に窓の数を増やせば、今度はプライバシーが問題になる。あるいはひとつの窓を大きくすれば、今度は家の強度が問題になる。デザインにおいて想定されるさまざまな不適合因子を点で表し、そのうち結びつきが強いものを線で結ぶ。そうすることでコンテクストと形の境界を抽象化されたモデルとして扱えるようになる。

アレグザンダーがここで行っている抽象化は、これから作ろうとしているシステムの外観もしく

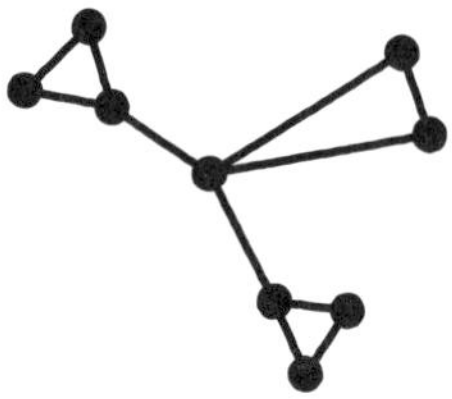

クリストファー・アレグザンダー『形の合成に関するノート』より

は物理的な構造についてのものではなく、そのシステムが適合すべき要求事項についてのものである。興味深いのは、その抽象化のためにトポロジカルなアプローチをとっている点だ。アレグザンダーは「デザインの究極の目的は形である」と言ったが、そのための思考法として、トポロジーの観点で要求そのものを形に変換するのである。そこには二重のアナロジーがある。まず形は空間から離れて集合理論として分解できること。そしてそれをダイアグラムにすることで再び空間的な形の合成が浮かび上がるということだ。

アレグザンダーのこのアプローチを応用して、複数のコンテクストからアナロジカルに形が合成される様子を次のように図にしてみる。各コンテクストをトポロジカルな単体と考え、それらの間の相似点を結んで複体化する。そこに現れる形が、抽象化されたモードレスデザイ

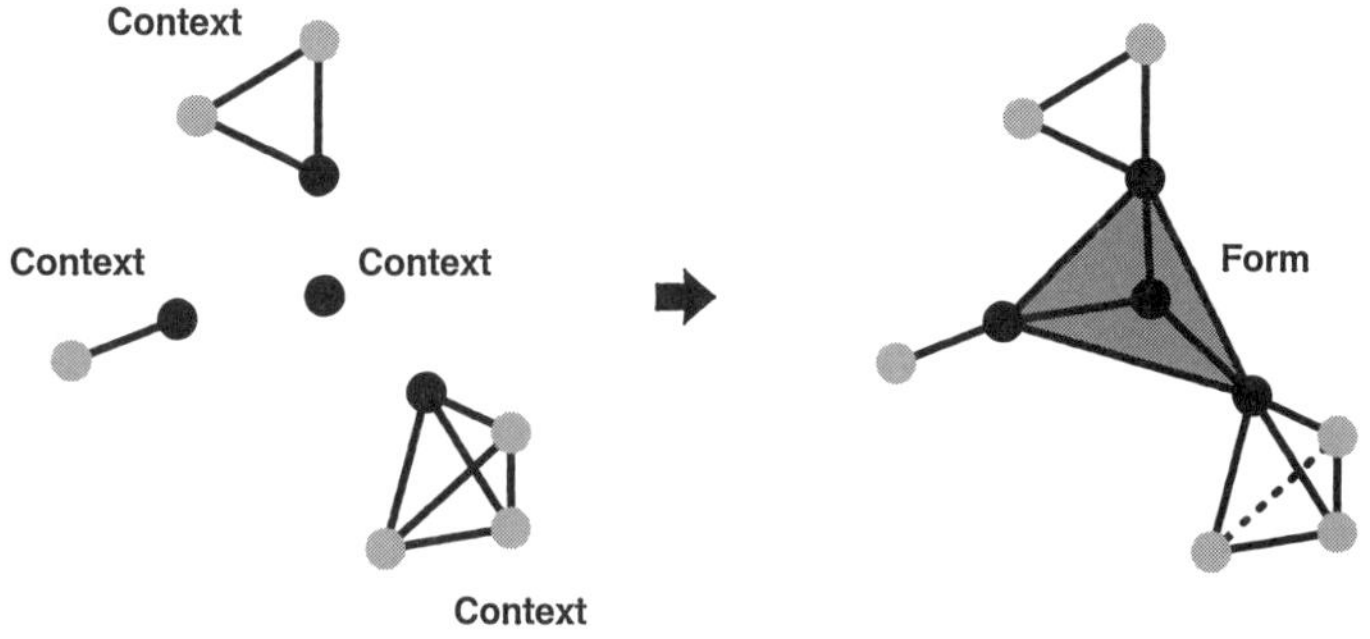

ンのモデルである。
　不適合因子の集合が、形の場を自ずから浮き上がらせる。こうしてできあがった形だけを見れば、複数のコンテクストが同時にサポートされていて不思議に感じるだろう。しかしそもそも複数のコンテクストを複体化することで現れる形なので、そうなるべくしてなるのである。そこでは、まるで形に合わせてコンテクストが寄り集まってきたような因果の反転が起こる。矢のまわりに的が描かれる。根本問題を生成的に探究するというのは、顕在的な問題をさまざまに配置してみてその間にちょうどよい形が現れるようにするということだ。問題の意味ではなく、問題同士の関係性から在るべき形を見つけるのである。
　想定されるコンテクストの数が多い、あるいはコンテクスト間の相似性が低い場合、コンテクストごとに対処方法を実装していたらデザインはまとまりを失う。これは、マルチツールナイフのようなプロダクトにおいてはその乱雑さ自体がコンセプトになっているので許容されるかもしれないが、一般的にはデザインの破綻を意味する。だからまず、複数のコンテクスト同士を繋ぎ合わせ、それから、ひとつのモデルが浮かび上がるところまで要求を抽象化する。このアプローチにおいては、個々のコンテクストが複雑であるほど、最終的なデザインの抽象度は高まる。りんごの皮をむくことしかできないりんご皮むき機よりも、何でもむいたり切ったりできるペティナイフの方がずっとシンプルな形をしているのはそのためだ。アレグザンダーは次のように言う。

> デザイナーの心と行為に計画的な明快さがなければ、物理的な明快さは形の中に完成しないということ、そしてそれが可能であるためには、デザイナーはまず第一に、与えられたデザインの問題の機能的起源の最も深いところまでたどり、何らかのパターンを見つけることができねばならない。★15

モードレスデザインは抽象と具象を往還する活動である。モードレスデザインでは、まず問題領域の中から、個別の問題に適合的なコンテクストを抽出する。次にコンテクスト同士の間にあるアナロジカルな構造を抽出する。これが道具の構造的な原理となる。そしてその原理から最終的な形を合成する。このような思考プロセスで作られた道具は、モードを持たず、メタモードに同調して、その純粋さを保つ。モードレスな道具は使用者に素直なメンタルモデルを与え、さまざまなコンテ

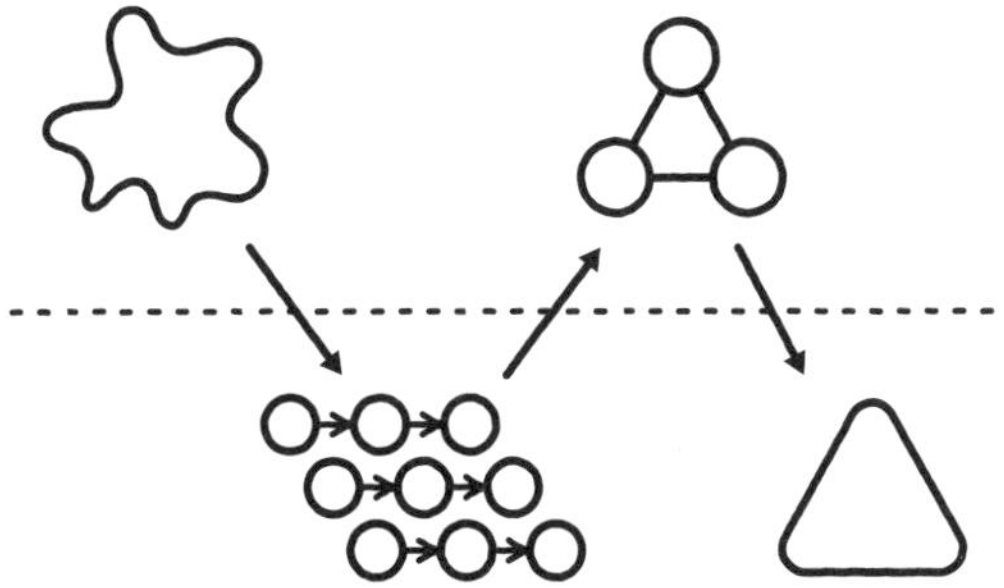

クストへの適合可能性を開く。モードレスな道具は使用者自身の変化を前提しているので、最終的な適合（道具の意味を見出すこと）は、使用者自身によってなされる。

直観的でないものを作る

あらゆるジャンルのデザインにおける根本的な原則は、シンプルにすることである。乱雑なものを整えて単純さやコントラストを与えるという試みが、要するにデザインするということである。このことから、道具のデザインにおいては、機能性の大きさとインターフェースの簡潔さは相反するものであるという考えが一般的である。たしかに、多くの機能を場当たり的に追加していけば簡潔さが維持できなくなるのは当然だ。しかしジェフ・ラスキンによれば、それは単にデザインがまずいせいであり、複雑さをさほど増すことなく機能を追加することはしばしば可能なのだという。[16]行う仕事の複雑さとインターフェースの複雑さには違いがある。「追加機能が、以前は統一されていなかった機能を統一化するものである場合、インタフェースはより簡潔になることすらある」、とラスキンは言う。優れたプロダクトデザインは、どれだけの機能を実装するかという点で「割り切り」を見せている。割り切りとは、できることを減らすということではない。道具の抽象レベルをひとつ上げておくということだ。すると抽象化された分、機能は少なくなったように見えるが、道具としての存在性はむしろより広いコンテクストに開かれることになる。

問題に対して間に合わせの対処を繰り返すようなデザインは、環境全体をより複雑化すると同時に、使用者自身が問題の見方を変える機会を奪う。見かけのわかりやすさやとっつきやすさを演出することは現代のプロダクトデザインの主要な役目になっているが、それらは使用者のメンタルモデルを本来ではない形に固定してしまう。アラン・ケイは、そうしたデザインの誤謬を、自転車に補助輪をつけるようなものだと表現している。[17]全く新しいカテゴリーのプロダクトにおいて補助輪のついたデザインを目にすると、使用者はそのプロダクトの本来の姿を見誤ってしまう。自転車がどういうものかを知らない彼らは、補助輪に依存するかたちでプロダクトを意味づけてしまうのだ。補助輪がなければ自転車の可能性はずっと大きなものになる。補助輪のない自転車を乗りこなすには訓練が必要だが、補助輪の存在自体が、訓練の機会を奪う。だから我々は、我々のプロダクトから補助輪を外さなければならない。モードという補助輪を外すのである。ただし、自転車のポテンシャルが高いのは補助輪が無いからだけではない。自転車そのものの形と構造が人間の身体性、つまり我々がもともと持っているメタモードとの構造的なカップリング可能性を持っているからである。そこで我々が自転車に乗る訓練をすると、それによって我々自身が変化し、構造的カップリングが実現する。プロダクトから補助輪を外すには、外した先にメタモードとの構造的なカップリング可能性がなければならない。モードレスデザインはそのような状態を目指している。その意味で、モードレスであるとは、単にモード性が無いのではなく、積極的にモードレス性が有ることなのである。

ヒューマンインターフェースでは、直観的なデザインが良いとされている。直観というのは推論を挟まずに物事を直接理解することである。直観的なデザインとは、使用者がすでに慣れ親しんでいる記号から成るようなものだ。しかしラスキンは、本当に優れたデザインは直観的なものにはならないと言っている。[★16] 優れたデザインは、それまでと違った視点で問題を捉え直すものである。そのため既存のプロダクトとは根本的に違ったものになる。そのようなプロダクトはブレークダウンを引き起こす。デザインの進歩が大きいほどブレークダウンは破壊的になる。したがって直観的なものには成り得ないのだという。直観性を持ったまま大きな改善が得られるのは、既存のデザインがよほど悪い場合に限られる。ただし、単にこれまでと違ったデザインが良いデザインなのではもちろんない。デザインの進歩には、積極的なモードレス性が必要である。それが無ければ、ブレークダウンに続く新たな構造的カップリングが実現しないからだ。良い例は、コンピューターのマウスやスマートフォンのタッチ操作である。これらは直観的だと言われるが、実際には、何も教わらずにすぐに操作できる人は少ない。マウス操作やタッチ操作は、直観的であるというより、モードレス性が高く、学習可能性が高いのである。学習可能性は新たな構造的カップリングを促す。メタモードが更新され、使用者の身体性が拡張される。一度そうなってしまえば、使用者はそのヒューマンインターフェースを無意識に操作できるようになる。

どんな物も道具になる。我々が配慮的な交渉の中でそれを扱えば、我々はやがてそれに慣れて、ある程度自分のものにすることができる。しかし、物に対して道具性というものを直接添付することはできない。デザイナーにできるのは、行為の可能性を高めるような形を与えることだ。我々の神経はたいていの物と何らかの構造的なカップリングを果たす。とはいえ我々は、カップリングして手許的な存在になりやすい物となりにくい物があることを経験的に知っている。カップリングしやすいというのは、単にすぐに使えるということではない。むしろ自分自身の大きな変化の末により強固なカップリングを果たし、それまでと世界が大きく変わるようなものである。たとえば箸であり自転車でありバイオリンである。そのようなより豊かなカップリング可能性を、デザイナーは形の選択によって高めることができる。それがモードの除去である。デザイナーは、デザインの過程で生じるモードを丁寧に取り除き続けなければならない。

近代的なデザインは身体と環境との摩擦を軽減させることに腐心してきた。しかし、もし摩擦がゼロになれば、我々はこの世界のことも自分自身のことも感じることができなくなる。生まれてこのかた自分につきまとっている「世界との不一致」は、同時に「自分との一致」なのだ。あらゆる生物にとって、おそらく環境は摩擦に溢れている。その摩擦にアフォードされて、生成的な自己変容、つまり生きるという現象が起こる。摩擦がなければ我々は宇宙に溶けてしまう。一般的な理解に反して、良いデザインは摩擦を取り除くものではない。良い摩擦を与え、新たな構造的カップリング、つまり使用者と環境との新しい関係を生み出すものである。一方、モード性は悪い摩擦となる。形を身体にたとえるなら、モーダルな状態というのは無駄に力が入っている状態だ。特定の動作に向けた構えに凝り固まって、全身のバランスを失い、却って身動きが取れなくなっているような状態である。それに対してモードレスな状態は、身体の緊張が解かれ、最小限の力で形が保たれているような状態だ。道具の使用にはつねに何らかのサブジェクトが伴うから、そこで人はモーダルになる。その時に、そのモードを自在に乗せていくための容れ物として、道具の形をモードレスにしておくのである。モードレスな道具は行為の可能性に開かれている。モードレスデザインは、形という身体が自然体で在るようにするデザインである。

モードレスであるというのは単なるポストモダン的な無秩序ではもちろんない。秩序という束縛を保留し、その向こうにある無秩序的な秩序を発現させる契機だ。それは冒険遊戯場の子供たちに見られるような、我々が生まれながらに持っている無為の構造である。使用者による使用が、中動的になされること。使用者の内側から生じ、使用者の内側で実践の新しい像が結ばれるようにすること。道具が使用者の内側でその道具性を見出され、また使用者が道具の内側でその主体性を見出せること。そうした人と道具の相互牽制的な関係を作ることが、道具を作るデザイナーの仕事である。これはハイデガーが着目したポイエーシスの概念とも通じているだろう。物が「それ自体から立ち現れてくること」を求めて、我々は道具をモードレスにデザインする。ポイエーシスという言葉はポエジー（詩）の語源でもある。モードレスデザインに取り組むデザイナーの態度は、その意味で、詩人的な態度なのである。

9

創造すること

アブダクション

問題の外に出てそれをリフレームするようなアイデアを得るには、問題に対する視点のレベルを上げて、発想を転換する必要がある。そのような転換の例は革新的なプロダクトの開発秘話などでよく語られるが、我々の身近なところにも探すことができる。たとえば、「耳の形は涙の受け皿として進化したのかもしれない」といった言葉をSNSで見かけたことがある。こうした詩的な表現には日常の中の小さな洞察が示されている。またジョークの多くも、そのような視点のスライドによって成立している。次のようなジョークがある。

「どうして鳥たちは冬になると南に飛んでいくの?」
「歩くには遠すぎるからさ」

「どうして私たちは象が木に隠れているところを見たことがないの?」
「彼らはそれがとても上手だからさ」

「どうして消防士は赤いサスペンダーをしているの?」

「ズボンが落ちないようにさ」

「どうして魚は塩水の中で生きられるの?」

「胡椒水だとくしゃみが出るからさ」

「どうしてティラノザウルスは手を叩けないの?」

「もう絶滅してるからさ」


これらのジョークはどれも似た構造を持っている。まず何か不思議な事実についての理由が尋ねられ、それに対して、一般的な思考とは違う角度から回答がなされる、というものである。たとえば、鳥たちが冬になると南に飛んでいくという不思議な事実がある。その理由が尋ねられた時、一般的な思考では、鳥、冬、南、という要素がどのように関係づけられるかについての説明が期待される。ところが、歩くには遠すぎるから、という回答がもたらされる。これは期待したような回答ではない。しかし、たしかに質問への回答になっている(ように聞こえる)。回答者は明らかに論点をずらしているが、それでも不思議な事実の理由として一応説明が成立している。もちろんこれはジョークなので、説明の確からしさはほとんどない。だからこそジョークになる。説得力がないのに回答としては成立しているところがおもしろいのである。

これらのジョークでは、問題に対する視点が、暗黙的に期待されているところから意図的にずらされる。二行目のパンチラインでそれが示されることで、我々ははじめて、自分の視点があるところに囚われていたことに気づく。こうしたジョークを作る人の思考を考えてみるとよい。質問に対してばかばかしい回答を与えるような構造のジョークは、おそらく計画的に作ることができる。ある不思議な事実に対して、それを不思議さの構成要素によって説明するのではなく、別な要素を追加してそれがもはや不思議ではない状況を作るのである。その要素が全く確からしくないものであればジョークになる。逆に、そこに一定以上の確からしさがあるなら、それは創造的なアイデアとなる。こうした拡張的な推論方法のひとつとして知られるのが、アメリカの哲学者／論理学者、チャールズ・サンダース・パースが唱えた「アブダクション」である。

一般的に論理的推論の方法としては「演繹（deduction）」と「帰納（induction）」が知られている。パースはそこに「アブダクション（abduction）＝仮説形成」を追加する。パースに関する著作で知られる米盛裕二は、著書『アブダクション　仮説と発見の論理』の中で、探究の論理学においては、推論の形式的妥当性や論理的必然性よりも、新しい諸観念を生み出し知識の拡張をもたらす推論の拡張的（発見的）機能が重視されるのだと言っている。[★1]そして「アブダクション」こそがその最も優れた方法なのだという。パースによれば、アブダクションは説明仮説を形成する方法であり、新しい諸観念を導入する唯一の論理的操作である。帰納も演繹も、何ら新しい観念を生み出すことはできない。科学の諸観念は、すべてアブダクションによってもたらされるのだという。[★2]また松岡正剛はアブダクションを「発見のための推論」あるいは「仮説の創発」だとしている。[★3]松岡は、アブダクション理論には知識というものの本来の謎を解こうとするパースの計画があったと指摘する。アブダクションを用いれば、どんな合理的な推論も可能になるのだという。

米盛によれば、そもそも推論には「分析的推論」と「拡張的推論」がある。[★1] 演繹は分析的推論である。分析的推論は、前提と結論の関係が、前提で言われていることと結論で言われていることとの、意味上の論理的関係のみで成り立っている。別の言い方をすれば、分析的推論では、前提の中にすでに結論が含意されている。前提から結論を導き出す推論の過程は、前提の内容を分析し、その中に含まれている情報を結論において明確化するものとなる。分析的推論は事実の真理の決定には関わらず、推論の内部における前提と結論の論理的な含意関係の分析のみを行うのである。

米盛は次の三段論法を例にとる。

すべての惑星は太陽を愛する、
地球は惑星である、
ゆえに、地球は太陽を愛する。

これは妥当な演繹的推論だが、この推論は惑星や地球や太陽に関する天文学的事実について述べているのではない。あくまで、前提の内容に暗黙的に含まれている情報を解明し、それを結論として導き出しているだけである。演繹的推論における結論は前提の内容以上のことは言明せず、前提の内容を超えた知識の拡張はない。そのかわり、分析的な演繹的推論には、真なる前提から必然的に真なる結論が導かれるという重要な論理的特性がある、と米盛は言う。

一方、帰納とアブダクションは拡張的推論である。拡張的推論は経験にもとづく推論であり、経験的事実の世界に関する知識や情報を拡張するために用いられる。分析的推論と違い、拡張的推論における結論は、前提の内容以上のことを主張する。つまり前提の内容を超えて、前提に含まれていない新しい知識や情報を与える。帰納的推論は、たとえば我々がこれまで見た犬がいずれも吠える性質を持っていたという経験から、それを「すべての犬は吠える」と一般化し、一般命題を確立する推論である。帰納の結論は前提が与えている情報を超えて、まだ見たことのない、あるいは見ることのできないすべての対象について、共通の性質を主張する。帰納におけるこの拡張性に対し、アブダクションはまた別の拡張性を持つ。そこには重要な違いがあると米盛は言う。

米盛はアブダクションの例として、ニュートンによる万有引力の法則の発見を挙げる。まず前提として、科学的探究というものはつねに一般性の探究である。たとえば、ある仕方で木を擦ると火が起こるという発見は、同じ条件下で同じことを行えばいつも同じ結果が得られることとして一般化されたものである。これはつまり、観察可能な事象における既知の事例から未知の事例への一般化である。先の犬の例もそうだ。しかしニュートンが発見した引力という働きは、直接には観察不可能なものである。物体の落下現象をいかに綿密に繰り返し観察しても、我々はその中に引力というものを見ることはできない。万有引力の法則の発見は、我々が直接観察している「支えられていない諸物体は落下する」という事実から、それとは違う種類の、しかも直接には観察不可能な「引力」という作用を想定する仮説的な発見なのだ。ニュートンの重力の法則は、たしかに経験からの確証を得ている。しかしそれは直接的な帰納によって導かれたものではない。重力の法則は超越的な仮説であり、そうした仮説はアブダクションによって得られるのだという。

探究という科学的行為は、我々がある問題状況に直面して何らかの疑念を抱く時、その疑念に刺激されて生じるものだと米盛は言う。つまり探究は、我々の信念に背くある意外な事実や、習慣に反する何らかの変則性に気づくことから始まる。そして探究の目的は、その意外な事実や変則性に対して理由や説明を与え、我々の疑念を合理的に解決することにある。米盛によれば、このようにある意外な事実や変則性の観察から出発して、その事実や変則性がなぜ起こったかについて説明を与える「説明仮説 (explanatory hypothesis)」を形成する推論が、アブダクションなのだという。パースはアブダクションの推論の形式を次のように定式化している。

驚くべき事実Cが観察される、
しかしもしHが真であれば、Cは当然の事柄であろう、
よって、Hが真であると考えるべき理由がある。

ここでいう「驚くべき事実C」とは、我々の疑念と探究を引き起こすある意外な事実または変則性のことである。「H」はその「驚くべき事実C」を説明するために考えられた「説明仮説」である。

パースは次のような例を挙げる。

化石が発見される。それはたとえば魚の化石のようなもので、しかも陸地のずっと内側で見つかったとしよう。この現象を説明するために、われわれはこの一帯の陸地はかつては海であったに違いないと考える。

このように、説明を要する「驚くべき事実C」は、その事実を説明するために提案された「説明仮説H」によって、納得のいく説明または理由が与えられる。この魚の化石にまつわる仮説が一定の確からしさを持つのは、地球上ではかつて海であった場所が陸地になることがある、という知識を我々が持っているからである。もしそうした知識がなく、海と陸地の場所は永久に固定されていると信じているなら、この仮説はばかばかしいジョーク、あるいはロマンティックな詩になるだろう。その意味で、創造的な洞察とジョークや詩には、近い性質がある。

ニュートンはりんごが落下するのを見て、りんごはなぜいつも垂直に落ちるのか、なぜいつも地球の中心に向かって落ちるのか、と不思議に思った。そのような現象が起こるには、物質には引力があって、それが地球の中心に集中しているのでなければならない。もしある物質が他の物質を引きつけるなら、その大きさの間には比例関係が成り立っていなければならない。地球がりんごを引くようにりんごも地球を引く。つまり我々が重さと呼んでいるものと同様の力が存在し、それが全宇宙に拡がっているのでなければならない。ニュートンはそのように考えたのだという。ニュートンの非凡なところは、まずりんごが落ちるという事実に対する彼の驚きにある、と米盛は指摘する。りんごはなぜいつも垂直に落ちるのか、なぜいつも地球の中心に向かって落ちるのか、という疑念そのものが、彼の独創的な洞察力によるものなのである。ニュートン以前の人々もりんごが落ちるのを見ていたし、支えられていない物体は落下するということも知っていた。しかしそれを驚くべき事実として捉えた者はいなかったのだ。しかもニュートンは、物体の落下に関する観察事実を集めて分析し、そこから一般化するという、帰納的推論を行ったのではない。そもそも、りんごはなぜいつも垂直に落ちるのか、なぜいつも地球の中心に向かって落ちるのか、という驚きがなければ、ニュートンの思索は始まらなかった。この問いに答えるために、ニュートンは思索し仮説を立て、万有引力の思想を生み出した。つまり、彼の驚きをもたらした洞察そのものが、引力という説明を導き出す直接的な契機だったのである。

パースは、科学者たちの心に突然生じる閃きを「アブダクティブな示唆（abductive suggestion）」あるいは「洞察（insight）」の働きと呼び、この閃きが、科学的仮説を発案し新しい発見へと導く重要なきっかけになると考えた。ただしアブダクションは、説明不可能な非合理的な思いつき、あるいは神秘的な啓示というようなものではない。パースによれば、「洞察」と「推論」はアブダクションにおける二つの段階であり、両者は補完的な関係にあるのだという。まず問題の現象について考え得る説明をあれこれ考え、閃いた仮説を列挙する。次に、それら諸仮説の中から、熟慮して、最も正しいと思われる仮説を選び取る。たしかにアブダクションはその結論（仮説）を推測的に示しているに過ぎず、間違っている可能性がある。しかし洞察された諸仮説について検証する過程では、もっともらしさ（plausibility）、検証可能性（verifability）、単純性（simplicity）、経済性（economy）といった合理的な考察を経る。そのため、アブダクションは単なる当て推量ではなく、意識的に行われる思惟であり、論理的に統制された推論なのだと米盛は言う。

なおパースは、アブダクションの一段階目である、閃光のように我々に現れるという洞察の働きについて、それは自然に適応するために人間に備わった本能的な能力であると考えていた。アブダクティブな閃きは、人類進化の過程において自然の諸法則との相互作用を通して育まれ発展してきた、人間の精神に備わる「自然について正しく推測する本能的能力」なのだという。

人間精神は有限回の推測で正しい仮説を発見できるという意味において真理と親近性があるということがあらゆるアブダクションの根底にある基本的な前提である★2

これはポランニーが暗黙知について主張していたこととも共通する。この進化論的事実を認めることで、あらゆる科学的探究を駆動する原理が明らかになる。アブダクションを用いればどんな合理的な推論も可能になるというのはそういうことだ。アブダクションは飛躍のための思考であり、それはまず自明の中に不思議を見出すことから始まる。そしてその理由づけをさまざまに想起し、そこからもっともらしい説明を選び取る。逆に言えば、そうした洞察と推論の思考パターンが、我々の世界そのものが持っている構造のパターンなのである。我々の生得的な思考様式は野生の思考としてははじめから環境と一体化している。その環世界の中で我々はさまざまにアフォードされる。我々は意識の所在を対象化し、見立てて記号化する。我々はどんなものの間にもアナロジーを働かせ、何らかの関係性を見出す。そこに現れるシンボリックな意味のネットワークが、我々の間主観的な意識を生み出しているのである。

パースは、アブダクションの別名として「リトロダクション（retroduction）」という言葉も使っている。これは「遡及推論／逆行推論」と訳される。リトロダクションとはつまり、結果から原因への逆方向の推論である。推論とは普通、与えられているものから与えられていないものに思考を推移させるものだが、アブダクションは観察事実からそれを説明し得ると考えられる法則や理論へと思考を逆流、もしくは往還させる。我々の創造的な思考は、一方通行ではなく、また線形的でもない。たとえばデザインの実践者が共通して言うのは、制作の非プロセス性である。それは演繹でも帰納でもない。少なくとも意識の上では一気に「形」に到達する。原因から結果を段階的に導くのではなく、結果から原因へのリトロダクションを高速に走らせるのである。この創造の道筋を「アブダクションライン」と呼んでみる。

デザイナーは抽象から段階的に選択をして最終的な具象に到達するのではない。一気にもっともらしい具象をいくつか掴み、そこから最初の抽象へとリバースエンジニアリングのパスを通す。そしてパスがうまく通る具象を選び取る。形が先にあり、ロジックは後から見出される。その意味で、初学者向けに説明されるデザインプロセスは基本的に嘘である。先に作るべきものを決めてそれから作る、という一方向的なプロセスは、実際の制作の思考過程とは異なる。創造性豊かな実践者は決して行儀よく手順を踏んでいないし、論理を積み上げてもいない。無意識に素早く試行錯誤し、与えられていないものから与えられているものへのパスを発見するのである。仮説を立てて検証するのではなく、検証からその意味がリトロダクティブに仮説されるのである。形ができる時、論理

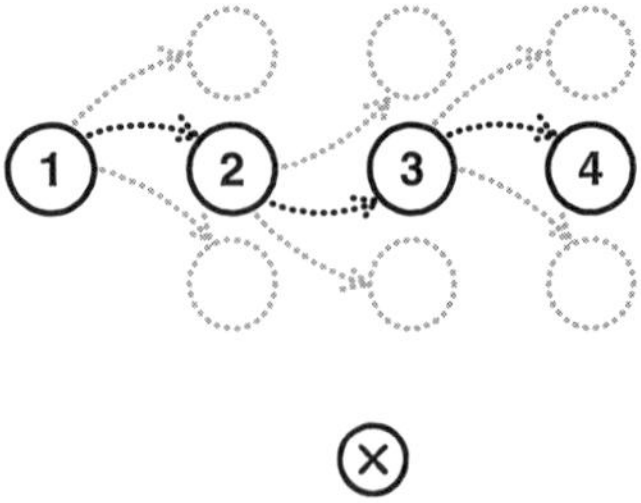

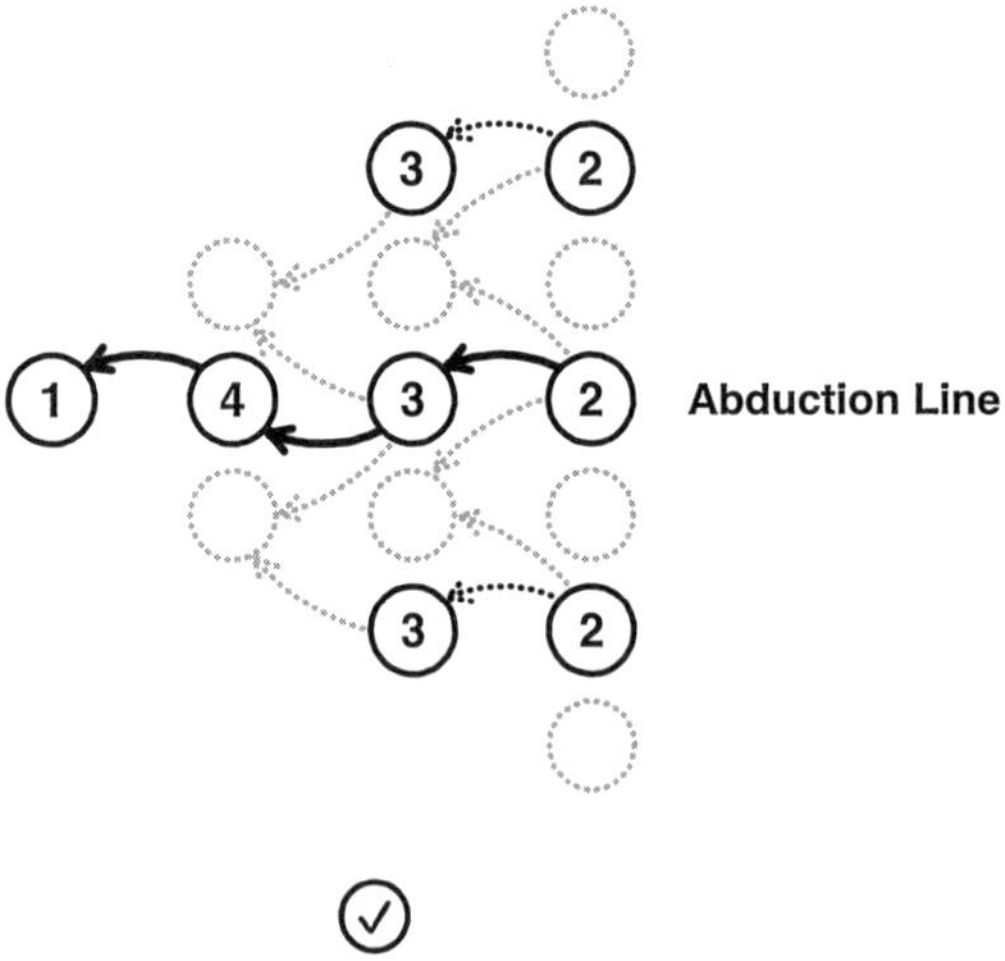
Abduction Line

は逆走する。

アブダクションラインを辿って未来から見た過去の蓋然性を探り、そう在るべくして在るような形を発見する活動は、モードを解体したところにあるメタモードを発見する、モードレスデザインの活動である。モードは確からしさの欠如である。モードは勝手にいくらでも捏造することができる。しかしモードレスデザインにおいては最も確からしい形はひとつしかない。なぜならモードレスデザインは、それが最も確からしい存在となるように問題をリフレームする――つまり矢を射ってから的を描くものだからだ。

デザインされたものについて、なぜそのデザインなのか、という説明は、本来的に後づけでしかできない。デザインは、線形軸上の量的なトレードオフに対して違う軸を与えて質を変化させることだからだ。またこれは複数の問題に関していっぺんに解法に到達することであり、ロジックの積み上げで得られるものではない。久保田晃弘は『遙かなる他者のためのデザイン』の中で、茶碗と手の関係を例にとりながら、デザインすることとの相互的な作用について論じている。[★4] 何かを飲みたいという人間の願望に応じて茶碗がデザインされると、今度はそれによって茶碗を使う身体の形や動きが規定される。そして「ものと身体の相互依存関係がひとたびできあがると、その関係は時間（反復）とともにどんどん強固なものになっていく」。固着した枠組みの中でデザインをしていたのでは新しい物は生まれてこない。我々自身を更新するためには、既存の枠組みが揺さぶられるような「驚くべき経験」にもとづくアブダクションが必要なのだと久保田は言う。

先にコンセプトを決めて、次にそれを実現するための具体的な構成や表現を考える、という段

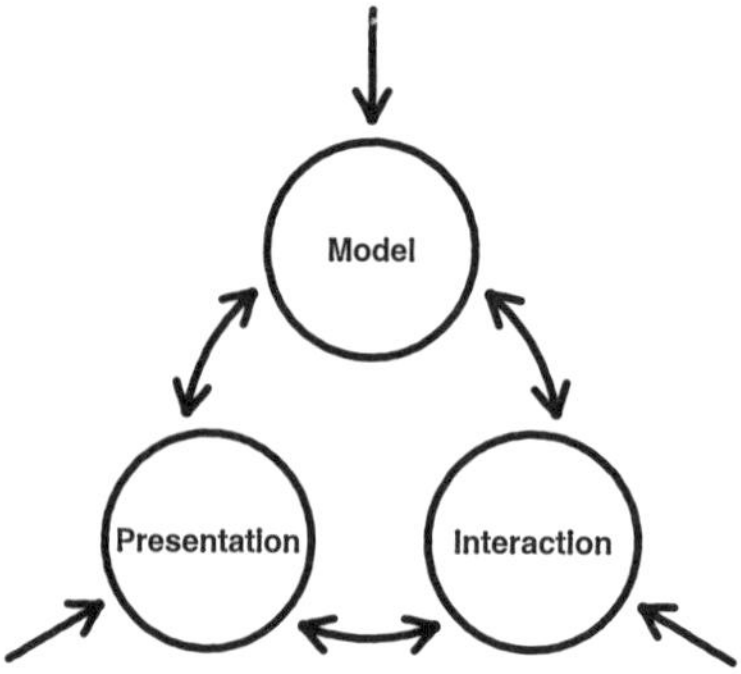

取りは、デザインのプロジェクトを説得的に進めるために有効なものである。しかし実のところは、先に形が思い浮かんでいて、その形から抽象される意味合いを後からコンセプトに仕立てている場合が多い。デザイナーは手を動かしながら、自分が作った形のリバースエンジニアリングを繰り返す。そして須永剛司が言うように、その実践から生まれた知覚に「尤もなかたち」が見える瞬間を呼び込むのである。優れたデザイナーの創作がロジカルに見えるのは、試行錯誤が高速で、まるで時間が逆転したように錯覚させるからだ。

拙著『オブジェクト指向UIデザイン——使いやすいソフトウェアの原理』では、OOUIのデザインプロセスを、ソフトウェアを構成するデザイン要素と対応させながら三つのステップで説明している。[★5] すなわち、モデル、インタラクション、プレゼンテーションである。しかしこの段階性は便宜的なものであり、それぞれの作業の感じが掴めたら、次からは好きな順序で取り組んでよいとしている。

抽象と具象を自由に行き来しながら論理段階の相互的な確からしさを高めていく。これがデザイナーのやり方である。線型的な論理の積み上げではなく、直観をリバースエンジニアリングするのである。コンウェイの法則に従い、モードレスな道具は、モードレスなデザインプロセスから生まれる。

ボールを打つには、ボールがピッチャーの手から離れるのとほとんど同時にバットを振りはじめなければならない。球筋を見ながらフォームを検討している余裕はない。ボールと身体の動きはミートに向かって統合的に「予知」されるのであり、段階的に思考されるものではない。優れたデザインというものも、プロジェクトの開始とほとんど同時に大枠ができていることが多い。実際のプロセスはその適合性を確認する時間となる。デザイナーは、論理的な積み上げをしているようでいて、実のところ直観的な結論はもう先にある。そして後から論理性のありそうな説明をつけ加えているのである。

先のアブダクションラインの図では二つのストリームが折りたたまれている。それを展開すると次の図のようになる。

創造する思考のストリームは双方向的である。今ある素材から見て、これができたらあれができる、あれができたらそれができる、と帰納的に推論する。同時に、目標状態から見て、それのためにはあれが必要、あれのためにはこれが必要、と演繹的に推論する。両者が接続されるところにデ

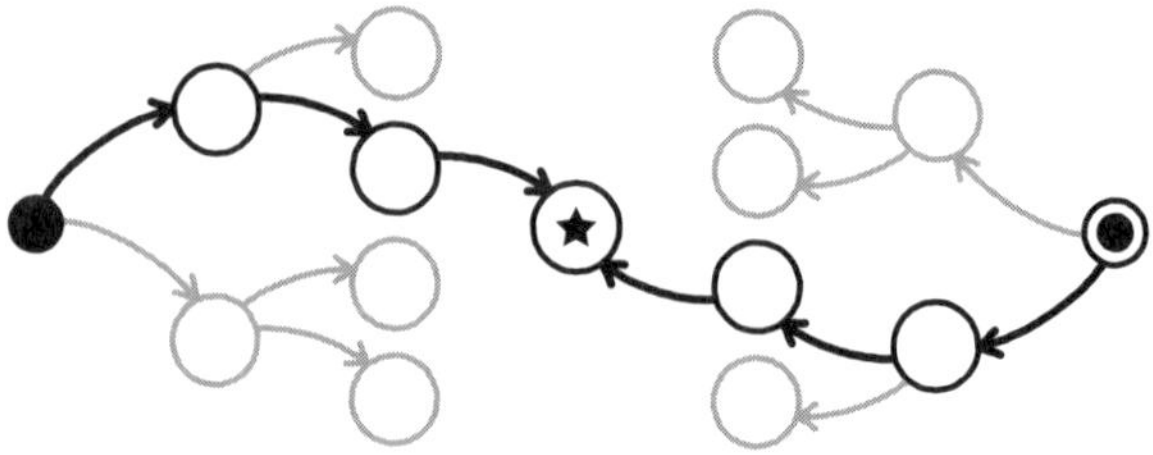

ザインが結実する。
広い意味でデザイナーは、物事の新しい意味を提案する存在だ。そのために、ひとつひとつを逆に考えてみる癖をつける必要がある。因果関係を疑い、目的と手段の関係を捉え直す。異なる視点から現状の構造的バイアスを見抜き、それを解体していく。そのようにして意味の転回を起こすのだ。アイデアを構造の中に統合し現実と接地させるには、現象から観念を抽象して原理化する必要がある。しかしそれが過ぎて抽象的にしか物事を考えられないのでは形を得られない。創造する思考はつねに抽象と具象を往還しながらその中間点を目指す。粒度や抽象度の異なるいろいろな思考の分子を眼前の暗闇に放ち、意識を中ぐらいの強さで集中させる。すると分子同士が結びつき、次第に新しい構造ができてくる。デザイナーはそれを待つのである。

新しい形を作るためには混沌を経なければならない。部屋を片づける時に一度極限まで散らかるのと同じだ。それはエントロピーが最大化し、蛹《さなぎ》の内臓のようになった状態である。形が現れる前のこの状態は、形が失われる時と区別がつかない。ただ、作る者の信念だけが形を導く。形はエネルギーである。高気圧と低気圧がせめぎ合うように、力の不均衡は周囲の形を変え、対流を生み出す。これは物理的なものに限らず、意識の中にも適用される。すなわち、形を思い描くことでその周囲に意識の流れが起こる。形を作るための意識の準備動作が、より大きな思考を駆動することになる。

ゴルディロックス

イギリスに「三びきのくま」という童話がある。複数のバリエーションがあり、トルストイが再話したことでロシア民話と見做されることもある。だいたい次のような話である。ある日、ゴルディロックスという女の子が森で一軒の家を見つける。中に入ると誰もいない。テーブルには大中小の三つの器に入ったスープがある。一つめは熱すぎ、二つめは冷たすぎ、三つめがちょうどよかったので、彼女はそれを飲んでしまう。椅子も大中小の三つがある。一つめは固すぎ、二つめは柔らかすぎ、三つめがちょうどよかったので、彼女はそれに座る。しかし椅子は壊れてしまう。寝室に行くとベッドが三つある。これも三つめがちょうどよかったので、彼女はそこで眠ってしまう。

やがて家の住人が帰ってくる。それは熊の家族だった。スープ、椅子、ベッドの大中小は、それぞれ、お父さん熊、お母さん熊、子熊のものだった。目を覚ましたゴルディロックスは、熊たちに驚き、慌てて家から逃げ出す。

この話が元になって、ゴルディロックスの名前は、物事が多すぎず少なすぎずちょうどよい程度であることを意味する言葉として使われるようになった。ゴルディロックス原理やゴルディロックスゾーンといった用語が、心理学、経済学、数学など、さまざまな分野にある。宇宙生物学の文脈におけるゴルディロックスゾーンは、いわゆるハビタブルゾーンのことである。宇宙はその一般的な傾向として、エントロピーの法則に従い、秩序から無秩序へ、構造から無構造へと向かう。熱湯の入ったコップに氷を入れれば、やがて氷は溶けて全体が均一のぬるま湯になるが、コップにぬるま湯を入れておいても、自然に熱湯と氷に分離することはない。閉鎖系において、物事は単純な状態から複雑な状態に向かう。外からエネルギーが与えられない限り、すべての形は崩れて均質になっていく。これは自明なことに思われる。しかし局所的には逆のことが起こっている。無秩序だったところに秩序が生まれ、無構造であったものが構造を持つようになる。その最たる例が我々自身の存在だ。混沌としていた宇宙に星が生まれ、地球には生物が誕生した。エントロピーの法則に反するように見えるこれらの現象は、歴史学者のデビッド・クリスチャンによれば、ゴルディロックス条件が満たされる時に起こるのだという。[★6] 地球に生物が現れたのは、恒星から近すぎず遠すぎず適度な量のエネルギーがあったこと、適度に多様な化学元素と化学反応があったこと、適度な水があったこと、そうしたゴルディロックス条件が満たされたからなのだという。環境的な変数

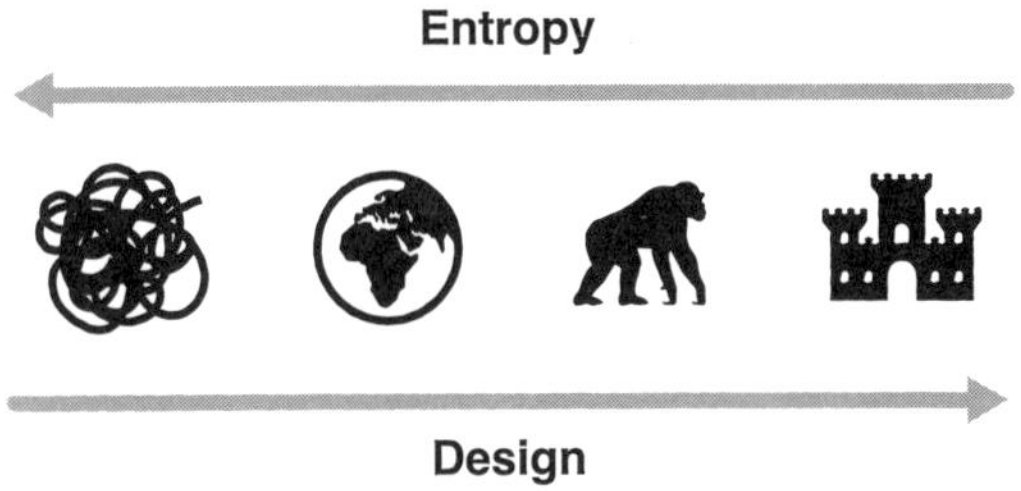

がある閾値を超えることで、世界には段階的に秩序がもたらされ、構造化されていく。地球にはやがて人類が現れ、文明を持ち、さまざまな構造物を作り出すようになった。人間は言語という強力な道具を使い、知識や知恵を蓄え、未知の課題に取り組むための熱効率を飛躍的に高めた。そして自らの手で意図的に秩序を作り出す行為、すなわちデザインを獲得したのである。

　生命などの系が、エントロピーの増大を抑制して秩序を保っている状態を、ネゲントロピー（負エントロピー）という。我々のような多細胞生物の細胞を単体で見れば、それは比較的短い時間でエントロピーを増大させ死滅する。しかし個体はその体内で細胞の複製を作り続けて永らえることができる。その個体もやがては老いて細胞を作れなくなり寿命を迎えるが、その前に遺伝子を継承した子孫を残し、種としてはさらに永らえる。そして長い世代交代の間に遺伝子を変化させ、環境に適応的な種がまた永らえる。このように、地球上では生命というひとつの大きな存在が保たれ続ける。すべてのものは形を失い塵になっていくというが、生命はこの宇宙の法則に抗っている。人間は、その塵を寄せ集めて遂に形を作る。その意味でデザインはネゲントロピーの現象であり、生きることの先鋒なのである。

我々が生活の中で欲求や幻想として惹かれる対象を振り返ってみると、それらにはたいてい、純粋さ、反復性、対照性といった共通する要素がある。そうした性質はいずれも、エントロピーの増大に抗っているものと言える。我々がネゲントロピックなものに本能的に惹かれるのは、宇宙の混沌への一体化を踏みとどまり熱効率を保っているもの、つまりまだ栄養が残っているものから、エネルギーを取り込んで、自分の糧にしたいからかもしれない。世界が均質であればそこに力はなく形はどこにも生まれない、とアレグザンダーが言うように[★7]、我々にとって形は力であり、糧なのである。

マクロなレベルではエントロピー増大の法則によって時間反転対称性は成立しない。このエントロピー増大の一方向性が、我々の時間の概念を形成していると言われる。おそらく人間にとって、物は放っておくと形を失うという経験的な感覚が、時間を乗り越える空間的な存在、つまり形への興味の源泉なのだろう。我々は形というものについて、放っておかれていない様子、つまり何らかの配慮的なエネルギーが注がれた様子を見てとる。そうしたネゲントロピックな現象をデザインと呼んでいるのである。デザインの過程は、無限にあった形の可能性を徐々に限定していくネゲントロピックな活動である。もし試行の前後で形が変わらなくても、試行したというだけで、形の強度はずっと高まっている。世の中の仕事の多くは情報量を増やす生産活動だが、デザインの仕事は逆に情報量を減らすものだ。形は情報量の抑制である。つまり一般的な語感に反して、作ることは減らすこと。一を加えて二を引く営みなのである。

アメリカの統計学者でインフォメーションデザイナーのエドワード・タフティは、グラフィックデザインの分野に熱効率の概念を導入した。そもそも熱効率とは熱機関の性能を表すもので、熱機関に供給された熱エネルギーに対する、仕事に変えられた熱量の割合によって示される。たとえば1000ジュールの熱エネルギーが与えられたエンジンが300ジュール分の動力を出力した場合、このエンジンの熱効率は0.3（30％）となる。残りの700ジュールは、発熱や震動といった物理現象に消費されたことになる。熱力学第二法則、つまりエントロピー増大の法則により、どのようなシステムも熱効率が1になることはない。そうした熱効率の比喩で、タフティは、グラフィックデザインでは「データインクを最大化せよ」と言った。[★8] データインク（Data-Ink）とは、消去できないインフォメーショングラフィックの中核であり、表現される数値の変化に応じて配置される冗長性のないインクである。要するに、データそのものを表すのに使われるインクのことだ。これに対し、グラフィック全体には、装飾的な要素や重複した情報が含まれていることが多い。そうした余計なものをできるだけ排除し、データインク比（Data-Ink Ratio）、つまりグラフィック全体のインク量に対するデータそのもののインク量の割合を、できるだけ1に近づけるべきだというのがタフティの考えである。

$$\text{Data-ink ratio} = \frac{\text{data-ink}}{\text{total ink used to print the graphic}}$$

たとえば棒グラフを描くのであれば、罫線やマークをできるだけ使わないようにする。表したい情報が損なわれない限界まで、要素を減らすのである。

タフティの主張は、グラフィックデザインは情報表現の熱効率を最大化するものでなければならない、ということだ。それによって得られるのは、まず見やすさである。構成要素が少なければ、そこに何があるのかを把握するのが楽になる。次に解釈の一意性である。構成要素が不必要に多い場合、要素同士の間に生じる関係の数が増え、そこから汲み取ることができる意味合いの曖昧さが高まる。すると表そうとしていない情報が追加されてしまう恐れがある。要素が最小限であれば、ノイズが減り、記号の純度が高まる。そしてもうひとつは、制作コストの低減である。構成要素が少なければ、印刷に必要な物理的なインク量はもちろん、複雑なグ

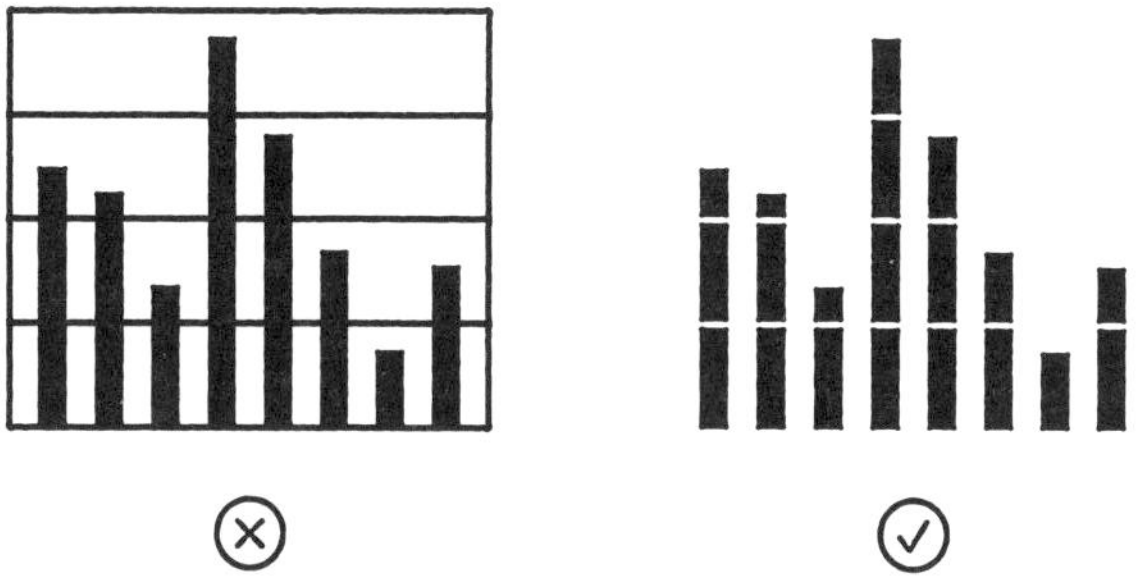

ラフィックを作画する労力、あるいはそのグラフィックを保存したり描画したりするプロセスを減らすことができる。情報表現の熱効率を最大化することで、エントロピーの増大が抑制される。つまりデザイン性が高まるのである。ただし、消去できないグラフィックの中核がどこなのかを適切に見極めなければ、必要な要素まで削ってしまい、結果として表したい情報が伝わらない。この見極めは簡単ではない。そもそも何を表したいのかが明確になっていなければならず、またそれを表すのに必要な最小限の要素は何かということを適切に言い当てることができなければならない。データインクを最大化するには、それだけデザイナーの力量が問われるということだ。

　ある事柄を表すためには必要以上に多くの要素を用いるべきではない、という考え方は、いわゆる「オッカムの剃刀」である。ある事実を同様に伝えることができるのであれば、説明の量は少ない方がよい。たとえば果物がいくつか置かれているとする。大きな黄色いバナナ、小さな赤いりんご、大きな紫のぶどう、小さな黄色いレモン、小さな赤いいちご、の五つである。この時、口頭で小さな赤いりんごを特定しようとするなら何と言えばよいか。「小さな赤いりんご」と言うのは冗長である。「小さなりんご」や「赤いりんご」でもまだ冗長だ。しかし「小さなもの」や「赤いもの」だと情報が不足している。小さなものや赤いものは複数あるからだ。そのため最も適当なのは「りんご」とだけ言うことである。タフティが考えるデザインとは、このように表したい事柄を言い当てる最もコアな要素を見極め、それ以外を削ぎ落とす態度である。その場合、最もコアな要素が何であるかは、他の対象が持つ要素との関係によって決定される。もし果物の集合の中に複数のりんごが含まれるなら、ただ「りんご」というだけでは一つを特定することができなくなる。集合の中で一つを識別するために必要な表現の複雑さ、つまり情報理論的な意味での「情報量」は、集合全体が持つバリエーションの数によって決定される。情報理論的な観点で、情報は意味とは関係がない。同じ記号でも記号セットの大きさによって情報量は変化する。その記号が選ばれる確率が小さいほど（取り得る状態の数が多いほど）情報量は大きくなる。そこで言われていることではなく、言われていないことの量が情報量を決めるのである。

情報理論における情報量の単位はビット（bit）である。真偽値は取り得る状態が二つで、情報量は1ビットである。たとえばチェックボックスは、オンかオフかの真偽値を表すコントロールであり、プログラム中の1ビットの情報を扱うものだ。四つの状態を扱う場合には2ビット、八つの状態を扱う場合には3ビットの情報量となる。コンピューターで扱う文字が主に英語のみであった頃に制定されたASCIIは7ビットの文字コードであり、128種類の文字を扱えるようになっていた。単純に、扱う記号の数が増えるほど、その識別子は複雑になる。識別子が複雑であるほど、それを表し、伝達し、解読するコストも大きくなる。逆に識別子が単純であれば、つまり情報量が少なければ、情報伝達は簡単になる。たとえば「狼煙」を考えてみる。中世の物語などでは、山に上がった狼煙を見て、人々が戦の準備をするような場面がある。狼煙そのものは、上がっているかいないかの二値を表す1ビットの情報量しか持たない。その単純さによって、電気や電波を使わなくても遠くまで情報を伝達できる。重要なのは、狼煙自体には何の意味も含まれていないということだ。狼煙はただの煙であり、そこには「戦の準備をしろ」という意味は含まれていない。狼煙を見て人々が戦の準備をするのは、狼煙の解釈の仕方についての知識が事前に人々の間で共有されているからである。狼煙について別の解釈が共有されているなら、煙の様子は同じでも人々がとる行動は変わるだろう。このように、共通了解があれば、単純な記号でも多くのメッセージを伝えることができる。ユーゴーと出版社との間で「?」「!」というやりとりが成立したのは、記号の外で意味が了解されていたからである。

情報理論的に言えば、情報に意味は含まれていない。伝えられているのは記号に過ぎない。そこにあるのは意味ではなく識別可能性だけだ。「I miss you.」という文字列は、英語を知らない者にはただの小さな線の集まりである。デザインも同じだ。デザインはいろいろな形や動きを記号的に組み合わせて何らかの情報を伝達するが、そこに意味が入っているわけではない。あるのは解釈の可能性だけである。そこに意味を見出して生活世界に接続するのは、使用者の精神と肉体の働きなのである。

情報理論的効率性

ジェフ・ラスキンは『ヒューメイン・インタフェース』の中で、ヒューマンインターフェースのデザインに情報理論の考え方を応用した。熱効率やデータインク比と同様の観点で、インターフェースデザインにおいては情報理論的効率性を高める必要があると主張したのである。★9 インターフェースの情報効率とは、「ある作業を実行する上で必要となる最小の情報量」を、「使用者によって提供された情報量」で割ったものである。単純に、情報効率が1に近いほど作業の熱効率が高く、良いインターフェースだと言える。

ラスキンはまず、インターフェースの操作性を定量化するために、操作というものを選択行為の累積として確率的に捉え、そこから平均情報量＝情報エントロピーを算出する。たとえばABCDのうち一つを選ぶラジオボタンがある場合、それぞれが同じ割合で選ばれるなら、エントロピーは$\log_2(4) = 2$ビットである。あるいはキーボードで文字を打つ場合、仮に128個のキーがあり、すべてのキーが同じ頻度で使われるなら、一文字を入力する際のエントロピーは$\log_2(128) = 7$ビットとなる。そのため、たとえば7桁の郵便番号をキーボードから入力する時のエントロピーは$7\log_2(128)$

=49ビットとなる。もちろん実際には、作業の文脈に応じて使用者の選択行為それぞれの可能性は一定にはならない。より詳しく計算するなら選択行為ごとの生起確率を含めなければならないが、ひとまず一定と考えておけば、エントロピーを最大化、つまり操作の複雑さを悪い方に倒して見積もっておくことができる。次に、7桁の郵便番号を入力する際の最小の情報量を考える。郵便番号には0から9までの数字しか使わないので（ここではハイフンなどの記号は除外する）、1桁分の入力操作が持つエントロピーは$\log_2(10)\approx3$ビットである。7桁分は$7\log_2(10)\approx23$ビット。よって、キーボードを使って7桁の郵便番号を入力する際の情報効率は23/49≈0.47となる。このような計算によって、このインターフェースは情報効率が50％以下であり、改善の余地が大きいことがわかる。もし、一般的なキーボードではなく、16個のキーだけを持つ数値キーパッドを用いて入力するなら、情報効率は23/28≈0.82まで向上する。

ラスキンによるインターフェースの情報量に関する考察で興味深いのは、ボタンが一つだけある場合のものだ。たとえば、あるボタンを押すとビル解体のダイナマイトが点火される装置があるとする。爆破許可時間である五分間のうちにボタンが押されれば点火され、押されなければ点火はキャンセルされる。この場合、使用者にはボタンを「押す」か「押さない」かの二つの選択肢が与えられている。両者の選択可能性がともに50％ならば、このボタンのエントロピーは$\log_2(2)=1$ビットとなる。システムが求める情報も「点火する」か「点火しないか」の二値であるため、これ以上操作を単純化する方法はなく、情報効率は1となる。つまりこれはひとつの理想的なインターフェースであることがわかる。ただし、ここで情報効率が1になるのは、五分間のうちにボタンが押されなければ点火が自動的にキャンセルされるという条件があるからだ。この条件があるために、ボタンを押す行為と押さない行為の両方が意味を持ち、1ビットの情報量になるのである。一方、ボタンが一つだけあるダイアログについて考えてみる。たとえばワードプロセッサーで文字列検索を行った際に、「ドキュメントの検索が終了しました。検索項目が見つかりませんでした。」というモーダルダイアログが表示されるとする。そこには「OK」と書かれたボタンが一つだけあり、これを押すとダイアログが閉じるようになっている。この場合、先のダイナマイトの例と同様にボタンは一つだが、ラスキンによれば、この時のボタンの情報量は0である。使用者が行うことができる操作はやはりボタンを「押す」か「押さない」かの二つである。しかしこの状況ではボタンを押さない限り作業を次に進めることができないため、実質的にシステムは何の選択肢も与えていない。だからエントロピーは$\log_2(1) = 0$ビットとなり、このようなダイアログは何の意味もないインターフェースだということがわかる。行えることが一つしかないインターフェースは情報効率が0であり、つまりそれ自体を無くすことができるということだ。たとえば、検索項目が見つからなかったことを使用者に伝えるのであれば、ドキュメントウィンドウのどこかにそのメッセージを表示したり、一定時間後に自動的に消える小さなメッセージウィンドウをどこか邪魔にならない場所に表示したりすればよい。つまりモードレスに表現すればよいのである。

情報量の計算以外にもインターフェースの操作性を定量化する方法はある。そのひとつとしてラスキンは「GOMS-KLM」を紹介している。GOMS-KLMは、スチュアート・カード、トーマス・

モーガン、アレン・ニューウェルが1980年に作成した計算モデルである。これは、コンピューターの作業時間は作業を構成する基本的なジェスチャーの実行時間の合計になる、という観察にもとづいている。基本的なジェスチャーとは、キー入力／マウスクリック（K）、ポインティング（P）、ホーミング（H）、心理的準備（M）などであり、それぞれに対して標準的な所要時間が設定されている。たとえば平均的スキルを持つタイピストによる一回のキー入力は0.2秒であり、マウスでディスプレー上の目標をポイントするのは1.1秒である。また計算にあたっては、心理的準備の時間（＝1.35秒）を操作の中のどのような箇所に挿入すべきかなど、細かな指針がある。当然、実際の所要時間は使用者のスキルや作業の内容によって大きく変化する。しかし標準的な時間が設定されていることで、あるインターフェースを操作するのに必要なおおよその時間や、同じ目的を持った異なるインターフェース同士の操作効率の違いなどを、定量的に予測できるのである。先の郵便番号入力の例で言えば、7桁の数字を入力するための最もキーストローク効率のよいインターフェースの操作時間は、2.75秒と計算できる（MKKKKKKK）。これは、操作前の心理的準備（1.35秒）と7回のキー入力（0.2秒×7）だけで計算した理論値である。実際のインターフェースでは、マウスでテキストボックスをクリックしてフォーカスを入れたり、数字入力の後に「登録」ボタンを押すといった操作が必要になるだろう。その場合の時間は、7.3秒となる（HMPKKKKKKKHMPK）。さらに、もしテキストボックスが3桁と4桁の二つに分割されていたなら、入力途中にフォーカス移動の操作が加わるので、予測時間は10.15秒と増加する（HMPKKKHMPKKKKHMPK）。こうした計算結果を用いて、たとえば一つのテキストボックスと一つのボタンからなる郵便番号入力インターフェースの操作時間的な効率は、2.75/7.5≒0.37（約37％）と計算できる。このことから、郵便番号を入力するだけの単純な作業においては、マウスを使った操作は時間的効率が悪いと定量的にわかる。テキストボックスが二つに分割されている場合には、情報効率がさらに2.75/10.15≒0.27（約27％）まで落ちる。

もちろんこれらの例は特定の目的に対する操作の効率性だけを見るものなので、総合的なユーザビリティー評価からは乖離する部分も多い。しかし理論的な最小情報量や最短時間を計算することによって、インターフェースデザインについての定量的な指針を得ることができる。ラスキンは、「定量化した指針が無い場合、私たちがどのくらいうまくやっており、どれだけ改善の余地があるのかは、想像することしかできない」と言っている。

モードレスデザインとエントロピー

情報効率の観点からヒューマンインターフェースの操作性を高めることは、エントロピーを抑制してデザインのデザイン性を高めることであり、重要な活動だろう。一方で、ラスキンの議論では操作性というものが操作の量として回収されており、作業の目的に対してその量が少ないほどよいという考え方に単純化されている。これは一般的な合理性の尺度としては受け入れやすいだろうが、ソフトウェアに混入するモード性との関係を考慮すると、危険な方向に進む恐れがある。たとえば7桁の郵便番号の入力に必要な最小の情報量は約23ビットだが、もしスクリーン上にすべての数字の組み合わせが個別のボタンとして並んでいれば、使用者は1クリックで特定の郵便番号を入力できることになる。1クリックの情報量を1ビットとすると、情報効率は23/1＝23となり、タイプするよりも遥かに効率的なインターフェースであると評価されてしまう。与えた情報よりも多くの情報がシステムに渡されるという矛盾が生じてしまう。実際には、特定の7桁の数字の組み合わせを1クリックで入力するには1000万個のボタンが必要になる。その選択行為の情報量は約23ビットで、情報効率は1である。実在する郵便番号の数は約13万個であり、それらだけを選択肢として並べれば情報量は約17ビットまで下がるものの、普通に考えてそのようなインターフェースが機能するとは思えない。入力操作の情報量だけから作業効率を評価する理論では、一回の選択行為における認知負荷の限度やスクリーンサイズの物理的な限界については考慮されていないのである。とはいえ、もしデザイナーがひとつのボタンに対する情報効率だけに注目しているなら、この方針が採用されてしまう恐れがある。1クリックで複雑な情報を入力できるボタンは、タイピングという複雑性をシステム側に移動させているように見えるが、その裏には極端に複雑な選択行為が潜在している恐れがある。ボタンはエントロピーを減少させるような錯覚を与えやすいのである。暑い夏の日、室内を涼しくするためのエアコンが外に熱を放出し、気温が余計に上昇するようなものだ。このような偽りの現象を「欺瞞的ネゲントロピー」と呼んでみる。一つのスクリーンに13万個のボタンを並べることはさすがに誰もやらないだろうが、たとえばまず最初のスクリーンで都道府県を選ばせ、次のスクリーンで市区町村を選ばせ、そのように選択を繰り返して、最終的に一つのボタンを押させるようなモーダルなインターフェースはいくらでも存在している。モードを何重にも入れ子にすることで、各段階のエントロピーが小さく見えるのである。これは、りんご皮むき機を単体で見ればエントロピーを抑制しているように見えるのと同じだ。局所的な要求に直接対応するモーダルな道具は、その局所においては驚くほどの合理性を発揮する。しかし、家の台所に、りんご皮むき機、みかん皮むき機、バナナ皮むき機、すいか皮むき機といった具合に100種類の皮むき機を置くことがナンセンスであるように、モード性は道具連関を破壊する。だから情報効率は、道具が持つ意味空間の創造可能性を評価するのには役立たないのだ。

藤子不二雄の漫画、「21エモン」に、主人公の21エモンが宇宙旅行へ出かけ、銀河系で二番目に科学力が高いという「ボタンポン星」を訪れる場面がある。[★10] この星のホテルには従業員がおらず、そのかわり壁には無数のボタンが並んでいる。ボタンだけであらゆる用が足せるのだという。あるボタンを押すと天井からシャワーが降り注ぐ。あるボタンを押すと掃除機が現れて部屋を掃除し始める。靴磨きの装置が作動するボタンもある。21エモンは多すぎるボタンを把握できずに困ってしまうが、どんな時も正しいボタンを押してくれるロボットが出てくるボタンまで用意されているのである。非常に愉快な話だが、藤子不二雄は、複雑な処理を何でもボタンひとつで自動化するような、現代的な効率主義の滑稽さを鋭く風刺している。複雑な用事が1ストロークで済むと聞けば多くの人はそれを便利だと言うだろう。しかし実際にはそうはならないのである。（なお、銀河系で一番目に科学力が高いのは「ボタンチラリ星」である。）

ヒューマンインターフェースにボタンを一つ追加すれば、それを押す場合と押さない場合の二つの世界線が発生することになる。ボタンを二つ追加すれば四つの世界線。三つ追加で八つの世界線。そうしてすぐにカオスになってしまう。だからデザイナーは、要素を一つ追加するのにも慎重になる必要がある。すべてのオブジェクトが適切に自立的であれば、要素が増えてもプログラムとして破綻しないものが作れるかもしれない。しかしヒューマンインターフェースというのは、使用者や入出力装置が持つ能力の有限性にかたどられて形を現すものだ。ソフトウェアとして成立することと、それが使いものになるかどうかは、全く別の話である。

多くのシステムデザイナーは、システムの使い方というものを自分たちが決めるものだと考えている。その恣意的な手続きに使用者が従うものだと考えている。多くのシステムデザイナーは使用者の行動を線型化し固定的な段階に押し込めることでエントロピーを抑えようとする。それがヒューマンインターフェースのモードである。モードは使用者の不自由と引き換えに入力と出力を局所的に最小化する。しかし使用の過程で多重的にモードが生成されれば、それだけ複雑性は増す。モードによる複雑性を考慮してインターフェースのエントロピーを計算するなら、現在行おうとしている行為の選択肢だけでなく、その選択肢を規定しているモード全体のエントロピーを計算する必要がある。

単純な例として、コマンド式テキストエディターにおけるモーダルな文字列移動の操作を考えてみる。そのエディターには、Insert、Move、Replace、Deleteという四つのコマンドがあるとする。使用者はまずその中からMoveコマンドを選択する（2ビット）。ここでモードが発生する。次に移動する対象文字列の始点にカーソルを合わせる。この時の平均情報量を計算するのは困難なので、仮に8ビットとする。そして始点を決定するためにキーボードでEnterキーを押す。通常のタイピングと違いモード内でのEnterキーの生起率は高いため、1ビットとする。次に対象文字列の終点にカーソルを合わせる。これも8ビットとする。そしてそれを決定するためにEnterキーを押す（1ビット）。次に移動先のポジションにカーソルを合わせる。これも8ビットとする。そしてそれを決定するためにEnterキーを押す（1ビット）。最後に、移動を実行するためにEnterキーを押す（1ビット）。ここでモードが終了する。これら全体を合計すると、30ビットになる。

一方、カット・アンド・ペーストを用いたモードレスな文字列移動を考える。使用者はまず、移動する対象文字列の始点と終点を指定するが、マウスを用いる場合、ドラッグによって両者を合わせて1ストロークで指定できる。その際の平均情報量を計算するのは困難なので、コマンド式エディターの想定に倣い、始点指定と終点指定を合わせて16ビットとする。次に、Cutコマンドを実行する。この実行方法はメニューからのコマンド選択やキーボードでのショートカットなどいくつか考えらえるが、ここではコマンド式エディターにおけるコマンド選択に倣って2ビットとする。ここまでがカットの操作である。次に使用者は、移動先のポジションにカーソルを合わせる。これもコマンド式エディターに倣い8ビットとする。そしてPasteコマンドを実行する。Cutコマンドと同様に2ビットとする。ここまでがペーストの操作である。これら全体を合計すると、28ビットになる。コマンド式エディターの30ビットと比べるとわずかな違いだが、重要なことは、カット・アンド・ペーストを用いた場合には、カットの操作とペーストの操作は完全に独立しているということである。つまり操作の複雑性を考える上では、カットの18ビットとペーストの10ビットを合算する必要はない。求める目標状態は同じでも、使用者の認知的な負荷の最大は、モーダルな場合が30ビットであるのに対し、モードレスな場合は18ビットで済む。そのかわり、モードレスな文字列移動では、カットした文字列をシステムがクリップボード内に保持し続けなければならないため、システム側にコストがかかる。その意味で、モードレスなインターフェースは、複雑性を使用者側からシステム側に正当に移動する。

インターフェースのエントロピーはたしかに各選択行為のエントロピーの合計として計算できるだろうが、それは、目標状態までの最短操作を線型的に想定し、使用者がそれを行った場合のものに過ぎない。しかし実際のインターフェースに求められるのはそれだけではない。特に創造的な作業を行うためのソフトウェアの場合、重要なのは、試行錯誤のしやすさである。これはやり直しのしやすさとも言い換えられる。やり直しをしやすくするためには、各選択行為をできるだけ独立したものにする必要がある。行為が独立していれば、最小単位で後戻りできるからだ。創造的な作業をする時、使用者は漠然とした目標状態に向かってさまざまな選択をし、その結果を見ながら次の選択を決定する。そしてほとんどの場合、はっきりとした目標状態は作業の過程で徐々に判明していく。そのような作業において、操作の内容や順序は事前に想定できない。だから作業効率は操作量の合計からは計算できないし、仮にできたとしても、インターフェースの評価としてはそれほど意味がないのである。モードレスなインターフェースは取り得る状態がほとんど無限にあるため、作業のある時点における選択の確率をもとにエントロピーを計算すれば莫大なものになるかもしれない。しかしそれは無秩序さを意味するのではない。なぜならモードレスなインターフェースにおいては間違った操作というものがなく、すなわち正しい選択というものを確率的に規定できないからである。モードレスデザインは、行為の可能性というポジティブな不確実性を保持することで、複雑性をシステム側に受け渡し、エントロピーを抑制しているのである。

記号を現すことと何かを形づくることは同義である。つまり原義的にも一般的な意味においても、デザインの根本は石を砕いて槌にするようなこと、粘土を集めて器にするようなこと、混沌を秩序立て、非構造を構造化するようなことである。デザイナーは物事をシンプルにする仕組みを考える。その仕組みは、しかしほとんどの場合、その物事以上の複雑さを持ってしまう。局所的な秩序は、それ以外の部分の混沌をより大きくする。だから、複雑なものを作るのは実は簡単だ。複雑なものを作って、何かデザインした気になってはいけない。努力して複雑なものを作り上げても、それはまだデザインの出発点だ。目指すのは、物事をシンプルにするためのシンプルな仕組みを見つけることである。秩序を保つには、頑丈にするのではなく、柔くすること。壊れないようにするのではなく、自らを壊し続けること。その中に動的な秩序を作り出すことである。デザインという名詞はつまり、デザインという動詞の中にあるということだ。

モードレスデザインが動的に秩序を獲得する仕方は、我々の生命が持つネゲントロピックな性質に通じるものがある。物理学者のエルヴィン・シュレーディンガーは、エントロピーの増大を抑制することが生命の本質だと捉え、「生物体は『負エントロピー』を食べて生きている」と言った。★11

生物の体は他のあらゆるものと同様に物質的な存在である。そこでは当然、エントロピーの法則が働き、秩序は無秩序へと向かう。しかし生物はそれに抗い長期間にわたって秩序を維持する。生物体が崩壊して熱力学的な平衡状態、つまり死に向かうのを遅らせているのは、環境から秩序を引き出しているからである。負エントロピーの流れを吸い込んで、自身が作り出すエントロピーの増加を相殺し、生物体を低いエントロピーの水準に保っているのである。

あらゆる過程、事象、出来事──何といってもかまいませんが、ひっくるめていえば自然界で進行しているありとあらゆることは、世界の中のそれが進行している部分のエントロピーが増大していることを意味しています。したがって生きている生物体は絶えずそのエントロピーを増大しています。あるいは正の量のエントロピーをつくり出しているともいえます──そしてそのようにして、死の状態を意味するエントロピー最大という危険な状態に近づいてゆく傾向があります。生物がそのような状態にならないようにする、すなわち生きているための唯一の方法は、周囲の環境から負エントロピーを絶えずとり入れることです。…（中略）…この負エントロピーというものは頗る実際的なものです。生物体が生きるために食べるのは負エントロピーなのです。このことをもう少し逆説らしくなくいうならば、物質代謝の本質は、生物体が生きているときにはどうしてもつくり出さざるをえないエントロピーを全部うまい具合に外へ棄てるということにあります。★11

生命はその秩序を維持するために、代謝の仕組みによってエントロピーを排出する。モードレスデザインは目標状態への線形的なプロセスを解体し、タスクが持つエントロピーを作業の各段階でリセットする。生命の遺伝子は突然変異という不安定性を伴うことで進化という安定性を獲得する。モードレスデザインは行為の可能性という不確実性を伴うことで創造という確実性を獲得する。生命がそうであるように、モードレスデザインは開放系である。それはつねにコンテクストに開かれており、使用者の創意工夫を取り込みながらブリコラージュを助ける。そして生命がそうであるように、環境の中でそれ自身の存在を更新し続けるのである。

形をシンプルに保つというのはデザインの大原則であり、むしろ物事をシンプルに保つ行為、エントロピーの増大に抗う行為のことを、デザインと呼ぶのである。シンプルにすることは前提であり、大事なのはどうやってシンプルにするかだ。しかしインタラクティブな道具に関して多くのデザイナーはシンプルさというものを誤解している。それを単に要素を減らしたり手順を減らしたりすることだと解釈している。それは間違いではないが、複雑な処理をただ一括実行するようなボタンを用意すればよいと考えるなら、それはモードを発生させ、むしろ全体の複雑性を高めてしまう。GUIには標準的なコントロールがいくつもあるが、中でもボタンはその代表的なものである。しかしボタンは使用者の行為を1ビットの情報に変換する極端に離散的な装置であり、我々の無段階な身体性からは最も離れたところにある。システムの内部モデルは完全に隠蔽され、メンタルモデルとの同期は拒否される。ボタンはモーダルなシンタックスにおけるVerbであり、使用者の意識をObjectから遠ざける。ボタンは、道具としての機械が複雑化してきた過程において直接操作の実現を放棄した挫折のインターフェースであり、その単純さは欺瞞的ネゲントロピーなのだ。

水野勝仁は、昨今のスマートフォンのインターフェースが、ボタンによるオンオフのような操作から、スワイプのようなジェスチャーによる連続的な操作を多く取り入れるようになってきたことに言及し、これを肯定的に捉えている。★12 水野によれば、ヒト、ハードウェア、ソフトウェアという複数の走者は単線的に走るのではなく、引き返したり、止まったりしながら、「行為」というオブジェクトを担い、意識の流れを作っているのだという。そして三者それぞれの意識の流れが、思考とジェスチャーとの間で発生するインタラクションの中で絡み合い、あたかもひとつの流れのように合流していくのだという。そこでは、かつて石斧を作成するときのヒトと石との間に起こったような、存在の未分化が起きている。

コンピュータはジェスチャーベースのタッチパネルを備えることによって、はじめてプリミティブな状態になったといえる。道具が複雑性をなくすようにボタンを備えたのとは逆に、コンピュータは整理された状態から複雑性を獲得しようとしている。石斧がなぜあのようなかたちになったのかは、実はまだわかっていない。スマートフォンのデザインはこれまでは整理された状態であったが、ハードウェアからボタンが排除されたこれからこそ、ハードウェアとソフトウェアとで構成される道具としてプリミティブな状態になっていくと言える。それゆえに、これからのインターフェイスデザインは、ヒトの志向性とモノのアフォーダンスとが曖昧な領域で、ヒトとコンピュータとを含んだ意識の流れを形成していくことになるだろう。★12

ここで水野は、ジェスチャーによるアナログな操作は、ボタンによるデジタルな操作よりも複雑性が高いと言っている。この複雑性は、前述のとおり、あくまで選択行為としての情報量を意味しているに過ぎない。「直進」「左折」「右折」というボタンが並んだダッシュボードよりもステアリングホイールの方が複雑だというようなものだ。水野が重要視する身体性や直接性は、むしろ道具を使用することにおけるシンプルさを意味しているだろう。このシンプルさこそが、モードレスデザインにある本質的なネゲントロピーなのであり、複雑性に対するオルタナティブな観点としてここで主張したいことなのである。

すべてのものはデザインされている

グラフィックデザイナーのクレメント・モックは「すべてのものはデザインされている」と言った。[★13] 身の回りの人工物、たとえば道路標識をよく見ると、それらは深く考えられた交通デザインシステムの一環であることに気づく。およそすべての人工物はなんらかの目的や計画のもとに制作されており、我々の生活環境を多層的に構成している。我々は物を作るにあたってデザインしないでおくということはできない。そもそも我々は環境の中で出会うあらゆる物についてそこにデザインを見出さないでおくということはできない。我々は自分と物との関わりをいつも生成的に捉えている。ひとつひとつの物が個別に現れて環境を満たすのではない。物たちは相属性にもとづいて存在しており、それらは我々の行為や配慮に応えるネットワークとして現れる。物はつねに何かとの関係性において形づくられる。その意味で、我々の意識にのぼる形はすべてインタラクションの軌跡なのである。我々が日常の中で出会うあらゆる物は、理論的な世界認識の対象として在るのではない。我々が物を作ったり使ったりするその行為的な配慮そのものが、我々自身を含む世界の全体的なイメージなのだ。そこでは基本的に、すべての物は道具的な存在であり、つまりデザインされている。人工物も、生物も、石も、天体も、デザインされている。

しかし、デザインに目的を入れることができないのと同様に、物にデザインを入れることはできない。ティム・インゴルドの議論が示したのは、デザインはただ、物に接する我々の内に存在するのだということである。ではなぜ我々の内にそのような観点が生じるのだろうか。リチャード・ドーキンスは、「何世紀にもわたって、人間の知性にとっての最大の難事だったのが、この宇宙がいかにして、複雑で、一見デザインされたとしか思えない、あり得ない姿をもつに至ったかを説明することである」と言っている。★14 そもそも、地球上に生命が起源する確率は、台風ががらくた置き場を吹き荒らした結果、運よくボーイング747が組み上がる確率よりも小さいという。なぜそのような奇跡的なことが起こるのか。宇宙のデザインの裏には人智を超えたデザイナーが存在すると主張する者もいる。しかしその場合、その全能のデザイナーはどこから来たのかというさらなる問題が提起されてしまい、答えにならない。多くの人は、偶然によって高度な秩序が生じるはずがないと考えるが、この地球で実際に起きたことはそれなのである。あり得なさそうな現象はいくつも起きているが、生物が持つ複雑な構造と多様性については、すでに決定的な回答が得られている。ダーウィンの自然淘汰説である。生物はデザイナーなしに、長い時間をかけてゆっくりと構造を高度化させる。自然淘汰は累積的な過程であり、あり得なさという問題を小さな断片に分割する。進化した器官は効率のよいものであることが多い。しかし中には欠陥を持つものもある。それはその器官がデザインされたものではなく、進化したものであることを物語っている。ダーウィンの自然淘汰の説明を宇宙のデザインに対してそのまま適用することはできないが、少なくとも「私たちの意識を高めてくれる」とドーキンスは言う。そしてドーキンスは、宇宙のあり得なさの問題について「人間原理」の考え方を挙げる。

我々が今ここにいるのは、地球が太陽のゴルディロックスゾーンにあるからである。宇宙にある惑星の大多数は、それぞれの恒星のゴルディロックスゾーンにはなく、生命には適していない。しかし、生命にちょうど良い条件をもつ惑星がどれだけわずかだったとしても、我々がそのような惑星にいるのは必然である。なぜなら、我々はそのことについてここでこうして考えているからだ。こうした人間原理は、自然淘汰と同様に統計的なものだとドーキンスは言う。控えめに言って、全宇宙にはおよそ100京の惑星がある。もし惑星上で生命が自然発生的に誕生する確率が十億分の一だとしても、そのあり得ないような出来事が十億もの惑星で起こっていることになる。とはいえ、我々がそうした惑星のどれかを見つけるのは、干し草の山の中から一本の針を探すぐらい難しいことだろう。しかし我々は、針を見つけに出かけなければならないわけではない、とドーキンスは言う。なぜなら、人間原理の観点で言えば、探索能力があるほどのいかなる存在も必然的に、探索を始めるそれより前に、そうした、とてつもなく稀な針のうちの一本の上にいなければならないからである。

私たちが夜空を見上げると星が見えるのは偶然ではない。なぜなら、恒星が存在するためには必要な前提条件として、大部分の化学元素が存在していなければならず、化学現象なくして生命は存在しえないからである。★14

地球が我々にとってあり得ないぐらい好都合にできているのと同様に、この宇宙も我々にとってあり得ないぐらい好都合にできている。宇宙全体で通用すると思われるいくつかの基本定数がわずかでも異なれば、宇宙はすっかり様変わりし、生命の存在にとって不都合なものになってしまうという。それらの実際の値は、その外側では生命が存在し得ないわずかなゴルディロックス値の範囲内にある。なぜそのような奇跡が起きているのか。それは我々が、我々を生みだすことができたような種類の宇宙における疑問についてしか論じることができないからだとドーキンスは言う。物理学の基本定数がそれぞれゴルディロックスゾーンの中になければならないと決めているのは、他でもない、我々の存在なのである。

人間原理の考え方は、奇跡的なネゲントロピーの現象を我々自身の世界認識の内に肯定する。我々がすべてのものにデザインを見出すのは、宇宙の構造と我々自身の構造に同型性があるからである。レヴィ＝ストロースのタンポポのエピファニーと同じことだ。我々が自然界に美を見出すのは、我々の精神構造と自然界の秩序構造が同じだからだ。その根源的な構造が、メタモードなのである。我々は環境の一部であると同時に、宇宙のデザインの発見者でもある。モードレスデザインは、デザイナーの作為というモードなしに、エントロピーを小さな断片に分割する。そして我々の内面に秩序を作り上げる。これは自然淘汰のあり方に通じていると同時に、我々自身がこの宇宙に誕生した秘密にも通じているのである。

多態性と創造性

物が持つ牽制的な「ままならなさ」は、我々にとって世界の手がかりであると同時に、自己についての手がかりでもある。モードレスデザインが含み持つ行為の可能性は、物の潜在的な「ままならなさ」を豊かにする。これは複雑さというより、我々の精神構造との同型性というシンプルさである。ポリモーフィズム（多態性）はソフトウェアのオブジェクト指向性を高めるコンセプトだが、これは本来的にあらゆる物に備わった性質である。動物行動学者の森山徹は、著書『モノに心はあるのか』の中で、物に潜在する多態性について興味深い議論を展開している。[★15]森山の関心は、心とは何か、ということである。心は一般に、知識、感情、意志の元だとされる。森山はこれを動物行動学の観点から、内因性の個体差、つまり個性のことだと考える。ではその個性はどこから来るのか。生き物には、原因ａに対して行動Ａが発現するという行動決定機構が備わっている。しかしその発現の仕方は一様ではない。なぜなら顕在的な行動決定機構の周りで、いくつもの潜在的な行動決定機構、つまり隠れた活動体が、それぞれの活動を自律的に抑制しながら、顕在行動を創発し修飾するからだ。この隠れた活動体がもたらす個体間の質的な差が、個性であり心なのだという。心というものを「知・情・意」から切り離し、存在の全体性を創発し修飾している隠れた活動体だと捉えれば、類推を物に飛躍させることは難しくない。物がそのように在るのは、物の心がその存在の調和をとっているからなのだと、森山は言う。

森山は、「モノも生きものも、新しい行動を創発しようとする『心』を持つ」と言う。たとえばいつも使っているマグカップを、ついホチキスの出っ張りを叩くハンマーとして使ってしまったという経験。これには「私」と「マグカップ」両者の心が関係している。ふだん「私」はマグカップを飲み物の容器として使っているが、その顕在行動のうしろで私の心という隠れた活動体がその他の行動を抑制している。同時にマグカップの心はその底面のインパクトを抑制している。両者はふだんから潜在的に相互牽制している。マグカップは能動的に、何者かへ生まれ変わろうとしている。そしてふとした瞬間、未知の状況に即して、物はその心を現すのだという。

モノの心は、世界の対象をモノとして扱う私たちの意識が、その箍を偶然はずす機会とともに、意識の上に現れます。箍をはずす訓練を実施すれば、石器職人のように、モノの心と必要に応じて出会うことができるようになるでしょう。そして、味噌や醤油職人のように、モノに思い切った未知の条件を与えることで、モノの心により早く接触し、また、モノに劇的な変化を促すことができるのです[★15]。

ここでも、物の「動的型付性」が注目されている。ミゲル・シカールが「流用的」と呼んだ性質である。その物が何であるかの決定はいつも遅延されている。それは物の心の作用なのである。こうした現象学的な捉え方においてハイデガーは、物の手許性が失われると隠れていた手前性が現れるとした。一方、森山の考えでは、ひとつの物の規定的な在り方が失われると、そのうしろから別の在り方が発現してくる。物の中では、いくつもの手許性が動的に調和されているのだ。世界内存在というとき、世界ははじめから潜在性をもって多重であるということ。さらにその潜在性において、我々の心はもう物の心と同じ次元で通じているのである。マグカップは、たとえそれが飲み物の容器として作られた物だとしても、潜在的にさまざまな行為の可能性をその心として併せ持っている。「飲み物を入れる容器」というモードを解除すれば、そこにはただ我々のメタモードと同調する純粋な存在が現れてくる。そこで100通りの使い方が発見されるとしても、そのことは複雑さを意味しない。むしろそこに、マグカップのシンプルさが強調されてくるだろう。

デザイン性とはエントロピーの抑制性、つまり力の不均衡性である。そして、宇宙のデザインが誰のためでもなくただそのデザイン性として在るように、全く同じパースペクティブにおいて、プロダクトのデザインも、誰のためでもなくただそのデザイン性として在るのである。単一の原理にもとづいて作られた物には、制作者ですら知らない伏線が無数に生じている。金太郎飴はどこまでも細分化できるという意味で、深い。深さとは、単純さのことだ。予測できない複雑性を受容するには、原理をできる限り単純にしておくことである。これが一番大事なデザインの勘どころだ。デザインに統一感がないからといってルールを増やしたり厳密にしたりしてもだめだ。ルールの数や厳密さが増せば不適合も増える。遵守することの難易度も高まりルールは形骸化してしまう。逆にデザインを単純にしてルールも単純にする方が、使う方にとっても作る方にとってもよい。分厚いルールブックを作り上げて秩序をもたらしたつもりでも、実際には新たな混沌をもたらしていることが多い。

理想のデザインは使用者の要求の延長にあり、占い師のようにそれを言い当てることがデザイナーの仕事である、といった考え方が一般化している。使用者の意志を代弁し、コンテクストに寄り添い、それを線形的なモードとして先鋭化する。たしかにそのような態度を徹底すればうまくいくこともあるかもしれない。しかしそれは、地球中心説でもそれなりに辻褄が合うという程度のことだ。我々は視点を転回しなければならない。人が道具を作ったのではなく、道具が人を作った。これはひとつの事実である。物の側から世界を見る。オブジェクトになる。在るがままのそれを見つけて現す。そうすれば人は、生まれながらの好奇心や見立ての能力によって解釈し、工夫をこらして、自らの意味空間を創造するだろう。しかしこうした態度は太陽中心説がそうであったように傍流なものと見做される。周囲の意識と完全に対立することもある。頭がおかしいと思われるかもしれない。モードレスデザインを実践するには、だから覚悟がいる。

矛盾する事柄を無理矢理詰め込んで、どうすれば整合しているように見せられるか、誤魔化せるか、という努力はやめるべきだ。それはデザインではない。デザイナーは、本当はどう在るべきなのかわかっているはずだ。そうであれば、すっぱり何かを諦めて、ただそう在るべきところへ向かって走るのみである。世の中では物事を複雑に捉えることが成熟した思考態度だとされており、人々はやたらと恣意的な分解をしてしまう。すると分解が恣意的だから統合がうまくいかない。何かを作ったはずが混沌を増やしただけになる。自分たちの時間を無駄に進めてしまう。そうではなく、今いるところからまず単純に考えることだ。つまり時間を遡る。そして再び現在へ向けてより良い統合を試みる。それで混沌が元より抑えられていたなら、我々はエントロピーに抗って形を作った、つまり時間を遅らせたことになる。天体や生命や創作、これらはエントロピー増大という時間の進行に逆らうデザイン現象である。我々は物を作ることで未来を新しくしているように感じているが、実は過去を新しくしている。創造する我々の存在そのものがレジスタンスなのである。

極端に言えば、デザインというのは作るものではなく在るものだ。複数人で意見を出し合い、全てを足して人数で割るようなことではない。複数人で取り組むなら、全員が協力してひとつのそれを掘り出すようなことなのである。それぞれの意見は全く不要だ。形は作るのではなく見つけなければならない。たとえば三角形は一角ずつできあがるのではなく最初から三角形として発見される。デザインへの直観とはそういうことだ。一般的に思われているのとは逆に、創造的な活動において、作為が入り込む余地は無い。

我々は絵の具ではなく絵を見るのであり、楽器の擦れる音ではなく音楽を聞くのであり、ハウスではなくホームに帰るのである。同様に、使用者はデザイナーが選んだ色や形とインタラクトしているわけではない。使用者は物そのものとインタラクトする。デザイナーにできるのは、「そのもの」が現れる場を控えめに設えることだけだ。あるべき姿に向けて誠実に首尾一貫していること。ただ無為に本来の形を取り出して顕そうとすること。これが制作への態度である。作り手の目的、計画、意見などはデザインの本質とは関係がない。必要なのは、あるべき姿、本来の形をイメージする、デザイナーの洞察力である。

我々はある目的のために、多数の要素を組み合わせて一つの物を作る。そうしてできた物は、しかし、単なる要素の集合以上の全体性を持ち得る。そして物は、物のそのもの性において、自ずから多目的的である。清水高志は『実在への殺到』の中で、そのような、要素と目的、物、製作、相互性といったテーマについて、次の西田幾多郎の言葉を引きながら考察している。[★16]

然らば物を作るとは、如何なることであるか。物を作るとは、物と物との結合を変ずることでなければならない。大工が家を造るというのは、物の性質に従って物と物との結合を変ずること、即ち形を変ずることでなければならない（ライプニッツのいわゆるコムポーゼの世界において可能である）。現実の世界は多の一として決定せられた形を有った世界でなければならない。これを何処までも多から一へと考えるならば、そこに製作という如きものを入れる余地がない。これを一から多への世界と考えても、それは何処までも合目的的世界たるを免れない。[★17]

物を作ることは、単に部分から全体を構成すること（多の一）ではない。それでは製作とは言えないからだ。また、単に全体が部分を規定すること（一の多）でもない。それでは物の存在が最初の目的性に従属するのみとなってしまうからだ。清水によれば、重要なのは「組み合わせの変化（形を変ずること、系列のさまざまな形成）によって個としてのモノの極を作っていくこと」だという。それは物と物の相互作用が新たな形を形成し、それにより目的性が変化する状況である。多から一へ、一から多への作用は、どちらかが優位に立つものではなく、相互生成的に拮抗しているのだと清水は言う。

西田の思索にはソフトウェアや情報の観点はないが、モノとモノの相互的な作用と、そこに関与する人間の働きについては、鋭い洞察を含んでいる。個物を軸にした製作ということがあってこそ、多極的な環境世界は成立し、そしてそれこそが人間にとって現実に働く世界である。それ以外はむしろ、考えられた世界、つまり作られた世界にすぎない。環境世界を、作るものとしての能動的な個物で満たす必要があるのだ。★16

清水によれば、西田が示唆しているのは「作られたものから作るものへと動き行く」世界である。「作るもの」と「作られたもの」という対概念の両極は、つまり反転可能なのだという。いずれにしても、部分によって全体が構成されるというだけでは、ただの反復であって、新しい創造が芽生える余地がない。また全体性のみを優位なものと見做しても、あらかじめ目的論的に定まった未来に向けて不可逆的に発展するのみで、そこにも真の創造は見出され得ない。ではどうすればよいのか。「多の一」と「一の多」の両者を全面的に展開することはできないし、どちらかだけを考えるということもできない。できることは、両者が相互否定的にぶつかる地点を探ることだと清水は言う。

我々は、全体性のうちに回収されてしまうことのない真に独立的な個物を見出さなければならない。創造は「多の一」と「一の多」のスリリングな接続であり、これはパースの「推論」と「洞察」の接続にも通じているだろう。そしてその反転可能性は、アブダクションラインの折りたたまれたストリームとなって創造をもたらす。優れた職人は見えない裏側も手を抜かないというが、それは彼らの生真面目さを物語っているわけではない。表や裏についての捉え方の違いを示しているのである。創造的な作り手にとっては、表に見えている一は裏にある多の現れであり、裏に隠れている多は表にある一の現れである。どちらかに優位性があるわけではない。それは一と多が同じ創造に向けて反対側から出会うアブダクションなのである。

作ることは使うこと

一と多の関係にあるような、相互否定的な接続によってもたらされる相互生成性は、創造という現象の両極に、作ることと使うことを同時に呼び込んでいる。我々の世界に対する直観は、我々が物を作ったり使ったりする営みの中から生じる。我々は物を作るために道具を使うが、その道具を作るためにもまた道具を使う。道具は道具によって作られ、道具を作る。作ることと使うことの連鎖は事物についての歴史的な解釈を伴ってどこまでも続いている。作ることは使うことであり、使うことは作ることである。

道具的な物を作り使うという営みは、その内部への分析と外部への統合を往還的に行うということである。そして内部からの欲求と外部からの要求をそれらのあわいにおいて調整するということである。両者は形という境界を通じて代謝されるが、その境界は代謝によって作られ、また更新され続ける。デザインというものを自己創出的な営みとして考えると、インターフェースについての現象学的な観点が明らかになってくる。インターフェースはそれ自体の客観ではなく、それを知覚する主観において現れる。我々の生活はそこで了解されている。世界は道具性の連関であり我々もその内部に在るが、その在り方とはつまり、物を作り使うということである。

道具を作り使うことが人を人たらしめた。誰もが皆、制作者であり使用者である。作ることと使うことはひとつの現象である。本当に作るには作る者がそれを使わなければならないし、本当に使うには使う者がそれを作らなければならない。ブリコラージュとドッグフーディングの本質は同じである。自分が作ったものであっても一体何が作られたのかは使ってみなければわからない。しかも本当に使う者として使わないといけない。同様に自分が一体何を使っているのかは作る者として関与しなければわからない。デザイナーは使用者となって作り、また使用者をデザイナーとして捉えなければならない。須永剛司は次のように言う。

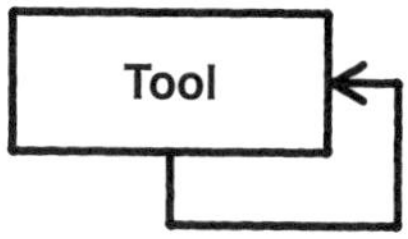

使い手は、ものごとを利用するときにかたちを見いだし、そのなかに与えられたメッセージを読みとっているのだ。かたちからものごとのはたらきを解釈し、活動のかたち、ライフスタイルと言われる生き方のかたちを自らデザインしている。つまり、使い手もまたかたちの専門家であり、活動のデザイナーでもあるのだ。[★18]

どんなデザインも、それにアクセスする者にとって創造の契機になる。デザインは、人をデザイナーにする。道具が作られ、それが使われる、という順番ではない。道具のデザインは「使う」を「作る」ことであり、また「作る」を「使う」ことである。両者は同時である。デザイナーは道具を使い道具を作るが、その際にはその作られた道具が道具を作るために使われることをイメージしながら作る。デザインの作業では作ることと使うことのどちらを行っているのか非常に曖昧になる。だから道具をデザインすることには際限のない魅力がある。それは道具が持つ再帰性への展望的な憧憬だ。道具の中には、使うことと作ることが同時に、生き生きと息づいている。

我々はいろいろな物の性質を利用しながらそれらをうまく組み合わせることで新しい物を作る。そのような営みを限りなく続けている。デザインは物の組み合わせを工夫することであると同時に、作られた物が別の何かの一部になりやすいようにすることでもある。そのためには作られた物が使う者の行為に素直に反応するようになっていることが望ましい。物がそれ自体への解釈を暗黙的に前提することなく、いつも行為の可能性に開かれている、つまりできるだけモードレスであることが望ましいのである。モードレスデザインは我々の創造の循環を促す。モードを解除していくこの活動は、我々にデザインについての新しい視点をもたらす。

イタリアのデザイン研究者、エツィオ・マンズィーニは、2019年の著書『日々の政治』の中で、誰もがデザイナーとして自分の日常や人生を選択しなければならないと言っている。[★19] 現代では伝統が消滅し、かつて人々の生活を導いていた慣習は消えつつある。我々は人間が本来的に持っている「デザイン能力」を使って、自身のライフプロジェクトを実行しなければならないのだという。

このポスト伝統社会では、人々が新たな問題に直面し、まだ誰も経験していない状況で動かなければならない場合、自分が好むかどうか、どうなりたいか、何をしたいかを、自分自身で決めることになる。さらに、自分で決めたことを成し遂げるために、適切な方向に向かうように（またはせめてその方向に近づくように）動かなければならない。[★19]

マンズィーニによれば、自分自身の生活にデザインのアプローチを取り入れることで、物事に対する感覚が再定義され、これまで支配的だった物事の論理が覆されるのだという。そこで取られる選択はおそらく、競争するのではなくスピードを落としてゲームの枠外に出ること、競合するのではなく他者と協力すること、相手を潜在的な敵と見做すのではなく共感を持って接することだという。ライフプロジェクトをデザインするために、我々は日々の活動の中で出会うものを再解釈して、自分のコンテクストと接続させる。そして、その意味や用途、あるいは物理的な性質まで変化させていく。つまり我々はブリコルールのように振る舞わなければならないのだとマンズィーニは言う。これはハーバート・サイモンやヴィクター・パパネックの進歩主義的なデザイン観に対するひとつの現代的な回答であるように思われる。誰もが自分自身の選択を行うデザイナーなのであれば、プロフェッショナルとしてのデザイナーがなすべきは、人々のブリコラージュをより豊かにするための、デザインのデザインをすることである。他者から使役される構造に対抗すること。自由な選択を立て塞いでいるモードを取り除くことである。

人間は自分自身をデザインできる。それが人間のそのもの性である。人間はブリコルールとして身の回りの物を寄せ集め、作り、使う。その営みを通じて、人間は自己を更新する。世界の在り方とフラクタルな同型性を持つそうした人間の自己生成性が、デザインの概念を生み出す。ソフトウェアは、そうした我々の精神から現れた。ソフトウェアが持つ存在論的な特徴は、「ソフトウェアはソフトウェアによって作られる」というものである。ソフトウェアはツールだがそれを作るのに使われるのもソフトウェアツールである。つまりソフトウェアは道具でもあり素材でもある。そこには一と多を双方向的に包摂する高次性がある。ソフトウェアを作り使うことを通じて我々の精神はメタモードをより自由に更新できる。オスカー・ワイルドは「自然は芸術を模倣する」と言ったが、現代的な文脈で言えば、「精神はソフトウェアを模倣する」のである。

10

解放のためのデザイン

人間のソフトウェア性

思考するたびに、相互接続する神経回路の配列が調整される。人間がもつ不安定性は、まさに考えるという行為を通じて自らの脳をリ・デザインすることから始まるのだ。人間は地球全体を包み込むためにその神経系を拡張したという考え、そして人工物は新しい思考を刺激する思想であるという考えには、デザインを脳そのものへと逆戻りさせる。人間の体から紡ぎ出された人工物の巨大なクモの巣は、脳内のクモの巣を絶えず編み直しているのだ。[★1]

人間は可塑的であり、確率的な遺伝子の突然変異を待たずともその在り方を変容させることができる。身体的な構造はそのままに精神的な構造を更新できる。人間はソフトウェア的な存在であり、すなわちミディアムである。人間は社会的な生き物だと言われるが、社会の概念が人間の生態に先行しているわけではない。人間にとってあらゆる事柄や実践は変更可能であり、人間をミディアムにして構築された環境を、我々は社会と呼んでいるのである。その社会を通じて我々は自らを構築する。人間はパースペクティヴィズムやマルチスピーシーズといった脱中心的な観点を持つことができるが、物事を客観して相対化しているのは当の人間である。あらゆる種類の自然観について気にしているのは人間だけであり、その態度は非常に人間主観的だとも言える。そしてまたそのような懐疑を持つ態度も、我々が持っている自己生成的なソフトウェア性の現れである。人間のソフトウェア性は、我々の構造に素直に反応して我々自身を作る道具の構造を示唆している。それはブリコラージュを豊かにする動的な秩序、つまりモードレスデザインである。

もしデザインがモードレスで、それが我々のメタモードに接地した物であれば、そのデザインから創発される新しい了解によって、我々はメタモードそのものを更新できるだろう。アフォーダンスを変え、トーンを変え、ニューロンネットワークの攪拌に対する反応パターンを変えるのである。デザインがうまくいく時、もともとそう在るべきであった形が今頃になって見出されたように感じる。思考がリフレームされ、世界認識の前提、つまりメタモードが、次のバージョンにアップデートされるのである。

フランスの農学者／技術学者、アンドレ＝ジョルジュ・オドリクールは、生活技術に関する人類学的な研究の中で、人間の変容可能性について言及している。オドリクールによれば、今日の技術の成功は科学的知識の応用によるものだが、人類史において両者の発展は並行していたわけではなく、技術は科学よりも古いものだという。[★2] そこで問題になるのは、技術は人類そのものよりも古いかどうかである。つまり人間以外の植物や動物は技術を持っていると言えるのか。たとえばエンドウマメが巻きひげを絡ませて支柱を上ってゆく方法、あるいは鳥が巣を作る方法は、技術と呼ぶべきものなのか。それらは我々の日常言語のレベルではある種の技術だと見做されている。しかし実際には、植物や動物のそうした行為と、人間の技術的な行為との間には、極めて大きな違いがあるのだとオドリクールは言う。エンドウマメの動きはその種子の生化学的構造によって最初から完全に条件づけられている。鳥についてはそれほど明白ではないが、確かなのは、まだ卵から出ていなかった以上、その鳥は両親が巣を作るのを見ていないということである。一方、人間においては、生化学的構成も本能的習性も、技術や言語を獲得させるには十分ではない。それには社会的環境が必要である。民族誌学が示すのは、歩行や水泳といった本能的に見える運動も、道具の使い方などと同様に、民族によってその仕方に違いがあるということだ。

オドリクールによれば、我々の日常的な行動、つまり、歩く、座る、立っている、といったことは、あくまで他者との接触を通じて後天的に習得されるものなのだという。たとえば、泳ぎについての本能的な仕方というものはなく、かつてヨーロッパでは平泳ぎしか知られていなかった。今日のスポーツ水泳の基礎となっているのは、ネイティブアメリカンとポリネシア人の泳ぎ方なのだという。技術においては、無から創造されるような突然の飛躍はない。すべての発明や技術革新は、周囲の環境、既知の技術から借用した既存の要素の新しい組み合わせに他ならない。人間集団の中の誰ひとりとして、今いるここに完全に一人で到達した者はいないのである。

結論として申し上げたいのは、技術が人間のもっとも合理的で、もっとも特徴的な活動であるということです。この活動は、個人的な形態においてすら、社会的に習得され、社会的に継承されます。人間集団の技術的活動は、単一の集団によって発明されたのではなくて、一部分は、過去の世代の技術と近隣集団の技術から来ています。かれらの独創性は、無からの

「霊感による創造」どころか、とりわけ既知の技術から借用する既存の要素の新しい組み合わせのなかに、そして地方的な状況にほかよりもうまく適応するところにあるのです。★2

現代の技術はどれも、世界中の人間集団の技術的活動を集約したものである。ブリコルールとしての人間は、ブリコラージュの仕方そのものを器用に寄せ集めてブリコラージュし、継承する。あらゆる創造は誰かが創造したものの上に、その在り方に倣いながら顕れる。すべての人工物（アーティファクト）は、過去の人為（アート）の蓄積である。自分の内に閃く創造性は、本当はいつの間にか他者からやってきたものである。そこには先人の創造性が精神のレベルで投影されている。これを「アートの移譲」と呼んでみる。アートの移譲が、我々に道具を作らせ、そこに現れる形に道具的な存在性を与えている。

デザイナーがコーヒーカップをデザインする時、それはどれぐらい本当にそのデザイナーによってデザインされていると言えるだろうか。独自の工夫だと思っている部分も、おそらくは、長い歴史の中で獲得されてきた容器という実在性の内に垂れた一雫にすぎないだろう。デザインの実在性を解き明かすということは、デザイナーが物を作る時、その非人称性に思い至るということだ。私のデザインは私のデザインではなく、あなたのデザインでもなく、しかしそのどちらでもある。我々は世代を渡るアートの移譲に思いを馳せ、謙虚になる必要がある。

デザイン研究者の上平崇仁は、著書『コ・デザイン』の中で、デザインという活動が持つさまざまな性質を考察しながら、単に問題を解決したり意味を与えたりするような機能的側面を超えた、アノニマスな知恵の伝承について言及している。[★3] 上平はカナダ滞在時に、先住民のイヌー族が作った人形を手にした。人形の中には綿ではなくお茶の葉が詰まっていた。Tea dollと呼ばれるこの人形には、イヌー族の生活文化が反映されているのだという。遊牧民であるイヌー族は住処ごと長距離を移動する。家族は極寒の中を団結して移動するために、小さな子供も含めて全員が荷物を分担して運ばなければならない。彼らにとってお茶は貴重品だが、それを人形に入れて子供に運ばせる。人形に入れることで、子供はそれを自分のものとして大事に抱きかかえて雪道を行くことができる。Tea dollは、お茶の保管場所として適していると同時に、子供を内側から力づけ、家族の一員として役割を担えるようにするものなのだと上平は言う。

彼らは決してこれを誰かに頼まれたり、商売を意識したりしてつくったわけではないでしょう。だからこそ、私はこのずっしりと重たい人形を抱きながら、思わず感動しました。厳しい生活の制約の中で、それをなんとかしようとするところにこそ人々の知恵が宿るのだと。もしかしてそれが生きる原点としての本当のデザインと呼ばれるものなのではないか、と。[★3]

デザインの専門家は、「こういうことがデザインだ」という概念を先に掲げ、それが適用されたものをデザインだと考える。上平によれば、Tea dollはそうした専門家の仕事とは異なるが、そこにはたしかにデザインとしか呼べない「知」が浮かび上がっているのだという。伝統的なTea doll

の文化に見出されるアノニマスな活動は、生活を生き生きとしたものに変えていく「ピュアな魂」を感じさせる。デザインにおける問題解決性や意味生成性は、本来的に生活の中の予知として統合されているのである。しかし一方で、そうしたデザインの活動は邪悪な技術にもなり得ると上平は指摘する。素朴なTea dollですら、意地悪な見方をすれば「狡猾な工夫」なのかもしれない。もともとデザインが心に働きかけるものである以上、デザインには、視点によって善にも悪にもなり得る両義性があるのだと上平は言う。

我々は物からさまざまな可能性を感じ取る。その時、デザインが現象する。新たな思考や行為の契機になるという意味で、デザインはそれに対峙する者をデザイナーにする。つまりすべてのデザイナーの仕事はある種のデザインツールを作ることである。多くのデザイナーは自分にとってのデザインの仕方にばかり関心を寄せているが、本当はそのデザインの使用者にとってのデザインの仕方を考えるべきなのだ。デザインはデザインをデザインする。デザインすることが人間の根源的な営みであるなら、我々は根源的に、自他が未分化される地平で、我々自身を形づくり、束縛したり、解放したりする存在なのだと言える。モードレスデザインが指向しているのは後者である。モードレスデザインは、リベラルアーツ、つまり解放の術だ。

プロダクトをデザインすること、というサブジェクトについて言えば、これまで我々はそれを工学的な意味に矮小化しすぎたのだし、デザインされたプロダクト、というオブジェクトについて言えば、我々はそれを商業的な価値に歪曲しすぎたのである。デザインの教育者はまずこの点を反省しなければならない。教育者が手法ばかりを偏重してデザインを切断すれば、輩出されるデザイナーたちは合理主義的な価値観にデザインを拘束してしまう。アンソニー・ダンとフィオナ・レイビーは、未来へ向けた思弁的なデザインアプローチを提唱する著書『スペキュラティヴ・デザイン』の中で、次のように問いかける。

ふつうデザイナーは、スペクタクルの悪い側、つまり消費を促すものを作ることに加担する側にいる。果たしてスペキュラティヴ・デザインは、深刻なほど大規模な問題に対して思索を活かし、詩的で、批判的で、進歩的なアプローチを組み合わせて、社会的な役割、さらには政治的な役割までも果たすことができるのだろうか？★4

ヒューマンインターフェースデザイナーたちの学術的関心は主に認知心理学に向けられてきた。しかしソフトウエアを、我々にとって認知の対象というより、我々自身を含み我々自身を作る世界の世界像だと捉えれば、デザイナーが参照すべき領域はより思弁的な方向に広がるはずだ。ソフトウエアは現代の思考基盤となった。この基盤の特徴は物質と意識の区別が曖昧なところにある。認知心理学を応用することで、何かをよく現すこととよく隠すことが手段化され、認知主体である我々は容易にコントロールされるようになる。するとデザインが市場生成と同義になってしまう。即物的な交換価値を高め盲目的な消費行動を促すには、デザインの働きを人々の認知的な作用と結びつけるのが手っ取り早い。経験や感情といった主観をデザインの標的にするのである。デザインを消費物としてエンターテインメント化するのである。現代の高度消費社会においては、あらゆるサービスが大量消費の対象となっている。サービスの洪水にさらされて人々の欲求は均質化し、半ば機械のように消費行動に促されている。かつて広告というものが「遠くの人に情報を届ける」という大義のもとでデザイン分野としての存在を確立したように、「多くの人に便利さや楽しさを届ける」という大義のもと、サービスのデザイナーもその巨大な装置に組み込まれた。この短絡性の拡大にどう反応するか、デザイナーの態度が問われている。多くのデザイナーは、現状、「スペクタクルの悪い側」に属している。それを自覚しないまま手口の狡猾さを自慢し合っている。しかし本来、デザイナーは、高度消費システムに対する創造的批評の砦となるべきなのだ。デザイナーはいつも「作ること」と「使うこと」の渚に立っているのだから。

人間中心デザインと呼ばれる反復的なデザイン活動によってユーザビリティーが高まったとしても、システムの人道性や持続可能性が高まるとは限らない。むしろ人間の心理や行動特性が研究されることで使用者を機械的に実装する技術が発達する。人々には消費のための膨大な選択肢が提示される。緻密に計算されたそれらの選択肢は、実際には消費の対象ではなく、人々を消費する主体となる。人々は消費され、創造力を奪われる。デザイナーの倫理や思弁性が重要なのはそのためだ。

アブダクションラインを往還するデザイナーは、部分と全体を同時に考える。トップダウンとボトムアップの思考を同時に進める。左目で左の遠くを、右目で右の遠くを、同時に見る。もちろん厳密に行うのは無理だが、ざっくりとならできる。それで当たりをつけて、筋が良さそうなら両目の間隔を徐々に狭めていく。こうした仕草は、小さなところと大きなところが繋がる経路を無意識に探している。この現象とあの現象から何が帰納され得るか、その原理から何と何が演繹され得るか、離れたところにある物事の繋がりを作り出すのである。だからたとえば、日常的な仕事における小さな意思決定の仕方と、宇宙に存在する時間への抵抗の仕方を、ひとつづきの動作の内に統合しようと試みる。大きな問題を直接解決する方法は存在しないが、もし目の前の小さな問題との間にフラクタルな構造を見出すことができるなら、我々にはまだできることがある。世界がこんな酷い状況なのにデザインなんてやってる場合なのか?という自問に対し、回答を与えることができるのである。

海辺の事務員

以前、ある保険会社の契約管理システムのリデザインを依頼されたことがあった。全国に数百ある販売代理店の職員が日々利用するシステムだった。現行バージョンのインターフェースはこれ以上ないというほど酷いデザインだった。本社の業務企画担当者が想定した作業フローに従うかたちで、線形的で非効率な検索および入力フォームが実装されていた。そのモーダルなデザインでは、使用者は業務やデータモデルの全体像を把握する手がかりを与えられず、暗黙的かつ恣意的な手順を強要されていた。初期スクリーンには細分化された業務ごとの入り口があり、そこから中に入るとそれぞれの業務に特化したCRUD（データの作成、読み出し、更新、削除）のインターフェースが提示された。その表現は標準的なインターフェースイディオムを無視した独特なもので、マニュアルで使い方を調べても覚えるのに苦労するものだった。使用者が何か自分なりの工夫で仕事をより良く行えるような余地は全くなかった。業務の内容を教わって、自分でも試しにそのシステムで擬似的に作業を行ってみたが、数分間操作しただけで気分が悪くなった。OOUIの考え方でリデザインを実施することで、操作性や業務効率が大幅に向上することは明らかだった。改善の詳細な方針を立てるために、デザインチームはまず現行バージョンの使用状況をリサーチすることにした。全国の代理店の中から大中小規模の店舗を三十ほどピックアップして訪問した。そこで働いている、延べ百名ほどの職員に対して、観察とインタビューを行った。

当初の予想は、すべての職員が現行システムに対して大きな不満を抱いているだろうということだった。現行システムの使い勝手があまりにも悪かったからだ。たしかにインタビュイーのほとんどは現行システムの操作性を問題視していた。しかし中には、特に問題はないと言う人々もいた。人数としては全体の一割程度だった。「何か仕事の流れやシステムの使い勝手に問題はありませんか?」と尋ねても、彼らは「ありません」と静かに答えた。数分間使っただけで吐き気がしてくるようなインターフェースを、彼らは一日中、淡々と操作していた。教わった手順に従って、自分が担当する事務処理を黙々と繰り返していた。不満を表明しない者たちには共通点があった。彼らは皆、小規模な店舗に勤める、パートタイムや派遣など非正規雇用の職員だった。

詳しく話を聞いているうちに、直接的でないにしろ、非正規の彼らが不満を口にしない理由がわかってきた。ひとつは、彼らの多くがそもそもコンピューターの操作に慣れていないことだった。彼らは日常的にスマートフォンなどの情報機器は使っていたが、コンピューターのアプリケーションを仕事のためにいろいろ使い分けるといった経験をあまり持っていなかった。コンピューターに不慣れな使用者が酷いインターフェースを使うのだから、作業の効率はあまり良くない。しかしさまざまな用途でコンピューターを使うことのない彼らは、良いインターフェースというものを知らない。そのためデザイン上の問題を言語化できないのだった。もうひとつは、仮にシステムについての不満があっても、非正規であるという立場の弱さから、彼らはそれを会社側に申告しないということだった。不満を訴えることで会社側から面倒がられることを暗に恐れていたのである。そしてもうひとつは、彼らが任されている業務の範囲がかなり限定されているということだった。非正規の彼らは、決まった時間に特定のスクリーンを印刷したり、決まったフォームに特定の伝票の内容を入力するなど、きわめて定型化された作業しか任されていなかった。だから業務全体の見通しが悪いとか、作業に工夫の余地がないとか、そういう不満を認識するための視点がない。仕事に対する創造性はいっさい期待されておらず、彼ら自身も、仕事というものを創造的なものだとは考えていなかった。むしろ、仕事とは面倒なことを繰り返すことだとでも考えているようだった。彼らは業務の意味やシステムのデザインなどについては興味がなかった。

デザインリサーチのためのインタビューでは、インタビュアーは当該業務の内容や対象システムの操作方法について何も知らないふりをして当事者に話を聞く。業務やシステムについての当事者自身の理解の仕方を探るためだ。保険システムに関する一連のインタビューで、ある海辺の町の事務所を訪問した際、そこで働く一人のパートタイマーの女性は、いつも使っているそのゴミのようなシステムを「使いやすい」とまで言った。そして、「こうすれば問題なく業務が行えるのです」と言いながら、その理不尽で無秩序なインターフェースの操作方法を丁寧に教えてくれた。おそらく彼女は努力して操作方法を覚えたのだろう。自分がそれを使って適切に業務を行えるということを主張したい様子だった。彼女は、現在の仕事を特に気に入っているわけでもないようだったが、大きく改善の余地がある自らの状況を相対化していなかった。そこでは、より良い仕事の仕方を求めるという発想が最初から失われていた。これはある種の貧困問題に思われた。同じような状況は世の中のいたるところにあるだろう。モーダルなシステムによる圧迫と、それによって再生産される現代的な格差を目撃し、私の中で、そうした構造的非対称性を看過している社会への反逆的気分が起こった。

仕事とは理不尽な要求に従うことであり、それに耐え抜くことで達成感を得て、その服従と忍耐に対して対価を得る。そう考えている者は少なくないかもしれない。あらゆるシステムはデザインされているのだから、それを良くしたり悪くしたりできる、という発想を持たない者が、社会には大勢いるだろう。だから彼らはデザインの問題について、言語化はもちろん、生活や仕事全体の苦労の中から区別して意識できない。システムに対して、こうあってほしいという自分なりのイメージを持たないのである。デザインは、そのような物言わぬ使用者に対して向けられなければならないはずだ。自分たちの生活や仕事がデザインの対象であり、改善できるのだと感じられるように、彼ら自身がそこに少しでも主体性と批評性を持てるように、デザイナーは解放のデザインを実践すべきだ。

しかし、自由であることに不安や不快を感じる者もいる。そのような者はモーダルなシステムを選択するかもしれない。状況に隷属させられている彼らは、たとえ現在のシステムが理不尽なものであっても、そこに適応するのに費やした苦労を無駄にしたくないため、より優れたシステムに対して否定的な反応を示す。事務的な作業のための業務アプリケーションでは、使用者は創造的な試行錯誤を行う手段としてではなく、単に決められた手続きを繰り返すロボットとして操作を学習している。そのため作業効率の向上に繋がるものであっても、リデザインによって自身をプログラムし直さなければならないことには拒否反応を示す。その時デザイナーは、要求とインテグリティーの間で悩まされることになる。一般的に、習熟レベルというものが、不合理な手続きを間違いなく実行できる度合いのことだと思われているふしがある。その意味において、習熟レベルの高い人々ほど根本的なリデザインへの抵抗勢力となってしまう。

それでもやはり、権力者の傲慢さや無自覚さによって使用者の創造性が奪われるようなシステムには賛同できない。仮に使用者側がそれを望んだとしても、である。これは、ある種の仕事にはモードレスデザインが適しており、また別の仕事にはモーダルデザインが適している、といった相対論に回収されるようなことではない。与えられたフレームに要件を収める仕方ではなく、理想とするフレームを作るその仕方についてのことなのである。権威的なシステムは多く存在している。すべてのシステムは誰かによってデザインされたものだが、その事実が、システムが持つ権威性の根源でもある。アメリカの社会学者、ロバート・ボグスローは、1965年の著書『The New Utopians: Study of System Design and Social Change』の中で次のように言っている。

システムのデザイナーは、システムが扱う現象の範囲を決定する事実上の特権を有しており、強大な権力を握っていることになる。この権力は特定の権威者によって公認される必要はまったくない。コンピュータープログラマー、コンピューター機器のデザイナー、コンピューター言語の開発者が権力を有しているというのは、こういう意味である。デザインプロセスに参画するこれらの者が、行動の可能性を減らし、制限し、あるいは完全に抹殺する点において、彼らは社会学で使われる通りの意味で、権力をふるっているのである。[★5]

真面目な顔をした足枷工場のエージェントがそこらじゅうにいる。彼らは「ユーザーのため」と言いながら、本当のところは使用者のことなど気にかけてはいない。つけ心地のいい足枷を配布して、ただ使用者という囚人を管理しているだけだ。彼らが「ユーザー」と呼んでいるものは多くの場合、権力者の作為を擬人化したものである。そのような「ユーザー」をデザインから取り除けば、そこには自ずと在るべき形が現れてくる。デザインをする際、もてなしの精神は記号体系への盲目性を強める。選択肢を与えているように見せかけて、実際は人々を一方的な前提の中に拘束している。エージェントたちは、使用者の自由を好きなように制限してよいと考えている。彼らは「ユーザーにとっての良い経験」を自分たちの都合に合わせて規定し、積極的に使用者のコントロールを奪ってそこへ誘導する。驚くことに、彼らの多くははそうした活動をデザインと呼んでいるのである。企業は安易に「顧客中心」というが、その顧客という言葉にむしろ企業中心性が顕れている。人々は自分のことを顧客などとは呼ばない。営利企業が自分たちの利益より顧客の利益を優先することなどないのだから、顧客中心のような物言いはすべて誠実さを欠いている。恐ろしいのは、システムを使わせる側も使う側もその欺瞞性に気づいていないことである。両者ともがより大きなシステムに知らず組み入れられている。社会という所では、自由であることはある種の逸脱であり、規範に従い同調することが望ましいとされる。しかし抑圧された環境における負の衝動は、人としての社会性の欠如である前に、動物としての自然な反射だろう。そこに鈍感になることは生命の危機である。

社会のシステムにしろ、仕事のシステムにしろ、サービスのシステムにしろ、それを作る側が使う側の行動をコントロールしようとする限り、システムは徴用的な存在であり続ける。たとえばシステムの企画者の多くは、ヒューマンインターフェース上の入力項目を好き勝手に決める。彼らは驚くほど気安く使用者に質問を投げかけ、回答させる。適切なサービスを提供するために使用者に質問するのは当然のことだと思っている。しかしアラン・クーパーらが指摘するとおり、アプリケーションにおいては「質問する側が質問される側より立場が上」であるという前提がある。[★6] 権威を持つ者が質問し、目下の者がそれに答えるという構図が、自動的に生まれるのである。アプリケーションフォームやダイアログで提示される質問を、使用者は拒否できない。回答することが実質的にサービス利用の条件になっているからだ。多くの質問はたいした理由もなく設置されるが、それらが使用者に深刻なストレスを与えていることにデザイナーは気づいていない。これは入力の手間の問題ではない。無自覚な横暴さの問題である。たとえばデザイナーたちの間ではよく、フォームで性別をたずねる時の選択肢はどうあるべきか、という話題が持ち上がる。プライバシーを考慮して、「女性」「男性」だけでなく、「その他」や「無回答」といった選択肢を用意するのがよいという意見がある。しかしそのような選択肢があったとしても、その質問がある限り、システムは使用者に性別に関する何らかの態度をとることを一方的に強要しているのである。実際、「その他」や「無回答」を選ぶ行為は、「女性」や「男性」などと同じかそれ以上の情報量を持って記録されることになる。だからこの場合デザイナーが検討すべきは、選択肢を追加することではなく、質問そのものを削除することなのだ。質問をひとつ増やすたびに、システムの横暴さは自動的に増大する。使用者の主導権は剥奪されていく。システムの振る舞いはそれを制作した者、制作を指示した者の態度を反映する。制作側の不遜な態度は、ダークパターンと呼ばれるようなビジネス的かつ自覚的な策略というより、作る側と使う側の間にある非対称性の無自覚的な肯定として、社会の全レイヤーを侵蝕する。

デザイナーが使用者のために心を砕くのは結構なことだが、デザイン上の作為、つまりデザインの作用点を被造物ではなくその向こうにある二次的な効果——消費の促進、シェアの拡大、売上の増加、情報の取得など——に置くことは、使用者を単なる梃子の支点とみなすことに他ならない。

購買に関する人々の行動をデータ化し、それをもとにして彼らを無意識にナッジするための技術的基盤が、この二十年で恐ろしいほど強力に構築されてきた。我々が自覚しなければいけないのは、使用者を誘導する技術のほとんどは倫理的な問題を孕んでいるということである。もはやこの状況に直接的に抵抗できるのは、現象の境界に住まう者、つまりデザイナーしかいない。アメリカのデザイナー、マイク・モンテイロは、「壊れた銃は機能する銃よりもよくデザインされている」と言う。[★7] デザイナーはスペクタクルの外に這い出して問題を指摘すべき立場にある。デザイナーには社会の詭弁性や虚偽性を詳らかにして誠実な形を提案する役割がある。人々にとっての不自由さを作る短絡的な計画にデザイナーは加担してはならない。そのようなクライアントの意図に対して、デザイナーは抵抗しなければならない。

　システムのデザインを、使用者を取り込む「漏斗」のようなものだと考えるべきではない。漏斗のようなデザインは使用者をモードに囲い込み、盲目的な消費に駆り立てる。そうではなく、デザインは「梯子」のようでなければならない。梯子のようなデザインは、使用者が自らの活動によって束縛の谷から抜け出すことを助ける。良いデザインは使用者を留めるのではなく旅立たせる。デザイナーの仕事は良いデザインをすることであって、権威者の無知蒙昧な注文を満足させることではない。プロフェッショナルなデザイナーは使命感と自律心をもって自らが有するデザインの能力を発揮しなければならない。

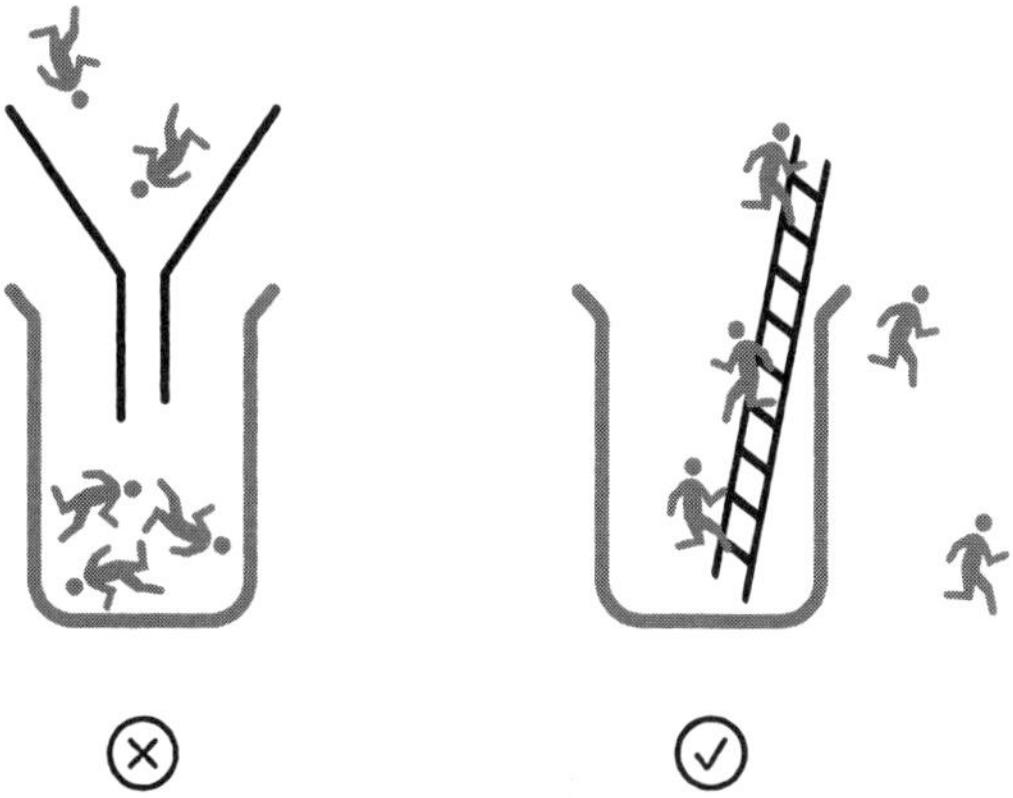

自ら使用する

　ハイデガーは、技術というものには両義性があると言っている。すなわちその顕現する働きにおける徴用性と創造性である。[★8] つまり何かを「させる」ための働きと、何かを「する」ための働きである。人に何かを「させる」ものとしてシステムをデザインする者は、前者によって自らも徴用される。人が何かを「する」ものとしてシステムをデザインする者は、後者によって自らを解放する。使用者に何かを「させる」ためではなく、使用者が何かを「する」ためのデザインになっているか。これは理論ではなく倫理の問題である。「させる」デザインはモダリティーの泥沼に人々を引きずり込む。「する」デザインはモードレスネスの海に人々を漕ぎ出させる。モードレスな道具が使いやすいのは、使用者自らがそれを使いやすいものとして自分自身を更新できるからである。もしモードレスな道具が使いにくいと感じるなら、それは自分を更新する態度で道具に接していないからである。自分を更新する態度というのは、自分で自分の世話を焼くということだ。世界の別な見方を探して回るということだ。誰かに世話を焼かせようというような使役的な態度で人や道具に接する者は、現在の景色に拘泥し、因果の保存に努める。彼らはモードに避難していつまでも出かけない。

目的合理性を追求する現代のプロダクトは、その追求を進めた結果、りんご皮むき機のように融通の効かないものになっている。メーカーは新しい市場を作り出す必要性から、まだ顕在化していないニーズの発見に躍起になる。人々が工夫を凝らして身の回りの物を道具にしたり、既成の道具を本来の用途ではないことに利用したりする様子を観察することは、プロダクトが溢れる現代社会に残された潜在的なニーズを発見するきっかけになる。ジェーン・フルトン・スーリの著書『考えなしの行動?』は、その点で非常に示唆的だ。これは人々が生活の中で何気なく「物を本来ではない用途に使っている様子」を集めた写真集である。[★9] 人々は物の形や質感から敏感に行為の可能性を汲み取る。タイトルにある「?」が示すとおり、人々は物と自分の関係を半ば無自覚に、しかし鋭く捉えている。人々が自分の周囲の物をどう解釈するか、どのように要求を満たそうとするか。そうした工夫の発見が新しいデザインの契機になるとスーリは言う。たとえばある人が暖房機の上に缶コーヒーを置いているのを見れば、「コーヒー加熱器を兼ねた室内ヒーター」というプロダクトを発想できるのだという。

人々の日常における相互作用を観察することで、デザインチームは、人々が与えられた状況の中で何を必要としているのかを発見し、ここにデザインの好機を見つけ出す、というアイデアが第一にある。ものを再認識し対応する、または、なにか欠けているものや不充分なデザインを修正するような解決策を編み出すときに、人々が発揮する想像力を私たちは随所に発見する。自分の希望を達成するために人々が行う類のデザインに、デザインチームは常に発想を発掘し続けることができる。まったく単純に、この種の観察はデザインを発想する直接的なソースになりえるのだ。★9

スーリによれば、人々が行う創造的適応の中に、普遍的な必要性を示すパターンがあるのだという。一見気まぐれであったり風変わりであったりする行動の中に、人々の洞察力が示唆されている。しかし一方で、コーヒー加熱器を兼ねた室内ヒーターのようなアイデア商品的なデザインの在り方は、物の形を個別文脈的にし、人々が考えたり工夫したりする機会をいっそう排除するようにも思われる。人々の日常的な行動からデザインのヒントを得ることはよいとしても、その行動のためのデザインを提出することが本当に良いデザインの在り方なのか、疑問が残る。

　もうひとつの例を考える。デザイナーの深澤直人は、人々が傘を壁に立てかけるのに、無意識に傘の先を床のタイルの目地にあてるようにしているのを見て、幅七ミリ程の溝をひとつ玄関の床に引けば自然な傘立てになると考えた。

私は傘立てをデザインし、客は結果的に傘を立てるという目的を達したことになる。しかし、そこにはよくあるような、円筒のような傘立てらしき物体の存在はないということだ。デザインは存在し、目的も達しているが、物体は消える。これは「行為に溶けるデザイン」ということだなと思った。★10

深澤のねらいは、デザインを行為の中に溶け込ませることである。床に作られた溝は「傘立て」だが、それは人の行為の中に溶けている。溝の機能的な意味合いはただそれを見ただけではわからないかもしれないが、傘を立てるという行為が発生するとそこに立ち現れてくる。たしかにこのデザインは、邪魔で目障りな傘立ての存在をうまく隠すアイデアである。最小限の構造でその記号性を確立するものであり、スマートでおしゃれなデザインだと言える。しかし問題は、それが依然として「傘立て」として意図的にデザインされていることにある。それまで何もなかった床に、奇妙な溝が掘られる。その溝は他でもなく傘を立てるためにわざわざ作られたものであり、人々がそれに気づこうと気づくまいと、「傘を立てるための溝」という恣意的なモードを環境に追加しているのである。雨の中をやっと帰宅した人に対して傘の先を細い溝にうまくあてることを強要し、またそれ以外の時には埃や砂が溜まる余計な細工となって理不尽な掃除の手間を増やす。そのような特定の目的のための「溝」がそこらじゅうに増えれば、我々の生活はそれらに束縛され、嵌りこんでしまうだろう。一方、本当のタイルの溝はモードを持たない。人々がそこに傘の先をあてるのは、タイルの溝というモードレスな対象に対する自由なブリコラージュであり、溝の意味はそれを傘立てにしてしまう人々自身によって創造される。そこには何の束縛もない。

モードレスデザインとは、室内ヒーターの一部にコーヒー加熱器を埋め込むことではなく、何かちょっとした物が置けるような暖房機を作ることだ。床に傘立て用の溝を掘ることではなく、タイルの溝の耐水性を高めることだ。物が「誰かが決めた使い方」に束縛されない自然な存在であること。もし人々が物を意外な方法で扱っているのを発見したなら、着目すべきはその方法ではなく、我々の心に起こる意外さの方だ。つまり我々が物に対してその目的を固定的に付与しているそのモード性の方なのである。たしかに、道具をデザインする上でデザイナーは、使用者に特定の動作を促す形状を知っている必要がある。しかしその特定の動作そのものがモードを生じさせるなら、そのデザインは常に問題を孕んでいる。一方、モードレスデザインは、人々が自ら物を使用し、自らその意味を創造できるようにするものである。

我々の周りにあるすべての物は、我々を変える可能性を秘めている。モードレス性はその可能性を維持するための小さな約束である。我々の精神と身体は環境と溶け合っている。クリフ・クアンとロバート・ファブリカントによれば、我々は物をその本来の用途だけでなく、それが何に使えるかという目で自然に見ることができるのだという。[★11] それは人間の想像力の極めて重要な特徴のひとつである。しかしこうした能力は、近代的なプロダクトデザイン、特に現代のデジタルプロダクトにおいては、発揮する機会を奪われているのだという。

たとえば、火掻き棒は火を掻くためだけのモノではない。この棒は長くて重みがあり、先はそこそこ尖っているが尖りすぎているわけでもないので、ソファの下に転がっているモノを引っ張り出すのにも使えるかもしれない。だが、身のまわりのモノを変化させるという人間にとって極めて重要なこの能力は、デジタルライフではほぼ発揮されていない。そこで目にするアプリ、ウェブサイト、インターネットサービスは、私たちがそれに求めていることを果たすための機能しか備わっていない。たとえそうしたデジタルのモノに本来の役割以外の機能があったとしても、私たちにはそれを理解する手段がない。そこは火を掻くことにしか使えない火掻き棒ばかりの世界なのだ。★11

我々が身の回りの物を寄せ集めて道具にするというのは、我々の最も自然な行動のひとつであり、そこには肯定も否定もない。スペースキーでドキュメントの見た目を整えたり、スプレッドシートを方眼紙として使ったりする者を、デジタルリテラシーが低いと言って揶揄するコンピューターエリートたちがいるが、これは非常に倒錯的なことだ。事故の原因をヒューマンエラーとして片づけてしまうのと同じである。

心理学者のポール・フィッツとデザイナーのアルフォンス・チャパニスは、第二次世界大戦中に起きた戦闘機の操縦ミスについて戦後に調査を行った。そこで判明した問題は、パイロットの訓練についてのものではなく、コックピットのデザインについてのものだった。チャパニスは、これは「パイロットエラー」ではなく「デザイナーエラー」だと言った。★11 ヒューマンエラーと呼ばれるものは、その呼び方に反して、すべてシステムの問題である。人間に正確な判断や行動を求め、それを前提にシステムがデザインされている点に問題がある。現代では、ヒューマンエラーが起きた場合に改善すべきはシステムの方であるという認識が一般的になった。ヒューマンエラーというのはヒューマンの問題ではない。それどころか、実のところデザインの問題ですらない。ヒューマンエラーは、そういう空虚な言葉を使う者のナイーブな倫理観の問題なのである。単純な例で考えてみる。ある人がハンマーで釘を打ち損じたとする。そのとき問題はどこにあるのか。ハンマーをうまく使えなかった人の問題だろうか。しかしハンマーは、人が釘を打つためにわざわざ作られているのである。ハンマーを使う人の行為を否定することはハンマーそのものの存在を否定することになる。では問題はハンマーのデザインにあるだろうか。その可能性はあるだろう。しかしどれほど良くデザインされたハンマーでも、人が使う以上、釘を打ち損じることはある。問題の所在を人や物のエージェンシーに求めると無限後退してしまう。問題は単に、意識に宿ったイメージと物質に宿ったオブジェクトの未接続に過ぎない。両者のカップリングは常に可能性として未来に向かってのみ前進している。物事の善悪を目的合理性で評価し因果律の中で問題を要素還元しようとするのは軽率だ。ましてや目的と手段の連鎖にヒューマンを固定する態度は傲慢だ。

物の意味はデザイナーの意図とは関係がない。我々はむしろ、スペースキーで見た目を整えようとする人々の工夫を称えるべきだし、方眼紙のように自由に使えるスプレッドシートの受容性を見習うべきなのだ。もしそれでデータに不都合が起こるなら、問題はコンピューターの不寛容さにある。逆にもし人々が指示的な道具の中でしか行為できないのなら、人々をそのように教育してしまったデザイナーに責任がある。物を作る行為はブリコラージュである。スペース文字を利用してスペースを作るという発想、スプレッドシートの二次元空間を使って要素を二次元的に配置しようとする努力は、我々の素直な創造性である。コンピューターを使用するのに情報の構造化や正規化のスキルが求められるのは、その方が機械がデータを処理するのに都合がよいからだ。だとすれば、本来その部分を補完することこそがコンピューターの仕事だろう。人間をもっと創造的にするためには、ミディアムの性質が暗黙的ではだめなのだ。目の前にあって知覚できる物が、そのもの自体でなければいけない。

道具に意味を与えるのはデザイナーではなく使用者である。デザイナーはただ形を作ることでその可能性を広げているにすぎない。デザインの過程に使用者を参加させるという考え方があるが、より重要なのは、デザイナーや使用者といった属性がどうであれ、道具は使うという行為の中ではじめて生成されるのだと知ることだ。たとえば箸はそれを手に持ち練習し食べ物を口に運ぶことで箸になる。それまではただの二本の棒である。誰がどのように作ろうと、作るという行為だけでは物は道具として存在しない。このあたりまえのことに思い至れば、デザイナーが物の意味や価値を操作し決定できるという考えのおこがましさに気づくだろう。道具の生成において、作り手ができることは限られている。もはや何かをデザインするという言い方すらおこがましいのではないかと思われてくる。デザイナーにできるのは新しい構造的カップリングが起こりそうな形を慎ましく提出することだけだ。物が何であるかをデザイナーが決められるはずがない。道端に一本の棒が落ちている。元気な子供たちはそれをバットにし、勇敢な狩人はそれを削って槍にし、迷える旅人はそれに火を灯して道を照らし、何かをひらめいた学者はそれで地面に数式を書き、疲れた老人はそれを杖にする。デザイナーの仕事というのは、具合の良さそうな棒を見つけて、道端にそっと置いておくことなのだ。これはもちろん、コンピューターソフトウェアについても同様である。

道具のリベラリズム

パーソナルコンピューターという概念の精神的な起源が、1960〜1970年代のアメリカのカウンターカルチャーにあることはよく知られている。それまで政府や研究機関などの特権的な人々によってのみ扱われてきたコンピューターが、小型化や低価格化も相俟って、大学や企業に普及しはじめた。そしてテクノロジーに長けた若者たちの間で、よりカジュアルに利用されるようになった。ハッカーと呼ばれた彼らは、ゲームに明け暮れたり、国家機関の活動を妨害したりなど、コンピューティングパワーをまるでおもちゃのように自在に操った。その背景には、ヒッピームーブメントや学生運動に代表されるような、既成の価値観を覆そうという時代的特徴があった。パーソナルコンピューターの概念は、中央権力の象徴である大型コンピューターに対抗する、個人の解放のツールとして出現したのである。★12 1972年にボブ・アルブレヒトが発刊した「People's Computer Company」というニュースレターの創刊号には、次のような宣言が書かれていた。

コンピューターはほとんどいつも
人々のため（for）ではなく人々に対するもの（against）として使われている
人々を自由にするためではなく彼らをコントロールするために使われている
すべてを変える時が来た―
我々に必要なもの…
それはPeople's Computer Company★13

こうしたリベラリズムを無視して、パーソナルコンピューターのパーソナル性を語ることはできない。1984年のMacintosh発売時のテレビコマーシャルが、全体主義的なディストピアへの反抗として描かれたのは象徴的だ。Appleをはじめシリコンバレーのスタートアップたちは、巨大企業となった今も、建前上はヒッピーコレクトネスを守っている。つまり、全体より個人、統制より解放、競争より共同、物質より精神、といった価値観を、自社のプロモーションの中心的なコンセプトにしている。

パーソナルコンピューターがオブジェクト指向でデザインされるようになったのは偶然ではない。OOPはOOUIを実現するパラダイムだが、OOUIは、コンピューターを誰でも使えるようにするための表現として生まれた。コンピューターを個人的な存在にするためにはシンプルでなければならない。そのシンプルさとはメンタルモデルとの同期性である。そしてその同期性は、コンピューターそのものが我々自身の構造が持つ非中心的なフラクタル性を持つことで実現される。社会構造と我々の精神構造がストローの両端のような関係を持つ時、そのミディアムとなる道具自体にも、また同じ構造が反映されるのである。その非中央集権的な構造を端的に表現するなら、それがモードレス性である。モードレスデザインは、つまり人々のためのデザインとなる。

近代デザインは、産業革命後の大量生産による粗悪な商品があふれだした状況への批判として、1880年代にウィリアム・モリスが主導したアーツ・アンド・クラフツ運動を出発点にしていると言われる。分業によって失われた伝統的な職人仕事を復興し、優れたデザインを多くの人々に届けることで、芸術と生活を統一する。それにより社会の調和を図ろうとしたこの運動は、モリスの社会主義的な思想から直接動機づけられていた。経済学者の大内秀明によれば、モリスの社会主義は共同体社会主義であり、「生活の芸術化」を目指すものだった。★14 アーツ・アンド・クラフツ運動こそがモリスにとっての社会主義運動であり、社会主義思想の実践であり、その実現だった。モリスの運動には、モードレスデザインに通じるものがある。つまり、デザインを解放することで社会を覆う近代的合理主義のモードを解除しようというのである。

モリスは、「産業奴隷制と芸術の劣悪化のつながりを見抜いた私たちは、芸術の未来に希望を寄せることもまた学んだ」と言っている。★15 そして、博打のような市場の恣意的強制を拒否して労働者が自由になれば、彼らの美と想像の本能は解き放たれ、必要な芸術品を作り出すだろうとも言っている。モリスの時代の産業奴隷的な労働者を、現代のサービス消費的な使用者と言い換えれば、こうした言説は今でも有効である。そして次のようなモリスの提案は、デザイナーたちに蜂起の情動を与えるだろう。

国家でも教会でも家庭でも、どこにおいても、圧政など耐え忍ばないと決意すべきだ。毅然として虚偽を拒否し、恐怖でひるんだりしてはならない。もっとも、圧政も虚備も恐怖も、仮面をかぶって私たちの前に現れるかもしれない。敬虔な信心や、義務や、愛情、あるいは絶好のチャンスや善人を装って、親切な言葉や、賢明な判断という体裁をとって、現れるかもしれない。この世の過酷さや不誠実さや不正は、当然の帰結を招き、私たちの存在も生活もそれに巻きこまれることだろう。

だが、それらの厄災に対して昔から培ってきた抵抗の成果も、私たちは受け継いでいる。だから、一人ひとりが、その伝統を公平に分担するようにしようではないか。[★15]

社会主義者のモリスは、労働者が楽しんでものを作ることで社会は理想に近づくと考えた。楽しいもの作りとは、モリスにとっては装飾を施すことだった。20世紀に入ると、フレデリック・テイラーの「科学的管理法」を契機とした生産性と品質の向上によって、芸術性と合理性は融合しはじめた。そして機能主義的な表現が社会的価値観として広がり、バウハウスに代表されるようなモダンデザインが主流となった。こうした流れの上で、あらためてモリスの楽しいもの作りを解釈するなら、それは機能的な合目的性を超えたところにある余白、もしくは遊びの尊重である。ただしここで言う余白や遊びとは、機能性に直接寄与しない演出的な表現のことではない。機能性というものの捉え方に余地をもたらす、モードレス性のことである。そうした余地をシステムに組み込むことで、逆コンウェイを作動させ、社会を理想に近づけられるかもしれない。デザインに求められる機能的な合理性を直接否定することはもはや不可能だが、「機能」や「合理」が、特定のモードを作り出すものとしてではなく、モードレスに使用者の行為を開くものであれば、道具は人々の手許に届く。

柳宗悦の民藝運動はアーツ・アンド・クラフツ運動に影響を受けたと言われる。彼は「美しい写真とは何か」という文章の中で次のように書いている。

よき写真師は機械の完き支配者である。優れた器械が便利なのは、支配の自由が一層きくからとも云える。器械がいい程人間の創作の余地がふえる。[★16]

良い写真が撮られるには良い写真家と良いカメラが必要である。良いカメラは、写真家によって自由にコントロールされ得るものでなければならない。その自由度の高さが創作の余地の大きさとなる。自由なコントロールとは、写真家が持っている自然への見方を十分に反映することだ。打てば響くように、写真家の独特な目を鋭く反映することだ。その時、写真家とカメラの間には、単なるインタラクションではなく、ひとつの視野の中に収斂されていくような、調和的な往還運動が起こる。カメラのような近代的な道具の中に、機能性と自由度の関係を言い当てていた柳は、おそらくモードレスデザインによる解放の意味をよく理解しただろう。

モードへの反抗

ボタンがモーダルなのは、たいていの場合、そのボタンを押すという身体動作と、その結果として得られる状態との間に、自明な対応関係がないからである。一方、ステアリングホイールを回転させることと、車がカーブを描いて進行方向を変えることの間には、自然な対応がある。その自然さは、我々の世界の捉え方、つまりメタモードとの一致性である。ボタンを押すという恣意的な手続きを踏むことで何か複雑な処理を起動するようなデザインは、過渡的なものというより、道具の退化に近い。ある目的のために仕方なく行わなければならない恣意的な手続きは、実質的なプロセスや結果ではなく、目的そのものを記号化しただけの空虚な使役となる。

技術が持つ徴用性と創造性に対応して、デザインが作用するベクトルには支配性と解放性がある。かつて純粋に環境適合的であった「作ること」は、モジュール化され、工学的なメソッドに従って再利用されるようになった。そうしたメソッドは権力者に活用された。新自由主義を基盤とした市場経済とコンピューターネットワークは圧倒的な消費サイクルを加速度的に形成し、人々はシステムに支配されるようになった。支配のために有効なデザインパターンは、使用者の行動の自由を奪うことである。つまりシステムをモーダルにすることだ。モーダルなデザインが支配のために有効なのは、それが一見、ネゲントロピックで、使用者にとって合目的的であるように錯覚されるからだ。その合目的性はもちろん、実際には使用者ではなく権力者にとってのものである。問題は、社会全体を覆うキャピタリズムに被投された我々には、そこに区別をつける必要性自体が理解しにくくなっていることだ。

現代消費社会はあらゆるものを目的に還元し、そこからはみ出る自由を奪っている。國分功一郎は、著書『目的への抵抗』の中で、そうした目的合理性の支配に抵抗することを提案している。[★17]我々は自由を得るために、目的と手段の連関から逃れ、自らの行為を解放しなければならない。國分によれば、我々が豊かさを感じて人間らしく生きるためには、楽しんで浪費したり、贅沢を享受したりするといった、生存の必要を超え出る、あるいは目的からはみ出る経験が必要なのだという。必要と目的に還元できない生こそが、人間らしい生の核心にある。それに対し現代社会は、すべてを目的化し、そこからの逸脱を認めない。二十一世紀になってもなお支配的である消費社会の論理は、目的を記号化して消費の対象とする。たとえばグルメブームにおいては、「世間の流行についていく」や「写真をネットにアップロードする」などの目的が先行しており、お店に行って何かを食べることはそのための手段になっているのだと國分は言う。もちろんいかなる食においても栄養摂取という目的が無くなることはない。しかし、食事という行為が栄養摂取という目的に還元できないのは、食事がこの目的からはみ出る部分を持っているからである。このはみ出る部分が、浪費や贅沢と呼ばれるものである。しかし消費社会はそのような非目的的な行為を退けようとする。それは、消費社会の論理を徹底するために、すべてを目的と手段の中に閉じ込め、人々の行動を記号的な管理対象にしておく必要があるからだ。そして消費行動が徹底された時に現れるのは、「いかなる場合でもそれ自体のために或る事柄を行うことの絶対にない人間」なのだと國分は言う。

國分によれば、目的によって開始されつつも目的を超え出る行為、手段と目的の連関を逃れる活動の良い例は、「遊び」だという。たとえば、子供が砂場で山を作ってそこにトンネルを通そうとする。これは砂場を見たことで思いついた目的に導かれた行為かもしれないが、その目的は彼らにとってそれほど重要なことではない。なぜなら、山を作りトンネルを通すということそれ自体が楽しみの対象となるだからだ。これはミゲル・シカールが「自己目的的」とした遊びの態度の一要素である。また、「遊び」には「ゆとり」の意味もある。機械の連結部分に持たされる遊びは、目的を超え出たところにある必要である。遊びは合目的性から逃れているが、それは不真面目や不必要を意味しない。遊びは真剣に行われるものであり、ゆとりとしての遊びは活動がうまく行われるために欠かせないものだと國分は言う。

重要なのは人間の活動には目的に奉仕する以上の要素があり、活動が目的によって駆動されるとしても、その目的を超え出ることを経験できるところに人間の自由があるということです。★17

目的を超越した行為が人間を自由にする。このことについてはハンナ・アーレントも、「自由であるためには、人は、生命の必要から自ら自身を解放していなければならない」と言っている。[★18]しかしそれに続けてアーレントは、「自由であるという状態は解放の作用から自動的に帰結するものではない」とも指摘する。自由は、解放に加えて、同じ状態にいる他者と共にあることを必要とする。他者と出会うための空間、言い換えれば、誰もが言葉と行ないによって立ち現われ得る世界を必要とするのだという。國分はこれを次のように解釈する。すなわち、自由について考えることは、政治という複数性の営みの中でどう生きるか、どう振る舞うか、どう行為するかという問題に取り組むことなのである。そうした前提に立ち、アーレントは、自由であるということを次のように定義づける。

行為は、自由であろうとすれば、一方では動機づけから、しかも他方では予言可能な結果としての意図された目標からも自由でなければならない。行為の一つ一つの局面において動機づけや目的が重要な要因でないというわけではない。それらは行為の個々の局面を規定する要因であるが、こうした要因を超越しうるかぎりでのみ行為は自由なのである。[★18]

行為というものは目的によって導かれている。しかし通常、我々は目的を意志するのに先立って、知性が、この目的が望ましいことをすでに把握しているのだとアーレントは言う。そうすることで知性は、意志に、行為を命じるよう訴える。行為の目的は環境の変化に応じて変わるものであり、それに依存している。そのため、目的を認識するのは自由の問題ではなく、判断が正しいか誤っているかの問題である。自身に行為を命じる力は、自由ではなく、意志の強弱なのだとアーレントは言う。何らかの目標に向けて行為を実行するためには、知性による判断と意志による命令とを必要とする。しかし一方で、もし我々が自由であるのなら、行為は知性の判断や意志の命令のもとにはなく、全く別のものから生まれる。アーレントはそれを「原理（principe）」と呼ぶ。これは、平等への愛や、最善を尽くす善意、それらとともにある恐怖や憎悪といった、人間の情念である。

原理は行為を鼓舞する。原理は普遍的なものであり、特定の目的を指図しない。アーレントによれば、知性による判断が行為に先行し、意志の命令が行為を実行させるのとは異なり、行為を鼓舞する原理は、ただ行為そのものが演じられている時にのみ完全に姿を現わすのだという。目的的な行為においては、その経過に従って、判断力の妥当性や意志の強さが消耗する。これに対し、行為を鼓舞する原理は、実行の過程を通じて妥当性も力強さも失われない。行為の原理は、行為の目的とは違い、何度でも繰り返され得る。ただし、原理は行為によってのみ姿を現わすものである。行為が続く限りでのみ、原理は世界の内に現われるのであり、行為が終われば原理は消滅してしまうのだとアーレントは言う。

人間の生命は、明らかに地球の自然的な過程に取り囲まれている。この過程はさらに宇宙の過程に包摂されている。我々は有機的自然の一部であり、その諸力によって突き動かされている。自然や宇宙の過程と同じように、我々の存在もまた、オートマティズムに支配されている。そのような中で、自らの行為によってその原理を立ち上がらせる我々の自由は、自然の過程に服しながらもその内側から反抗を企てる、ある種の「奇蹟」であるとアーレントは言う。この「およそありそうもない」逸脱は、オートマティックな世界に割って入る。混沌へと向かう宇宙の法則に礫《つぶて》を打つ。この奇蹟は決して不思議なことではない。なぜなら、地球が生まれ、有機的生命が発達し、そこから人間が進化したということ自体が、宇宙や自然の過程という観点に立てば「およそありそうもないこと」であり、「奇蹟」に他ならないからだ。人間にとっては奇蹟がデフォルトなのである。とはいえ、地球の生命のリアリティーがもとづいている「およそありそうもないこと」と、人間の歴史のリアリティーがもとづいている「奇蹟」との間には、決定的な違いがあるとアーレントは言う。

われわれは人間の事柄の領域においては「奇蹟」の作者を知っている。奇蹟を実演するのは人びと、自由および行為という二つの天分を受けとっているがゆえに、自ら自身のリアリティを樹立できる人びとなのである。[★18]

自由な行為は目的を超越する。この逸脱は、人間本来のメタモードに含まれたリアリティーである。一方、目的的な行為に我々を拘束しようとするさまざまなモードは、ボタンに象徴されるように、目的を行為化してしまう。よく、目的と手段を混同してはいけないと言われるが、目的を偏重し手段の目的化を批判することには二つの誤謬がある。まず、目的化した手段はもはや手段ではなく目的なので、それ自体に問題はないということ。そして、目的化してしまうほど魅力的な手段があるということは、基本的に喜ぶべきことだということである。ただそれをするためにそれをする、という自由が、そこに意味されているからだ。

たしかに我々は普通、目的のための手段として道具を使う。しかしデザイナーは、目的のための手段として道具を作るのではいけない。それでは道具は生まれない。なぜなら、手段から道具ができるのではなく、道具から手段ができるからだ。目的と道具を繋げているのは使用者である。使用者の行為から目的が現れてくる。道具というのは、使用者が自分の好きなように使い、あるいはいつでも使用を中止し、あるいはそもそも使わない、という自由が等しく歓迎されているものである。合目的性については常に考慮されるべきだが、その目的とは使用者のものであって、道具の提供者のものではない。

実のところ、道具があらかじめ想定された目的を満たすかという課題は、デザイン全体における中心的な関心事項ではない。デザインのほとんどは、想定された目的に依存しない領域で、何よりインテグラルな構造を作り上げるところにある。目的はデザインの動機となるが、道具の基本構造を束縛し得ない。止まった時計でも一日に二度は正確な時刻を示す。時刻を知るという目的に照らせば時計は動き続ける必要はなく、任意の瞬間に時刻を示せればよい。しかし連続的な時をいつでも把握できるようにするには動き続けるのがよい。するとデザインの中心は動き続けるための構造に向く。先行する目的から構造がシフトする。デザインはひとつのインテグラルな系を作ることである。人はその系の特質、つまり作用がどのように反作用するかを、目的のために利用する。道具性は物の特質から見出されるのであって、物に固定的に課せられているのではない。極端に言えば、デザインをするのに目的は必要ないのである。イギリスの理論家、スタッフォード・ビーアは、システムと目的との関係について次のように述べている。

目的とは、多系安定システムの平衡現象が現実にはなんであるかを説明するために観察者が挿入した心的構成物であると、私自身はながらく確信してきた。……(中略)……無目的性は人間にとっても重要であるが——それというのも人間はみずからの同一性を保つ能力をあたえられており、同一性だけが人間の「目的」だからである。それで十分である。★19

たとえデザイナーが何かの目的のために物をデザインしたとしても、使用者が触れるのはただその物自体であって、物の目的ではない。だから物と目的を固定的に結びつけ、その前提のもとで恣意的な手続きを使用者に強要するデザインは、端的に言って間違っている。そのようなデザインは却って物の帰属性を切断し、それが道具として使用者の手許に納まることを阻害する。現代の合目的主義的な常識に反して、デザインは目的の束縛を逃れることができる。デザインは、事業者の作為や使用者の評価から駆り立てられることなく、可能である。それがモードレスデザインである。モードレスデザインは目的を超越する。人間のメタモードに同調し、使用者を自由へと解放する。モードレスデザインは、目的合理性の支配に抵抗する。

手段の目的化は、目的というものを誰かから与えられるものではなく自分自身のものとして発見する自由の証である。一方、目的の行為化は、目標状態までの自明な行為を隠蔽し、目的を選択することと自体を目的化する自己否定的な負のループを生む。そのような欺瞞的ネゲントロピックな社会は、我々から自由を奪い、我々を複雑な搾取構造の中へ閉じ込める。

オーストリアの哲学者／社会批評家、イヴァン・イリイチは、システムの発達には二つの分水嶺があると言う。[★20] 第一の分水嶺では、新しい知識が特定の問題の解決に適用され、科学的な測定手段が新しい効率を説明する。しかし第二の分水嶺に差し掛かると、それまでの進歩が価値のサービスという形をとり、社会全体を搾取するようになる。イリイチによれば、我々は機械を人間のために働かせようとしてきたが、そのような目的に用いられた時、機械は人間を奴隷化するのだという。この危機を解決するために我々は、自分のかわりに働いてくれる道具ではなく、自分とともに働いてくれる道具を作らなければならない。巧妙にプログラムされたエネルギー奴隷ではなく、各人が持つエネルギーと想像力を十分に引き出すような技術を発展させなければならないのだという。イリイチは、社会の道具的再編成には、社会主義的な公正の理想を行き渡らせる必要があると言っている。そして、産業主義的な道具をコンヴィヴィアル（友好的）な道具で置き換える試みを、革命的なものだと見ている。

われわれの主要な諸制度の今日の危機は、革命的解放をはらむ危機として歓迎されるべきだと私は信じる。なぜなら、われわれの今日の諸制度は、人々により多くの制度的産出物を供給するために、基本的な人間の自由を切りつめているからである。この世界規模の制度の世界規模の危機は、道具の性質についての新しい自覚と、道具の統御のための大衆行動をもたらす可能性がある。もしも道具が政治的に統御されないなら、道具は災厄に対する時期おくれの技術官僚的反応という形で管理されることになろう。自由と尊厳は、人間の道具に対するこれまで見たこともないような隷属のなかに、姿を没し去るであろう。★20

道具は社会関係にとって本質的であるとイリイチは言う。個人は自分が道具を主体的に使っている程度に応じて世界を自分で意味づけることができる。また自分が道具によって支配されている度合いに応じて自身の自己イメージが決定される。コンヴィヴィアルな道具は、それを用いる者に、自分の想像力の結果として環境を豊かなものにする機会を与える。産業主義的な道具はそれを阻む。そして道具の考案者たちに、使用者の目的を決定することを許す。

原始的なハンマーに代表されるようなハンドツール、あるいは電動ノコギリに代表されるようなパワーツールは、人間の力、もしくは人間と動力の力を結合して、多目的な仕事に応用される。このような道具はコンヴィヴィアルな使用に適しているとイリイチは言う。一方、ジェット機や産業機械などを操作するのに用いられる力は、それらの機械が出力するものの一部ではない。そこでは、使用者は単なる操作員になっている。イリイチによれば、発達が第二の分水嶺まで進んだシステムは、高度に操作的なものになるのだという。その使用は、制度的な目的の達成に向けられた諸構成要素によって拘束される。とはいえ、そのような大きな技術手段と集中管理的な生産のすべてが、コンヴィヴィアルな社会から排除されねばならないわけではない。脱産業主義的なコンヴィヴィアリティーを模索するとしても、社会のある部分においては、創造性の制限という犠牲を払ってでもより豊かであることを人々は選び取るだろうとイリイチは言う。コンヴィヴィアルな社会にとって基本的なことは、特定の需要を満たす高度な道具と、自己実現を助ける補足的／援助的な道具との間のバランスがとれていることである。ただし、そのバランスを実現するためには、やはり自由というものへの社会的な了解が必要である。その了解によって、人間的な相互依存の内に倫理的な創造性が保存されるのである。

公正な社会とは、一人の人間にとっての自由が、他人にとっての同等の自由が生みだす要請によってしか制限されることのない社会であるだろう。そういう社会は前提条件として、まさにその特性によって、そういう自由を妨げるような道具を排除するという同意が必要である。★20

ろばの歩み

近代合理主義においては、人や組織や社会はつねにゴールを設定し、そこへ一直線に向かうことが期待される。しかしその繰り返しには持続可能性が乏しい。なぜならゴールはどこか遠く離れたところにあるからこそゴールなのであり、それに対して、我々のエネルギーは有限だからだ。持続可能性のためのゴールという概念にはそうしたパラドックスがある。逆に、もしゴールを設定しなければ、我々は自然に持続的な態度になるだろう。たとえば、毎日繰り返される家事が持続的なのは、そこに特別なゴールがないからだ。必要な労力はゴールから逆算されるのではなく、無為に永続する代謝として生活に織り込まれている。成否や勝敗を他者から評価されるような尺度はそこには存在しない。

存在論的な観点でデザインを捉えるなら、それは主体から客体への一方的な働きではなく、作ることと作られることが双方向的に絡まり合うコレスポンデンスである。だから創造的な行為において重要なのは、目的地までの直線ルートをあらかじめ設定してそれをなぞることではなく、向かう方向をその時々で見定めることだ。創造的な仕事はすべて手探りである。事前に仕事のすべてを計画しようとするなら、それはその仕事から創造性を排除することに他ならない。創造的な仕事のプロフェッショナルは、仕事に計画的な無計画を組み込む。デザインのフィールドにおいて、計画という名の地図は途中から役に立たなくなる。作る行為が地平を変化させるからだ。徐々に形を現す物の息遣いに意識を注ぐ。その感覚をコンパスにして、一歩ずつ向かう先を決めるのである。

レヴィ＝ストロースのフィールド回想録である『悲しき熱帯』の中に、次のようなエピソードがある。[★21]ブラジルのアマゾンを訪れたレヴィ＝ストロースは、ナンビクワラ族のあるグループの長に頼んで、人口調査のために彼らの村へ案内してもらうことになった。しかしこの旅は安全なものではなかった。その地域にはヨーロッパ人に対して反抗心を持つ人々が大勢いたからだ。数名のナンビクワラ族の者たちと、贈り物を積んだ四頭の牛とともに、一行は出発した。高地づたいに行くルートは今回のために考えられたものだった。なぜなら、ナンビクワラ族の彼らがいつも行く谷底のルートには植物がはびこっていて、牛たちが通れそうもなかったからだ。すると旅の途中で、ナンビクワラ族の者が道に迷ってしまった。新しい道筋は、彼らが考えていたほど簡単ではなかったのである。原野の中で一行は一日を無駄にした。それでもなんとか無事に村へ到着した。村で一日を過ごし、一行は帰路についた。ところが帰り道で、今度はレヴィ＝ストロース自身が迷子になった。途中で彼の騾馬《らば》が逃げてしまい、それを追いかけているうちに藪の中で方向を見失ったのである。やがて騾馬に追いつくことができたが、一行からはぐれてしまった。レヴィ＝ストロースと騾馬はしばらく辺りをぐるぐる回り続けた。インディオたちの敵意がみなぎっている場所なので、いつ襲われてもおかしくない状況だった。いよいよ日が沈む頃になって、人声が聞こえた。ナンビクワラ族の者が二人、レヴィ＝ストロースがいないのに気がついて、足跡を辿って探しに来たのである。そして彼を安全な場所に誘導してくれたのだった。

ティム・インゴルドはこのエピソードを、二種類のルートについての象徴的な対比として捉えている。★22 往路では、レヴィ＝ストロースが指示した直線のルートでナンビクワラ族の者が道に迷った。復路では、気まぐれに逃げる騾馬を追ってレヴィ＝ストロースが道に迷った。しかしナンビクワラ族の者はいとも簡単にレヴィ＝ストロースを見つけ出した。インゴルドは、直線の道を行く人々と、曲がりくねった道を行く人々の、どちらが愚かでどちらが賢いのだろうか、と問いかける。

高度にデジタル化された社会では、手書きの文字よりもタイプされたフォントに、目的地よりも地図に、運動よりも可動性に価値が置かれる。近代的理性の象徴として直線的な都市を構想したル・コルビュジエは、曲がりくねった道は「ろばの道」であり、目的や方針を持たず、坂を避け影を求め、できるだけ努力をしない、怠惰なものだとした。

> 人間は、目的をもつゆえ真直ぐ進む。人間は行く先を知っている。どこかへ行こうと決心し、そこへ真直ぐに進む。[★23]

たしかに、目的への最短ルートを獲得するために、理性によって感情を統御し、未来のために現在を矯正する態度は、ひとつの人間の証だろう。しかしインゴルドは、ろばの道を行くことを選ぶ者たちに注目する。そのような人々は決まった点に向かって一直線に進まず、あてもなく曲がりくねった道を行く。道に固執する代わりに花の色に目をやり、鳥のさえずりに耳を傾け、ときどき立ち止まっては休憩し、誰かとおしゃべりを楽しむ。

> この世界の歴史において、あまりに多くの情報とあまりに少ない知恵とが結ばれたことは、いまだかつてなかったのだ。わたしにとっての知識は、直線ではなく、ロバたちの歩みにそって流れている。……（中略）……ロバはあせらない。自分のペースで進んでいく。彼らは希望を頼りに生きる。確実性などという幻を頼ったりはしない。彼らの行く道はあちらこちらへむかう。それは予測不可能である。彼らは些細な事物を心に留めて追いかける。そんなことをつづけながら、自分自身を見いだしていく。[★22]

コルビュジエの直線的なデザインは、環境のエントロピーを下げる力強い形を示している。しかしそれが我々に直線的な行為を強要するのであれば、力はモードの生成に費やされたことになる。まっすぐ歩ける道は、まっすぐにしか歩けない欺瞞的ネゲントロピックな道になる。そのようなデザインはメタモードを壊す複雑性として我々を束縛してしまう。

アメリカの人類学者、ルーシー・サッチマンは、著書『プランと状況的行為』の冒頭で、ヨーロッパ人が公海を航行する方法とトラック諸島の島民が航行する方法の対比について触れている。[★24]トーマス・グラッドウィンの論文によれば、ヨーロッパの航海士は何らかの一般的な原理に従い、まず海図にプランを描く。そしてすべての動きをそのプランに関係づけることで航海を遂行する。航行中の努力は「コース上にとどまること」に向けられる。もし予想外の出来事が生じた場合は、まずプランを変更し、その後それに従って対応する。一方、トラック島の航海者は、プランではなく目標から始まる。彼らは目標に向けて出発し、途中で発生する条件にはその場の判断で対応する。彼らは風や波、星や雲や水の音などによる情報を利用し、それに従って舵をとる。彼らは聞かれれば目標を指し示すことができるが、コースを描くことはできないのだという。

ヨーロッパの航海者とトラック島民との対比は、人間の知性や、方向性のある行為についての、異なった見方を示している。ヨーロッパの航海者はあらかじめプランを持っていて、そのプランに従って自分たちの行為を実行していると見做されている。トラック島の航海者は、自分たちがどのように舵とりをして航海するのかを他人に説明できない。ヨーロッパ人のプランは航行の普遍的な原理から導かれており、固有の事態からは本質的に独立している。トラック島の航海者にとっての航行は、あらかじめ予想できなかった固有の状況に依存したものである。このことから、一般的には次のような説明が可能である。すなわち、ヨーロッパ文化では抽象的かつ分析的な思考が好まれる。人々は一般的な原理から特殊な事例を推論することを学習する。一方、トラック島民は、何年にもわたる実際の航海の記憶と経験の知恵に導かれている。人々は具体的で身体化した反応を学習する。しかしサッチマンは、人間のすべての活動は具体的で身体化したものだと言う。航海の例を前述のように解釈してしまうことは、理論と実践を混同しているのだと主張する。

サッチマンによれば、いかにプランがなされても、目的的行為はつねに、状況的行為（situated actions）なのだという。状況的行為とは、具体的なコンテクストの中でとられる行為のことである。我々は皆、トラック島の航海者のように行動している。なぜなら、我々の行為の状況は決して完全には予想できないし、それらは絶えず我々の周りで変化し続けているからである。我々の行為は、体系立ったものであっても、決して認知科学が提起するような強い意味ではプランされていないとサッチマンは言う。むしろプランは、その場の判断による活動への弱いリソースなのである。ヨーロッパの文化では、行為の合理性について説明を強いられた時にプランが注目される。しかし事前のプランは必然的に曖昧なものであり、それは実際には行為を思い返す段階で再構成されるのだという。またプランに従ったものと見做された行為だけが優先され、特殊性を持つ状況的行為は組織的に取り除かれるのだという。

認知科学の領域では、プランの分析と統合が行為の研究を構成しており、その計算論的モデルを構築するために、プランの論理性が重視される。しかし、人間の行為の研究者がトラック島の航海者を無視することは危険であるとサッチマンは言う。

ヨーロッパの航海者がいかに航海するかということがわかったにせよ、それがいかにプランに従ったものであろうとプランによらないものであろうと、行為の本質的特徴は状況に埋め込まれたものなのである。したがって、トラック島民のシステムを研究し、それを記述する方法を見いだすことは私たちにとって義務である。★24

サッチマンが言うように、たとえプランが意識されていたとしても、すべての目的的行為にはその場の判断が伴っているだろう。また、トラック諸島の民であっても、過去の経験に裏づけられた何らかの原理的な行動パターンを共有しているだろう。トラック島の航海や、曲がりくねった道を行く人々の歩みが、目的主義的な行為の仕方と異なるのは、目標までの経路の組み立て方というより、目標の持ち方である。コルビュジエが言うように、ろばの歩みにはそもそも固定的な目標というものがおそらくない。何らかの目的意識があったとしても、それは歩みを進める上で、踏みしめる大地の形や風が運んでくる草の匂いに影響されて、容易にうつろう。だから、良いプランや悪いプラン、成功したプランや失敗したプラン、といった合目的性の評価は意味を持たない。そこにあるのは、いまここに知覚する環境とコレスポンドする、モードレスな行為の創造である。

目標へ向かう人間の創造的行動はモードレスである。道具は、そのような行動が作られる環境として、モードレスでなければならない。そして道具を作るデザイナーは、そのような形が作られる環境として、やはりモードレスでなければならない。デザインの過程において、次の一手は、その時点のデザインの状態から逐次判断される。使用者が自由に使える道具のモードレス性は、それを自由にデザインしたデザイナーのモードレス性である。使用者が自らの目標をモードレスに定められる道具を作るには、デザイナーは、権威者のモーダルなデザイン認識に異を唱え、ままならない素材たちの心にモードレスに応答しなければならない。つまり、デザインという人間の営みを自然に実践すれば、それはモードレスなものとなる。人々のモードレスな活動のために、モードレスな人々が、モードレスなデザイン活動によって、モードレスな道具を作るということ。存在論的デザインにおいては、世界も、道具も、人間も、モードレスに包摂し合うのである。

デザインの仕方は自由だ。自由でなければならない。テリー・ウィノグラードは、デザインすることとは形式的なデザイン理論を応用することではないと言っている[★25]。システマティックな原則や方法論は、デザインプロセスのある時期においては適切かもしれないが、数学や伝統的なエンジニアリングに応用されるような合理的生成理論に相当する効果的なものは、何もない。デザインに対する意識は、今でも本能や暗黙の知識、そして勘に依っているのだとウィノグラードは言う。

デザインとは生来複雑なものである。デザイナーがどう決断しても、そこには意図した結果と意図しない結果が生まれるのだ。デザインは、注意深く計画し、それを実行するプロセスではなく、相手、つまりデザインされているものが、予想外の中断や寄与を生むような対話なのである。デザイナーは、そこに起こりつつあるデザインに耳を傾け、それを形作っていくのだ。★25

多くのデザイナーの関心が、プロセスや体制といった「作り方」に多く向けられるのは、つまらないものばかり作らされているからかもしれない。おもしろいものはどんな風に作ってもおもしろい。おもしろいものを作る時、関心は「作るもの」自体に向けられる。作ることが楽しいのは、それが決められた的への適合ではなく、的そのものを描く行為だからである。おもしろいものというのは、使う人にとってそれを使うことが有意義であるようなものだ。使うことで創造性を発揮できたり、作業が理にかなったものになったり、他の誰かを助けたりできるようなもの。そういうものを作る仕事は楽しい。一方、使う人にとって何か理不尽さがあるものは、作っていてつまらない。人を束縛する物を作る行為には、どこか束縛感がある。デザインの仕事をおもしろくする一番の方法は、おもしろいものを作ることだ。おもしろいものを作るには、その要件から恣意性や作為性や使役性を取り除くこと。目当てとなるものを開示し、使用者が自らの能動性によってそれに触れ、戯れることができるようにすることだ。自由を創造する者は、自由になる。モリスが言いたかったのはそういうことではないか。

自らを解放し自由になる人間のソフトウェア性は、ソフトウェアを作り使うことによってより明確になる。そこでは、アクチュアリティー（顕在的な実在性）とヴァーチュアリティー（潜在的な実在性）が豊かに相互作用するだろう。アクチュアルなものは自らのヴァーチュアリティーを作り出すし、ヴァーチュアルなものは自らに対するアクチュアリティーを求める。ウィノグラードによれば、ソフトウェアとは、ヴァーチュアリティーを生み出すミディアムなのだという。[★25]それは、使用者がその中で、認識し、行動し、経験し、反応する世界である。ソフトウェアにおいてデザインされているのは実在的な空間である。ヴァーチュアリティーという言葉は、その空間が使用者やデザイナーの頭の中だけにあるのではなく、その世界が現実のものであるという見方を示している。ソフトウェアは、使用者がインタラクトする単なる装置ではなく、使用者が住む空間を生み出すところでもあるとウィノグラードは言う。ここでのポイントは、ソフトウェアは、使用者が住む空間というより、その空間を生み出すミディアムなのだということである。単にヴァーチュアルな世界ということではなく、ヴァーチュアリティーを作るための道具だということである。そこには世界に対する再帰性が内包されている。つまりソフトウェアは我々に、自らの世界を創造することを求めるのである。

フランスの哲学者、ピエール・レヴィは、著書『ヴァーチャルとは何か？』の中で、人、集団、行為、情報などがヴァーチュアル化される時、それらは脱領土化されるのだと言っている。[★26]人や集団、行為や情報は、空間や時間から完全に独立しているわけではない。それらは、ここであれ他の場所であれ、今であれ後にであれ、何らかの物体的なものにつけ加えられてアクチュアル化されなければならない。しかしヴァーチュアル化はそれらを「こっそりと逃げ出させ」る、とレヴィは言う。そこにあるのはユビキタス性であり、同時性であり、どこまでもパラレルな分配である。ヴァーチュアル化によって我々は、「そこ」や「今」や「これ」からの出口に出会う。レヴィは次のように言う。

ヴァーチャル化は、問題提起への移行であり、問題についての存在の移転であるので、必然的に、定義や規定、排除、包含そして排中律によって考えられる古典的アイデンティティを問題にする。だからこそヴァーチャル化は常に異型発生的であり、他の何かになるものであり、他者性を受け容れる過程なのである。[★26]

アクチュアルな次元において、オブジェクトはそれぞれ個別に存在しているように見える。ヴァーチュアルな次元においては、しかし、すべてのオブジェクトは背後で接続されている。その領域では全体と部分が包含関係ではなくフラクタルに連続している。我々の骨格や筋肉の構成、神経伝達のプロセスなどは分節化し型式化され得る。しかし実際の運動はそれらがいっぺんに作動するひとつの現象として成立している。ソフトウェアにおいてはそうした背景的なフラクタル性が、構造的原理の一元性によってはっきりとデザインの対象になる。同時にそれは、主体と客体、我々自身と環境が一体になったメタモードに接続される。ソフトウェアデザインはひとつの統合的な運動である。その成り立ちを分解して説明することはできるかもしれないが、それは実際に起きていることとは正反対の捉え方である。

ソフトウエアは、ヴァーチュアリティーを作り出し、我々をミディアムにしてアクチュアルな世界へと接続する。ソフトウェアは我々が我々自身をデザインするための道具である。コミュニケーション学者のクラウス・クリッペンドルフは、次のように言う。

基本的に、人間は、課せられることに抵抗し、常に、自分たちの言葉で、自分たちが扱える人工物を使って、自分たち自身を自覚する機会を捉える。★27

モードレスデザインは、課せられることに抵抗し、自らを自覚するためのデザインである。さまざまなシステムがもっとモードレスになれば、我々は我々自身の創造性によって、仕事や生活をもっと有意義で楽しいものにできるはずだ。システムは、コンテクストを使用者に解放し、使用者をモードから解放しなければならない。そのためには、モードレスデザインの思想と方法を理解し実践するデザイナーがもっと必要である。人と道具がコレスポンドし、相補的に創造性を高められるようなデザインがもっと必要なのである。

我々はソフトウェアというものを、我々自身を解放するための転回的原理として捉える必要がある。すべての人に合う靴を作ることはできない。けれど、誰もが裸足で遊べる広場を作ることはできる。モードレスデザインが指向するのはそうしたデザインのリフレーミングだ。問題はもはやソフトウェア開発の困難さではない。問題の本質は、不合理で複雑で使いにくいソフトウェアを作らせている、現代社会の構造的非対称性にある。我々が示威すべき先は、すべての人に合う靴の制作をデザイナーに求め、それを履くように人々を駆り立てている、現代の徴用システムなのである。

個人的なものを組み立てるには社会の中に個人的なものを組み立てなければならないし、社会的なものを組み立てるには個人の中に社会的なものを組み立てなければならない。世間では一般的に「自由には責任がつきものだ」「無責任な自由はよくない」などと言われる。しかしロシアの社会学／政治学者、エカテリーナ・シュリマンは、「自由なき責任はありえない」と言っている。★28 社会の保身的な階層はモードを増幅させる。モードは我々から自由を奪う。しかし自由は、それが自覚されなければ一般意志として相互承認され得ない。だからデザイナーが不自由なシステムを指摘し続けることには意義がある。人々が自分自身を自由にするための道具を作ることには意義がある。モードレスデザインを実践していくことには、社会原理的な正当性があるのである。

意味空間を創造する

パーソナルコンピューター、インターネット、スマートフォン、それらを介して作動する高度なアプリケーションと大規模なデータベースが我々の生活基盤に浸透し、アクチュアリティーとヴァーチュアリティーを取り結ぶための新しいデザイン領域が拡大している。ソフトウエアのデザイナーたちは、映画やテーマパークなどの手法に倣って、感情的な反応、文脈的なストーリー、知覚される報酬などを用いた魅力的な経験を生み出そうと努力している。そうした活動は市場経済にフィットし、デザイナーたちはより深い形でプロジェクトに参加するようになった。フィリップ・

ヴァン・アレンは、しかし、インタラクションに適用される経験デザインには重大な問題があると、「Productive Interaction」の中で指摘している。★29

まず、経験デザインという概念は、デザイナーが経験を定義し、指示することを暗示している。これは、たとえば映画やテーマパークにおいては完璧に理にかなっている。映画やテーマパークは、そこに身を委ねる観客に対して効果的にストーリーを伝え、丸め込むことで、特別な経験を生み出す。しかしインタラクティブな道具では、使用者自身が経験の作り手である。インタラクティブな道具の使用者は、デザイナーに身を委ねているのではない。ミディアム固有の性質を利用しながら、コントロールし、選択し、素材を操作し、自分自身の関与の領域を形づくっているのである。インタラクティブな道具のデザインにおいては、デザイナーにとって予測不可能な結果を、使用者自身が創造できるようにすることが重要なのである。

また、経験デザインでは、フィーリングや感覚を重視することによって、経験的な交換価値を生み出すことがデザインの中心的な目標となる。デザイナーは、物の構造の制作者ではなく、センセーショナルな経験の演出家になることが期待される。使用者をスペクタクルの観客として位置づけ、彼らに儚い経験をできるだけ多く消費させることが目標となる。観客の盲目性を最大化するための、狡猾な調整技術が重宝されるようになる。それはデザイナーたちが望むことではないかもしれないが、何か特定の経験を与えることを追求すれば、使用者自身の意思や使用者自身にとっての意味が抹消されてしまうのは必然だ。

そこでアレンが考えるアプローチは、人々を消費者から制作者に変えることである。デザイナーは、パッケージ化された経験をデザインするのではなく、さまざまな人々の制作的行為に焦点を当てる。そのようなデザインの在り方を、アレンは「プロダクティブインタラクション」と呼ぶ。

プロダクティブインタラクションは、意味の個人的な創造を促進するシステムを構築する。それは、受動的で消費者的なサービスの享受から、人間とソフトウェアとの能動的な接続による制作的な活動への反転である。プロダクティブインタラクションは、読者にハサミを与え、本を切り刻む許可を与える。これは直接操作のシステムであり、使用者は、欲求、目的、意図に適した自らの仕事を創造する共同デザイナーとなる。インタラクションは静的な製本ではなくソフトウェアによって媒介される。そのためそこには使用者がより妥当な了解を得られるような、豊かなコレスポンデンスが期待できるのである。

アレンによれば、プロダクティブインタラクションは、使用者を成果や意味の制作者にするのだという。それによって人々は行為の結果や結論に責任を持つようになり、コミュニケーションについてより深い理解を得られるようになる。プロダクティブインタラクションは、非直線的なコンテクストとフィードバックを調整し、オブジェクトの直接操作を可能にする。

この促進を利用して、使用者は自分だけの、個人的に重要な意味空間を創造する。プロダクティブインタラクションによって、使用者は受動的に助手席に座るのではなく、運転席に座ることになる。[★29]

アレンが言うプロダクティブインタラクションとは、つまり、モードレスデザインである。モードレスデザインは、デザイナーの立場を再構築する。丸め込むような経験の中に直線的なストーリーを並べるのではなく、意味空間の探索フレームを提供し、使用者が自らの在り方を創造する場を与える。さまざまなオブジェクトを動的なコンテクストの上に明け渡し、人々がその場の判断で目的自体を自由に再設定できるようにする。人々が、自身が創り出したユニークな意義を持つ、新しい世界を構築できるようにするのである。

アレンによれば、デザイナーは使用者に対する尊敬と信頼を持ちつつ、自らの視点を使用者から切り離し、彼らが自分自身の結論に至るのを助けなければならないのだという。この切り離しは、しばしば使用者の失敗を許容するという点にまで及ぶ。失敗する自由がなければ、起こり得る結果はあらかじめ決められた退屈なものになってしまう。プロダクティブインタラクションはストーリーではない。たくさんの行為の可能性が折り畳まれた同時の空間である。この考えは、デザイナーが床にがらくたの箱を投げ捨てて、使用者に整理させることを意味しない。また、無限のオプションを提供するという意味でも、美的インテグリティーを放棄するという意味でもない。デザイナーは自由とデザイン性の両者が保たれるよう、すべてを注意深くデザインしなければならないとアレンは言う。使用者がオブジェクトをリミックスしても、システムがあらゆるレベル、つまり形、意味、機能、美学で機能し続けるようにする。そのためにデザイナーは、自由を奪うモードを丁寧に除去しながら、キュレーターとして、高い一貫性と美的インテグリティーを備えたプリセットを提供しなければならない。これが、モードレスデザイナーに求められる「デザイン能力」である。

デザイナーの技量は、どれだけデザインに作為を施せるかではなく、どれだけそれを取り除けるかで決まる。モードを取り除いたところに現れる形にどれだけ行為の可能性を凝縮できるか。デザイナーによるそうしたエントロピー抑制の試行は、人々における新しい構造的カップリングの可能性として、世界の内に受容されるはずだ。

人が使うことを前提とした道具を作るなら、そこには使う人の創意工夫が期待されていなければならない。だから使う人の創意工夫が効くデザインになっていなければならない。そうでないなら、人が使う意味がない。モードレスデザイナーが提出するのは、地図ではなく、コンパスである。規定された座標に目的地を定めそこへの最短ルートを示すのではなく、まだ道のない草原で次の一歩を自覚するためのフィードバックを与えるのである。旅の途中で見た風景を身体化しながら、人々が自分だけの本当の地図を描けるようにする。人々が自分の目標に向かって自分なりの仕方で進んでいけるようにする。その途中で間違いに気づき、後戻りすることがあったとしても、その後戻りには創造的活動の生成過程としての意味がある。自分なりの仕方で仕事ができるなら、たとえ曲がりくねった道であったとしても、それはデザインの否定ではない。肯定である。

モードをなくすということは、道具をメタモードのレベルに接地させ、それを使う者の内側にその者自身のモードが立ち上がるようにするということである。デザインは物の付属物ではないし、物はデザインの付属物でもない。モードレスな道具は行為の可能性に満ちた物としてそれに触れる者との間に意味空間を立ち上げる。一方、デザイン上の作為性はモードを作り出し、意味空間を閉塞させ、道具を理不尽で恩着せがましいものにしてしまう。モードドレスデザインは、特定の目的や要求の外にあるデザインである。モードドレスデザインは、使用者に合わせたデザインではなく、使用者が合わせられるデザインである。これはデザインが行為の可能性を開くということであり、使用者自身が自らにとってのデザイナーになることを意味している。

現代のテクノロジーは人間をコントロールし、思考を垂直化させる。しかしそれをテクノロジーに特有の問題だと考えるならまさに思考が垂直化している。それはすべてのデザイン、特に歴史の中で洗練されてきたようなデザイン全般に言えることなのである。イリイチの言う第一の分水嶺を超えた時点で既にそうなのだ。我々は毎日決まって布団やベッドで目覚め、決まって箸やスプーンで食事し、決まって玄関のドアから外へ出て、決まって道の上を歩く。そのことに疑問を持ったりはしない。我々は自らが作ったものによって自らの行動を規定し、自らの世界認識を定めている。我々はデザインし、デザインしたものからデザインし返される。創造におけるコントロール性と被コントロール性はテクノロジーの度合いにかかわらず表裏一体だ。テクノロジーはそうした現象を増幅しているにすぎない。しかし我々には本来、スプーンを使わずにシリアルを食べる自由があるし、椅子を使わずに床にしゃがみこむ自由もある。我々が考えなければいけないのは、創造することへの向き合い方である。

炊事、洗濯、掃除といった家事。食べては炊き、汚しては洗い、散らかしては掃く。そうした日々の繰り返しが、世界中で繰り返され、綿々と受け継がれてきた。小さな分解と統合、死と生とともに、我々は暮らす。日常的な営みの繰り返しは近代合理主義の外にある。食べなければ炊かずに済むし、汚さなければ洗わずに済むし、散らかさなければ掃かずに済むが、そんな合理には何の意味もない。生活とはエントロピーの増大に抗いながら同時にそれを受け入れることである。時間の流れのリズミカルな渦を感じながら、その時々に自らの意味空間を構築することである。

我々がデザインをするのは、それを手にした誰かがそれによって自らの世界をデザインできるようにするためだ。ただそれだけである。両者の間に介在するいかなるものもデザインの目的たり得ない。すごいものを作ろうとしなくてもよい。ビー玉みたいなものでも構わない。誰かがそれをちょっと指でいじってみたり、光にかざしてみたり、こっそり口に含んでみたりして、それでその人の世界に何か小さな発見をしてもらえるようなものが作れればよいのである。

デザインは他者を受容する。それは作り手の作為や物の交換価値から切り離されたところに予期される、純粋な形だ。その物が、その物に触れる何者かの存在を、つねにすでに受け入れていること。逆に、そうした受容性に欠けるデザインがあるなら、我々はそれを決して看過すべきではない。

意味空間とは、我々が生きる我々自身の世界である。それはメタモードとして自分と世界についての解釈を形づくっている。我々は道具を作り使うことでメタモードに接続する。ただしそのためには、道具はモードレスでなければならない。モードレスデザインは意味空間の創造可能性を拓く。意味空間を創造するとは、自分自身のメタモードを更新するということである。つまり、自分自身を生きるということなのである。

おわりに

ある日、あやしい男がやって来て、本を出さないかと言い出した。

「でも、私は作家じゃないですよ。ただのデザイナーですから。」

「必ずしも作家だけが本を出すのではありません。デザイナーであっても構わないのです。」

「し、しかし、仕事も忙しいですし……」

「そこをなんとかお願いします。」

しつこく頼み込まれて、私はしぶしぶ執筆を引き受けた、というのは嘘で、本当は二つ返事で
「もちろんです。」

と答えたのだった。


書くテーマは、私の中でもう事前に決まっていた。誰でも自分にとって定番の妄想をいくつか持っていると思うが、私の場合、「もし本の執筆の話が来たら何をテーマにして書くか」というのがそのひとつだった。そしてテーマは「モードレスデザイン」に決めていたのである。

しかし、いざ書き始めようとすると、何から書けばよいのか悩んでしまった。モードレスデザインについてはもう二十年近くあれこれ考えてきたことなので、書きたいことがたくさんあった。そのため、どこから話を始めればよいのかわからなかったのである。

もしも私が、本当にこの話を書こうとするなら、まず、私がどうしてデザインの仕事をするようになったのかや、最初にコンピューターに触れた時に何を感じたのかや、そこからなぜモードレス性というものに関心を持つようになったのかといった、これまでの経験と思索をこまごまと報告すべきかもしれないが――

2024年11月
上野 学

Index

[か]

[さ]

[た]

[な]

[は]

[ま]

[や]

[ら]

[わ]

Bibliography

はじめに

★1 Manabu Ueno「Modeless and Modal」(https://modelessdesign.com/modelessandmodal)

★2 Philip van Allen「John Maeda is wrong about design」(https://staging.philvanallen.com/john-maeda-is-wrong-about-design/)

★3 Ann-Marie Willis「Ontological Designing— laying the ground」2006, Design Philosophy Papers (https://doi.org/10.2752/144871306X13966268131514)

★4 ハーバート・サイモン『システムの科学』第3版 1999, パーソナルメディア

★5 ヴィクター・パパネック『生きのびるためのデザイン』2020, 晶文社

★6 アルトゥーロ・エスコバル『多元世界に向けたデザイン』2024, BNN

★7 公文俊平「わが内なる「痴民」と「智民」」(https://www.huffingtonpost.jp/shumpei-kumon/chimin_b_5345692.html)

★8 アンソニー・ダン、フィオナ・レイビー『スペキュラティヴ・デザイン』2015, BNN

1 詩人の態度

★1 萩原朔太郎『詩の原理』1954, 新潮社

★2 ジャン・ボードリヤール『消費社会の神話と構造』2015, 紀伊國屋書店

★3 クロード・レヴィ=ストロース『野生の思考』1976, みすず書房

★4 Garson O'Toole「Quote Origin: We Shape Our Tools, and Thereafter Our Tools Shape Us」(https://quoteinvestigator.com/2016/06/26/shape/)

★5 John M. Culkin, S.J.「A Schoolman's Guide to Marshall McLuhan」(https://www.unz.com/print/SaturdayRev-1967mar18-00051)

★6 William. Mitchell『The Reconfigured Eye: Visual Truth in the Post-Photographic Era』1992, MIT.

★7 Andreessen Horowitz「Mobile Is Eating the World」(https://www.slideshare.net/a16z/mobile-is-eating-the-world-2016#40)

★8 西田幾多郎『絶対矛盾的自己同一』青空文庫

★9 テリー・ウィノグラード、フェルナンド・フローレス『コンピュータと認知を理解する』1989, 産業図書

★10 Ann-Marie Willis「Ontological Designing— laying the ground」2006, Design Philosophy Papers (https://doi.org/10.2752/144871306X13966268131514)

★11 ブリュノ・ラトゥール『社会的なものを組み直す』2019, 法政大学出版局

★12 清水高志『実在への殺到』2017, 水声社

★13 ティム・インゴルド『メイキング』2017, 左右社

★14 奥野克巳『今日のアニミズム』第四章「他力論的アニミズム」2021, 以文社

★15 ふるたたるひ/ほりうちせいいち『ロボット・カミイ』1970, 福音館書店

★16 岩田慶治「穴のあいた空間——神、カミ、そしてカミ以前へ——」(『アニミズム時代』2020, 法藏館 に収録)

★17　ジャン・ピアジェ『ピアジェに学ぶ認知発達の科学』2007, 北大路書房
★18　ミック・ジャクソン『こうしてイギリスから熊がいなくなりました』「精霊熊」2018, 東京創元社
★19　レーン・ウィラースレフ『ソウル・ハンターズ』2018, 亜紀書房
★20　Nature「3.3-million-year-old stone tools from Lomekwi 3, West Turkana, Kenya」2015（https://www.nature.com/articles/nature14464）
★21　ビアトリス・コロミーナ、マーク・ウィグリー『[新版] 我々は 人間 なのか?』2023, BNN
★22　アラン・ケイ「ユーザーインターフェース　個人的見解」（『ヒューマンインターフェースの発想と展開』2002, 桐原書店 に収録）
★23　「1977 Apple II Introduction Ad」(http://www.macmothership.com/gallery/MiscAds2/1977IntroAppleII2.jpg)
★24　「1984 Newsweek Macintosh Introduction」（http://www.macmothership.com/gallery/Newsweek/p002.jpg）
★25　Apple『Human Interface Guidelines: The Apple Desktop Interface』1987, Addison-Wesley
★26　大坪五郎『ユーザインタフェース開発失敗の本質』2015, Amazon Kindle 個人出版
★27　クリストファー・アレグザンダー『形の合成に関するノート』2013, 鹿島出版会
★28　フレデリック・ブルックス『人月の神話』新装版 2010, 桐原書店
★29　アラン・クーパー『ユーザーインターフェイスデザイン』1996, 翔泳社
★30　ドナルド・ゴース、ジェラルド・ワインバーグ『ライト , ついてますか』1987, 共立出版

2　使用すること

★1　マルティン・ハイデッガー『存在と時間』（上）1994, 筑摩書房
★2　ジョルジョ・アガンベン『身体の使用』2016, みすず書房
★3　國分功一郎『中動態の世界』2017, 医学書院
★4　トール・ノーレットランダーシュ『ユーザーイリュージョン』2002, 紀伊國屋書店
★5　岩田慶治「シンクロニシティの空間」（『アニミズム時代』2020, 法藏館 に収録）
★6　デイヴィッド・ヒューム『人性論』2010, 中央公論新社
★7　H.R. マトゥラーナ、F.J. ヴァレラ『オートポイエーシス』1991, 国文社
★8　カンタン・メイヤスー『有限性の後で』2016, 人文書院
★9　Wikipedia「Conway's law」（https://en.wikipedia.org/wiki/Conway's_law）
★10　榮久庵憲司『道具論』2000, 鹿島出版会
★11　「人類はいつアートを発明したか？」『ナショナル ジオグラフィック日本版 1 月号』（2014/12/30）日経ナショナル ジオグラフィック
★12　ベン・シュナイダーマン『ユーザー・インタフェースの設計』第2版 1987, 日経BP
★13　Alan Cooper、Robert Reimann、David Cronin、Christopher Noessel『ABOUT FACE インタラクションデザインの本質』2024, マイナビ出版
★14　クリフ・クアン、ロバート・ファブリカント『「ユーザーフレンドリー」全史』2020, 双葉社
★15　岡田謙一『ヒューマンコンピュータインタラクション』2002, オーム社
★16　アラン・ケイ「ユーザーインターフェース　個人的見解」（『ヒューマンインターフェースの発想と展開』2002, 桐原書店 に収録）
★17　テリー・ウィノグラード、フェルナンド・フローレス『コンピュータと認知を理解する』1989, 産業図書

★18 アルトゥーロ・エスコバル『多元世界に向けたデザイン』2024, BNN
★19 ジェフ・ラスキン『ヒューメイン・インタフェース』2001, 桐原書店

3 適合の形

★1 クリストファー・アレグザンダー『形の合成に関するノート』2013, 鹿島出版会
★2 ティム・インゴルド『メイキング』2017, 左右社
★3 リチャード・ドーキンス『盲目の時計職人』2004, 早川書房
★4 ビアトリス・コロミーナ、マーク・ウィグリー『[新版] 我々は 人間 なのか?』2023, BNN
★5 エトムント・フッサール『内的時間意識の現象学』2016, 筑摩書房
★6 ジョージ・クブラー『時のかたち』2018, 鹿島出版会
★7 須永剛司『デザインの知恵』2019, フィルムアート社
★8 ウィトゲンシュタイン『論理哲学論考』2003, 岩波書店
★9 マイケル・ポランニー『暗黙知の次元』2003, 筑摩書房
★10 ジル・ドゥルーズ『記号と事件』2007, 河出書房新社
★11 CanUX 2025（https://x.com/canuxconf/status/1058715546487808001）
★12 ジェフ・ラスキン『ヒューメイン・インタフェース』2001, 桐原書店
★13 Jane Fulton Suri「Informing Our Intuition: Design Research for Radical Innovation」Rotman Management Magazine, January 01, 2008
★14 久保田晃弘「予言とアーカイヴ」（https://ekrits.jp/2024/06/8229Z）
★15 常盤文克『モノづくりのこころ』2004, 日経BP
★16 Eames Office「Powers of Ten」（https://youtu.be/0fKBhvDjuy0）
★17 Brother Juniper「It's easy! First you shoot the arrow」（http://brotherjuniper.com/2016/05/its-easy-first-you-shoot-the-arrow/）
★18 小野健太「1-3 デザインとエンジニアリング、そしてデザイン思考（1章：デザインとは?）」（https://note.com/kenta_ono/n/n36bcbb9eb990）
★19 Nigel Cross「Expertise in design: an overview」Design Studies, 25 (5), p.434, 2004（https://doi.org/10.1016/j.destud.2004.06.002）
★20 ヴィクター・パパネック『生きのびるためのデザイン』2020, 晶文社
★21 Patrick Wilcken『Claude Levi-Strauss: The Poet in the Laboratory: The Father of Modern Anthropology』English Edition 2010, Penguin Books
★22 Interview with Lévi-Strauss, Jérôme Garcin, Boîte aux lettres, France 3, 1984.
★23 クロード・レヴィ=ストロース『野生の思考』1976, みすず書房
★24 マルティン・ハイデッガー「技術への問い」（『技術への問い』2013, 平凡社 に収録）
★25 ハンナ・アーレント『人間の条件』1994, 筑摩書房

4 境界と表象

★1 アラン・ケイ「コンピュータ・ソフトウェア」（『アラン・ケイ』1992, アスキー・メディアワークス に収録）
★2 マイケル・ヒルツィック『未来をつくった人々』2001, マイナビ出版
★3 トール・ノーレットランダーシュ『ユーザーイリュージョン』2002, 紀伊國屋書店
★4 H.R. マトゥラーナ、F.J. ヴァレラ『オートポイエーシス』1991, 国文社

★5　斎藤隆介『八郎』1967, 福音館書店
★6　ジェフ・ラスキン『ヒューメイン・インタフェース』2001, 桐原書店
★7　ブレンダ・ローレル『劇場としてのコンピュータ』1992, トッパン
★8　明田守正、他『マルティメディア・ソフトの世界』1993, SB クリエイティブ
★9　「人類はいつアートを発明したか？」『ナショナル ジオグラフィック日本版 1 月号』(2014/12/30) 日経ナショナル ジオグラフィック
★10　齋藤亜矢「チンパンジーの絵から芸術の起源を考える」(https://psych.or.jp/wp-content/uploads/2018/04/81-9-12.pdf)
★11　嶋田厚「企てることの危うさ」デザイン学研究特集号 / 9 巻 (2001) 3 号 (https://doi.org/10.11247/jssds.9.3_1)
★12　カンタン・メイヤスー『有限性の後で』2016, 人文書院
★13　ドナルド・ノーマン『誰のためのデザイン』1990, 新曜社
★14　Alan Cooper、Robert Reimann、David Cronin、Christopher Noessel『ABOUT FACE インタラクションデザインの本質』2024, マイナビ出版
★15　ハーバート・サイモン『システムの科学』第 3 版 1999, パーソナルメディア
★16　加地大介『穴と境界』2023, 春秋社
★17　Kline, A. David, and Carl A. Matheson. "The Logical Impossibility of Collision." Philosophy, vol. 62, no. 242, 1987, pp. 509–15. JSTOR (http://www.jstor.org/stable/3750930)
★18　マルティン・ハイデガー「物」(『技術とは何だろうか』2019, 講談社 に収録)
★19　ケン・ウィルバー『無境界』1986, 平河出版社
★20　マルティン・ハイデッガー『存在と時間』(上) 1994, 筑摩書房

5　対象と転回

★1　Dr. Alan Kay on the Meaning of "Object-Oriented Programming" (http://userpage.fu-berlin.de/~ram/pub/pub_jf47ht81Ht/doc_kay_oop_en)
★2　Alan Kay「The Early History of Smalltalk」(https://worrydream.com/EarlyHistoryOfSmalltalk/)
★3　アラン・ケイ「コンピュータ・ソフトウェア」(『アラン・ケイ』1992, アスキー・メディアワークス に収録)
★4　グレアム・ハーマン『四方対象』2017, 人文書院
★5　Daniel H H Ingalls「Design Principles Behind Smalltalk」(「BYTE August 1981 Vol.6, No. 8」に収録)
★6　Trygve Reenskaug and James O. Coplien「The DCI Architecture: A New Vision of Object-Oriented Programming」(https://www.artima.com/articles/the-dci-architecture-a-new-vision-of-object-oriented-programming)
★7　アラン・ケイ「ユーザーインターフェース　個人的見解」(『ヒューマンインターフェースの発想と展開』2002, 桐原書店 に収録)
★8　Larry Tester「Object-Oriented User Interface and Object-Oriented Languages」SIGSMALL '83: Proceedings of the 1983 ACM SIGSMALL symposium on Personal and small computers, 1983 (https://doi.org/10.1145/800219.806644)
★9　Dave Collins『Designing Object-Oriented User Interface』1994, Addison-Wesley Professional

★10 グレアム・ハーマン『非唯物論』2019, 河出書房新社
★11 IBM『Object-Oriented Interface Design – IBM Common User Access Guidelines』1993, Que Pub
★12 ブレンダ・ローレル『劇場としてのコンピュータ』1992, トッパン
★13 岡田謙一『ヒューマンコンピュータインタラクション』2002, オーム社
★14 ソシオメディア株式会社、上野学、藤井幸多『オブジェクト指向UIデザイン――使いやすいソフトウェアの原理』2020, 技術評論社
★15 Theo Mandel『The Elements of User Interface Design』1997, WILEY

6 モードレスネス

★1 iA「Kenya Hara on Japanese Aesthetics」(https://ia.net/topics/kenya-hara-on-japanese-aesthetics)
★2 佐藤卓「ほどほどのデザイン」(『塑する思考』2017, 新潮社 に収録)
★3 明田守正、他『マルティメディア・ソフトの世界』1993, SB クリエイティブ
★4 ジェフ・ラスキン『ヒューメイン・インタフェース』2001, 桐原書店
★5 Alan Cooper、Robert Reimann、David Cronin、Christopher Noessel『ABOUT FACE インタラクションデザインの本質』2024, マイナビ出版
★6 Apple「Mac OS X Human Interface Guidelines」2011
★7 Apple「The Apple II Human Interface Guidelines」1985
★8 Apple『Human Interface Guidelines: The Apple Desktop Interface』1987, Addison-Wesley
★9 Apple「Macintosh Human Interface Guidelines」1993
★10 Apple Developer(https://developer.apple.com/)
★11 Bill Moggridge『Designing Interactions』2007, MIT PR
★12 Larry Tesler「A Personal History of Modeless Text Editing and Cut/Copy-Paste」Interactions Volume 19, Issue 4July 2012(https://doi.org/10.1145/2212877.2212896)
★13 Larry Tesler「The Smalltalk Environment」(「BYTE August 1981 Vol.6, No. 8」に収録)
★14「Alto System Project: Larry Tesler demonstration of Gypsy」(https://youtu.be/2Z43y94Dfzk)
★15 Larry Tester「Object-Oriented User Interface and Object-Oriented Languages」SIGSMALL '83: Proceedings of the 1983 ACM SIGSMALL symposium on Personal and small computers, 1983(https://doi.org/10.1145/800219.806644)
★16 アラン・ケイ「ユーザーインターフェース　個人的見解」(『ヒューマンインターフェースの発想と展開』2002, 桐原書店 に収録)
★17 マイケル・ヒルツィック『未来をつくった人々』2001, マイナビ出版

7 モダリティー

★1 Larry Tesler「The Law of Conservation of Complexity」(https://www.nomodes.com/larry-tesler-consulting/complexity-law)
★2 ダン・サファー『インタラクションデザインの教科書』2008, マイナビ出版
★3 Alan Cooper、Robert Reimann、David Cronin、Christopher Noessel『ABOUT FACE

インタラクションデザインの本質』2024, マイナビ出版
★4　マイケル・ヒルツィック『未来をつくった人々』2001, マイナビ出版
★5　アラン・クーパー『ユーザーインターフェイスデザイン』1996, 翔泳社
★6　James Sneeringer「User-interface Design for Text Editing: A Case Study」Software: Practice and Experience: Volume 8, Issue 5, September/October 1978（https://doi.org/10.1002/spe.4380080505）
★7　ジェフ・ラスキン『ヒューメイン・インタフェース』2001, 桐原書店
★8　Xerox「GYPSY: THE GINN TYPESCRIPT SYSTEM」1975
★9　Xerox「A Methodology for User Interface Design」1977
★10　Bill Moggridge『Designing Interactions』2007, MIT PR
★11　Larry Tesler「The Smalltalk Environment」(「BYTE August 1981 Vol.6, No. 8」に収録）
★12　Larry Tesler「A Personal History of Modeless Text Editing and Cut/Copy-Paste」Interactions Volume 19, Issue 4July 2012（https://doi.org/10.1145/2212877.2212896）
★13　Harold Thimbleby「Character Level Ambiguity: Consequences for User-Interface Design」
★14　Andrew Monk「Mode errors: a user-centred analysis and some preventative measures using keying-contingent sound」International Journal of Man-Machine Studies, Volume 24, Issue 4（https://doi.org/10.1016/S0020-7373(86)80049-9）
★15　IBM『Object-Oriented Interface Design – IBM Common User Access Guidelines』1993, Que Pub
★16　Alan Cooper、Robert Reimann、David Cronin『About Face 3 インタラクションデザインの極意』2008, アスキー・メディアワークス
★17　Donald Norman「Design Rules Based on Analyses of Human Error」Communications of the ACM, Volume 26, Issue 4April 1983（https://doi.org/10.1145/2163.358092）
★18　ジョナサン・シャリアート、シンシア・サヴァール・ソシエ『悲劇的なデザイン』2017, BNN
★19　ドナルド・ノーマン『誰のためのデザイン』1990, 新曜社
★20　Nathaniel S. Borenstein『Programming as if People Mattered』1991, Princeton University Press
★21　明田守正、他『マルティメディア・ソフトの世界』1993, SBクリエイティブ
★22　奥野克巳『モノも石も死者も生きている世界の民から人類学者が教わったこと』2020, 亜紀書房
★23　Jean-Pascal Anfray「Modes, Early Modern Ontology」Jalobeanu, Dana; Wolfe, Charles T. Encyclopedia of Early Modern Philosophy and the Sciences, Springer International Publishing, pp.1-8, 2021（https://dx.doi.org/10.1007/978-3-319-20791-9_610-1）
★24　伊佐敷隆弘「ロウの4カテゴリー存在論（1）」宮崎大学教育文化学部紀要 人文科学,（通号27）2012年8月（https://miyazaki-u.repo.nii.ac.jp/record/1244/files/h27_pp.1-14_isashiki.pdf）
★25　濱井修、小寺聡『倫理用語集 第2版』2019, 山川出版社
★26　ユクスキュル『生物から見た世界』2005, 岩波書店
★27　メルロ=ポンティ『眼と精神』1966, みすず書房
★28　ジェイムズ・ジェローム・ギブソン『生態学的視覚論』1985, サイエンス社

★29 マルクス・ガブリエル『なぜ世界は存在しないのか』2018, 講談社
★30 渡邊恵太『融けるデザイン』2015, BNN
★31 Lambros Malafouris『How Things Shape the Mind—A Theory of Material Engagement』2013, The MIT Press
★32 水野勝仁「思考とジェスチャーとのあいだの微細なインタラクションがマインドをつくる」(『【新版】UI GRAPHICS』2018, BNN に収録)

8 道具の純粋さ

★1 マルティン・ハイデッガー『存在と時間』(上) 1994, 筑摩書房
★2 マルクス・ガブリエル『なぜ世界は存在しないのか』2018, 講談社
★3 「Norton Lecture "Goods" Charles Eames (1971)」(https://youtu.be/cmpUOv4Wq1M)
★4 清水高志『実在への殺到』2017, 水声社
★5 クリストファー・アレグザンダー『パタン・ランゲージ』1984, 鹿島出版会
★6 Alan Cooper、Robert Reimann、David Cronin、Christopher Noessel『ABOUT FACE インタラクションデザインの本質』2024, マイナビ出版
★7 ETV特集「五味太郎はいかが?」2021年2月6日放送
★8 H.R. マトゥラーナ、F.J. ヴァレラ『オートポイエーシス』1991, 国文社
★9 杉本啓『データモデリングでドメインを駆動する——分散／疎結合な基幹系システムに向けて』2024, 技術評論社
★10 ミゲル・シカール『プレイ・マターズ—— 遊び心の哲学』2019, フィルムアート社
★11 コリン・ウォード『現代のアナキズム』1977, 人文書院
★12 Chris Dixon「The next big thing will start out looking like a toy」(https://cdixon.org/2010/01/03/the-next-big-thing-will-start-out-looking-like-a-toy)
★13 榮久庵憲司『道具論』2000, 鹿島出版会
★14 Luciano Floridi「The Method of Levels of Abstraction」Minds & Machines 18, 303–329 (2008). (https://doi.org/10.1007/s11023-008-9113-7)
★15 クリストファー・アレグザンダー『形の合成に関するノート』2013, 鹿島出版会
★16 ジェフ・ラスキン『ヒューメイン・インタフェース』2001, 桐原書店
★17 「Alan Kay Interview by Dave Marvit (2013)」(https://youtu.be/NY6XqmMm4YA)

9 創造すること

★1 米盛裕二『アブダクション仮説と発見の論理』2007, 勁草書房
★2 Charles Sanders Peirce『Collected Papers of Charles Sanders Peirce 1-8』
★3 松岡正剛「千夜千冊：パース著作集」(https://1000ya.isis.ne.jp/1182.html)
★4 久保田晃弘『遙かなる他者のためのデザイン』2017, February 25, BNN
★5 ソシオメディア株式会社、上野学、藤井幸多『オブジェクト指向UIデザイン——使いやすいソフトウェアの原理』2020, 技術評論社
★6 TED, David Christian「The history of our world in 18 minutes」(https://www.ted.com/talks/david_christian_the_history_of_our_world_in_18_minutes)
★7 クリストファー・アレグザンダー『形の合成に関するノート』2013, 鹿島出版会
★8 Edward Tufte『The visual display of quantitative information』2nd Edition, 2001,

Graphics Press
★9 ジェフ・ラスキン『ヒューメイン・インタフェース』2001, 桐原書店
★10 藤子・F・不二雄『21エモン』(4) てんとう虫コミックス , 2018, 小学館
★11 エルヴィン・シュレーディンガー『生命とは何か』2008, 岩波書店
★12 水野勝仁「思考とジェスチャーとのあいだの微細なインタラクションがマインドをつくる」(『【新版】UI GRAPHICS』2018, BNN に収録)
★13 クレメント・モック『Web デザイン・ビジネス』1997, エムディエヌコーポレーション
★14 リチャード・ドーキンス『神は妄想である』2007, 早川書房
★15 森山徹『モノに心はあるのか』2017, 新潮社
★16 清水高志『実在への殺到』2017, 水声社
★17 西田幾多郎『絶対矛盾的自己同一』青空文庫
★18 須永剛司『デザインの知恵』2019, フィルムアート社
★19 エツィオ・マンズィーニ『日々の政治』2020, BNN

10 解放のためのデザイン

★1 ビアトリス・コロミーナ、マーク・ウィグリー『[新版] 我々は 人間 なのか?』2023, BNN
★2 アンドレ=ジョルジュ・オードリクール『作ること 使うこと』2019, 藤原書店
★3 上平崇仁『コ・デザイン』2020, NTT出版
★4 アンソニー・ダン、フィオナ・レイビー『スペキュラティヴ・デザイン』2015, BNN
★5 Robert Boguslaw『The New Utopians: Study of System Design and Social Change』1968, Prentice Hall
★6 Alan Cooper、Robert Reimann、David Cronin、Christopher Noessel『ABOUT FACE インタラクションデザインの本質』2024, マイナビ出版
★7 Mike Monteiro「A Designer's Code of Ethics」(https://deardesignstudent.com/a-designers-code-of-ethics-f4a88aca9e95)
★8 マルティン・ハイデッガー「技術への問い」(『技術への問い』2013, 平凡社 に収録)
★9 ジェーン・フルトン・スーリ『考えなしの行動?』2009, 太田出版
★10 深澤直人『デザインの輪郭』2005, TOTO
★11 クリフ・クアン、ロバート・ファブリカント『「ユーザーフレンドリー」全史』2020, 双葉社
★12 「スペクテイター パソコンとヒッピー」2021 Vol.48, 幻冬舎
★13 Steven Levy「Hackers: Heroes of the Computer Revolution - 25th Anniversary Edition」2010, O'Reilly Media
★14 大内秀明「モリス=バックスの『社会主義』思想と日本」(ウィリアム・モリス、E・B・バックス『社会主義』2014, 晶文社 に収録)
★15 ウィリアム・モリス「芸術の目的」講演(『素朴で平等な社会のために』2019, せせらぎ出版 に収録)
★16 柳宗悦「美しい写真とは何か」(1932)、月刊『民藝』2022年11月号(839号)日本民藝協会 に掲載
★17 國分功一郎『目的への抵抗』2023, 新潮社
★18 ハンナ・アーレント「自由とは何か」(『過去と未来の間』1994, みすず書房 に収録)
★19 スタッフォード・ビーア「序文」(H.R. マトゥラーナ、F.J. ヴァレラ『オートポイエーシス』1991, 国文社 に収録)

★20 イヴァン・イリイチ『コンヴィヴィアリティのための道具』2015, 筑摩書房
★21 クロード・レヴィ・ストロース『悲しき熱帯 II』2001, 中央公論新社
★22 ティム・インゴルド『メイキング』2017, 左右社
★23 ル・コルビュジェ『ユルバニスム』1967, 鹿島出版会
★24 ルーシー・A. サッチマン『プランと状況的行為』1999, 産業図書
★25 テリー・ウィノグラード『ソフトウェアの達人たち』2002, 桐原書店
★26 ピエール・レヴィ『ヴァーチャルとは何か?』2006, 昭和堂
★27 クラウス・クリッペンドルフ『意味論的転回』2009, エスアイビー・アクセス
★28 エカテリーナ・シュリマン「戦禍に社会科学はなにができるか」(https://note.com/iwanaminote/n/nc3694736fff0)
★29 Philip van Allen「Productive Interaction」(https://www.philvanallen.com/articles/productive_interaction.pdf)

上野 学　うえの まなぶ

デザイナー／デザインコンサルタント。各種ソフトウェアのヒューマンインターフェースデザインに従事。ソシオメディア株式会社にてデザインメソッド開発を担う。著書に『オブジェクト指向UIデザイン——使いやすいソフトウェアの原理』、監訳書に『ABOUT FACE インタラクションデザインの本質』など。

モードレスデザイン
意味空間の創造

2025年3月15日　初版第1刷発行

著者　上野 学

発行人　上原哲郎
発行所　株式会社ビー・エヌ・エヌ
〒150-0022　東京都渋谷区恵比寿南一丁目20番6号
Fax：03-5725-1511　E-mail：info@bnn.co.jp　www.bnn.co.jp

印刷・製本　シナノ印刷株式会社

デザイン　福岡南央子（woolen）
編集　村田純一

ISBN978-4-8025-1279-4　© 2025 Manabu Ueno　Printed in Japan